现代数学基础

38

李代数（第二版）

LIDAISHU

■ 万哲先　编著

高等教育出版社·北京
HIGHER EDUCATION PRESS　BEIJING

内容简介

1961年秋至1963年春，作者在中国科学院数学研究所陆续作了关于李群和李代数的专题报告。由于当时国内缺少系统且全面介绍李代数的书籍，作者在这些报告的基础上，补充内容，将其改编成了本书的第一版。书中系统地叙述了复半单李代数的经典理论，即它的结构、自同构、表示和实形。时至今日，本书仍是学习李代数标准的、全面的教科书或教学参考书。本书仅要求作者具备线性代数知识。

在此次的修订中，作者对本书的体例格式进行了便于查询的修改，改正了第一版某些排版错误，并修改了部分定理的证明，使得本书结构更清晰，更具可读性。

图书在版编目（CIP）数据

李代数 / 万哲先编著. -- 新1版. -- 北京：高等教育出版社，2013. 6

ISBN 978-7-04-037266-3

Ⅰ. ①李… Ⅱ. ①万… Ⅲ. ①李代数 Ⅳ. ① O152.5

中国版本图书馆CIP数据核字（2013）第075457号

策划编辑 王丽萍　责任编辑 李 鹏　封面设计 张 楠　版式设计 余 杨
责任校对 孟 玲　责任印制 朱学忠

出版发行 高等教育出版社
社 址 北京市西城区德外大街4号
邮政编码 100120
印 刷 北京鑫丰华彩印有限公司
开 本 787mm×1092mm 1/16
印 张 18.25
字 数 340千字
购书热线 010-58581118
咨询电话 400-810-0598
网 址 http://www.hep.edu.cn
http://www.hep.com.cn
网上订购 http://www.landraco.com
http://www.landraco.com.cn
版 次 2013年6月第1版
印 次 2013年6月第1次印刷
定 价 59.00元

物 料 号 37266-00

第二版序

本书 1964 年由科学出版社出版, 1972 年商务印书馆香港分馆又再次出版. 1975 年本书英译本由英国 Pergamon 出版社出版. 1978 年科学出版社又发行了第二次印刷本.

现在高等教育出版社出版了第二版. 在这一版中, 作者对本书的体例格式进行了便于查询的修改, 改正了第一版某些排版错误, 并修改了部分定理的证明, 使得本书结构更清晰, 更具可读性. 在出版过程中, 高等教育出版社的王丽萍、李鹏等同志给我热情、耐心与细微的帮助. 我谨对他们表示衷心的感谢.

万哲先

2013 年 5 月

初 版 序

1961 年秋至 1963 年春作者在中国科学院数学研究所李群讨论班上陆续作了一些专题报告, 本书就是根据这些报告的讲稿改编而成. 内容包括复半单李代数的经典理论, 即它的结构、自同构、表示和实形. 当时, 作者的目的是和参加讨论班的同志们共同学习李代数的基础知识, 为进一步学习李群及李代数的近代文献打下基础. 这些专题报告, 主要参考邓金的《半单纯李氏代数的结构》(曾肯成译, 科学出版社, 北京, 1954) 和 Seminaire Sophus Lie 的讲义 *Théorie de algèbres de Lie et topologie de groupes de Lie* (Paris, 1955). 邓金的书叙述清楚, 易于被初学者领会, 遗憾的是内容太少; Seminaire Sophus Lie 的讲义内容较丰富, 但是要求读者具有较多的预备知识. 两书虽各具优点, 但都不能完全满足我国初学者的需要, 于是, 作者就想到要写一本适应这种需要的书. 这就是这本书的来历.

李代数是 S. Lie 作为研究后来以他命名的李群的代数工具而引进的. 在李代数经典理论方面有重要贡献者, 除 S. Lie 本人外, 当推 W. Killing, E. Cartan 和 H. Weyl 等人. 虽然本书为了初学者的方便, 在叙述上尽可能少地涉及李群, 却应该指出, 李代数经典理论的重要性主要在于它对李群的应用. 另一方面, 本书的大部分内容, 都已推广到特征 0 的代数封闭域上的李代数, 而且一部分结果也已推广到特征 0 的任意域上的李代数. 但我们在本书中却仅对复数域上的李代数来叙述, 这是因为复数域上的李代数理论是最基本的, 同时只要求读者具备线性代数知识就能阅读本书绝大部分内容也是一个限制.

作者感谢参加李群讨论班的同志们. 当作者报告时, 他们的意见以及和他们共同讨论使作者学到很多东西, 也使本书的某些叙述得以改进并消除了许多错误. 作者特别感谢李根道先生, 他还帮助作者校对本书.

万哲先

1963 年 4 月

目　录

第一章　基本概念

§1　李　代　数

定义 1.1　设 $\mathfrak{g}$ 是复数域 $\mathbb{C}$ 上的有限维向量空间 (或称线性空间), 并设在 $\mathfrak{g}$ 中定义了一个求换位元素的运算 (简称换位运算), 即对于 $\mathfrak{g}$ 中任意二元素 X 和 Y, $\mathfrak{g}$ 中都有唯一的一个元素与之相应. 这个元素记作 $[X, Y]$, 称为 X 和 Y 的换位元素. 再设这个换位运算满足以下条件:

I. $[\lambda_1 X_1 + \lambda_2 X_2, Y] = \lambda_1 [X_1, Y] + \lambda_2 [X_2, Y]$, 对任意 $X_1, X_2, Y \in \mathfrak{g}$ 及任意复数 λ_1, λ_2.

II. $[X, Y] = -[Y, X]$, 对任意 $X, Y \in \mathfrak{g}$.

III. $[X, [Y, Z]] + [Y, [Z, X]] + [Z, [X, Y]] = 0$, 对任意 $X, Y, Z \in \mathfrak{g}$.

这时 $\mathfrak{g}$ 就称为复数域上的李代数, 简称为复李代数, 有时更简称为李代数. 向量空间 $\mathfrak{g}$ 的维数称为李代数 $\mathfrak{g}$ 的维数, 记作 $\dim \mathfrak{g}$.

条件 I 是说换位运算对于第一个因子是线性的. 利用 II, 可以从 I 推出换位运算对于第二个因子也是线性的:

I$'$. $[X, \lambda_1 Y_1 + \lambda_2 Y_2] = \lambda_1 [X, Y_1] + \lambda_2 [X, Y_2]$, 对任意 $X, Y_1, Y_2 \in \mathfrak{g}$ 及任意复数 λ_1, λ_2.

其次, 利用 II, 又可以从 III 推出

III$'$. $[[X, Y], Z] + [[Y, Z], X] + [[Z, X], Y] = 0$.

也可以将 III 写成

III$''$. $[X, [Y, Z]] = [[X, Y], Z] + [Y, [X, Z]]$.

通常我们将条件 III 称为 Jacobi 恒等式. 最后在 II 中置 $X=Y$, 我们有

II′. $[X,X]=0$, 对任意 $X\in\mathfrak{g}$.

我们举出下面几个例子.

例 1.1 设 $\mathfrak{g}$ 是 $\mathbb{C}$ 上的任一有限维向量空间. 对于任意 $X,Y\in\mathfrak{g}$, 定义 $[X,Y]=0$, 这时 I, II, III 自然成立. 于是 $\mathfrak{g}$ 成为一个李代数, 我们称 $\mathfrak{g}$ 是个交换李代数.

一般地, 李代数 $\mathfrak{g}$ 中如有两个元素 X 和 Y, 具有性质 $[X,Y]=0$, 我们就说 X 和 Y 交换.

例 1.2 设 V_3 是 $\mathbb{C}$ 上三维向量空间, 而 e_1,e_2,e_3 是 V_3 的一组基, 于是 V_3 中任一元素 x 皆可写作

$$x=x_1e_1+x_2e_2+x_3e_3.$$

再设 $y\in V_3$, 可将 y 写作

$$y=y_1e_1+y_2e_2+y_3e_3.$$

定义

$$[X,Y]=(x_2y_3-x_3y_2)e_1+(x_3y_1-x_1y_3)e_2+(x_1y_2-x_2y_1)e_3,$$

则 V_3 对于如此定义的换位运算组成一个李代数.

例 1.3 设 $\mathfrak{g}_3$ 是 $\mathbb{C}$ 上 3×3 斜对称矩阵的全体, $\mathfrak{g}_3$ 可看作 $\mathbb{C}$ 上的向量空间. 如果对于任意 $X,Y\in\mathfrak{g}_3$, 定义 $[X,Y]=XY-YX$, 则 $\mathfrak{g}_3$ 就成为一个李代数.

我们可以在 $\mathfrak{g}_3$ 中选一组基

$$M_1=\begin{pmatrix}0&0&0\\0&0&-1\\0&1&0\end{pmatrix},\quad M_2=\begin{pmatrix}0&0&1\\0&0&0\\-1&0&0\end{pmatrix},\quad M_3=\begin{pmatrix}0&-1&0\\1&0&0\\0&0&0\end{pmatrix},$$

于是

$$[M_1,M_2]=M_3,\quad [M_2,M_3]=M_1,\quad [M_3,M_1]=M_2.$$

而 $\mathfrak{g}_3$ 中任一矩阵 X 可写作

$$X=\begin{pmatrix}0&-x_3&x_2\\x_3&0&-x_1\\-x_2&x_1&0\end{pmatrix}=x_1M_1+x_2M_2+x_3M_3.$$

设

$$Y=\begin{pmatrix}0&-y_3&y_2\\y_3&0&-y_1\\-y_2&y_1&0\end{pmatrix}=y_1M_1+y_2M_2+y_3M_3,$$

则

$$[X, Y] = (x_2y_3 - x_3y_2)M_1 + (x_3y_1 - x_1y_3)M_2 + (x_1y_2 - x_2y_1)M_3.$$

因之从 V_3 到 $\mathfrak{g}_3$ 的映射

$$x = x_1e_1 + x_2e_2 + x_3e_3 \mapsto X = x_1M_1 + x_2M_2 + x_3M_3$$

是一一映射且具有性质:

1) 如 $x \mapsto X, y \mapsto Y$, 则对任意 $\lambda, \mu \in \mathbb{C}, \lambda x + \mu y \mapsto \lambda X + \mu Y$;

2) 如 $x \mapsto X, y \mapsto Y$, 则 $[x, y] \mapsto [X, Y]$.

这就是说, V_3 和 $\mathfrak{g}_3$ 具有相同的代数结构.

一般说来,

定义 1.2 从李代数 $\mathfrak{g}_1$ 到 $\mathfrak{g}_2$ 之上的一一映射 $X \mapsto Y$, 称为同构, 如果它满足下述条件:

1) 如 $X_1 \mapsto Y_1, X_2 \mapsto Y_2$, 则对任意 $\lambda, \mu \in \mathbb{C}, \lambda X_1 + \mu X_2 \mapsto \lambda Y_1 + \mu Y_2$.

2) 如 $X_1 \mapsto Y_1, X_2 \mapsto Y_2$, 则 $[X_1, X_2] \mapsto [Y_1, Y_2]$.

这时我们也说 $\mathfrak{g}_1$ 和 $\mathfrak{g}_2$ 同构, 记作 $\mathfrak{g}_1 \approx \mathfrak{g}_2$. 特别, 从李代数 $\mathfrak{g}$ 到自身之上的同构称为自同构.

李代数的基本问题之一就是定出所有互不同构的李代数.

设 $\mathfrak{g}$ 是 r 维李代数, 并设 $X_1, \cdots, X_r$ 是 $\mathfrak{g}$ 的一组基. 假定

$$[X_i, X_j] = \sum_{k=1}^{r} c_{ij}^k X_k, \quad 1 \leqslant i, j \leqslant r,$$

则 $\mathfrak{g}$ 中任意两个元素的换位元素可利用 c_{ij}^k 这 r^3 个常数计算出来, 即如 $X = \sum_{i=1}^{r} \lambda_i X_i, Y = \sum_{j=1}^{r} \mu_j X_j$, 则

$$[X, Y] = \sum_{i,j,k=1}^{r} \lambda_i \mu_j c_{ij}^k X_k. \tag{1.1}$$

这样, c_{ij}^k $(i, j, k = 1, 2, \cdots, r)$ 这 r^3 个数就称为 $\mathfrak{g}$ 的一组结构常数. 不难验证, $\mathfrak{g}$ 的一组结构常数 c_{ij}^k 满足以下关系式:

1) $c_{ij}^k = -c_{ji}^k$, $1 \leqslant i, j, k \leqslant r$,

2) $\sum_{s=1}^{r} (c_{ij}^s c_{sk}^l + c_{jk}^s c_{si}^l + c_{ki}^s c_{sj}^l) = 0$, $1 \leqslant i, j, k, l \leqslant r$.

反之, 设 $\mathfrak{g}$ 是 r 维向量空间, c_{ij}^k $(i, j, k = 1, 2, \cdots, r)$ 是 r^3 个常数且满足上述条

件 1) 和 2). 如果在 $\mathfrak{g}$ 中选一组基 $X_1, \cdots, X_r$, 并利用 (1.1) 式来定义 $\mathfrak{g}$ 中两个元素 $X = \sum_{i=1}^{r} \lambda_i X_i$ 和 $Y = \sum_{j=1}^{r} \mu_j X_j$ 的换位元素, 可以证明 $\mathfrak{g}$ 对于这样定义的换位运算组成一个李代数.

显而易见, 可选取同构的李代数的基, 使它们可以有同一组结构常数, 而且有相同的结构常数组的李代数必同构. 另一方面, 李代数的结构常数组依赖于基的选取. 设 $Y_1, Y_2, \cdots, Y_r$ 是 $\mathfrak{g}$ 的另一组基, 假定

$$[Y_i, Y_j] = \sum_{k=1}^{r} c'^k_{ij} Y_k, \quad 1 \leqslant i, j \leqslant r.$$

设

$$Y_i = \sum_{j=1}^{r} a_i^j X_j, \quad 1 \leqslant i \leqslant r,$$

而 $\det(a_i^j) \neq 0$, 于是有

$$\sum_{k=1}^{r} c'^k_{ij} a_k^l = \sum_{s,t=1}^{r} a_i^s a_j^t c_{st}^l, \quad 1 \leqslant i, j, l \leqslant r. \tag{1.2}$$

因此, 两个李代数同构当且仅当它们的结构常数组 c_{ij}^k 和 c'^k_{ij} 适合关系式 (1.2), 其中 (a_i^j) 为一非异矩阵.

最后, 我们再举出下面的例子.

例 1.4　设 $\mathfrak{gl}(n, \mathbb{C})$ 是 $\mathbb{C}$ 上所有 $n \times n$ 矩阵的集合. 我们知道 $\mathfrak{gl}(n, \mathbb{C})$ 对于矩阵加法及数乘矩阵的乘法组成 $\mathbb{C}$ 上的一个 n^2 维向量空间. 现在对于任意 $X, Y \in \mathfrak{gl}(n, \mathbb{C})$ 定义

$$[X, Y] = XY - YX,$$

则 $\mathfrak{gl}(n, \mathbb{C})$ 组成一李代数.

$\mathfrak{gl}(n, \mathbb{C})$ 亦可看作由 $\mathbb{C}$ 上某一 n 维向量空间 V 上的一切线性变换所组成, 这时常记作 $\mathfrak{gl}(V)$. 有时我们采用这一观点, 有时则采用另一观点, 读者可从上下文自明, 因而常不加特殊声明.

§2　子代数, 理想, 商代数

设 $\mathfrak{g}$ 是李代数, $\mathfrak{m}, \mathfrak{n}$ 是 $\mathfrak{g}$ 的子集. 以 $\mathfrak{m} + \mathfrak{n}$ 表由 $\mathfrak{g}$ 中一切形如 $M + N (M \in \mathfrak{m}, N \in \mathfrak{n})$ 的元素所张成的向量子空间; 以 $[\mathfrak{m}, \mathfrak{n}]$ 表由 $\mathfrak{g}$ 中一切形如 $[M, N] (M \in \mathfrak{m}, N \in \mathfrak{n})$ 的元素所张成的向量子空间. 设 $\mathfrak{m}, \mathfrak{m}_1, \mathfrak{m}_2, \mathfrak{n}, \mathfrak{p}$ 都是 $\mathfrak{g}$ 的子空间, 则有以下诸性质:

1) $[\mathfrak{m}_1+\mathfrak{m}_2,\mathfrak{n}]\subseteq[\mathfrak{m}_1,\mathfrak{n}]+[\mathfrak{m}_2,\mathfrak{n}]$;

2) $[\mathfrak{m},\mathfrak{n}]=[\mathfrak{n},\mathfrak{m}]$;

3) $[\mathfrak{m},[\mathfrak{n},\mathfrak{p}]]\subseteq[\mathfrak{n},[\mathfrak{p},\mathfrak{m}]]+[\mathfrak{p},[\mathfrak{m},\mathfrak{n}]]$.

定义 1.3 设 $\mathfrak{g}$ 是李代数. $\mathfrak{g}$ 的一个子空间 $\mathfrak{h}$ 称为 $\mathfrak{g}$ 的一个子代数, 如果 $[\mathfrak{h},\mathfrak{h}]\subseteq\mathfrak{h}$; 换句话说, 对任意 $X,Y\in\mathfrak{h}$ 总有 $[X,Y]\in\mathfrak{h}$. $\mathfrak{g}$ 的一个子空间 $\mathfrak{h}$ 称为 $\mathfrak{g}$ 的一个理想, 如果 $[\mathfrak{g},\mathfrak{h}]\subseteq\mathfrak{h}$; 换句话说, 对任意 $X\in\mathfrak{g},Y\in\mathfrak{h}$, 总有 $[X,Y]\in\mathfrak{h}$.

$\mathfrak{g}$ 的理想自然是 $\mathfrak{g}$ 的子代数. 如 $\mathfrak{h}_1$ 和 $\mathfrak{h}_2$ 是 $\mathfrak{g}$ 的理想, 则 $\mathfrak{h}_1+\mathfrak{h}_2$ 和 $\mathfrak{h}_1\cap\mathfrak{h}_2$ 也是 $\mathfrak{g}$ 的理想.

$\mathfrak{gl}(n,\mathbb{C})$ 的子代数称为矩阵李代数, 也称为线性李代数.

定义 1.4 设 $\mathfrak{h}$ 是李代数 $\mathfrak{g}$ 的理想, 像通常一样, 可定义商空间 $\mathfrak{g}/\mathfrak{h}$, 它由 $\mathfrak{g}$ 对 $\mathfrak{h}$ 的所有陪集 (即同余类) 组成. 如 $X\in\mathfrak{g}$, 记 $\overline{X}=X+\mathfrak{h}$ 为 X 所属的 $\mathrm{mod}\,\mathfrak{h}$ 的同余类, 即商空间 $\mathfrak{g}/\mathfrak{h}$ 中的一个元素. 定义

$$[\overline{X},\overline{Y}]=\overline{[X,Y]}.$$

可以证明, 这个定义与同余类中代表元素的选取无关. 这样, 商空间 $\mathfrak{g}/\mathfrak{h}$ 对于如此定义的换位运算组成一个李代数, 称为 $\mathfrak{g}$ 对 $\mathfrak{h}$ 的商代数.

设 $\mathfrak{g}$ 是李代数, $\mathfrak{h}$ 是 $\mathfrak{g}$ 的理想, 于是可以定义一个从 $\mathfrak{g}$ 到商代数 $\mathfrak{g}/\mathfrak{h}$ 之上的映射

$$X\mapsto\overline{X}.$$

可以证明, 这个映射满足条件:

1) 如 $X\mapsto\overline{X},Y\mapsto\overline{Y}$, 则对任意 $\lambda,\mu\in\mathbb{C},\lambda X+\mu Y\mapsto\lambda\overline{X}+\mu\overline{Y}$;

2) 如 $X\mapsto\overline{X},Y\mapsto\overline{Y}$, 则 $[X,Y]\mapsto[\overline{X},\overline{Y}]$.

一般说来, 有

定义 1.5 从李代数 $\mathfrak{g}$ 到李代数 $\mathfrak{g}_1$ 之中的一个映射

$$X\mapsto X_1$$

称为一个同态, 如果它满足条件:

1) 如 $X\mapsto X_1,Y\mapsto Y_1$, 则对任意 $\lambda,\mu\in\mathbb{C},\lambda X+\mu Y\mapsto\lambda X_1+\mu Y_1$;

2) 如 $X\mapsto X_1,Y\mapsto Y_1$, 则 $[X,Y]\mapsto[X_1,Y_1]$.

如果这个同态是映上的, 我们就说 $\mathfrak{g}_1$ 是 $\mathfrak{g}$ 的一个同态像.

定理 1.1 从 $\mathfrak{g}$ 到它的商代数 $\mathfrak{g}/\mathfrak{h}$ 之上的映射 $X\mapsto\overline{X}$ 是一个同态, 称为自然同态, 而 $\mathfrak{g}/\mathfrak{h}$ 是 $\mathfrak{g}$ 的一个同态像. 反过来, 设

$$f:X\mapsto X_1$$

是从李代数 $\mathfrak{g}$ 到 $\mathfrak{g}_1$ 之上的一个同态, 将同态的核记作 $\mathfrak{h}$ (即 $\mathfrak{g}$ 中在同态之下映到 0 的元素的全体), 则 $\mathfrak{h}$ 是 $\mathfrak{g}$ 的一个理想, 而

$$\overline{f}:\overline{X}\mapsto f(X)$$

是商代数 $\mathfrak{g}/\mathfrak{h}$ 到 $\mathfrak{g}_1$ 之上的同构 ($\overline{f}$ 称为由 f 所诱导出来的自然同构).

证 只需要证明定理的第二部分. 先证 $\mathfrak{h}$ 是 $\mathfrak{g}$ 的理想. 设 $X,Y\in\mathfrak{h}$, 即 $f(X)=f(Y)=0$, 则

$$f(X+Y)=f(X)+f(Y)=0+0=0,$$
$$f(\lambda X)=\lambda f(X)=\lambda\cdot 0=0,\ \text{对任意}\ \lambda\in\mathbb{C}.$$

于是 $X+Y\in\mathfrak{h},\lambda X\in\mathfrak{h}$, 这证明了 $\mathfrak{h}$ 是 $\mathfrak{g}$ 的子空间. 再设 $X\in\mathfrak{g},Y\in\mathfrak{h}$, 则

$$f([X,Y])=[f(X),f(Y)]=[f(X),0]=0.$$

因之 $[X,Y]\in\mathfrak{h}$, 这证明了 $\mathfrak{h}$ 是 $\mathfrak{g}$ 的理想.

其次证明 $\overline{f}$ 的定义不依赖于同余类中元素的选取. 设 X,Y 属同一同余类, 即 $\overline{X}=\overline{Y}$, 那么 $X-Y=H\in\mathfrak{h}$. 于是

$$f(X-Y)=f(H)=0,$$

因之 $f(X)=f(Y)$, 所以 $\overline{f}(\overline{X})=\overline{f}(\overline{Y})$.

最后证明 $\overline{f}$ 是个同构, 设 $\overline{X},\overline{Y}\in\mathfrak{g}/\mathfrak{h}$, 则

$$\overline{f}(\overline{X}+\overline{Y})=f(X+Y)=f(X)+f(Y)=\overline{f}(\overline{X})+\overline{f}(\overline{Y}),$$
$$\overline{f}(\lambda\overline{X})=f(\lambda X)=\lambda f(X)=\lambda\overline{f}(\overline{X}),\ \text{对}\ \lambda\in\mathbb{C},$$
$$\overline{f}([\overline{X},\overline{Y}])=f([X,Y])=[f(X),f(Y)]=[\overline{f}(\overline{X}),\overline{f}(\overline{Y})].$$

因此 $\overline{f}$ 是同态. 再设 $\overline{f}(\overline{X})=\overline{f}(\overline{Y})$, 而 $\overline{X},\overline{Y}\in\mathfrak{g}/\mathfrak{h}$, 那么

$$f(X-Y)=f(X)-f(Y)=\overline{f}(\overline{X})-\overline{f}(\overline{Y})=0.$$

于是 $X-Y\in\mathfrak{h}$, 因之 $\overline{X}=\overline{Y}$. 这证明了 $\overline{f}$ 是一一对应, 因而是同构. □

为了说明以上概念, 举出下面一些例子.

例 1.5 $\mathfrak{gl}(n,\mathbb{C})$ 中所有迹为 0 的矩阵组成一个子代数, 记作 A_{n-1}. 实际上, A_{n-1} 还是 $\mathfrak{gl}(n,\mathbb{C})$ 的理想, 因为, 如 $X,Y\in\mathfrak{gl}(n,\mathbb{C})$, 则

$$\mathrm{Tr}\,[X,Y]=\mathrm{Tr}\,(XY-YX)=0,$$

故 $[X,Y] \in A_{n-1}$.

$\mathfrak{gl}(n,\mathbb{C})$ 中所有纯量矩阵组成一个一维子代数, 它也是 $\mathfrak{gl}(n,\mathbb{C})$ 的理想, 因为, 如 λI 为纯量矩阵, 则对任意 $X \in \mathfrak{gl}(n,\mathbb{C})$ 都有

$$[X,\lambda I] = X \cdot \lambda I - \lambda I \cdot X = 0.$$

$\mathfrak{gl}(n,\mathbb{C})$ 中所有对角矩阵组成一个 n 维交换子代数, 记作 $\mathfrak{d}(n,\mathbb{C})$. $\mathfrak{gl}(n,\mathbb{C})$ 中所有迹为 0 的对角矩阵组成 A_{n-1} 的一个 $n-1$ 维交换子代数.

例 1.6 设 M 是 $n \times n$ 矩阵. 适合条件

$$XM + MX' = 0$$

的一切 $n \times n$ 复系数矩阵 X 组成一个线性李代数, 上面 X' 表示矩阵 X 的转置矩阵. 实际上, 从 $XM + MX' = 0$ 及 $YM + MY' = 0$ 推出

$$\begin{aligned}
[X,Y]M + M[X,Y]' &= (XY - YX)M + M(XY - YX)' \\
&= XYM - YXM + MY'X' - MX'Y' \\
&= -XMY' + YMX' - YMX' + XMY' = 0.
\end{aligned}$$

这个李代数记作 $\mathfrak{g}(n,M,\mathbb{C})$. 容易验证, 如 M_1 和 M_2 合同, 则 $\mathfrak{g}(n,M_1,\mathbb{C})$ 与 $\mathfrak{g}(n,M_2,\mathbb{C})$ 同构.

$\mathfrak{g}(n,M,\mathbb{C})$ 有以下重要特例:

设 M 是一个非奇异对称矩阵, 这时我们得到正交代数. 因任一复系数的非奇异对称矩阵皆与单位矩阵合同, 因此正交代数可看作由所有斜对称矩阵组成. 另外, 任一复系数的非奇异对称矩阵或者合同于

$$\begin{pmatrix} 0 & I_m \\ I_m & 0 \end{pmatrix}, \text{ 如 } n = 2m \text{ 是偶数,}$$

或者合同于

$$\begin{pmatrix} 1 & 0 & 0 \\ 0 & 0 & I_m \\ 0 & I_m & 0 \end{pmatrix}, \text{ 如 } n = 2m+1 \text{ 是奇数.}$$

因此正交代数分成两个系列, 当 $n = 2m+1$ 是奇数时记作 B_m, 而当 $n = 2m$ 是偶数时记作 D_m.

设 M 是非奇异斜对称矩阵, 这时 n 一定是偶数 $n = 2m$. 任一非奇异斜对称矩阵皆合同于

$$\begin{pmatrix} 0 & I_m \\ -I_m & 0 \end{pmatrix},$$

相应的代数称为辛代数, 记作 C_m.

李代数 A_n, B_n, C_n 和 D_n 统称典型李代数.

§3 单代数

定义 1.6 设 $\mathfrak{g}$ 是李代数, 显然 $\mathfrak{g}$ 本身以及仅由零向量组成的子代数 $\{0\}$ 是 $\mathfrak{g}$ 的理想. 如果 $\mathfrak{g}$ 除了这两个理想之外, 不再有其他的理想, 就说 $\mathfrak{g}$ 是个单李代数.

显然一维李代数是单李代数, 而维数大于 1 的交换李代数一定不是单李代数. 因此, 除了一维代数之外, 单李代数都不是交换的.

定理 1.2 代数 $A_n(n \geqslant 1), B_n(n \geqslant 1), C_n(n \geqslant 1)$ 和 D_n $(n \geqslant 3)$ 都是单李代数.

证 我们先来逐一研究 A_n, B_n, C_n 和 D_n 的结构公式.

(A_n) 令 $m = n+1$. 全体迹为 0 的 $m \times m$ 矩阵组成的李代数就是 A_n, 其维数为 n^2+2n. 令

$$H_{\lambda_1\lambda_2\cdots\lambda_m} = \begin{pmatrix} \lambda_1 & & & 0 \\ & \lambda_2 & & \\ & & \ddots & \\ 0 & & & \lambda_m \end{pmatrix},$$

则所有 $H_{\lambda_1\lambda_2\cdots\lambda_m}$ (而 $\sum\limits_{i=1}^{m}\lambda_i = 0$) 的集合组成一个 n 维交换子代数 $\mathfrak{h}$. 以 E_{ik} 表示 i 行 k 列位置上的元素为 1 而其余位置的元素皆为 0 的矩阵, 再令

$$H_{\lambda_i-\lambda_k} = E_{ii} - E_{kk} \quad (i \neq k),$$
$$E_{\lambda_i-\lambda_k} = E_{ik} \quad (i \neq k),$$

则 $\mathfrak{h}$ 与所有 $E_{\lambda_i-\lambda_k}$ $(i \neq k;\ i,k = 1,2,\cdots,m)$ 的线性组合即是 A_n. $\lambda_i - \lambda_k$ $(i \neq k;\ i,k = 1,2,\cdots,m)$ 称为 A_n 的根. 如果 $n \geqslant 2$, 则 A_n 的任意一个根皆可从 A_n 的任一个固定的根经逐次添加 A_n 的根得到, 但要求每次添加后的和都是根. A_n 的结构公式是

$$\left.\begin{aligned} &[H_1, H_2] = 0, && \text{对任意 } H_1, H_2 \in \mathfrak{h}, \\ &[H_{\lambda_1\cdots\lambda_m}, E_\alpha] = \alpha E_\alpha, && \text{对任一根 } \alpha, \\ &[E_\alpha, E_{-\alpha}] = H_\alpha, && \text{对任一根 } \alpha, \\ &[E_\alpha, E_\beta] = \begin{cases} 0, & \text{若 } \alpha+\beta \text{ 不是根}, \\ \pm E_{\alpha+\beta}, & \text{若 } \alpha+\beta \text{ 是根}, \end{cases} \end{aligned}\right\} \tag{1.3}$$

(B_n) 令 $m=2n+1$. 令

$$S=\begin{pmatrix}1&0&0\\0&0&I^{(n)}\\0&I^{(n)}&0\end{pmatrix},$$

于是一切 $m\times m$ 的矩阵 X 适合条件

$$XS+SX'=0$$

者组成李代数 B_n. 将 $m\times m$ 矩阵 X 作与 S 同样的分块

$$X=\begin{pmatrix}a&u&v\\w&A_{11}&A_{12}\\z&A_{21}&A_{22}\end{pmatrix},$$

于是 $X\in B_n$ 当且仅当

$$a=0,\quad w=-v',\quad z=-u',\quad A_{11}=-A'_{22},\quad A_{12}=-A'_{12},\quad A_{21}=-A'_{21};$$

换言之, B_n 由一切形如

$$\begin{pmatrix}0&u&v\\-v'&A_{11}&A_{12}\\-u'&A_{21}&-A'_{11}\end{pmatrix},\quad A'_{12}=-A_{12},\quad A'_{21}=-A_{21}$$

的矩阵组成, B_n 的维数是 $2n^2+n$. 令

$$H_{\lambda_1\cdots\lambda_n}=\begin{pmatrix}0&&&&&&&&\\&\lambda_1&&&&&&&\\&&\lambda_2&&&&&0&\\&&&\ddots&&&&&\\&&&&\lambda_n&&&&\\&&&&&-\lambda_1&&&\\&&&&&&-\lambda_2&&\\&&0&&&&&\ddots&\\&&&&&&&&-\lambda_n\end{pmatrix},$$

则所有 $H_{\lambda_1\cdots\lambda_n}$ 的集合组成一个 n 维交换子代数 $\mathfrak{h}$. 再令

$$E_{\lambda_i-\lambda_k}=\begin{pmatrix}0&&\\&E_{ik}&\\&&-E_{ki}\end{pmatrix},\quad E_{-\lambda_i+\lambda_k}=\begin{pmatrix}0&&\\&E_{ki}&\\&&-E_{ik}\end{pmatrix},\quad i<k,$$

$$E_{\lambda_i+\lambda_k}=\begin{pmatrix}0&&\\&0&E_{ik}-E_{ki}\\&&0\end{pmatrix},\quad E_{-\lambda_i-\lambda_k}=\begin{pmatrix}0&&\\&0&\\&-E_{ik}+E_{ki}&0\end{pmatrix},\quad i<k,$$

$$E_{\lambda_i}=\begin{pmatrix}0&0&e_i\\-e_i'&0&0\\0&0&0\end{pmatrix},\quad E_{-\lambda_i}=\begin{pmatrix}0&-e_i&0\\0&0&0\\e_i'&0&0\end{pmatrix},$$

$$H_{\lambda_i-\lambda_k}=\begin{pmatrix}0&&\\&E_{ii}-E_{kk}&\\&&-E_{ii}+E_{kk}\end{pmatrix},\quad i\neq k,$$

$$H_{\pm(\lambda_i+\lambda_k)}=\begin{pmatrix}0&&\\&\pm(E_{ii}+E_{kk})&\\&&\mp(E_{ii}+E_{kk})\end{pmatrix},\quad i<k,$$

$$H_{\pm\lambda_i}=\begin{pmatrix}0&&\\&\pm E_{ii}&\\&&\mp E_{ii}\end{pmatrix},$$

其中 e_i 表第 i 个分量为 1, 其余分量为 0 的 n 维向量. 于是 $\mathfrak{h}$ 和 $E_{\pm(\lambda_i-\lambda_k)}$ $(i<k)$, $E_{\pm(\lambda_i+\lambda_k)}$ $(i<k)$, $E_{\pm\lambda_i}$ 的线性组合即是 B_n. $\lambda_i-\lambda_k$ $(i\neq k)$, $\pm(\lambda_i+\lambda_k)$ $(i<k)$ 和 $\pm\lambda_i$ 称为 B_n 的根. 如果 $n\geqslant 2$, 则 B_n 的任一根皆可从 B_n 的任一固定的根经逐步添加 B_n 的根而得到, 但要求每次添加后的和都是根. B_n 的结构公式也是 (1.3).

(C_n) 令 $m=2n$. 令

$$K=\begin{pmatrix}0&I^{(n)}\\-I^{(n)}&0\end{pmatrix},$$

于是一切 $m\times m$ 矩阵 X 适合条件

$$XK+KX'=0$$

者组成李代数 C_n. 显然, C_n 由所有形如

$$\begin{pmatrix}A_{11}&A_{12}\\A_{21}&-A_{11}'\end{pmatrix},\quad A_{12}'=A_{12},\quad A_{21}'=A_{21}$$

的矩阵组成, C_n 的维数是 $2n^2+n$. 令

$$H_{\lambda_1\cdots\lambda_n}=\begin{pmatrix}\lambda_1 & & & & & 0\\ & \ddots & & & & \\ & & \lambda_n & & & \\ & & & -\lambda_1 & & \\ & & & & \ddots & \\ 0 & & & & & -\lambda_n\end{pmatrix},$$

则所有 $H_{\lambda_1\cdots\lambda_n}$ 的集合组成一个 n 维交换子代数 $\mathfrak{h}$. 再令

$$E_{\lambda_i-\lambda_k}=\begin{pmatrix}E_{ik} & 0\\ 0 & -E_{ki}\end{pmatrix},\quad E_{-\lambda_i+\lambda_k}=\begin{pmatrix}E_{ki} & 0\\ 0 & -E_{ik}\end{pmatrix},\quad i<k,$$

$$E_{\lambda_i+\lambda_k}=\begin{pmatrix}0 & E_{ik}+E_{ki}\\ 0 & 0\end{pmatrix},\quad E_{-\lambda_i-\lambda_k}=\begin{pmatrix}0 & 0\\ E_{ik}+E_{ki} & 0\end{pmatrix},\quad i<k,$$

$$E_{2\lambda_i}=\begin{pmatrix}0 & E_{ii}\\ 0 & 0\end{pmatrix},\quad E_{-2\lambda_i}=\begin{pmatrix}0 & 0\\ E_{ii} & 0\end{pmatrix},$$

$$H_{\lambda_i-\lambda_k}=\begin{pmatrix}E_{ii}-E_{kk} & 0\\ 0 & -E_{ii}+E_{kk}\end{pmatrix},\quad i\neq k,$$

$$H_{\pm(\lambda_i+\lambda_k)}=\begin{pmatrix}\pm(E_{ii}+E_{kk}) & 0\\ 0 & \mp(E_{ii}+E_{kk})\end{pmatrix},\quad i<k,$$

$$H_{\pm 2\lambda_i}=\begin{pmatrix}\pm E_{ii} & 0\\ 0 & \mp E_{ii}\end{pmatrix},$$

于是 $\mathfrak{h}$ 和 $E_{\pm(\lambda_i-\lambda_k)}$ $(i<k)$, $E_{\pm(\lambda_i+\lambda_k)}$ $(i<k)$, $E_{\pm 2\lambda_i}$ 的线性组合即是 C_n. $\pm(\lambda_i-\lambda_k)$ $(i<k)$, $\pm(\lambda_i+\lambda_k)$ $(i<k)$ 和 $\pm 2\lambda_i$ 称为 C_n 的根. 如果 $n\geqslant 2$, 则 C_n 的任意一个根也可以从 C_n 的任一固定的根经逐步添加 C_n 的根而得到, 但要求每次添加后的和都是根. C_n 的结构公式也是 (1.3).

(D_n) 令 $m=2n$. 令

$$S=\begin{pmatrix}0 & I^{(n)}\\ I^{(n)} & 0\end{pmatrix},$$

于是一切 $m\times m$ 矩阵 X 适合条件

$$XS+SX'=0$$

者组成李代数 D_n. 显然, D_n 由所有形为

$$\begin{pmatrix} A_{11} & A_{12} \\ A_{21} & -A'_{11} \end{pmatrix}, \quad A'_{12} = -A_{12}, \quad A'_{21} = -A_{21}$$

的矩阵组成, D_n 的维数是 $2n^2 - n$. 令

$$H_{\lambda_1 \cdots \lambda_n} = \begin{pmatrix} \lambda_1 & & & & & 0 \\ & \ddots & & & & \\ & & \lambda_n & & & \\ & & & -\lambda_1 & & \\ & & & & \ddots & \\ 0 & & & & & -\lambda_n \end{pmatrix},$$

则所有 $H_{\lambda_1 \cdots \lambda_n}$ 的集合组成一个 n 维交换子代数 $\mathfrak{h}$. 再令

$$E_{\lambda_i - \lambda_k} = \begin{pmatrix} E_{ik} & 0 \\ 0 & -E_{ki} \end{pmatrix}, \quad E_{-\lambda_i + \lambda_k} = \begin{pmatrix} E_{ki} & 0 \\ 0 & -E_{ik} \end{pmatrix}, \quad i < k,$$

$$E_{\lambda_i + \lambda_k} = \begin{pmatrix} 0 & E_{ik} - E_{ki} \\ 0 & 0 \end{pmatrix}, \quad E_{-\lambda_i - \lambda_k} = \begin{pmatrix} 0 & 0 \\ -E_{ik} + E_{ki} & 0 \end{pmatrix}, \quad i < k,$$

$$H_{\lambda_i - \lambda_k} = \begin{pmatrix} E_{ii} - E_{kk} & 0 \\ 0 & -E_{ii} + E_{kk} \end{pmatrix}, \quad i \neq k,$$

$$H_{\pm(\lambda_i + \lambda_k)} = \begin{pmatrix} \pm(E_{ii} + E_{kk}) & 0 \\ 0 & \mp(E_{ii} + E_{kk}) \end{pmatrix}, \quad i < k,$$

于是 $\mathfrak{h}$ 和 $E_{\pm(\lambda_i - \lambda_k)}$ $(i < k)$, $E_{\pm(\lambda_i + \lambda_k)}$ $(i < k)$ 的线性组合即是 D_n. $\pm(\lambda_i - \lambda_k)$ $(i < k)$, $\pm(\lambda_i + \lambda_k)$ $(i < k)$ 称为 D_n 的根. 如 $n \geqslant 3$, 则 D_n 的任一根皆可由 D_n 的任一固定的根经逐步添加 D_n 的根而得到, 但要求每次添加后的和都是根. D_n 的结构公式也是 (1.3).

现在我们可以证明 $A_n(n \geqslant 1), B_n(n \geqslant 1), C_n(n \geqslant 1)$ 及 $D_n(n \geqslant 3)$ 是单李代数. 以 $\mathfrak{g}$ 表示所考虑的代数, 即 $A_n(n \geqslant 1), B_n(n \geqslant 1), C_n(n \geqslant 1)$ 或 $D_n(n \geqslant 3)$ 之一. 设 $\mathfrak{n}$ 是 $\mathfrak{g}$ 的一个非 0 理想, 我们要证明 $\mathfrak{n} = \mathfrak{g}$. 在 $\mathfrak{n}$ 中任取一非 0 元素

$$A = H_0 + \sum_{\alpha \in \Sigma} \lambda_\alpha E_\alpha,$$

其中 $H_0 \in \mathfrak{h}$ 而 Σ 表示 $\mathfrak{g}$ 的所有根的集合. 不妨假定有一个 $\lambda_\alpha \neq 0$; 因为如若不然, $A = H_0 \in \mathfrak{h}, H_0 \neq 0$, 于是由 (1.3) 中第二式知一定有一个 E_α 使 $[H_0, E_\alpha] = \alpha_0 E_\alpha \neq 0$, 这里 α_0 是个非零复数, 这样 $E_\alpha \in \mathfrak{n}$.

如 $\mathfrak{g}=A_n$ 而 $m=n+1$, 令 $H=H_{\lambda_1\cdots\lambda_m}$; 如 $\mathfrak{g}=B_n$, C_n 或 D_n, 令 $H=H_{\lambda_1\cdots\lambda_n}$. 由 $A\in\mathfrak{n}$ 得

$$\underbrace{[H,\cdots,[H,[H}_{r\text{ 个}},A]]\cdots]=\sum_{\alpha\in\Sigma}\lambda_\alpha\alpha^r E_\alpha\in\mathfrak{n},\quad r=1,2,\cdots \tag{1.4}$$

以 l 表示 $\mathfrak{g}$ 的根的个数, 并将 $\mathfrak{g}$ 的 l 个根记作 $\alpha_1,\alpha_2,\cdots,\alpha_l$, 则 $l\times l$ 行列式

$$V(\alpha_1,\cdots,\alpha_l)=\begin{vmatrix}\alpha_1 & \cdots & \alpha_l\\ \alpha_1^2 & \cdots & \alpha_l^2\\ \vdots & & \vdots\\ \alpha_1^l & \cdots & \alpha_l^l\end{vmatrix}=\prod_j\alpha_j\prod_{i>k}(\alpha_i-\alpha_k)\neq 0.$$

将 (1.4) 中第 r 式乘以 $V(\alpha_1,\cdots,\alpha_l)$ 中 α_i^r 的代数余子式, 然后对 $r=1,2,\cdots,l$ 相加, 即得

$$V(\alpha_1,\cdots,\alpha_l)\lambda_{\alpha_i}E_{\alpha_i}\in\mathfrak{n}.$$

由此推出 $E_{\alpha_i}\in\mathfrak{n}$. 由于 $\mathfrak{g}$ 的任一根皆可从 $\mathfrak{g}$ 的任一固定的根经逐步添加 $\mathfrak{g}$ 的根而得到, 于是由 (1.3) 中第四式知, 对所有的根 α, $E_\alpha\in\mathfrak{n}$. 再由 (1.3) 中第三式知, 对所有根 $\alpha, H_\alpha\in\mathfrak{n}$. 这就证明了 $\mathfrak{n}=\mathfrak{g}$. □

§4 直　和

定义 1.7 设 $\mathfrak{g}$ 是李代数, 并设 $\mathfrak{g}_1,\mathfrak{g}_2,\cdots,\mathfrak{g}_m$ 是 $\mathfrak{g}$ 的理想. 如果 $\mathfrak{g}$ 的任一元素 X 皆可表示成 $\mathfrak{g}_1$ 中一元素, $\mathfrak{g}_2$ 中一元素, $\cdots$, $\mathfrak{g}_m$ 中一元素的和

$$X=X_1+X_2+\cdots+X_m,\quad X_i\in\mathfrak{g}_i(1\leqslant i\leqslant m),$$

而且这种表示法是唯一的, 我们就说 $\mathfrak{g}$ 是 $\mathfrak{g}_1,\mathfrak{g}_2,\cdots,\mathfrak{g}_m$ 的直和, 并记作 $\mathfrak{g}=\mathfrak{g}_1\dot{+}\mathfrak{g}_2\dot{+}\cdots\dot{+}\mathfrak{g}_m$.

设 $\mathfrak{g}$ 是 $\mathfrak{g}_1,\mathfrak{g}_2,\cdots,\mathfrak{g}_m$ 的直和, 则对 $i\neq j,\mathfrak{g}_i\cap\mathfrak{g}_j=\{0\}$, 这是因为如 $X\in\mathfrak{g}_i\cap\mathfrak{g}_j$, 则

$$\begin{aligned}X&=0+\cdots+0+\underset{i}{X}+0+\cdots+0\\&=0+\cdots+0+\underset{j}{X}+0+\cdots+0\end{aligned}$$

是 X 的两种表示成 $\mathfrak{g}_1,\mathfrak{g}_2,\cdots,\mathfrak{g}_m$ 中元素的和的表示法. 由表示法的唯一性推出 $X=0$. 由 $\mathfrak{g}_i\cap\mathfrak{g}_j=\{0\}$, 对 $i\neq j$, 推出 $[\mathfrak{g}_i,\mathfrak{g}_j]=0$, 对 $i\neq j$. 这是因为 $\mathfrak{g}_i,\mathfrak{g}_j$ 都是 $\mathfrak{g}$ 的理想, 于是 $[\mathfrak{g}_i,\mathfrak{g}_j]\subseteq\mathfrak{g}_i\cap\mathfrak{g}_j=\{0\}$.

如果 $\mathfrak{g}$ 是它的理想 $\mathfrak{g}_1,\cdots,\mathfrak{g}_m$ 的直和, 则 $\mathfrak{g}_i$ 的理想也是 $\mathfrak{g}$ 的理想. 实际上, 设 $\mathfrak{h}$ 是 $\mathfrak{g}_i$ 的理想, 则由 $[\mathfrak{h},\mathfrak{g}_j]\subset[\mathfrak{g}_i,\mathfrak{g}_j]=0$, 对一切 $j\neq i$ 推出

$$[\mathfrak{h},\mathfrak{g}]\subset[\mathfrak{h},\mathfrak{g}_1]+\cdots+[\mathfrak{h},\mathfrak{g}_m]=[\mathfrak{h},\mathfrak{g}_i]\subset\mathfrak{h}.$$

由上述性质可推出, 如 $\mathfrak{g}$ 是它的理想 $\mathfrak{g}_1,\mathfrak{g}_2,\cdots,\mathfrak{g}_r,\mathfrak{h}$ 的直和, $\mathfrak{h}$ 又是它的理想 $\mathfrak{g}_{r+1},\cdots,\mathfrak{g}_m$ 的直和, 则 $\mathfrak{g}_1,\cdots,\mathfrak{g}_r,\mathfrak{g}_{r+1},\cdots,\mathfrak{g}_m$ 都是 $\mathfrak{g}$ 的理想, 而 $\mathfrak{g}$ 是它们的直和. 实际上, 首先由上述性质推出, $\mathfrak{h}$ 的理想 $\mathfrak{g}_{r+1},\cdots,\mathfrak{g}_m$ 都是 $\mathfrak{g}$ 的理想; 其次, 设 $X\in\mathfrak{g}$, 则 X 可表示成

$$X=X_1+\cdots+X_r+H,\quad X_i\in\mathfrak{g}_i(1\leqslant i\leqslant r),\quad H\in\mathfrak{h}$$

而 H 又可表示成

$$H=X_{r+1}+\cdots+X_m,\quad X_i\in\mathfrak{g}_i(r+1\leqslant i\leqslant m).$$

于是

$$X=X_1+\cdots+X_r+X_{r+1}+\cdots+X_m,\quad X_i\in\mathfrak{g}_i(1\leqslant i\leqslant m).$$

假如还有

$$X=Y_1+\cdots+Y_r+Y_{r+1}+\cdots+Y_m,\quad Y_i\in\mathfrak{g}_i(1\leqslant i\leqslant m),$$

则因 $Y_{r+1},\cdots,Y_m\in\mathfrak{h}$ 及 $\mathfrak{g}$ 是 $\mathfrak{g}_1,\cdots,\mathfrak{g}_r,\mathfrak{h}$ 的直和推出

$$X_1=Y_1,\quad\cdots,\quad X_r=Y_r,\quad X_{r+1}+\cdots+X_m=Y_{r+1}+\cdots+Y_m.$$

再从 $\mathfrak{h}$ 是 $\mathfrak{g}_{r+1},\cdots,\mathfrak{g}_m$ 的直和推出

$$X_{r+1}=Y_{r+1},\cdots,\quad X_m=Y_m.$$

这证明了 $\mathfrak{g}$ 中任一元素可表示成 $\mathfrak{g}_1$ 中一元, $\mathfrak{g}_2$ 中一元, $\cdots$, $\mathfrak{g}_m$ 中一元的和, 而且这种表示法唯一. 因此 $\mathfrak{g}$ 是 $\mathfrak{g}_1,\mathfrak{g}_2,\cdots,\mathfrak{g}_m$ 的直和.

我们举出下面这个关于直和的例子.

例 1.7 $\mathfrak{gl}(n,\mathbb{C})$ 是 A_{n-1} 和纯量矩阵组成的一维李代数的直和.

我们已经知道 A_{n-1} 和纯量矩阵组成的一维子代数都是 $\mathfrak{gl}(n,\mathbb{C})$ 的理想, 现在我们来证明 $\mathfrak{gl}(n,\mathbb{C})$ 中任一元素 X 皆可表示成 A_{n-1} 中一元素与一纯量矩阵之和, 而且表示法唯一. 设 $\operatorname{Tr}X=\chi$, 则

$$X=\left(X-\frac{\chi}{n}I_n\right)+\frac{\chi}{n}I_n.$$

由于 $\mathrm{Tr}\left(X-\dfrac{\chi}{n}I_n\right)=\chi-n\cdot\dfrac{\chi}{n}=0$, 故 $X-\dfrac{\chi}{n}I_n\in A_{n-1}$. 又设

$$X=X_1+\lambda_1 I=Y_1+\lambda_2 I,$$

其中 $X_1,Y_1\in A_{n-1},\lambda_1,\lambda_2$ 为复数, 那么 $X_1-Y_1=(\lambda_1-\lambda_2)I$. 从 $\mathrm{Tr}\,(X_1-Y_1)=\mathrm{Tr}\,X_1-\mathrm{Tr}\,Y_1=0$ 推出 $\mathrm{Tr}\,(\lambda_1-\lambda_2)I=n(\lambda_1-\lambda_2)=0$, 因此 $\lambda_1=\lambda_2$, 于是 $X_1=Y_1$ 这证明了表示法的唯一性.

§5　导来链与降中心链

设 $\mathfrak{g}$ 是李代数. 以 $\mathscr{D}\mathfrak{g}$ 表示 $[\mathfrak{g},\mathfrak{g}]$, 称为 $\mathfrak{g}$ 的导代数. 如果 $\mathfrak{h}$ 是 $\mathfrak{g}$ 的理想, 则 $\mathscr{D}\mathfrak{h}$ 也是 $\mathfrak{g}$ 的理想. 实际上,

$$\begin{aligned}[\mathfrak{g},\mathscr{D}\mathfrak{h}]&=[\mathfrak{g},[\mathfrak{h},\mathfrak{h}]]\subset[\mathfrak{h},[\mathfrak{h},\mathfrak{g}]]+[\mathfrak{h},[\mathfrak{g},\mathfrak{h}]]\\&\subset[\mathfrak{h},\mathfrak{h}]+[\mathfrak{h},\mathfrak{h}]=\mathscr{D}\mathfrak{h}.\end{aligned}$$

定义 1.8　我们用归纳法来定义一系列子代数: $\mathscr{D}^{(0)}\mathfrak{g}=\mathfrak{g},\mathscr{D}^{(1)}\mathfrak{g}=\mathscr{D}\mathfrak{g},\cdots,\mathscr{D}^{(n+1)}\mathfrak{g}=\mathscr{D}(\mathscr{D}^{(n)}\mathfrak{g}),\cdots$, 这样我们得到一系列子代数

$$\mathscr{D}^{(0)}\mathfrak{g}\supset\mathscr{D}^{(1)}\mathfrak{g}\supset\cdots\supset\mathscr{D}^{(n)}\mathfrak{g}\supset\cdots.$$

每一个子代数都是 $\mathfrak{g}$ 的理想, 这一系列子代数称为 $\mathfrak{g}$ 的导来链. 如果有一个正整数 n 存在, 使 $\mathscr{D}^{(n)}\mathfrak{g}=\{0\}$, 则 $\mathfrak{g}$ 称为可解李代数.

关于可解李代数有以下性质:

1) 可解李代数的子代数是可解的; 可解李代数的同态像 (特别, 可解李代数的商代数) 也是可解的.

2) 设 $\mathfrak{g}$ 是李代数, $\mathfrak{h}$ 是它的理想, 如果 $\mathfrak{h}$ 和 $\mathfrak{g}/\mathfrak{h}$ 都可解, 则 $\mathfrak{g}$ 也可解.

3) 可解李代数的直和也可解.

这些性质的证明都很简单, 因而略去.

定义 1.9　设 $\mathfrak{g}$ 是李代数, $\mathfrak{g}$ 的理想 $\mathfrak{h}$ 如果是个可解李代数, 就称 $\mathfrak{h}$ 是 $\mathfrak{g}$ 的可解理想. 如果 $\mathfrak{g}$ 除了零代数之外, 不再含其他的可解理想, $\mathfrak{g}$ 就称为半单李代数.

一个等价的定义是:

如果 $\mathfrak{g}$ 不含非零交换理想, 就称 $\mathfrak{g}$ 为半单李代数.

实际上, 非零交换理想当然是可解理想. 反之, 设 $\mathfrak{n}$ 是 $\mathfrak{g}$ 的一个非零可解理想, 于是有非负整数 n 存在, 使 $\mathscr{D}^{(n-1)}\mathfrak{n}\neq\{0\}$, 而 $\mathscr{D}^{(n)}\mathfrak{n}=\{0\}$. 于是 $\mathscr{D}^{(n-1)}\mathfrak{n}$ 就是 $\mathfrak{g}$ 的一个非零交换理想.

W. Killing 和 E. Cartan 证明了①

"半单李代数一定是它所有的极小理想 (它们一定是单代数, 而且个数有限) 的直和" (李代数 $\mathfrak{g}$ 的一个理想 $\mathfrak{h}$ 称为极小理想, 如果它是 $\mathfrak{g}$ 的非 0 理想而且包在 $\mathfrak{h}$ 中的 $\mathfrak{g}$ 的理想只有 $\mathfrak{h}$ 本身和 $\{0\}$).

这个结果也说明了上节引入的直和这个概念的意义, 这个结果的证明将在第四章给出.

有不是半单的单李代数存在, 一维单代数是唯一的例子. 除此之外, 单李代数都是半单的. 今后总假定单李代数一定半单, 即不把一维李代数看成单李代数.

设 $\mathfrak{g}$ 是李代数. 如 $\mathfrak{n}_1$ 和 $\mathfrak{n}_2$ 都是 $\mathfrak{g}$ 的可解理想, 则 $\mathfrak{n}_1+\mathfrak{n}_2$ 亦然. 实际上, 设有非负整数 n_1 和 n_2 使 $\mathscr{D}^{(n_1)}\mathfrak{n}_1=\{0\}, \mathscr{D}^{(n_2)}\mathfrak{n}_2=\{0\}$, 则

$$\begin{aligned}\mathscr{D}(\mathfrak{n}_1+\mathfrak{n}_2)&=[\mathfrak{n}_1+\mathfrak{n}_2,\mathfrak{n}_1+\mathfrak{n}_2]\subset[\mathfrak{n}_1,\mathfrak{n}_2]+\mathfrak{n}_2\\&=\mathscr{D}\mathfrak{n}_1+\mathfrak{n}_2.\end{aligned}$$

设 $\mathscr{D}^{(m)}(\mathfrak{n}_1+\mathfrak{n}_2)\subseteq\mathscr{D}^{(m)}\mathfrak{n}_1+\mathfrak{n}_2$, m 是非负整数, 则

$$\begin{aligned}\mathscr{D}^{(m+1)}(\mathfrak{n}_1+\mathfrak{n}_2)&\subseteq[\mathscr{D}^{(m)}\mathfrak{n}_1+\mathfrak{n}_2,\mathscr{D}^{(m)}\mathfrak{n}_1+\mathfrak{n}_2]\\&\subseteq[\mathscr{D}^{(m)}\mathfrak{n}_1,\mathscr{D}^{(m)}\mathfrak{n}_1]+\mathfrak{n}_2=\mathscr{D}^{(m+1)}\mathfrak{n}_1+\mathfrak{n}_2.\end{aligned}$$

因此

$$\mathscr{D}^{(n_1)}(\mathfrak{n}_1+\mathfrak{n}_2)\subseteq\mathfrak{n}_2.$$

于是

$$\mathscr{D}^{(n_1+n_2)}(\mathfrak{n}_1+\mathfrak{n}_2)\subseteq\mathscr{D}^{(n_2)}\mathfrak{n}_2=\{0\}.$$

这就证明了 $\mathfrak{n}_1+\mathfrak{n}_2$ 也可解. 这样 $\mathfrak{g}$ 就有唯一的一个极大可解理想, 称为 $\mathfrak{g}$ 的根基, 记作 $\mathfrak{r}$. 我们有

定理 1.3 如果 $\mathfrak{g}$ 不可解, 则 $\mathfrak{g}/\mathfrak{r}$ 半单.

证 设 $\bar{\mathfrak{g}}_1$ 是 $\mathfrak{g}/\mathfrak{r}$ 的一个可解理想, 如以 $\mathfrak{g}_1$ 表示 $\bar{\mathfrak{g}}_1$ 在自然同态下的原像, 则 $\mathfrak{g}_1$ 可解. 因之 $\mathfrak{g}_1=\mathfrak{r}, \bar{\mathfrak{g}}_1=\{0\}$, 故 $\mathfrak{g}/\mathfrak{r}$ 半单. □

我们再来引进降中心链.

设 $\mathfrak{g}$ 是李代数. 令 $C^{(0)}\mathfrak{g}=\mathfrak{g}$, $C^{(1)}\mathfrak{g}=[\mathfrak{g},C^{(0)}\mathfrak{g}],\cdots,C^{(n+1)}\mathfrak{g}=[\mathfrak{g},C^{(n)}\mathfrak{g}]$. 可以证明 $C^{(n+1)}\mathfrak{g}\subseteq C^{(n)}\mathfrak{g}$, 而且 $C^{(n)}\mathfrak{g}$ 都是 $\mathfrak{g}$ 的理想 $(n=0,1,\cdots)$. 实际上,

①W. Killing, Die Zusammensetzung der stetigen endlichen Transformations-gruppen I, II, III, IV, *Math. Ann.* **31** (1888), 252–290; **33** (1889), 1–48; **34** (1889), 57–122; **36** (1890), 161–189. E. Cartan, Sur la structure des groupes de transformations finis et continus, Thèse, Paris, 1894.

$C^{(1)}\mathfrak{g} \subseteq C^{(0)}\mathfrak{g} = \mathfrak{g}$, 而从 $C^{(n)}\mathfrak{g} \subseteq C^{(n-1)}\mathfrak{g}$ 推出

$$C^{(n+1)}\mathfrak{g} = [\mathfrak{g}, C^{(n)}\mathfrak{g}] \subseteq [\mathfrak{g}, C^{(n-1)}\mathfrak{g}] = C^{(n)}\mathfrak{g}.$$

再设 $C^{(n-1)}\mathfrak{g}$ 是 $\mathfrak{g}$ 的理想, 则

$$[\mathfrak{g}, C^{(n)}\mathfrak{g}] \subseteq [\mathfrak{g}, C^{(n-1)}\mathfrak{g}] = C^{(n)}\mathfrak{g},$$

因此 $C^{(n)}\mathfrak{g}$ 也是 $\mathfrak{g}$ 的理想. 这样, 我们得到一系列子代数

$$C^{(0)}\mathfrak{g} \supseteq C^{(1)}\mathfrak{g} \supseteq \cdots \supseteq C^{(n)}\mathfrak{g} \supseteq \cdots, \tag{1.5}$$

每一个都是 $\mathfrak{g}$ 的理想.

定义 1.10 设 $\mathfrak{g}$ 是李代数. $\mathfrak{g}$ 的子代数序列 (1.5) 称为 $\mathfrak{g}$ 的降中心链. 如果有一正整数 n 存在使 $C^{(n)}\mathfrak{g} = \{0\}$, 则 $\mathfrak{g}$ 称为幂零.

因此 $\mathfrak{g}$ 幂零, 当且仅当有正整数 n 存在使

$$[X_n, [\cdots [X_2, X_1] \cdots]] = 0, \text{ 对任意 } X_1, \cdots, X_n \in \mathfrak{g}.$$

可以证明 $\mathscr{D}^{(n)}\mathfrak{g} \subseteq C^{(n)}\mathfrak{g}$. 实际上, 从 $\mathscr{D}^{(n)}\mathfrak{g} \subseteq C^{(n)}\mathfrak{g}$ 推出

$$\mathscr{D}^{(n+1)}\mathfrak{g} = [\mathscr{D}^{(n)}\mathfrak{g}, \mathscr{D}^{(n)}\mathfrak{g}] \subseteq [\mathfrak{g}, C^{(n)}\mathfrak{g}] = C^{(n+1)}\mathfrak{g}.$$

因此我们有

1) 如 $\mathfrak{g}$ 幂零, 则 $\mathfrak{g}$ 可解.

关于幂零李代数, 还有以下性质:

2) 幂零李代数的子代数是幂零的. 幂零李代数的同态像 (特别商代数) 也是幂零的.

3) 幂零李代数的直和也幂零.

这两个性质的证明都很简单, 因而略去.

最后, 我们举出可解矩阵李代数与幂零矩阵李代数的例子.

例 1.8 $\mathfrak{gl}(n, \mathbb{C})$ 中所有上三角形矩阵, 即一切形为

$$\begin{pmatrix} x_{11} & x_{12} & \cdots & x_{1n} \\ 0 & x_{22} & \cdots & x_{2n} \\ & \ddots & \ddots & \vdots \\ 0 & \cdots & 0 & x_{nn} \end{pmatrix}$$

的矩阵组成一个李代数, 记作 $\mathfrak{t}(n,\mathbb{C})$. 而 $\mathfrak{t}(n,\mathbb{C})$ 中对角线元素皆相等的矩阵也组成一个李代数, 记作 $\mathfrak{n}(n,\mathbb{C})$. 我们来证明 $\mathfrak{t}(n,\mathbb{C})$ 可解, 而 $\mathfrak{n}(n,\mathbb{C})$ 幂零.

为此目的, 以 $\mathfrak{n}_i(1\leqslant i\leqslant n)$ 表示 $\mathfrak{n}(n,\mathbb{C})$ 中一切形为

$$\begin{pmatrix} 0 & 0 & \cdots & 0 & x_{1i} & \cdots & \cdots & x_{1n} \\ 0 & 0 & \cdots & \cdots & 0 & x_{2,i+1} & \cdots & x_{2n} \\ \vdots & & \ddots & \ddots & & \ddots & \ddots & x_{n-i+1,n} \\ \vdots & & & & \ddots & & \ddots & 0 \\ \vdots & & & & & \ddots & \ddots & \vdots \\ 0 & 0 & \cdots & \cdots & \cdots & \cdots & \cdots & 0 \end{pmatrix} \tag{1.6}$$

的矩阵所组成的集合, 而以 $\mathfrak{n}_{n+1}$ 表示仅由零矩阵组成的集合, 我们用归纳法来证明

$$C^{(i-1)}\mathfrak{n}(n,\mathbb{C})\subset\mathfrak{n}_i,\quad i=1,2,\cdots,n+1. \tag{1.7}$$

当 $i=1$ 时, $C^{(0)}\mathfrak{n}(n,\mathbb{C})=\mathfrak{n}(n,\mathbb{C})=\mathfrak{n}_1$, 所以公式 (1.7) 成立. 设公式 (1.7) 对于某一正整数 $i\leqslant n$ 成立, 记矩阵 (1.6) 为 A. 令

$$B=\begin{pmatrix} \lambda & \lambda_{12} & \cdots & \lambda_{1n} \\ 0 & \lambda & \ddots & \vdots \\ \vdots & \ddots & \ddots & \lambda_{n-1,n} \\ 0 & \cdots & 0 & \lambda \end{pmatrix}$$

为 $\mathfrak{n}(n,\mathbb{C})$ 中任一元, 则

$$AB=\begin{pmatrix} 0 & \cdots & 0 & \lambda x_{1i} & & & \\ 0 & \cdots & 0 & 0 & \lambda x_{2,i+1} & & * \\ \vdots & & \vdots & \vdots & \ddots & \ddots & \\ \vdots & & \vdots & \vdots & & \ddots & \lambda x_{n-i+1,n} \\ 0 & & 0 & 0 & \cdots & \cdots & 0 \\ \vdots & & \vdots & \vdots & & & \vdots \\ 0 & \cdots & 0 & 0 & \cdots & \cdots & 0 \end{pmatrix},$$

$$BA = \begin{pmatrix} 0 & \cdots & 0 & \lambda x_{1i} & & & \\ 0 & \cdots & 0 & 0 & \lambda x_{2,i+1} & & * \\ \vdots & & \vdots & \vdots & \ddots & \ddots & \\ \vdots & & \vdots & \vdots & & \ddots & \lambda x_{n-i+1,n} \\ 0 & & 0 & 0 & \cdots & \cdots & 0 \\ \vdots & & \vdots & \vdots & & & \vdots \\ 0 & \cdots & 0 & 0 & \cdots & \cdots & 0 \end{pmatrix}$$

于是 $[A,B] \in \mathfrak{n}_{i+1}$, 因之

$$C^{(i)}\mathfrak{n}(n,\mathbb{C}) = [\mathfrak{n}(n,\mathbb{C}), C^{(i-1)}\mathfrak{n}(n,\mathbb{C})] \subset [\mathfrak{n}(n,\mathbb{C}), \mathfrak{n}_i] \subset \mathfrak{n}_{i+1}.$$

因此公式 (1.7) 对于 $i+1$ 也成立. 因为 $\mathfrak{n}_{n+1}=0$, 所以 $C^{(n)}\mathfrak{n}(n,\mathbb{C}) = \{0\}$, 这就证明了 $\mathfrak{n}(n,\mathbb{C})$ 幂零.

其次, 由于 $[\mathfrak{t}(n,\mathbb{C}), \mathfrak{t}(n,\mathbb{C})] \subset \mathfrak{n}(n,\mathbb{C})$, 所以 $\mathscr{D}\mathfrak{t}(n,\mathbb{C})$ 也幂零, 因而可解. 于是 $\mathfrak{t}(n,\mathbb{C})$ 也可解.

在第二章中我们将证明: 由 n 阶矩阵组成的可解李代数一定相似于 $\mathfrak{t}(n,\mathbb{C})$ 的一个子代数; 由 n 阶矩阵组成的幂零李代数一定相似于某个 $\mathfrak{n}(n_1,\mathbb{C}) \dot{+} \mathfrak{n}(n_2,\mathbb{C}) \dot{+} \cdots \dot{+} \mathfrak{n}(n_m,\mathbb{C})$ 的一个子代数, 而 $n = n_1 + n_2 + \cdots + n_m$ 是 n 的一个分拆.

§6 Killing 型

设 $\mathfrak{g}$ 是 r 维李代数, 设 $A \in \mathfrak{g}$, 定义

$$\operatorname{ad} AX = [A,X], \quad X \in \mathfrak{g}$$

则 $\operatorname{ad} A$ 是 $\mathfrak{g}$ 上的线性变换且满足条件

$$\operatorname{ad} A[X,Y] = [\operatorname{ad} AX, Y] + [X, \operatorname{ad} AY], \text{ (即 §1 III}''\text{)}.$$

$\operatorname{ad} A$ 称为由 A 诱导出的内导子, 有时为了表明它所作用的空间是 $\mathfrak{g}$, 我们也记作 $\operatorname{ad}_{\mathfrak{g}} A$.

映射

$$A \mapsto \operatorname{ad} A$$

是从 $\mathfrak{g}$ 映入 $\mathfrak{gl}(r,\mathbb{C})$ 的一个映射, 我们来证明这是个同态. 这只要证明

1) $\operatorname{ad}(\lambda A + \mu B) = \lambda \operatorname{ad} A + \mu \operatorname{ad} B$;

2) $\operatorname{ad}[A,B] = [\operatorname{ad} A, \operatorname{ad} B]$.

实际上, 对任意 $X \in \mathfrak{g}$, 我们有

$$\begin{aligned}\operatorname{ad}(\lambda A+\mu B)X &= [\lambda A+\mu B, X] = \lambda[A,X]+\mu[B,X]\\ &= \lambda \operatorname{ad} AX + \mu \operatorname{ad} BX,\end{aligned}$$

因此条件 1) 成立. 其次

$$\begin{aligned}\operatorname{ad}[A,B]X &= [[A,B],X] = [[A,X],B]+[A,[B,X]]\\ &= [\operatorname{ad} AX, B]+[A,\operatorname{ad} BX]\\ &= -\operatorname{ad} B\operatorname{ad} AX + \operatorname{ad} A\operatorname{ad} BX\\ &= [\operatorname{ad} A, \operatorname{ad} B]X,\end{aligned}$$

因此条件 2) 也成立. 映射 $A \to \operatorname{ad} A$ 的像记作 $\operatorname{ad}\mathfrak{g}$, 而它的核由一切具性质: 对所有 $X \in \mathfrak{g}$ 有 $[A,X]=0$ 的 $A \in \mathfrak{g}$ 组成. 这种元素称为 $\mathfrak{g}$ 的中心元素, 全体中心元素组成 $\mathfrak{g}$ 的中心, 它是 $\mathfrak{g}$ 的一个理想.

定义 1.11 $\mathfrak{g}$ 上线性变换 $\operatorname{ad} X$ 的特征多项式

$$f(\lambda|X) = |\lambda I_r - \operatorname{ad} X| = \lambda^r + a_1(X)\lambda^{r-1} + \cdots + a_{r-n_X}(X)\lambda^{n_X}$$

称为 X 的 Killing 多项式, n_X 是 $\operatorname{ad} X$ 的特征值中等于零的个数. 因为 $\operatorname{ad} XX = 0$, 所以 $n_X \geqslant 1$. 令

$$n = \min_{X\in\mathfrak{g}} n_X,$$

则 n 称为 $\mathfrak{g}$ 的秩. 如 $X \in \mathfrak{g}$ 而 $n_X = n$, 则 X 称为 $\mathfrak{g}$ 的正则元素; 如 $n_X > n$, 则 X 称为 $\mathfrak{g}$ 的奇异元素.

定义 1.12 设 $X, Y \in \mathfrak{g}$. 定义 $\mathfrak{g}$ 上的 Killing 型为

$$(X,Y) = \operatorname{Tr}\operatorname{ad} X\operatorname{ad} Y.$$

显而易见, (X,Y) 有以下性质:

1) $(X,Y)=(Y,X)$;

2) $(\lambda_1X_1+\lambda_2X_2, Y) = \lambda_1(X_1,Y)+\lambda_2(X_2,Y)$.

因此 (X,Y) 是 $\mathfrak{g}$ 上的一个对称双线性函数, 称为 $\mathfrak{g}$ 上的 Killing 型, 也称为 $\mathfrak{g}$ 的 Cartan 内积. 关于 Killing 型还有以下重要性质:

3) $(\operatorname{ad} AX, Y) + (X, \operatorname{ad} AY) = 0$.

实际上,

$$\begin{aligned}&(\operatorname{ad} AX, Y)+(X, \operatorname{ad} AY)\\=&\operatorname{Tr}\operatorname{ad}[A,X]\operatorname{ad}Y+\operatorname{Tr}\operatorname{ad}X\operatorname{ad}[A,Y]\\=&\operatorname{Tr}\operatorname{ad}A\operatorname{ad}X\operatorname{ad}Y-\operatorname{Tr}\operatorname{ad}X\operatorname{ad}A\operatorname{ad}Y\\&+\operatorname{Tr}\operatorname{ad}X\operatorname{ad}A\operatorname{ad}Y-\operatorname{Tr}\operatorname{ad}X\operatorname{ad}Y\operatorname{ad}A=0.\end{aligned}$$

这个性质称为 Killing 型对于内导子是不变的. 由这个性质可推出以下结论:

引理 1.4 设 $\mathfrak{g}$ 是李代数, $\mathfrak{h}$ 是 $\mathfrak{g}$ 的理想. 令

$$\mathfrak{h}'=\{X|X\in\mathfrak{g}\text{ 而 }(X,Y)=0,\text{ 对所有 }Y\in\mathfrak{h}\},$$

则 $\mathfrak{h}'$ 也是 $\mathfrak{g}$ 的理想.

证 易见 $\mathfrak{h}'$ 是 $\mathfrak{g}$ 的子空间. 如 $X\in\mathfrak{h}'$ 而 $A\in\mathfrak{g}$, 则对任意 $Y\in\mathfrak{h}$, 我们有

$$([A,X],Y)=-(X,[A,Y])=0,$$

因 $[A,Y]\in\mathfrak{h}$. 所以 $[A,X]\in\mathfrak{h}'$. 这就证明了 $\mathfrak{h}'$ 是 $\mathfrak{g}$ 的理想. □

我们再列举 Killing 型的两个性质:

4) 设 $\mathfrak{h}$ 是 $\mathfrak{g}$ 的理想, 而 $X,Y\in\mathfrak{h}$. 以 $(X,Y)_{\mathfrak{h}}$ 表示 $\mathfrak{h}$ 的 Killing 型, 则

$$(X,Y)=(X,Y)_{\mathfrak{h}}.$$

证 在 $\mathfrak{g}$ 中选一组基

$$X_1,\cdots,X_s,X_{s+1},\cdots,X_r,$$

使 $X_1,\cdots,X_s$ 是 $\mathfrak{h}$ 的一组基. 如 $X\in\mathfrak{h}$, 则 $\operatorname{ad}_{\mathfrak{g}}XX_i(1\leqslant i\leqslant r)$ 都是 $X_1,\cdots,X_s$ 的线性组合, 写

$$\operatorname{ad}_{\mathfrak{g}}XX_j=\sum_{i=1}^{s}x_{ij}X_i,\quad j=1,\cdots,r,$$

于是 $\operatorname{ad}_{\mathfrak{g}}X$ 的矩阵有形状

$$\operatorname{ad}_{\mathfrak{g}}X=\begin{pmatrix}x_{11}&\cdots&x_{1s}&\cdots&x_{1r}\\\vdots&&\vdots&&\vdots\\x_{s1}&\cdots&x_{ss}&\cdots&x_{sr}\\0&\cdots&0&\cdots&0\\\vdots&&\vdots&&\vdots\\0&\cdots&0&\cdots&0\end{pmatrix}.$$

同样有

$$\mathrm{ad}_{\mathfrak{g}} Y X_j = \sum_{i=1}^{s} y_{ij} X_i, \quad j = 1, \cdots, r,$$

而 $\mathrm{ad}_{\mathfrak{g}} Y$ 的矩阵

$$\mathrm{ad}_{\mathfrak{g}} Y = \begin{pmatrix} y_{11} & \cdots & y_{1s} & \cdots & y_{1r} \\ \vdots & & \vdots & & \vdots \\ y_{s1} & \cdots & y_{ss} & \cdots & y_{sr} \\ 0 & \cdots & 0 & \cdots & 0 \\ \vdots & & \vdots & & \vdots \\ 0 & \cdots & 0 & \cdots & 0 \end{pmatrix}.$$

注意

$$\mathrm{ad}_{\mathfrak{h}} X = \begin{pmatrix} x_{11} & \cdots & x_{1s} \\ \vdots & & \vdots \\ x_{s1} & \cdots & x_{ss} \end{pmatrix}, \quad \mathrm{ad}_{\mathfrak{h}} Y = \begin{pmatrix} y_{11} & \cdots & y_{1s} \\ \vdots & & \vdots \\ y_{s1} & \cdots & y_{ss} \end{pmatrix},$$

所以

$$\begin{aligned}(X, Y)_{\mathfrak{h}} = \mathrm{Tr}\, \mathrm{ad}_{\mathfrak{h}} X \mathrm{ad}_{\mathfrak{h}} Y &= \mathrm{Tr} \begin{pmatrix} x_{11} & \cdots & x_{1s} \\ \vdots & & \vdots \\ x_{s1} & \cdots & x_{ss} \end{pmatrix} \begin{pmatrix} y_{11} & \cdots & y_{1s} \\ \vdots & & \vdots \\ y_{s1} & \cdots & y_{ss} \end{pmatrix} \\ &= \mathrm{Tr} \begin{pmatrix} x_{11} & \cdots & x_{1s} & \cdots & x_{1r} \\ \vdots & & \vdots & & \vdots \\ x_{s1} & \cdots & x_{ss} & \cdots & x_{sr} \\ 0 & \cdots & 0 & \cdots & 0 \\ \vdots & & \vdots & & \vdots \\ 0 & \cdots & 0 & \cdots & 0 \end{pmatrix} \begin{pmatrix} y_{11} & \cdots & y_{1s} & \cdots & y_{1r} \\ \vdots & & \vdots & & \vdots \\ y_{s1} & \cdots & y_{ss} & \cdots & y_{sr} \\ 0 & \cdots & 0 & \cdots & 0 \\ \vdots & & \vdots & & \vdots \\ 0 & \cdots & 0 & \cdots & 0 \end{pmatrix} = (X, Y).\end{aligned}$$

5) $\mathfrak{g}$ 的自同构 σ 必保持 Killing 型不变, 即对 $X, Y \in \mathfrak{g}$, 恒有

$$(\sigma(X), \sigma(Y)) = (X, Y).$$

证 设 $X_1, \cdots, X_r$ 是 $\mathfrak{g}$ 的一组基, 则 $\sigma(X_1), \cdots, \sigma(X_r)$ 也是 $\mathfrak{g}$ 的一组基. 设

$$[X, X_j] = \sum_{j=1}^{r} a_{ij} X_i, \quad a_{ij} \in \mathbb{C},$$

则因 σ 为自同构, 有

$$[\sigma(X), \sigma(X_j)] = \sum_{j=1}^{r} a_{ij} \sigma(X_i),$$

即 $\operatorname{ad} X$ 相对于基 $X_1, \cdots, X_r$ 的矩阵与 $\operatorname{ad}\sigma(X)$ 相对于基 $\sigma(X_1), \cdots, \sigma(X_r)$ 的矩阵相同. 因此

$$(\sigma(X), \sigma(Y)) = \operatorname{Tr}\operatorname{ad}\sigma(X)\operatorname{ad}\sigma(Y) = \operatorname{Tr}\operatorname{ad} X \operatorname{ad} Y = (X, Y).$$

E. Cartan 的另一重要结论是

“$\mathfrak{g}$ 半单当且仅当 $\mathfrak{g}$ 的 Killing 型非退化”. 这个结果的证明将在第四章中给出.

我们来证明次之定理作为本章的结束.

定理 1.5　如 $\mathfrak{g}$ 的 Killing 型非退化, 则 $\mathfrak{g}$ 半单, 并且 $\mathfrak{g}$ 是它所有的极小理想 (它们本身是单代数而且个数有限) 的直和, 而且它们对于 $\mathfrak{g}$ 的 Killing 型两两正交.

证　先证 $\mathfrak{g}$ 半单. 设 $\mathfrak{a}$ 是 $\mathfrak{g}$ 的一个交换理想. 选 $A \in \mathfrak{a}$, 那么对任意 $X, Y \in \mathfrak{g}$ 有

$$[A, [X, [A, [X, Y]]]] = 0,$$

即

$$(\operatorname{ad} A \operatorname{ad} X)^2 Y = 0,$$

对任意 $X, Y \in \mathfrak{g}$. 因之 $(\operatorname{ad} A \operatorname{ad} X)^2 = 0$ 对任意 $X \in \mathfrak{g}$. 于是 $(A, X) = 0$ 对任意 $X \in \mathfrak{g}$. 由于 $\mathfrak{g}$ 的 Killing 型非退化, 所以一定有 $A = 0$. 因之 $\mathfrak{a} = \{0\}$. 这就证明了 $\mathfrak{g}$ 没有非 0 交换理想, 即 $\mathfrak{g}$ 半单.

现在更进一步证明 $\mathfrak{g}$ 可以表示成它的一些极小理想的直和, 我们用归纳法于 $\mathfrak{g}$ 的维数. 如 $\mathfrak{g}$ 是单代数, 断言自然成立. 设 $\mathfrak{g}$ 不单, 于是可设 $\mathfrak{g}$ 有一个极小理想 $\mathfrak{g}_1$. 令

$$\mathfrak{h}_1 = \{X | (X, Y) = 0 \text{ 对所有 } Y \in \mathfrak{g}_1\}.$$

根据引理 1.4, $\mathfrak{h}_1$ 是 $\mathfrak{g}$ 的理想. 因 Killing 型非退化, 所以

$$\dim \mathfrak{g} = \dim \mathfrak{g}_1 + \dim \mathfrak{h}_1.$$

如能证明 $\mathfrak{g}_1 \bigcap \mathfrak{h}_1 = \{0\}$ 就可推出 $\mathfrak{g} = \mathfrak{g}_1 + \mathfrak{h}_1$. 因 $\mathfrak{g}_1$ 是极小理想, 如 $\mathfrak{g}_1 \bigcap \mathfrak{h}_1 \neq \{0\}$, 就一定有 $\mathfrak{g}_1 \bigcap \mathfrak{h}_1 = \mathfrak{g}_1$, 于是 $\mathfrak{g}_1 \subseteq \mathfrak{h}_1$. 再由 $\mathfrak{g}_1$ 是极小理想及 $\mathfrak{g}$ 半单推出 $[\mathfrak{g}_1, \mathfrak{g}_1] = \mathfrak{g}_1$. 因此任一 $X \in \mathfrak{g}_1$ 可表作

$$X = \sum_{i=1}^{l} [X_i, Y_i], \quad X_i, Y_i \in \mathfrak{g}_1.$$

于是对任一 $Y \in \mathfrak{g}$,

$$(X,Y)=\sum_{i=1}^{l}([X_i,Y_i],Y)=-\sum_{i=1}^{l}(Y_i,[X_i,Y])=0,$$

这是因为 $Y_i \in \mathfrak{g}_1 \subset \mathfrak{h}_1$ 而 $[X_i,Y] \in \mathfrak{g}_1$. 这与 $\mathfrak{g}$ 的 Killing 型非退化矛盾, 因此 $\mathfrak{g}_1 \bigcap \mathfrak{h}_1 = \{0\}$, 所以

$$\mathfrak{g}=\mathfrak{g}_1+\mathfrak{h}_1.$$

我们来证明 $\mathfrak{h}_1$ 的 Killing 型 $(X,Y)_{\mathfrak{h}_1}$ 非退化. 设有 $A \in \mathfrak{h}_1$ 使 $(A,Y)_{\mathfrak{h}_1}=0$ 对一切 $Y \in \mathfrak{h}_1$, 于是对任意 $X \in \mathfrak{g}$, 写 $X=Z+Y, Z\in\mathfrak{g}_1, Y\in\mathfrak{h}_1$, 那么

$$\begin{aligned}(A,X)&=(A,Z)+(A,Y)=(A,Y)\\&=(A,Y)_{\mathfrak{h}_1}=0.\end{aligned}$$

这与 $\mathfrak{g}$ 的 Killing 型非退化矛盾, 因此 $\mathfrak{h}_1$ 的 Killing 型非退化. 由于 $\dim\mathfrak{h}_1 < \dim\mathfrak{g}$, 故根据归纳法假设, $\mathfrak{h}_1$ 可表示成它的一些极小理想 (它们也是 $\mathfrak{g}$ 的极小理想) 的直和

$$\mathfrak{h}_1=\mathfrak{g}_2\dot{+}\cdots\dot{+}\mathfrak{g}_m.$$

于是

$$\mathfrak{g}=\mathfrak{g}_1\dot{+}\mathfrak{g}_2\dot{+}\cdots\dot{+}\mathfrak{g}_m.$$

我们再来证明, $\mathfrak{g}_1,\cdots,\mathfrak{g}_m$ 是 $\mathfrak{g}$ 的所有的极小理想. 设 $\mathfrak{g}^*$ 是 $\mathfrak{g}$ 的一个极小理想. 令

$$\mathfrak{g}_i^*=\{X_i|X_i\in\mathfrak{g}_i \text{ 使得有 } X\in\mathfrak{g}^*, X=\sum_{j=1}^{m}X_j, X_j\in\mathfrak{g}_j\}.$$

一定有一个 i 使 $\mathfrak{g}_i^* \neq \{0\}$. 设 $\mathfrak{g}_1^* \neq 0$, 于是从 $X=\sum\limits_{i=1}^{m}X_i, X_i\in\mathfrak{g}_i$ 推出, 对任意 $Y\in\mathfrak{g}$,

$$[X,Y]=\sum_{i=1}^{m}[X_i,Y], [X_i,Y]\in\mathfrak{g}_i,$$

因之 $\mathfrak{g}_i^*$ 是 $\mathfrak{g}$ 的理想, 特别 $\mathfrak{g}_1^*$ 是 $\mathfrak{g}$ 的理想, 故 $\mathfrak{g}_1^*=\mathfrak{g}_1$. 再者, 由

$$\mathfrak{g}_1=[\mathfrak{g}_1,\mathfrak{g}_1]=[\mathfrak{g}_1^*,\mathfrak{g}_1]\subset[\mathfrak{g}^*,\mathfrak{g}_1]\subset\mathfrak{g}^*$$

及 $\mathfrak{g}^*$ 极小, 推出 $\mathfrak{g}_1=\mathfrak{g}^*$.

最后, 设 $i \neq j$, $X_i \in \mathfrak{g}_i, X_j \in \mathfrak{g}_j$. 对任意 $X \in \mathfrak{g}$, 我们有

$$\operatorname{ad} X_i \operatorname{ad} X_j X = [X_i, [X_j, X]] \in \mathfrak{g}_i \bigcap \mathfrak{g}_j,$$

因此 $\operatorname{ad} X_i \operatorname{ad} X_j X = 0$, $\operatorname{ad} X_i \operatorname{ad} X_j = 0, (X_i, X_j) = 0$. 这就证明了 $\mathfrak{g}_1, \cdots, \mathfrak{g}_m$ 两两正交. □

第二章　幂零李代数与可解李代数

§1　预 备 知 识

设 A 是作用在有限维线性空间 V 上的线性变换. V 的一个子空间 V_1 称为在 A 的作用下不变, 或简称 A 的不变子空间, 如果对任意 $x \in V_1$ 恒有 $Ax \in V_1$. 如 V_1 在 A 的作用下不变, 对任意 $x \in V_1$, 定义

$$A_1 x = Ax,$$

则 A_1 是定义在 V_1 上的一个线性变换, 称为 A 在 V_1 上诱导出来的线性变换. 我们常常把 A 在一个不变子空间上诱导出来的线性变换也记为 A.

仍设 V_1 是在 A 之下不变的子空间. 我们可以考察商空间 V/V_1. 对任意 $\overline{x} \in V/V_1$, 定义

$$\overline{A}\overline{x} = \overline{Ax}.$$

这个定义与同余类 $\overline{x}$ 的代表元的选取无关. 实际上, 如 $\overline{x} = \overline{y}$, 则 $x - y \in V_1$, 于是 $Ax - Ay \in V_1$, 因之 $\overline{Ax} = \overline{Ay}$. 容易证明 $\overline{A}$ 是定义在 V/V_1 上的线性变换, 这个线性变换称为 A 在商空间 V/V_1 上诱导出来的线性变换; 如不致引起混淆, 有时也用 A 记这个变换.

设 A 是作用在 V 上的幂零线性变换, 即有正整数 m 存在, 使 $A^m = 0$. 设 m 是最小正整数使 $A^{m-1} \neq 0$ 而 $A^m = 0$, 于是有 $x \in V$, $x \neq 0$ 使 $A^{m-1}x \neq 0$. 那么 $A(A^{m-1}x) = A^m x = 0$, 因此 0 是 A 的一个特征值.

如 A 是作用在 V 上的幂零线性变换, 而 V_1 是 A 的不变子空间, 则 A 在商空间 V/V_1 上的诱导 $\overline{A}$ 也幂零. 由于幂零线性变换一定有一个特征值为 0, 再利

用归纳法即可证明幂零线性变换的特征值皆为 0. 反之, 如一线性变换的特征值都是 0, 这个线性变换自然幂零.

设 $\mathfrak{h}$ 是作用在线性空间 V 上的一组线性变换. V 的一个子空间 V_1 称为是在 $\mathfrak{h}$ 之下不变的子空间, 或简称不变子空间, 如果对任意 $x \in V_1$ 及 $H \in \mathfrak{h}$ 恒有 $Hx \in V_1$. 显然 V 自身和由零向量组成的子空间 $\{0\}$ 都是 $\mathfrak{h}$ 的不变子空间; 如果 V 除了这两个不变子空间之外, 不再有其余的不变子空间, 那么 V 就称为 $\mathfrak{h}$ 的不可约子空间, 而 $\mathfrak{h}$ 是作用在 V 上的一组不可约线性变换.

§2 Engel 定理

引理 2.1 设 X 是作用在有限维线性空间 V 上的幂零线性变换, 即有正整数 k 存在使 $X^k = 0$. 定义从 $\mathfrak{gl}(V)$ 到 $\mathfrak{gl}(V)$ 之中的映射

$$Y \mapsto (\operatorname{ad} X)Y = [X, Y], \quad Y \in \mathfrak{gl}(V),$$

则 $\operatorname{ad} X$ 幂零.

证 我们有

$$(\operatorname{ad} X)^m Y = \sum_{i+j=m} \pm X^i Y X^j.$$

因 $X^k = 0$, 故 $(\operatorname{ad} X)^{2k-1} Y = 0$, 对一切 $Y \in \mathfrak{gl}(V)$. 因此 $(\operatorname{ad} X)^{2k-1} = 0$. □

定理 2.2 (Engel) 设 V 是个有限维线性空间, $V \neq \{0\}$, $\mathfrak{g}$ 是 $\mathfrak{gl}(V)$ 的子代数, 而 $\mathfrak{g} \neq \{0\}$. 如 $\mathfrak{g}$ 中每个元素都是幂零线性变换, 则有 $x \in V$, $x \neq 0$, 使 $Xx = 0$, 对一切 $X \in \mathfrak{g}$.

证 对 $\mathfrak{g}$ 的维数 n 用归纳法来证明本定理.

如 $\mathfrak{g}$ 的维数是 1, 定理 2.2 自然成立.

现在设 $\dim \mathfrak{g} = r > 1$, 而定理 2.2 对于维数 $< r$ 的代数成立, 我们去证明它对于维数等于 r 的代数 $\mathfrak{g}$ 也成立. 首先我们来证明 $\mathfrak{g}$ 包有一个维数等于 $r-1$ 的理想 $\mathfrak{h}$.

设 $\mathfrak{h}$ 是 $\mathfrak{g}$ 的一个维数 $m \geqslant 1$ 的子代数, 而 $m < r$. 对任一 $X \in \mathfrak{h}$, 考虑 $\operatorname{ad}_{\mathfrak{gl}(V)} X$. $\operatorname{ad}_{\mathfrak{gl}(V)} X$ 将 $\mathfrak{g}$ 映入自身, 因而诱导出 $\mathfrak{g}$ 上的一个映射 $\operatorname{ad}_{\mathfrak{g}} X$. 因 $X \in \mathfrak{h}$, 故 $\mathfrak{h}$ 是 $\operatorname{ad}_{\mathfrak{g}} X$ 的不变子空间, 因此 $\operatorname{ad}_{\mathfrak{g}} X$ 诱导出商空间 $\mathfrak{g}/\mathfrak{h}$ 上的一个映射 $\sigma(X)$. 根据引理 2.1, $\operatorname{ad}_{\mathfrak{gl}(V)} X$ 幂零对一切 $X \in \mathfrak{h}$, 因此 $\sigma(X)$ 幂零对一切 $X \in \mathfrak{h}$. 又一切 $\sigma(X)(X \in \mathfrak{h})$ 组成的集 $\sigma(\mathfrak{h})$ 是 $\mathfrak{h}$ 的同态像, 因而 $\sigma(\mathfrak{h})$ 是个李代数. 由于 $\dim \mathfrak{h} < r$, 故 $\dim \sigma(\mathfrak{h}) < r$. 于是根据归纳法假设, 有 $\mathfrak{g}/\mathfrak{h}$ 中非 0 元素 $Y + \mathfrak{h}$ 使 $\sigma(X)(Y + \mathfrak{h}) = \mathfrak{h}$ 对一切 $X \in \mathfrak{h}$. 因之 $[X, Y] \in \mathfrak{h}$ 对一切 $X \in \mathfrak{h}$. 这样 $\mathfrak{h}$ 和 Y 就生成 $\mathfrak{g}$ 的一个 $m+1$ 维的子代数, 而以 $\mathfrak{h}$ 为它的理想.

根据以上讨论, 从 $\mathfrak{g}$ 的一个 1 维子代数出发, 即可推出 $\mathfrak{g}$ 包有一个 $r-1$ 维理想 $\mathfrak{h}$. 根据归纳法假设, 有 $y \in V, y \neq 0$, 使 $Xy=0$ 对一切 $X \in \mathfrak{h}$. 令

$$U=\{x|x \in V, \quad \text{而 } Xx=0, \text{ 对一切 } X \in \mathfrak{h}\},$$

则 $y \in U$, 因此 $U \neq \{0\}$. 令 $A \in \mathfrak{g}$ 而 $A \notin \mathfrak{h}$, 则 U 是 A 的不变子空间. 实际上, 设 $x \in U, X \in \mathfrak{h}$, 则因 $[X,A] \in \mathfrak{h}$,

$$XAx = AXx + [X,A]x = 0.$$

因 A 幂零, A 在 U 上诱导的线性变换也幂零, 故有 $x \in U, x \neq 0$ 使 $Ax=0$. 因此 $Xx=0$ 对一切 $X \in \mathfrak{g}$. □

推论 2.3 设 $\mathfrak{g}$ 是 $\mathfrak{gl}(V)$ 的子代数. 如 $\mathfrak{g}$ 中元素都是幂零线性变换, 则 $\mathfrak{g}$ 是幂零代数.

证 根据定理 2.2, 有 $x_1 \in V, x_1 \neq 0$ 使

$$Xx_1 = 0, \quad \text{对一切 } X \in \mathfrak{g}.$$

$\mathfrak{g}$ 在商空间 $V/\{x_1\}$ 上的诱导仍是个由幂零线性变换组成的代数, 因此有 $x_2 \in V, x_2 \notin \{x_1\}$ 使

$$Xx_2 \equiv 0 \pmod{x_1}.$$

如此继续下去, 设 $\dim V = n$, 可求得 V 的一组基 $x_1, x_2, \cdots, x_n$ 具有性质

$$Xx_i \equiv 0 \pmod{x_1, \cdots, x_{i-1}}, \quad i=2,3,\cdots,n$$

对所有 $X \in \mathfrak{g}$. 即, 对于这组基, $\mathfrak{g}$ 中元素的矩阵皆取形状

$$\begin{pmatrix} 0 & x_{12} & \cdots & x_{1n} \\ 0 & 0 & \ddots & \vdots \\ \vdots & \vdots & \ddots & x_{n-1,n} \\ 0 & 0 & \cdots & 0 \end{pmatrix},$$

于是 $\mathfrak{g} \subset \mathfrak{n}(n,\mathbb{C})$. 因此 $\mathfrak{g}$ 幂零. □

定理 2.4 (Engel) 李代数 $\mathfrak{g}$ 幂零, 当且仅当对任意 $X \in \mathfrak{g}$, $\operatorname{ad} X$ 都幂零.

证 如 $\mathfrak{g}$ 幂零, 则有正整数 m 存在, 使

$$[X_m, [\cdots [X_2, X_1] \cdots]] = 0$$

对任意 m 个 $X_1, X_2, \cdots, X_m \in \mathfrak{g}$ 都成立. 特别

$$\underbrace{[X,[\cdots[X,}_{m-1\ 个}Y]\cdots]] = 0$$

对任意 $X, Y \in \mathfrak{g}$ 都成立, 即对任意 $X, Y \in \mathfrak{g}$, $(\operatorname{ad} X)^{m-1}Y = 0$. 因之对任意 $X \in \mathfrak{g}, (\operatorname{ad} X)^{m-1} = 0$.

反之, 设 $\operatorname{ad} X (X \in \mathfrak{g})$ 皆幂零. 注意 $\operatorname{ad} X$ 都是作用在 $\mathfrak{g}$ 上的线性变换, 根据定理 2.2 (Engel 定理), 有 $X_1 \in \mathfrak{g}, X_1 \neq 0$, 使 $(\operatorname{ad} X)X_1 = 0$ 对一切 $X \in \mathfrak{g}$. 因此 $\mathfrak{g}$ 的中心 $\mathfrak{c} \neq \{0\}$, 令 $\overline{\mathfrak{g}} = \mathfrak{g}/\mathfrak{c}$. 如 $\overline{X} \in \overline{\mathfrak{g}}$, 则 $\operatorname{ad}_{\overline{\mathfrak{g}}} \overline{X}$ 也幂零. 实际上, 如 $(\operatorname{ad} X)^m = 0$; 即

$$\underbrace{[X,[\cdots[X,}_{m\ 个}Y]\cdots]] = 0$$

对任意 $Y \in \mathfrak{g}$, 则

$$\underbrace{[\overline{X},[\cdots[\overline{X},}_{m\ 个}\overline{Y}]\cdots]] = 0$$

对一切 $\overline{Y} \in \overline{\mathfrak{g}}$, 即 $(\operatorname{ad} \overline{X})^m = 0$. 将归纳法应用于 $\mathfrak{g}$ 的维数, 由于 $\overline{\mathfrak{g}}$ 的维数小于 $\mathfrak{g}$ 的维数, 故 $\overline{\mathfrak{g}}$ 幂零, 即有正整数 m 存在使

$$[\overline{X}_m, [\cdots[\overline{X}_2, \overline{X}_1]\cdots]] = 0$$

对任意 m 个 $\overline{X}_1, \overline{X}_2, \cdots, \overline{X}_m \in \mathfrak{g}$ 成立; 亦即

$$[X_m, [\cdots[X_2, X_1]\cdots]] \in \mathfrak{c}$$

对任意 m 个 $X_1, X_2, \cdots, X_m \in \mathfrak{g}$ 成立. 因之

$$[X_{m+1}, [X_m, [\cdots[X_2, X_1]\cdots]]] = 0$$

对任意 $m+1$ 个 $X_1, X_2, \cdots, X_{m+1} \in \mathfrak{g}$ 成立, 所以 $\mathfrak{g}$ 幂零. □

在定理 2.4 的证明中, 我们附带证明了幂零李代数的中心 $\neq \{0\}$.

§3 Lie 定理

引理 2.5 设 V 是有限维线性空间, 而 $\mathfrak{g}$ 是 $\mathfrak{gl}(V)$ 的子代数, $\mathfrak{n}$ 是 $\mathfrak{g}$ 的一个理想. 再设 $\varphi(A)$ 是定义在 $\mathfrak{n}$ 上取复数值的线性函数. 如果令

$$K = \{x | x \in V, \quad 而\ Ax = \varphi(A)x\ 对一切\ A \in \mathfrak{n}\},$$

则 K 是 $\mathfrak{g}$ 的不变子空间.

证　设 $A\in\mathfrak{n}, X\in\mathfrak{g}, x\in K$, 则

$$AXx=[A,X]x+XAx=\varphi([A,X])x+\varphi(A)Xx. \tag{2.1}$$

如 $K=\{0\}$, 引理 2.5 自然成立. 如果 $K\neq\{0\}$, 我们将证明 $\varphi([A,X])=0$, 这时 K 在 $\mathfrak{g}$ 的作用下的不变性即由 (2.1) 式推出.

选 $x\in K, x\neq 0$. 定义 $x_k=X^kx$. 因 V 是有限维的, 所以有非负整数 p 使 $x_0,x_1,\cdots,x_p$ 线性无关而 $x_0,x_1,\cdots,x_{p+1}$ 线性相关. 于是由 $x_0,x_1,\cdots,x_p$ 生成的线性子空间 W 是 X 的不变子空间. 我们用归纳法来证明: 对任意 $A\in\mathfrak{n}$,

$$Ax_q\equiv\varphi(A)x_q\ (\operatorname{mod} x_0,x_1,\cdots,x_{q-1}). \tag{2.2}$$

实际上, 当 $q=0$ 时, $x_0=x\in K$, (2.2) 式自然成立. 现在设 (2.2) 式对 q 成立, 则

$$\begin{aligned}Ax_{q+1}&=AXx_q=[A,X]x_q+XAx_q\\&\equiv\varphi([A,X])x_q+X\varphi(A)x_q\\&\quad(\operatorname{mod} x_0,x_1,\cdots,x_{q-1},Xx_0,\cdots,Xx_{q-1})\\&\equiv\varphi(A)x_{q+1}\ (\operatorname{mod} x_0,x_1,\cdots,x_q).\end{aligned}$$

因此 (2.2) 式对 $q+1$ 也成立. 这样 W 也是 $\mathfrak{n}$ 的不变子空间.

既然 W 是 X 和 $\mathfrak{n}$ 的不变子空间, 可以计算 $\mathrm{Tr}_W(A), A\in\mathfrak{n}$,

$$\mathrm{Tr}_W(A)=(p+1)\varphi(A).$$

因 $\mathfrak{n}$ 是 $\mathfrak{g}$ 的理想, 故 $[A,X]\in\mathfrak{n}$ 对任意 $A\in\mathfrak{n}$. 将 $[A,X]$ 代入上式即得

$$\mathrm{Tr}_W([A,X])=(p+1)\varphi([A,X]). \tag{2.3}$$

另一方面

$$\mathrm{Tr}_W([A,X])=\mathrm{Tr}_W AX-\mathrm{Tr}_W XA=0, \tag{2.4}$$

于是由 (2.3), (2.4) 两式推出 $\varphi([A,X])=0$. □

定理 2.6 (Lie 定理)　设 $\mathfrak{g}$ 是作用在有限维线性空间 V 上的可解线性李代数, 则 V 中有非 0 向量 x 存在, 使 $Xx=\varphi(X)x$ 对一切 $X\in\mathfrak{g}$, 而 $\varphi(X)$ 是定义在 $\mathfrak{g}$ 上取复数值的线性函数, 即 x 是 $\mathfrak{g}$ 中一切线性变换的公共特征向量.

证　对 $\mathfrak{g}$ 的维数 r 用归纳法. $\dim\mathfrak{g}=0$ 时, 定理自然成立. 今假设定理 2.6 对于维数小于 r 的代数已经成立. 因 $\mathfrak{g}$ 可解, $\mathscr{D}\mathfrak{g}\neq\mathfrak{g}$. 位于 $\mathfrak{g}$ 与 $\mathscr{D}\mathfrak{g}$ 之间的任一

子空间都是 $\mathfrak{g}$ 的理想, 因此 $\mathfrak{g}$ 有 $r-1$ 维理想 $\mathfrak{n}$, 而 $\mathfrak{g}$ 由 $\mathfrak{n}$ 和一个元素 $X \notin \mathfrak{n}$ 的线性组合组成.

自然 $\mathfrak{n}$ 可解. 根据归纳法假设有 $x \in V, x \neq 0$, 使

$$Ax = \varphi(A)x$$

对一切 $A \in \mathfrak{n}$ 成立. 显然 $\varphi(A)$ 是定义在 $\mathfrak{n}$ 上的线性函数, 令

$$K = \{x | x \in V,\ \text{而}\ Ax = \varphi(A)x\ \text{对一切}\ A \in \mathfrak{n}\},$$

则 $K \neq \{0\}$. 根据引理 2.5, K 是 $\mathfrak{g}$ 的不变子空间; 特别 K 是 X 的不变子空间. 于是可在 K 中求得 X 的一个非 0 特征向量, 它就是 $\mathfrak{g}$ 中一切线性变换的公共特征向量. □

推论 2.7 设 $\mathfrak{g}$ 是 $\mathfrak{gl}(n,\mathbb{C})$ 的可解子代数, 则可在 V 中选取一组基使 $\mathfrak{g}$ 中元素的矩阵皆具形状

$$\begin{pmatrix} x_{11} & x_{12} & \cdots & x_{1n} \\ 0 & x_{22} & \cdots & x_{2n} \\ \vdots & & \ddots & \vdots \\ 0 & 0 & \cdots & x_{nn} \end{pmatrix},$$

即线性可解代数一定是 $\mathfrak{t}(n,\mathbb{C})$ 的子代数.

证 可仿推论 2.3 的证明证之. □

推论 2.8 设 $\mathfrak{g}$ 是李代数. $\mathfrak{g}$ 可解当且仅当 $\mathscr{D}\mathfrak{g}$ 幂零.

证 如 $\mathscr{D}\mathfrak{g}$ 幂零, 则 $\mathscr{D}\mathfrak{g}$ 可解, 因此 $\mathfrak{g}$ 可解.

反之, 设 $\mathfrak{g}$ 可解, 考察 $\mathrm{ad}_{\mathfrak{g}}X (X \in \mathfrak{g})$. 令

$$\mathrm{ad}_{\mathfrak{g}}\mathfrak{g} = \{\mathrm{ad}_{\mathfrak{g}}X | X \in \mathfrak{g}\},$$

则 $\mathrm{ad}_{\mathfrak{g}}\mathfrak{g}$ 作为 $\mathfrak{g}$ 的同态像是可解线性代数. 设 $\dim \mathfrak{g} = r$. 根据推论 2.7, 可在 $\mathfrak{g}$ 中找到一组基使 $\mathrm{ad}_{\mathfrak{g}}X (X \in \mathfrak{g})$ 的矩阵皆取形状

$$\begin{pmatrix} x_{11} & x_{12} & \cdots & x_{1r} \\ 0 & x_{22} & \cdots & x_{2r} \\ \vdots & & \ddots & \vdots \\ 0 & 0 & \cdots & x_{rr} \end{pmatrix}.$$

那么 $\mathrm{ad}_{\mathfrak{g}}X, X \in \mathscr{D}\mathfrak{g}$, 就都是幂零矩阵. 于是 $\mathrm{ad}_{\mathscr{D}\mathfrak{g}}X, X \in \mathfrak{D}\mathfrak{g}$ 也都幂零. 根据推论 2.3, $\mathscr{D}\mathfrak{g}$ 幂零. □

推论 2.9　设 $\mathfrak{g}$ 是作用在有限维线性空间 V 上的不可约线性李代数. 如 $\mathfrak{n}$ 是 $\mathfrak{g}$ 的可解理想, 则 $\mathfrak{n}$ 中线性变换皆有形式 φI, I 是单位变换, φ 是定义在 $\mathfrak{n}$ 上复数值的线性函数.

证　根据定理 2.6 (Lie 定理), 有 $x \in V, x \neq 0$ 使

$$Ax = \varphi(A)x,$$

对一切 $A \in \mathfrak{n}$. 令

$$K = \{x | x \in V, \text{ 而 } Ax = \varphi(A)x \text{ 对一切 } A \in \mathfrak{n}\},$$

则 $K \neq \{0\}$. 根据引理 2.5, K 是 $\mathfrak{g}$ 的不变子空间. 因 $\mathfrak{g}$ 是不可约的, 故 $K = V$. 因此 $A = \varphi(A)I$ 对任意 $A \in \mathfrak{n}$ 成立. □

由于 $\mathfrak{gl}(n, \mathbb{C})$ 和 A_{n-1} 都是不可约的, 所以作为推论 2.9 的一个应用, 可以推出 $\mathfrak{gl}(n, \mathbb{C})$ 中唯一的一个非 0 可解理想是由纯量矩阵组成的子代数, 而 A_{n-1} 没有非零可解理想, 因而是半单的.

类似地, 利用推论 2.9 也可证明 $B_n(n \geqslant 1), C_n(n \geqslant 1)$ 和 $D_n(n \geqslant 2)$ 都是半单的.

§4　幂零线性代数

引理 2.10　设 A 是作用在有限维线性空间 V 上的一个线性变换, λ 是复数. 令

$$V_A^\lambda = \{v | v \in V, \text{并存在正整数 } n \text{ 使 } (A - \lambda I)^n v = 0\},$$

则

1) V_A^λ 是在 A 作用下不变的子空间.

2) $V_A^\lambda \neq \{0\}$ 当且仅当 λ 是 A 的特征值, 而且, 如果 $V_A^\lambda \neq \{0\}$, 则 A 在 V_A^λ 中只有 λ 这个特征值.

3) 如 $V_A^\lambda \neq \{0\}$, 则对一切 $v \in V_A^\lambda$, 有 $(A - \lambda I)^{\dim V_A^\lambda} v = 0$.

4) A 的特征值 λ 的重数等于 $\dim V_A^\lambda$.

5) $V = \sum\limits_{\lambda \in \Delta} V_A^\lambda$(直和), Δ 是 A 的不同特征值的全体.

证　1) 是明显的, 现在来证 2). 如 λ 为 A 的特征值, 就有 $v \in V, v \neq 0$ 使 $(A - \lambda I)v = 0$. 于是 $v \in V_A^\lambda$, 因之 $V_A^\lambda \neq \{0\}$. 反之, 设 $V_A^\lambda \neq \{0\}$, 并设 μ 是 A 在 V_A^λ 中的一个特征值, 即有 $v \in V_A^\lambda, v \neq 0$, 使 $(A - \mu I)v = 0$, 即 $Av = \mu v$. 另一方面, 由 V_A^λ 的定义知有正整数 n 存在使 $(A - \lambda I)^n v = 0$; 将 $Av = \mu v$ 代入这个式子就有 $(\mu - \lambda)^n v = 0$, 因此 $\mu = \lambda$.

注意到任一矩阵皆可在相似变换之下化为上三角形这一事实以及 2), 故知可在 V_A^λ 中选取一组基使 A 在 V_A^λ 中诱导的线性变换对于这组基的矩阵是

$$\begin{pmatrix} \lambda & & & \\ & \lambda & & * \\ & & \ddots & \\ 0 & & & \lambda \end{pmatrix},$$

由此即推出 3).

为要证 4), 首先注意: 如 W 为 V 的子空间, 在 A 的作用下不变, 则 A 的特征值 λ 的重数等于 λ 作为 A 在 W 中诱导的线性变换 A_W 的特征值的重数与 λ 作为 A 在 V/W 上诱导的线性变换 $A_{V/W}$ 的特征值的重数之和. 因此只要证明 A_{V/V_A^λ} 不再以 λ 为特征值即可. 否则, 设有 $v \in V$ 而 $v \notin V_A^\lambda$ 具有性质 $Av \equiv \lambda v (\operatorname{mod} V_A^\lambda)$, 即 $(A-\lambda I)v \equiv 0 (\operatorname{mod} V_A^\lambda)$. 由 3) 知

$$(A-\lambda I)^{\dim V_A^\lambda + 1} v = 0,$$

于是 $v \in V_A^\lambda$ 与假设相违.

最后证 5). 设 $\lambda_1, \cdots, \lambda_s$ 是 A 的所有不同的特征值. 先证 $\sum\limits_{i=1}^{s}{}^{\cdot} V_A^{\lambda_i}$ 是直和. 设有关系式

$$v_1 + v_2 + \cdots + v_s = 0, \quad v_i \in V_A^{\lambda_i}. \tag{2.5}$$

将

$$f_k(A) = \prod_{\substack{i=1 \\ i \neq k}}^{s} (A - \lambda_i I)^{\dim V_A^{\lambda_i}}, \quad k = 1, 2, \cdots, s$$

作用在 (2.5) 式双方, 根据 3) 我们有

$$f_k(A) v_k = 0, \quad k = 1, 2, \cdots, s. \tag{2.6}$$

另一方面我们有

$$(A - \lambda_k I)^{\dim V_A^{\lambda_k}} v_k = 0, \quad k = 1, 2, \cdots, s. \tag{2.7}$$

由于 $f_k(\lambda)$ 与 $(\lambda - \lambda_k)^{\dim V_A^{\lambda_k}}$ 互素, 故有 λ 的多项式 $p_k(\lambda)$ 和 $q_k(\lambda)$ 存在, 使

$$p_k(\lambda) f_k(\lambda) + q_k(\lambda)(\lambda - \lambda_k)^{\dim V_A^{\lambda_k}} = 1.$$

将 A 代入上式就有

$$p_k(A) f_k(A) + q_k(A)(A - \lambda_k I)^{\dim V_A^{\lambda_k}} = I.$$

将这个式子的双方作用在 v_k 之上, 注意到 (2.6) 和 (2.7) 式, 就有

$$0 = v_k, \quad k = 1, 2, \cdots, s.$$

这就证明了 $\sum_{i=1}^{s}{}^{\cdot} V_A^{\lambda_i}$ 是直和.

再来证 $V = \sum_{i=1}^{s}{}^{\cdot} V_A^{\lambda_i}$. 设 λ_i 的重数是 n_i, 则 $\dim V = n_1 + n_2 + \cdots + n_s$. 但根据 4), $\dim V_A^{\lambda_i} = n_i (1 \leqslant i \leqslant s)$. 因此 $V = \sum_{i=1}^{s}{}^{\cdot} V_A^{\lambda_i}$. 引理 2.10 至此完全证毕.□

引理 2.11 设 A 和 B 是作用在线性空间 V 上的线性变换且适合关系

$$[A, \cdots [A, [A, B]] \cdots] = 0,$$

则子空间 V_A^{λ} 在 B 的作用下不变.

证 设

$$\underbrace{[A, \cdots [A, [A,}_{k\ 个} B]] \cdots] = 0,$$

我们对 k 用归纳法来证明本引理. 首先, 当 $k = 1$ 时, 有 $[A, B] = 0$, 于是 $AB = BA$. 设 $v \in V_A^{\lambda}$, 那么存在正整数 m 使 $(A - \lambda I)^m v = 0$, 于是 $(A - \lambda I)^m Bv = B(A - \lambda I)^m v = 0$, 因此引理中的断言成立.

今设引理对于 $k - 1$ 成立. 令 $C = [A, B]$, 则

$$\underbrace{[A, \cdots [A, [A,}_{k-1\ 个} C]] \cdots] = 0.$$

根据归纳法假设, V_A^{λ} 在 C 的作用下不变.

我们有 $(A - \lambda I)B = B(A - \lambda I) + [A, B]$. 用归纳法可证

$$\begin{aligned}(A - \lambda I)^n B = {} & B(A - \lambda I)^n \\ & + \sum_{s=0}^{n-1} (A - \lambda I)^{n-s-1} [A, B] (A - \lambda I)^s. \end{aligned} \tag{2.8}$$

实际上, 设 (2.8) 式对 n 成立, 则

$$\begin{aligned}(A - \lambda I)^{n+1} B = {} & B(A - \lambda I)^{n+1} + [A, B](A - \lambda I)^n \\ & + \sum_{s=0}^{n-1} (A - \lambda I)^{n-s} [A, B] (A - \lambda I)^s \\ = {} & B(A - \lambda I)^{n+1} + \sum_{s=0}^{n} (A - \lambda I)^{n-s} [A, B] (A - \lambda I)^s. \end{aligned}$$

因此 (2.8) 式对 $n+1$ 也成立.

设 $v \in V_A^\lambda$. 在 (2.8) 式中取 $n = 2\dim V_A^\lambda$, 并将 (2.8) 式双方作用在 $v \in V_A^\lambda$ 之上, 就有

$$(A-\lambda I)^n Bv = B(A-\lambda I)^n v + \sum_{s=0}^{n-1}(A-\lambda I)^{n-s-1}[A,B](A-\lambda I)^s v.$$

因 $n = 2\dim V_A^\lambda > \dim V_A^\lambda$, 自然有

$$(A-\lambda I)^n v = 0.$$

如 $s \geqslant \dim V_A^\lambda$, 则

$$(A-\lambda I)^s v = 0.$$

如 $s < \dim V_A^\lambda$, 则 $n-s-1 \geqslant \dim V_A^\lambda$. 根据归纳法假设, $[A,B](A-\lambda I)^s v = C(A-\lambda I)^s v \in V_A^\lambda$, 因此

$$(A-\lambda I)^{n-s-1}[A,B](A-\lambda I)^s v = 0.$$

这就证明了

$$(A-\lambda I)^n Bv = 0,$$

即 $Bv \in V_A^\lambda$. □

现在设 $\mathfrak{h}$ 是作用在有限维线性空间 V 上的一个线性李代数, 即 $\mathfrak{h}$ 是 $\mathfrak{gl}(V)$ 的子代数. 定义在 $\mathfrak{h}$ 上的一个取复数值的函数 $\varphi(H)$ $(H \in \mathfrak{h})$, 称为是 $\mathfrak{h}$ 的一个权, 如果 V 中有一个不等于 0 的向量 v 存在, 使

$$Hv = \varphi(H)v \quad 对一切 \quad H \in \mathfrak{h},$$

而 v 称为相应于权 φ 的权向量.

根据定理 2.6 (Lie 定理), 可解线性李代数, 特别是幂零线性李代数, 一定有一个权.

定理 2.12 设 $\mathfrak{h}$ 是作用在有限维线性空间 V 上的幂零线性李代数. 如 $\varphi(H)$ 是定义在 $\mathfrak{h}$ 上的一个取复数值的线性函数. 令

$$V_{\mathfrak{h}}^{\varphi} = \{v | v \in V, 存在正整数 n, 使 (H-\varphi(H)I)^n v = 0 对一切 H \in \mathfrak{h}\},$$

称为权 φ 的权子空间, 而 $\dim V_{\mathfrak{h}}^{\varphi}$ 称为权 φ 的重数, 则

1) $V_{\mathfrak{h}}^{\varphi}=\bigcap\limits_{A\in\mathfrak{h}} V_A^{\varphi(A)}$, 而且 $V_{\mathfrak{h}}^{\varphi}$ 是 $\mathfrak{h}$ 的不变子空间.

2) $V_{\mathfrak{h}}^{\varphi}\neq 0$, 当且仅当 φ 是 $\mathfrak{h}$ 的一个权, 而且 $\mathfrak{h}$ 在 $V_{\mathfrak{h}}^{\varphi}$ 中只有 φ 这一个权.

3) 如 $V_{\mathfrak{h}}^{\varphi}\neq 0$, 则 $(H-\varphi(H)I)^{\dim V_{\mathfrak{h}}^{\varphi}}v=0$ 对一切 $H\in\mathfrak{h}, v\in V_{\mathfrak{h}}^{\varphi}$.

4) $V=\dot{\sum\limits_{\varphi\in\Delta}} V_{\mathfrak{h}}^{\varphi}$, Δ 是 $\mathfrak{h}$ 的权的集合.

证 1) 显然, $V_{\mathfrak{h}}^{\varphi}\subset\bigcap\limits_{A\in\mathfrak{h}} V_A^{\varphi(A)}$. 设 $V'=\bigcap\limits_{A\in\mathfrak{h}} V_A^{\varphi(A)}$, 对任一 $B\in\mathfrak{h}$, 因 $\mathfrak{h}$ 是幂零代数, 故有正整数 m 存在, 使 $(\mathrm{ad}\,A)^m B=0$. 于是根据引理 2.11, $V_A^{\varphi(A)}$ 在任一 $B\in\mathfrak{h}$ 的作用下皆不变. 于是 V' 是 $\mathfrak{h}$ 的不变子空间. $\mathfrak{h}$ 在 V' 上的诱导仍是个幂零代数, 因而可解. 根据推论 2.7, 可在 V' 中选一组基, 使 $A\in\mathfrak{h}$ 的矩阵皆为上三角形而主对角线上为 $\varphi_1(A),\cdots,\varphi_s(A)(s=\dim V')$. 因 $V'=\bigcap\limits_{A\in\mathfrak{h}} V_A^{\varphi(A)}$, 故 $\varphi(A)=\varphi_1(A)=\cdots=\varphi_s(A)$. 因此 $V'\subset V_{\mathfrak{h}}^{\varphi}$. 故 $V_{\mathfrak{h}}^{\varphi}=\bigcap\limits_{A\in\mathfrak{h}} V_A^{\varphi(A)}$, 随之 $V_{\mathfrak{h}}^{\varphi}$ 在 $\mathfrak{h}$ 的作用下不变.

2) 的证明与引理 2.10 中第二个断言的证明相同. 因而略去.

3) 为 φ 是 $\mathfrak{h}$ 在 $V_{\mathfrak{h}}^{\varphi}$ 中仅有的权及推论 2.7 的推论.

现在来证明 4). 对 V 的维数用归纳法. 如果所有的 H 都只有一个特征值 $\varphi(H)$, 根据 Lie 定理, $\varphi(H)$ 是 $\mathfrak{h}$ 的一个权, 而且 $V=V_{\mathfrak{h}}^{\varphi}$. 如有一个 $H\in\mathfrak{h}$, 它有两个以上的不同的特征值 $\lambda_1,\cdots,\lambda_s(s\geqslant 2)$, 则根据引理 2.10 中的 5) 知 $V=\dot{\sum\limits_{i=1}^{s}} V_H^{\lambda_i}$. 因 $V_H^{\lambda_i}(1\leqslant i\leqslant s)$ 都是 $\mathfrak{h}$ 的不变子空间, 而 $V_H^{\lambda_i}$ 的维数小于 V 的维数, 根据归纳法假设

$$V_H^{\lambda_i}=\dot{\sum_{\varphi\in\Delta_i}} V_{\mathfrak{h}}^{\varphi},$$

Δ_i 是 $\mathfrak{h}$ 在 $V_H^{\lambda_i}$ 中所有的权. 因 $\lambda_1,\cdots,\lambda_s$ 两两不同, 故 $\Delta_1,\cdots,\Delta_s$ 中没有相同的权. 于是令 $\Delta=\Delta_1\bigcup\cdots\bigcup\Delta_s$, 则

$$V=\dot{\sum_{\varphi\in\Delta}} V_{\mathfrak{h}}^{\varphi}.$$

□

推论 2.13 设 $\mathfrak{h}$ 是作用在 n 维线性空间 V 上的幂零线性李代数. 可以在 V 中选取一组基, 使 $\mathfrak{h}$ 成为某一个 $\mathfrak{n}(n_1,\mathbb{C})\dotplus\cdots\dotplus\mathfrak{n}(n_m,\mathbb{C})$ $(n=n_1+\cdots+n_m$ 是 n 的一个分拆) 的子代数, m 是 $\mathfrak{h}$ 的不同的权的个数.

证 设 $\varphi_1,\cdots,\varphi_m$ 是 $\mathfrak{h}$ 的所有不同的权, 并设 $\dim V_{\mathfrak{h}}^{\varphi_i}=n_i$. $\mathfrak{h}$ 在 $V_{\mathfrak{h}}^{\varphi_i}$ 中诱导出来的代数 $\mathfrak{h}_i$ 是 $\mathfrak{h}$ 的同态像, 因而是幂零的. 根据推论 2.7, 可在 $V_{\mathfrak{h}}^{\varphi_i}$ 中选

一组基, 使 $\mathfrak{h}_i$ 中矩阵 H 皆有形状

$$\begin{pmatrix} a_{11}^{(i)} & \cdots & a_{1m_i}^{(i)} \\ \vdots & \ddots & \vdots \\ 0 & \cdots & a_{m_im_i}^{(i)} \end{pmatrix},$$

而 $a_{11}^{(i)} = \cdots = a_{m_im_i}^{(i)} = \varphi_i(H)$. 由此即可推出推论 2.13. □

推论 2.14 设 $\mathfrak{h}$ 是作用在线性空间 V 上的幂零线性李代数, $\varphi_1, \cdots, \varphi_m$ 是 $\mathfrak{h}$ 的权的集合. 如 $H \in \mathscr{D}\mathfrak{h}$, 则

$$\varphi_1(H) = \cdots = \varphi_m(H) = 0.$$

第三章 Cartan 子代数

§1 Cartan 子代数

设 $\mathfrak{g}$ 是李代数, $\mathfrak{h}$ 是它的一个幂零子代数. 线性变换 $\mathrm{ad}_{\mathfrak{g}}H(H \in \mathfrak{h})$ 的全体组成一个作用在空间 $\mathfrak{g}$ 上的线性李代数. 这个代数用 $\mathrm{ad}_{\mathfrak{g}}\mathfrak{h}$ 来表示, 简记为 $\mathrm{ad}\,\mathfrak{h}$. $\mathrm{ad}\,\mathfrak{h}$ 是幂零李代数 $\mathfrak{h}$ 的同态像, 因而也幂零. 于是 $\mathrm{ad}\,\mathfrak{h}$ 就是作用在空间 $\mathfrak{g}$ 上的幂零线性李代数. 根据定理 2.12, $\mathfrak{g}$ 有直和分解

$$\mathfrak{g} = \sum_{\varphi \in \Delta}{}^{\cdot}\, \mathfrak{g}^{\varphi}_{\mathrm{ad}\,\mathfrak{h}}, \tag{3.1}$$

其中 Δ 是 $\mathrm{ad}\,\mathfrak{h}$ 的权的集合, 简称 $\mathfrak{h}$ 的权的集合. 关于这个分解式, 有以下三个简单性质:

1) $[\mathfrak{g}^{\alpha}_{\mathrm{ad}\,\mathfrak{h}}, \mathfrak{g}^{\beta}_{\mathrm{ad}\,\mathfrak{h}}] \subset \mathfrak{g}^{\alpha+\beta}_{\mathrm{ad}\,\mathfrak{h}}$ 对 $\alpha, \beta \in \Delta$. 特别, $\mathfrak{g}^{0}_{\mathrm{ad}\,\mathfrak{h}}$ 是 $\mathfrak{g}$ 的子代数; 而且如 $\alpha + \beta \notin \Delta$, 则

$$[\mathfrak{g}^{\alpha}_{\mathrm{ad}\,\mathfrak{h}}, \mathfrak{g}^{\beta}_{\mathrm{ad}\,\mathfrak{h}}] = 0.$$

证 我们有公式

$$\begin{aligned}&(\mathrm{ad}\,H - \alpha(H)I - \beta(H)I)[X, Y]\\ =& [(\mathrm{ad}\,H - \alpha(H)I)X, Y] + [X, (\mathrm{ad}\,H - \beta(H)I)Y],\end{aligned}$$

于是用归纳法可证

$$\begin{aligned}&(\operatorname{ad}H-\alpha(H)I-\beta(H)I)^k[X,Y]\\&=\sum_{s=0}^{k}C_s^k[(\operatorname{ad}H-\alpha(H)I)^sX,(\operatorname{ad}H-\beta(H)I)^{k-s}Y],\end{aligned}$$

其中 $C_s^k=\dfrac{k!}{s!(k-s)!}$ 是二项式系数. 如 $X\in\mathfrak{g}_{\operatorname{ad}\mathfrak{h}}^{\alpha},Y\in\mathfrak{g}_{\operatorname{ad}\mathfrak{h}}^{\beta}$, 则对相当大的 k, 上式右侧为 0, 因之 $[X,Y]\in\mathfrak{g}_{\operatorname{ad}\mathfrak{h}}^{\alpha+\beta}$.

2) $(\mathfrak{g}_{\operatorname{ad}\mathfrak{h}}^{\alpha},\mathfrak{g}_{\operatorname{ad}\mathfrak{h}}^{\beta})=0$, 如 $\alpha+\beta\neq 0$.

证 从 $\mathfrak{g}_{\operatorname{ad}\mathfrak{h}}^{\alpha}$ 中各取出一组基, 这些基凑在一起就构成 $\mathfrak{g}$ 的一组基. 设 $X\in\mathfrak{g}_{\operatorname{ad}\mathfrak{h}}^{\alpha},Y\in\mathfrak{g}_{\operatorname{ad}\mathfrak{h}}^{\beta}$, 则根据 1), 就有

$$\operatorname{ad}X\operatorname{ad}Y\mathfrak{g}_{\operatorname{ad}\mathfrak{h}}^{\varphi}\subset\mathfrak{g}_{\operatorname{ad}\mathfrak{h}}^{\varphi+\alpha+\beta}.$$

因此对于上面选的那组基来说, $\operatorname{ad}X\operatorname{ad}Y$ 的对角线元素都是 0, 因此

$$(X,Y)=\operatorname{Tr}\operatorname{ad}X\operatorname{ad}Y=0.$$

3) $\mathfrak{h}\subset\mathfrak{g}_{\operatorname{ad}\mathfrak{h}}^{0}$.

证 设 $H\in\mathfrak{h}$. 因 $\mathfrak{h}$ 幂零, 故有一正整数 m 存在, 使 $(\operatorname{ad}A)^mH=0$, 对一切 $A\in\mathfrak{h}$. 这就是说 $H\in\mathfrak{g}_{\operatorname{ad}\mathfrak{h}}^{0}$.

定义 3.1 设 $\mathfrak{h}$ 是李代数的幂零子代数. 如 $\mathfrak{h}=\mathfrak{g}_{\operatorname{ad}\mathfrak{h}}^{0}$, 则 $\mathfrak{h}$ 就称为 $\mathfrak{g}$ 的一个 Cartan 子代数, 而 (3.1) 就称为 $\mathfrak{g}$ 对于 Cartan 子代数 $\mathfrak{h}$ 的 Cartan 分解. Δ 除去 0 之后称为 $\mathfrak{g}$ 对于 $\mathfrak{h}$ 的根的集合或简称 $\mathfrak{g}$ 的根的集合, 记作 Σ. 如 φ 是根, $\mathfrak{g}_{\operatorname{ad}\mathfrak{h}}^{\varphi}$ 称为相应于根 φ 的根子空间.

显而易见, $\mathfrak{g}$ 的 Cartan 子代数 $\mathfrak{h}$ 一定包含 $\mathfrak{g}$ 的中心 $\mathfrak{c}$. 实际上, 设 $X\in\mathfrak{c}$, 则 $[H,X]=0$ 对一切 $H\in\mathfrak{h}$, 即 $\operatorname{ad}HX=0$ 对一切 $H\in\mathfrak{h}$. 因之 $X\in\mathfrak{h}_{\operatorname{ad}\mathfrak{h}}^{0}=\mathfrak{h}$.

定理 3.1 $\mathfrak{g}$ 的 Cartan 子代数 $\mathfrak{h}$ 是个极大幂零子代数.

证 设 $\mathfrak{h}'$ 是 $\mathfrak{g}$ 的幂零子代数, 而 $\mathfrak{h}'\supset\mathfrak{h}$. 因 $\mathfrak{h}'$ 幂零, 有正整数 m 存在使

$$[H_m',\cdots[H_3',[H_2',H_1']]\cdots]=0,$$

对任意 m 个元素 $H_1',\cdots,H_m'\in\mathfrak{h}'$. 特别

$$\underbrace{[H,\cdots[H,}_{m-1\text{ 个}}[H,H']\cdots]]=0,$$

对任意 $H\in\mathfrak{h}$ 及 $H'\in\mathfrak{h}'$. 即 $(\operatorname{ad}H)^{m-1}H'=0$ 对任意 $H\in\mathfrak{h}$ 及 $H'\in\mathfrak{h}'$. 因之 $H'\in\mathfrak{g}^0_{\operatorname{ad}\mathfrak{h}}=\mathfrak{h}$ 对任意 $H'\in\mathfrak{h}'$. 所以 $\mathfrak{h}'\subset\mathfrak{h}$, 于是 $\mathfrak{h}'=\mathfrak{h}$. □

定理 3.2 设 $\mathfrak{g}$ 是它的两个理想 $\mathfrak{g}_1$ 和 $\mathfrak{g}_2$ 的直和: $\mathfrak{g}=\mathfrak{g}_1\dotplus\mathfrak{g}_2$, 则 $\mathfrak{g}_1$ 的一个 Cartan 子代数与 $\mathfrak{g}_2$ 的一个 Cartan 子代数的直和一定是 $\mathfrak{g}$ 的一个 Cartan 子代数. 反之, $\mathfrak{g}$ 的任一 Cartan 子代数一定是 $\mathfrak{g}_1$ 的一个 Cartan 子代数与 $\mathfrak{g}_2$ 的一个 Cartan 子代数的直和.

证 设 $\mathfrak{h}_i$ 是 $\mathfrak{g}_i$ 的一个 Cartan 子代数 $(i=1,2)$, 我们有

$$\mathfrak{g}^0_{i\,\operatorname{ad}\mathfrak{h}_i}=\mathfrak{h}_i,\quad i=1,2.$$

令 $\mathfrak{h}=\mathfrak{h}_1\dotplus\mathfrak{h}_2$. 因 $\mathfrak{h}_1$ 和 $\mathfrak{h}_2$ 都是幂零的, 故 $\mathfrak{h}_1\dotplus\mathfrak{h}_2$ 也幂零. 现在来证明

$$\mathfrak{g}^0_{\operatorname{ad}\mathfrak{h}}=\mathfrak{h}.$$

设 $X\in\mathfrak{g}^0_{\operatorname{ad}\mathfrak{h}}$, 即有正整数 m 使 $(\operatorname{ad}H)^mX=0$, 对一切 $H\in\mathfrak{h}$. 写 $X=X_1+X_2, X_i\in\mathfrak{g}_i, H=H_1+H_2, H_i\in\mathfrak{h}_i$, 则由

$$(\operatorname{ad}H)^mX=(\operatorname{ad}H_1)^mX_1+(\operatorname{ad}H_2)^mX_2=0$$

推出

$$(\operatorname{ad}H_1)^mX_1=(\operatorname{ad}H_2)^mX_2=0,$$

对一切 $H_1\in\mathfrak{h}_1, H_2\in\mathfrak{h}_2$. 因此 $X_i\in\mathfrak{g}^0_{i\,\operatorname{ad}\mathfrak{h}_i}=\mathfrak{h}_i(i=1,2)$. 由此即推出

$$X=X_1+X_2\in\mathfrak{h}_1\dotplus\mathfrak{h}_2=\mathfrak{h}.$$

反之, 设 $\mathfrak{h}$ 是 $\mathfrak{g}$ 的一个 Cartan 子代数, 即

$$\mathfrak{g}^0_{\operatorname{ad}\mathfrak{h}}=\mathfrak{h}.$$

令

$$\mathfrak{h}_1=\{H_1|H_1\in\mathfrak{g}_1\text{ 而有 }H\in\mathfrak{h}\text{ 使 }H=H_1+H_2,H_2\in\mathfrak{g}_2\},$$
$$\mathfrak{h}_2=\{H_2|H_2\in\mathfrak{g}_2\text{ 而有 }H\in\mathfrak{h}\text{ 使 }H=H_1+H_2,H_1\in\mathfrak{g}_1\},$$

自然 $\mathfrak{h}_i$ 是 $\mathfrak{g}_i$ 的子代数 $(i=1,2)$. 我们来证明 $\mathfrak{h}=\mathfrak{h}_1\dotplus\mathfrak{h}_2$. 设 $H_1\in\mathfrak{h}_1$, 于是有 $H\in\mathfrak{h}$ 使 $H=H_1+H_2$, $H_2\in\mathfrak{g}_2$. 对任一 $H'\in\mathfrak{h}$, 有正整数 m 存在使 $(\operatorname{ad}H')^mH=0$, 但由

$$(\operatorname{ad}H')^mH=(\operatorname{ad}H')^mH_1+(\operatorname{ad}H')^mH_2=0$$

及 $(\mathrm{ad}\,H')^m H_i \in \mathfrak{g}_i(i=1,2)$, 推出 $(\mathrm{ad}\,H')^m H_1 = 0$. 因此 $H_1 \in \mathfrak{h}$, 于是 $\mathfrak{h}_1 \subset \mathfrak{h}$. 同理可证 $\mathfrak{h}_2 \subset \mathfrak{h}$. 另一方面, 设 $H \in \mathfrak{h}$, 写 $H = H_1 + H_2, H_1 \in \mathfrak{g}_1, H_2 \in \mathfrak{g}_2$, 则 $H_1 \in \mathfrak{h}_1, H_2 \in \mathfrak{h}_2$. 因此 $\mathfrak{h} = \mathfrak{h}_1 \dot{+} \mathfrak{h}_2$. 因 $\mathfrak{h}$ 幂零, 故 $\mathfrak{h}_1$ 和 $\mathfrak{h}_2$ 皆幂零. 设 $X_1 \in \mathfrak{g}^0_{1\,\mathrm{ad}\,\mathfrak{h}_1}$, 即对任意 $H_1 \in \mathfrak{h}_1$ 有正整数 m 存在使 $(\mathrm{ad}\,H_1)^m X_1 = 0$. 设 $H \in \mathfrak{h}$, 写 $H = H_1 + H_2, H_i \in \mathfrak{h}_i$, 则 $(\mathrm{ad}\,H)^m X_1 = (\mathrm{ad}\,H_1)^m X_1 = 0$. 因此 $X_1 \in \mathfrak{g}^0_{\mathrm{ad}\,\mathfrak{h}} = \mathfrak{h}$. 于是 $X_1 \in \mathfrak{h}_1$. 这就证明了 $\mathfrak{h}_1$ 是 $\mathfrak{g}_1$ 的 Cartan 子代数. 同理可证 $\mathfrak{h}_2$ 是 $\mathfrak{g}_2$ 的 Cartan 子代数. □

例 3.1 我们举出典型李代数的 Cartan 子代数与 Cartan 分解作为例子.

以 $\mathfrak{g}$ 表 $A_n(n \geqslant 1), B_n(n \geqslant 1), C_n(n \geqslant 1)$ 或 $D_n(n \geqslant 1)$ 之一. 在第一章 §3 中, 对于每一个典型李代数我们都定义了一个 n 维交换子代数 $\mathfrak{h}$, 而且从 $\mathfrak{g}$ 的结构公式 (1.1) 可以看到

$$\mathfrak{g} = \mathfrak{h} \dot{+} \dot{\sum_{\alpha\in\Sigma}} \mathfrak{g}^\alpha,$$

其中 Σ 表 $\mathfrak{g}$ 的根的全体, 而 $\mathfrak{g}^\alpha$ 表由 E_α 所生成的一维子空间. 我们有

$$\mathfrak{g}^0_{\mathrm{ad}\,\mathfrak{h}} = \mathfrak{h}, \quad \mathfrak{g}^\alpha_{\mathrm{ad}\,\mathfrak{h}} = \mathfrak{g}^\alpha,$$

因此 $\mathfrak{h}$ 是 $\mathfrak{g}$ 的 Cartan 子代数. 我们注意

1) $\mathfrak{h}$ 是交换的,

2) $\mathfrak{g}^\alpha$ 都是一维的

这两个性质, 今后将证明, 是半单代数的 Cartan 子代数和 Cartan 分解所共有的性质.

最后, 我们再举出 Cartan 子代数的另一刻画方法.

定理 3.3 设 $\mathfrak{g}$ 为李代数, 而 $\mathfrak{h}$ 是它的一个幂零子代数. 令

$$\mathfrak{n}(\mathfrak{h}) = \{X \in \mathfrak{g} \text{ 使得 } [X, \mathfrak{h}] \subset \mathfrak{h}\}$$

(称为 $\mathfrak{h}$ 在 $\mathfrak{g}$ 中的正规化子), 则 $\mathfrak{h}$ 是 $\mathfrak{g}$ 的 Cartan 子代数当且仅当 $\mathfrak{h} = \mathfrak{n}(\mathfrak{h})$.

证 先证明 $\mathfrak{n}(\mathfrak{h}) \subseteq \mathfrak{g}^0_{\mathrm{ad}\,\mathfrak{h}}$. 设 $X \in \mathfrak{n}(\mathfrak{h})$, 即 $[X, \mathfrak{h}] \subset \mathfrak{h}$, 亦即 $(\mathrm{ad}\,H)X \in \mathfrak{h}$ 对一切 $H \in \mathfrak{h}$. 因 $\mathfrak{h}$ 幂零, 故有正整数 m 存在, 使 $(\mathrm{ad}\,H)^m X = 0$, 于是 $X \in \mathfrak{g}^0_{\mathrm{ad}\,\mathfrak{h}}$. 这证明了 $\mathfrak{n}(\mathfrak{h}) \subseteq \mathfrak{g}^0_{\mathrm{ad}\,\mathfrak{h}}$.

现在设 $\mathfrak{h}$ 是 $\mathfrak{g}$ 的 Cartan 子代数, 则 $\mathfrak{h} = \mathfrak{g}^0_{\mathrm{ad}\,\mathfrak{h}}$. 于是 $\mathfrak{n}(\mathfrak{h}) \subseteq \mathfrak{g}^0_{\mathrm{ad}\,\mathfrak{h}} = \mathfrak{h}$. 另外, 显然有 $\mathfrak{h} \subseteq \mathfrak{n}(\mathfrak{h})$, 所以 $\mathfrak{h} = \mathfrak{n}(\mathfrak{h})$.

反之, 设 $\mathfrak{h} = \mathfrak{n}(\mathfrak{h})$. 根据推论 2.7, 可在 $\mathfrak{g}^0_{\mathrm{ad}\,\mathfrak{h}}$ 中选取一组基使 $\mathrm{ad}\,H(H \in \mathfrak{h})$

在 $\mathfrak{g}^0_{\mathrm{ad}\,\mathfrak{h}}$ 上诱导出的线性变换的矩阵皆有形状

$$\begin{pmatrix} 0 & & & \\ & 0 & * & \\ & & \ddots & \\ 0 & & & 0 \end{pmatrix}.$$

于是如 $X \in \mathfrak{g}^0_{\mathrm{ad}\,\mathfrak{h}}$, 则 $(\mathrm{ad}\,H_1)(\mathrm{ad}\,H_2)\cdots(\mathrm{ad}\,H_s)X = 0$ 对一切 $H_1, H_2, \cdots, H_s \in \mathfrak{h}$, 而 $s = \dim \mathfrak{g}^0_{\mathrm{ad}\,\mathfrak{h}}$. 即 $[H_1, (\mathrm{ad}\,H_2)\cdots(\mathrm{ad}\,H_s)X] = 0 \in \mathfrak{h}$ 对一切 $H_1, H_2, \cdots, H_s \in \mathfrak{h}$, 由此推出 $(\mathrm{ad}\,H_2)\cdots(\mathrm{ad}\,H_s)X \in \mathfrak{n}(\mathfrak{h}) = \mathfrak{h}$ 对一切 $H_2, \cdots, H_s \in \mathfrak{h}$; 即 $[H_2, (\mathrm{ad}\,H_3)\cdots(\mathrm{ad}\,H_s)X] \in \mathfrak{h}$ 对一切 $H_2, H_3, \cdots, H_s \in \mathfrak{h}$. 由此推出 $(\mathrm{ad}\,H_3)\cdots(\mathrm{ad}\,H_s)X \in \mathfrak{n}(\mathfrak{h}) = \mathfrak{h}$ 对一切 $H_3, \cdots, H_s \in \mathfrak{h}$. 如此继续下去, 最后得 $X \in \mathfrak{n}(\mathfrak{h}) = \mathfrak{h}$, 这证明了 $\mathfrak{g}^0_{\mathrm{ad}\,\mathfrak{h}} \subseteq \mathfrak{h}$, 因此 $\mathfrak{h} = \mathfrak{g}^0_{\mathrm{ad}\,\mathfrak{h}}$, 即 $\mathfrak{h}$ 是 $\mathfrak{g}$ 的一个 Cartan 子代数. □

§2 Cartan 子代数的存在性

设 $\mathfrak{g}$ 是李代数, $X \in \mathfrak{g}$. $\mathfrak{g}^0_{\mathrm{ad}\,X}$ 的维数即为 n_X. 过去我们定义过 $\mathfrak{g}$ 的秩 $n = \min\limits_{X \in \mathfrak{g}} n_X$, 于是幂零李代数的秩即等于它的维数. 我们也定义过 X 是正则元, 如 $n = n_X$.

引理 3.4 设 X_0 是 $\mathfrak{g}$ 的一个固定的元素. 如对任意 $Y \in \mathfrak{g}$ 都有无限多个 μ 存在, 使 $\mathrm{ad}\,(X_0 + \mu Y)$ 皆幂零, 则 $\mathfrak{g}$ 是幂零李代数.

证 写出 X 的 Killing 多项式

$$f(\lambda|X) = \lambda^r + a_1(X)\lambda^{r-1} + \cdots + a_r(X).$$

$\mathrm{ad}\,X$ 幂零的充要条件是这个多项式的根都是 0, 即

$$a_1(X) = \cdots = a_r(X) = 0.$$

任取 $Y \in \mathfrak{g}, X_0 + \mu Y$ 的 Killing 多项式是

$$f(\lambda|X_0 + \mu Y) = \lambda^r + a_1(X_0 + \mu Y)\lambda^{r-1} + \cdots + a_r(X_0 + \mu Y).$$

如有无限多个 μ 使 $\mathrm{ad}\,(X_0 + \mu Y)$ 皆幂零, 即有无限多个 μ 存在使

$$a_1(X_0 + \mu Y) = \cdots = a_r(X_0 + \mu Y) = 0.$$

因 $a_1(X_0 + \mu Y), \cdots, a_r(X_0 + \mu Y)$ 皆为 μ 的多项式, 故

$$a_1(X_0 + \mu Y) \equiv \cdots \equiv a_r(X_0 + \mu Y) \equiv 0.$$

取 $Y=X-X_0$, $\mu=1$ 就有

$$a_1(X)\equiv\cdots\equiv a_r(X)\equiv 0.$$

因之, $\operatorname{ad}X(X\in\mathfrak{g})$ 皆幂零. 根据定理 2.4 (Engel 定理) 知, $\mathfrak{g}$ 是幂零李代数. □

定理 3.5 设 X_0 是 $\mathfrak{g}$ 的一个正则元, 则 $\mathfrak{g}^0_{\operatorname{ad}X_0}$ 是个 Cartan 子代数.

证 我们有

$$\mathfrak{g}=\mathfrak{g}^0_{\operatorname{ad}X_0}+\dot{\sum_{\lambda\in\Sigma}}\mathfrak{g}^\lambda_{\operatorname{ad}X_0},$$

Σ 是 $\operatorname{ad}X_0$ 的非 0 特征根的全体. 令 $\widetilde{\mathfrak{g}}=\dot{\sum\limits_{\lambda\in\Sigma}}\mathfrak{g}^\lambda_{\operatorname{ad}X_0}$.

我们先证 $\mathfrak{g}^0_{\operatorname{ad}X_0}$ 是幂零子代数. 设 $X\in\mathfrak{g}^0_{\operatorname{ad}X_0}$, 则 $[X,\widetilde{\mathfrak{g}}]=\widetilde{\mathfrak{g}}$. 以 $D(X)$ 表示 $\operatorname{ad}X$ 在 $\widetilde{\mathfrak{g}}$ 上诱导出的线性变换的行列式. 因为 X_0 是正则元, 所以 $D(X_0)\neq 0$. 对任意 $Y\in\mathfrak{g}^0_{\operatorname{ad}X_0}$, $D(X_0+\mu Y)$ 是 μ 的多项式; 因 $D(X_0)\neq 0$, 所以有无限多个 μ 使 $D(X_0+\mu Y)\neq 0$. 由于 $\mathfrak{g}$ 的秩为 n, 故对于这无限多个 μ, $\operatorname{ad}(X_0+\mu Y)$ 在 $\mathfrak{g}^0_{\operatorname{ad}X_0}$ 中的特征值皆为 0, 即 $\operatorname{ad}_{\mathfrak{g}^0_{\operatorname{ad}X_0}}(X_0+\mu Y)$ 的特征值皆为 0, 即 $\operatorname{ad}_{\mathfrak{g}^0_{\operatorname{ad}X_0}}(X_0+\mu Y)$ 幂零. 根据引理 3.4 知, $\mathfrak{g}^0_{\operatorname{ad}X_0}$ 是幂零子代数.

现在令 $\mathfrak{h}=\mathfrak{g}^0_{\operatorname{ad}X_0}$. 设 $X\in\mathfrak{g}^0_{\operatorname{ad}\mathfrak{h}}$, 则有正整数 m 存在使

$$(\operatorname{ad}H)^mX=0\quad\text{对一切}\quad H\in\mathfrak{h}.$$

特别, 因 $X_0\in\mathfrak{h}$, 故

$$(\operatorname{ad}X_0)^mX=0,$$

因之 $X\in\mathfrak{g}^0_{\operatorname{ad}X_0}=\mathfrak{h}$. 于是 $\mathfrak{g}^0_{\operatorname{ad}\mathfrak{h}}\subseteq\mathfrak{h}$, 故 $\mathfrak{g}^0_{\operatorname{ad}\mathfrak{h}}=\mathfrak{h}$, 即 $\mathfrak{h}$ 是 $\mathfrak{g}$ 的一个 Cartan 子代数. □

推论 3.6 $\mathfrak{g}$ 的 Cartan 子代数一定存在.

证 因 $\mathfrak{g}$ 一定包含正则元, 故得证. □

推论 3.7 设 $\mathfrak{h}$ 是 $\mathfrak{g}$ 的一个幂零子代数, 而且 $\mathfrak{h}$ 包有 $\mathfrak{g}$ 的一个正则元, 则 $\mathfrak{g}^0_{\operatorname{ad}\mathfrak{h}}$ 是 $\mathfrak{g}$ 的一个 Cartan 子代数.

证 设 X_0 是 $\mathfrak{h}$ 所包含的 $\mathfrak{g}$ 的正则元. 根据定理 3.5, $\mathfrak{g}^0_{\operatorname{ad}X_0}$ 是 $\mathfrak{g}$ 的 Cartan 子代数. 令 $\mathfrak{h}_1=\mathfrak{g}^0_{\operatorname{ad}X_0}$. 因 $\mathfrak{h}$ 是幂零子代数, $\mathfrak{h}\subset\mathfrak{g}^0_{\operatorname{ad}X_0}=\mathfrak{h}_1$. 从 $X_0\in\mathfrak{h}\subset\mathfrak{h}_1$ 推出

$$\mathfrak{h}_1=\mathfrak{g}^0_{\operatorname{ad}X_0}\supseteq\mathfrak{g}^0_{\operatorname{ad}\mathfrak{h}}\supseteq\mathfrak{g}^0_{\operatorname{ad}\mathfrak{h}_1}=\mathfrak{h}_1.$$

因此 $\mathfrak{g}^0_{\operatorname{ad}\mathfrak{h}}=\mathfrak{g}^0_{\operatorname{ad}X_0}$ 是 $\mathfrak{g}$ 的 Cartan 子代数. □

定理 3.8 设 $\mathfrak{h}$ 是 $\mathfrak{g}$ 的极大幂零子代数, 如 $\mathfrak{h}$ 包有 $\mathfrak{g}$ 的一个正则元 X_0, 则 $\mathfrak{h}$ 是 $\mathfrak{g}$ 的 Cartan 子代数, 而且 $\mathfrak{h}=\mathfrak{g}^0_{\mathrm{ad}\,X_0}$.

证 根据定理 3.5, $\mathfrak{g}^0_{\mathrm{ad}\,X_0}$ 是 $\mathfrak{g}$ 的 Cartan 子代数. 因 $\mathfrak{h}$ 是幂零子代数, 故 $\mathfrak{h}\subset\mathfrak{g}^0_{\mathrm{ad}\,X_0}$, 又因 $\mathfrak{h}$ 是极大幂零子代数, 故 $\mathfrak{h}=\mathfrak{g}^0_{\mathrm{ad}\,X_0}$. □

§3 预 备 知 识[①]

设 V 是 $\mathbb{C}$ 上的 n 维向量空间, 并设 $e_1,\cdots,e_n$ 是 V 的一组基, $x_1,\cdots,x_n$ 是 $\mathbb{C}$ 上 n 个无关不定元. 于是 V 中一般向量 x 可表作

$$x=x_1e_1+x_2e_2+\cdots+x_ne_n.$$

再设 W 是 $\mathbb{C}$ 上的 m 维向量空间, 并设 $\widetilde{e}_1,\cdots,\widetilde{e}_m$ 是 W 的一组基, $y_1,\cdots,y_m$ 是 $\mathbb{C}$ 上 m 个无关不定元. 于是 W 中一般向量 y 可表作

$$y=y_1\widetilde{e}_1+\cdots+y_m\widetilde{e}_m.$$

从 V 到 W 中的一个映射 f:

$$x=x_1e_1+\cdots+x_ne_n\mapsto x'=\varphi_1\widetilde{e}_1+\cdots+\varphi_m\widetilde{e}_m,$$

称为一个多项式映射, 如果

$$\begin{aligned}\varphi_1&=\varphi_1(x_1,\cdots,x_n),\\ &\vdots\\ \varphi_m&=\varphi_m(x_1,\cdots,x_n)\end{aligned}$$

都是 $x_1,\cdots,x_n$ 的多项式. 这时

$$\sum c_{i_1\cdots i_m}y_1^{i_1}\cdots y_m^{i_m}\overset{\varphi}{\longmapsto}\sum c_{i_1\cdots i_m}\varphi_1^{i_1}\cdots\varphi_m^{i_m}$$

就是从 $\mathbb{C}$ 上 $y_1,\cdots,y_m$ 的多项式环 $\mathbb{C}[y_1,\cdots,y_m]$ 到 $\mathbb{C}$ 上 $x_1,\cdots,x_n$ 的多项式环 $\mathbb{C}[x_1,\cdots,x_n]$ 中的一个同态, 且有性质

$$\varphi(1)=1,$$
$$\varphi(\lambda\psi(y_1,\cdots,y_m))=\lambda\cdot\varphi(\psi(y_1,\cdots,y_m)),$$

①这一节和下一节要求读者具备代数方面较多的预备知识, 见范德瓦尔登, 代数学, 卷 I, (数学名著译丛), 科学出版社, 北京, 2009. 读者亦可略去这两节而假定下一节定理 3.14 成立, 然后可以直接阅读下文.

对一切 $\psi(y_1,\cdots,y_m)\in\mathbb{C}[y_1,\cdots,y_m]$ 及 $\lambda\in\mathbb{C}$. 这时我们称 φ 是一个幺 $\mathbb{C}$-同态, 亦称 φ 是由多项式映射 f 所确定的幺 $\mathbb{C}$-同态.

反之, 设 φ 是从 $\mathbb{C}[y_1,\cdots,y_m]$ 到 $\mathbb{C}[x_1,\cdots,x_n]$ 中的一个幺 $\mathbb{C}$-同态. 令

$$\varphi(y_i)=\varphi_i(x_1,\cdots,x_n),\quad 1\leqslant i\leqslant m,$$

其中 $\varphi_1,\cdots,\varphi_m$ 为 $x_1,\cdots,x_n$ 的多项式, 则

$$x=x_1e_1+\cdots+x_ne_n\mapsto x'=\varphi_1\widetilde{e}_1+\cdots+\varphi_m\widetilde{e}_m$$

就是从 V 到 W 中的多项式映射, 而 φ 就是由这个多项式映射所确定的幺 $\mathbb{C}$-同态. 因此, 从 $\mathbb{C}[y_1,\cdots,y_m]$ 到 $\mathbb{C}[x_1,\cdots,x_m]$ 中的幺 $\mathbb{C}$-同态与从 V 到 W 中的多项式映射一一对应.

我们举一些多项式映射的例子.

例 3.2 从 V 映入 W 的线性映射自然是多项式映射.

例 3.3 取 $V=(0)$. 设有从 (0) 映入 W 的映射

$$f:0\mapsto w=b_1\widetilde{e}_1+\cdots+b_m\widetilde{e}_m.$$

自然, f 可看作多项式映射, 而由 f 所确定的从 $\mathbb{C}[y_1,\cdots,y_m]$ 到 $\mathbb{C}$ 的幺 $\mathbb{C}$-同态为

$$\varphi:Q(y_1,\cdots,y_m)\mapsto Q(b_1,\cdots,b_m).$$

我们记 $Q(w)=Q(b_1,\cdots,b_m)$. 这时, W 中向量与 $\mathbb{C}[y_1,\cdots,y_m]$ 映入 $\mathbb{C}$ 的幺 $\mathbb{C}$-同态一一对应.

例 3.4 取 $W=\mathbb{C}$. 设有从 V 映入 $W=\mathbb{C}$ 的映射

$$f:x\mapsto P(x)\in\mathbb{C},$$

其中 $x=x_1e_1+\cdots+x_ne_n$. 如 f 为多项式映射, 则 $P(x)$ 为 $x_1,\cdots,x_n$ 的多项式:

$$P(x)=P(x_1,\cdots,x_n).$$

如 $v=a_1e_1+\cdots+a_ne_n$, 则

$$f(v)=P(a_1,\cdots,a_n).$$

因此 f 可看作由多项式 $P(x_1,\cdots,x_n)$ 所确定. 这时记 $f=\widetilde{P}$.

以下我们讨论多项式映射的分次. 设

$$x = x_1e_1 + \cdots + x_ne_n \overset{f}{\longmapsto} x' = \varphi_1\widetilde{e}_1 + \cdots + \varphi_m\widetilde{e}_m$$

是从 V 映入 W 的一个多项式映射, 即 $\varphi_1, \cdots, \varphi_m$ 都是 $x_1, \cdots, x_n$ 的多项式. 写

$$\varphi_i = \sum_k \varphi_{ik},$$

其中 φ_{ik} 为 $x_1, \cdots, x_n$ 的 k 次齐次多项式. 定义

$$x = x_1e_1 + \cdots + x_ne_n \overset{f_k}{\longmapsto} \varphi_{1k}\widetilde{e}_1 + \cdots + \varphi_{mk}\widetilde{e}_m,$$

则 $f_k (k = 0, 1, 2, \cdots)$ 都是从 V 映入 W 的多项式映射, 自然有

$$f = \sum_k f_k,$$

f_k 称为 f 的 k 次齐次分量. 我们有

引理 3.9 设 f 是从 V 映入 W 的多项式映射, 而 g 是从 W 映入另一有限维线性空间 U 的多项式映射. 设 $h = g \circ f$, 即对任意 $v \in V$, 令

$$h(v) = g(f(v)),$$

则 h 是从 V 映入 U 的多项式映射. 再设 $f = \sum\limits_{k \geqslant k_0} f_k, g = \sum\limits_{l \geqslant l_0} g_l$ 分别是 f 和 g 分成齐次分量的分解, 令 $h = \sum h_j$ 是 h 分成齐次分量的分解, 则

$$h_j = \begin{cases} 0 & j < k_0l_0, \\ g_{l_0} \circ f_{k_0} & j = k_0l_0. \end{cases}$$

证 设 $\widetilde{\widetilde{e}}_1, \cdots, \widetilde{\widetilde{e}}_p$ 为 U 的一组基. 再设

$$f : x = x_1e_1 + \cdots + x_ne_n \mapsto f(x) = \varphi_1\widetilde{e}_1 + \cdots + \varphi_m\widetilde{e}_m,$$
$$g : y = y_1\widetilde{e}_1 + \cdots + y_m\widetilde{e}_m \mapsto g(y) = \psi_1\widetilde{\widetilde{e}}_1 + \cdots + \psi_p\widetilde{\widetilde{e}}_p,$$

则

$$(g \circ f)(x) = g(f(x)) = \xi_1\widetilde{\widetilde{e}}_1 + \cdots + \xi_p\widetilde{\widetilde{e}}_p,$$

而

$$\xi_i = \psi_i(\varphi_1, \cdots, \varphi_m), \quad i = 1, 2, \cdots, p.$$

ψ_i 作为 $x_1,\cdots,x_n$ 的多项式 $\varphi_1,\cdots,\varphi_m$ 的多项式, 自然是 $x_1,\cdots,x_n$ 的多项式; 这证明了第一个断言. 至于说到第二个断言, 注意, 由

$$\xi_i=\sum_{l\geqslant l_0}\psi_{il}\left(\sum_{k\geqslant k_0}\varphi_{1k},\cdots,\sum_{k\geqslant k_0}\varphi_{mk}\right)$$

推出

$$\xi_{ij}=\begin{cases}0, & j<k_0l_0,\\ \psi_{il_0}(\varphi_{1k_0},\cdots,\varphi_{mk_0}), & j=k_0l_0.\end{cases}$$

于是

$$h_j=\begin{cases}0, & j<k_0l_0,\\ g_{l_0}\circ f_{k_0}, & j=k_0l_0.\end{cases}$$ □

现在我们来定义多项式映射的微分. 设 f 是从 V 映入 W 的多项式映射. 设 $x,v\in V$. 令

$$\Delta f(x,v)=f(v+x)-f(v),$$

则当 v 固定时,

$$x\to\Delta f(x,v)$$

也是从 V 映入 W 的多项式映射. 这个多项式映射没有零次分量 (即零次分量为 0) 而它的线性分量称为 f 在 v 处的微分, 记作 $(df)_v$. $(df)_v$ 是从 V 映入 W 的线性映射.

引理 3.10 设 f 是 V 映入 W 的多项式映射而 g 是 W 映入 U 的多项式映射, 令 $h=g\circ f$. 设 $v\in V$ 而 $w=f(v)$, 则

$$(dh)_v=(dg)_w\circ(df)_v$$

证 设 $x\in V$, 则

$$\begin{aligned}\Delta h(x,v)&=h(v+x)-h(v)=g(f(v+x))-g(f(v))\\&=g(f(v)+\Delta f(x,v))-g(f(v))\\&=g(w+\Delta f(x,v))-g(w)\\&=\Delta g(\Delta f(x,v),w).\end{aligned}$$

Δf 和 Δg 无零次分量, 比较上式双方一次分量, 再利用引理 3.9 就有

$$(dh)_v=(dg)_w\circ(df)_v.$$ □

引理 3.11 设 f 是从 V 映入 W 的多项式映射, 并假定对一个固定的 $v, (df)_v$ 将 V 映到 W 之上, 则由 f 所确定的从 $C[y_1, \cdots, y_m]$ 到 $C[x_1, \cdots, x_n]$ 中的么 C-同态 φ 是么 C-同构.

证 首先, 显然 φ 将 $C[y_1, \cdots, y_m]$ 中的常数保持不动.

其次, 设 P 是 $C[y_1, \cdots, y_m]$ 中一个次数 $\geqslant 1$ 的多项式. 我们来证明 $\varphi(P) \neq 0$. P 确定从 W 映入 C 的一个多项式映射 $\widetilde{P}$:

$$\widetilde{P}: b_1\widetilde{e}_1 + \cdots + b_m\widetilde{e}_m \mapsto P(b_1, \cdots, b_m).$$

这时 $h = \widetilde{P} \circ f$ 就是从 V 映入 C 的一个多项式映射. 设 x 为 V 中一般向量, 而 $f(x) = \varphi_1\widetilde{e}_1 + \cdots + \varphi_m\widetilde{e}_m$, 则

$$h(x) = \widetilde{P} \circ f(x) = P(f(x)) = P(\varphi_1, \cdots, \varphi_m) = \varphi(P).$$

因此要证 $\varphi(P) \neq 0$, 只需证 $h = \widetilde{P} \circ f \neq 0$ 即可. 根据引理 3.10 的证明, 有

$$\Delta h(x, v) = \Delta\widetilde{P}(\Delta f(x, v), w),$$

其中 $w = f(v)$. 将 $\Delta\widetilde{P}$ 的最低次项记作 $(\Delta\widetilde{P})_{k_0}$. 因 P 的次数 $\geqslant 1$, 故 $\Delta\widetilde{P} \neq 0$, 因而 $(\Delta\widetilde{P})_{k_0} \neq 0$. 这时根据引理 3.9, $\Delta h(x, v)$ 的最低次项将是 $(\Delta\widetilde{P})_{k_0} \circ (df)_v$. 因 $(df)_v$ 将 V 映到 W 之上, 故 $\Delta\widetilde{P}_{k_0} \circ (df)_v \neq 0$. 于是 $\Delta h(x, v) \neq 0$. 因此 $h = \widetilde{P} \circ f \neq 0$. □

引理 3.12 设 f 是将 n 维空间 V 映入 m 维空间 W 的多项式映射, 并假设对于一个给定的 $v_0, (df)_{v_0}$ 将 V 映到 W 之上. 设 $e_1, \cdots, e_n$ 是 V 的一组基, 而 $\widetilde{e}_1, \cdots, \widetilde{e}_m$ 是 W 的一组基. 设 $P(x_1, \cdots, x_n) \in C[x_1, \cdots, x_n]$. 对于 $v = a_1e_1 + \cdots + a_ne_n$, 置 $P(v) = P(a_1, \cdots, a_n)$. 于是, 对于 $C[x_1, \cdots, x_n]$ 中任一非 0 多项式 $P(x_1, \cdots, x_n)$ 都可以求得 $C[y_1, \cdots, y_m]$ 中的一个非 0 多项式 $Q(y_1, \cdots, y_m)$, 使得: 如 $Q(w) \neq 0$, 对某一 $w \in W$, 则必有 $v \in V$ 使 $w = f(v)$ 而且 $P(v) \neq 0$.

证 在本引理的假设下, 根据引理 3.11, 由 f 所确定的从 $C[y_1, \cdots, y_m]$ 映入 $C[x_1, \cdots, x_n]$ 的么 C-同态 φ 是个同构. 利用此同构 φ 将 $C[y_1, \cdots, y_m]$ 嵌入 $C[x_1, \cdots, x_n]$. 对于任一 $v \in V$, v 决定从 $C[x_1, \cdots, x_n]$ 映入 C 的一个么 C-同态 φ_v:

$$P(x_1, \cdots, x_n) \mapsto P(v).$$

这个同态 φ_v 对 $C[y_1, \cdots, y_m]$ 的限制就是从 $C[y_1, \cdots, y_m]$ 映入 C 的一个么 C-同态 $\varphi_v \circ \varphi$, 因此由 W 中一个向量 w 所定, 即对一切 $Q(y_1, \cdots, y_m) \in C[y_1, \cdots, y_m]$,

$$\varphi_v \circ \varphi(Q) = Q(w).$$

设 $x=x_1e_1+\cdots+x_ne_n\in V$, 记

$$f(x)=\varphi_1\widetilde{e}_1+\cdots+\varphi_m\widetilde{e}_m,$$

而 $\varphi_1,\cdots,\varphi_m$ 为 $x_1,\cdots,x_n$ 的多项式, 则又有

$$\begin{aligned}\varphi_v\circ\varphi(Q)&=\varphi_v(Q(\varphi_1,\cdots,\varphi_m))\\&=Q(\varphi_1(v),\cdots,\varphi_m(v))=Q(f(v)).\end{aligned}$$

因么 C-同态 $\varphi_v\circ\varphi$ 由 W 中唯一的一个向量所确定, 故

$$w=f(v).$$

因此证明本引理化为证明: 存在一个 $Q(y_1,\cdots,y_m)$, 使得任一将 $C[y_1,\cdots,y_m]$ 映入 C 的么 C-同态不将 Q 映到 0 者皆可扩充成一个将 $C[x_1,\cdots,x_n]$ 映入 C 的么 C-同态而不将 P 映到 0.

记 $A=C[x_1,\cdots,x_n],B=\varphi(C[y_1,\cdots,y_m])$. 设 A 由 B 添加有限个元素 $z_1,\cdots,z_h$ 所生成, $A=B[z_1,\cdots,z_h]$. 置 $A_k=B[z_{k+1},\cdots,z_h]$, 则 $A_0=A,A_h=B,A_{k-1}=A_k[z_k]$. 现在对于 A_0 已给定 $P\in A_0,P\neq 0$. 假定对于 A_{k-1} 已给定 $P_{k-1}\in A_{k-1},P_{k-1}\neq 0$, 可在 A_k 中找到 $P_k\neq 0$, 使得任一将 A_k 映入 C 的么 C-同态而不将 P_k 映到 0 者, 皆可扩充成将 A_{k-1} 映入 C 的么 C-同态而不将 P_{k-1} 映到 0 $(k=1,\cdots,h)$. 那么我们的引理就证明了.

对于一个固定的 k, 我们区别 z_k 适合系数属于 A_k 的一个多项式的情形与 z_k 不适合系数属于 A_k 的任一多项式的情形.

1) $A_{k-1}=A_k[z_k],P_{k-1}\in A_{k-1},P_{k-1}\neq 0$, z_k 不适合系数属于 A_k 的任何多项式. 这时 A_{k-1} 就是系数属于 A_k 的 z_k 的多项式环. 显然, 这时 A_k 映入 C 的任一么 C-同态 ψ 皆可扩充成将 A_{k-1} 映入 C 的么 C-同态 $\overline{\psi}$, 如令 $\overline{\psi}(z_k)=b$, 而 b 为 C 中任一元. 因 $P_{k-1}\neq 0$, P_{k-1} 至少有一个非 0 系数 P_k. 设 ψ 是一个将 A_k 映入 C 的么 C-同态并将 P_k 不映为 0. 将 ψ 作用到 P_{k-1} 的系数之上, 就得到一个系数属于 C 的 z_k 的多项式 $\overline{P}_{k-1}$. 因 $\psi(P_k)\neq 0$, 故 $\overline{P}_{k-1}\neq 0$, 因此有 $b\in C$ 使 $\overline{P}_{k-1}(b)\neq 0$. 这样, ψ 可扩充成将 A_{k-1} 映入 C 的么 C-同态 $\overline{\psi}$, 如令 $\overline{\psi}(z_k)=b$. 自然有 $\overline{\psi}(P_{k-1})=\overline{P}_{k-1}(b)\neq 0$.

2) $A_{k-1}=A_k[z_k],P_{k-1}\in A_{k-1},P_{k-1}\neq 0,z_k$ 适合系数属于 A_k 的一个多项式. 设 ψ 是从 A_k 映入 C 的么 C-同态. 如果 ψ 能扩充成从 A_{k-1} 映入 C 的么 C-同态 $\overline{\psi}$ 而 $\overline{\psi}(z_k)=b$, 那么 b 一定要适合所有的多项式 $\overline{P}$, 而 $\overline{P}$ 是将 ψ 作用到 z_k 所适合的系数属于 A_k 的多项式 P 的系数之后所获得者. 设 $P(X)$ 是 z_k 所适合的次数最低的多项式 (系数属 A_k). 记 $P(X)=a_0+a_1X+\cdots+a_nX^n$,

$a_i \in A_k, a_n \neq 0$. 设 $Q(X)$ 是另一个多项式, 用 $P(X)$ 去除 $Q(X)$ 得

$$a_n^l Q(X) = U(X)P(X) + V(X),$$

其中 l 充分大, U, V 的系数属 $A_k, \deg V < \deg P$. 如 z_k 适合 $Q(X)$, 则 $V(z_k) = 0$. 因此对于 z_k 所适合的多项式 $Q(X)$ 恒有

$$a_n^l Q(X) = U(X)P(X).$$

因此, 如果 $\psi(a_n) \neq 0$, 则从 $\overline{P}(b) = 0$ 推出 $\psi(a_n)^l \overline{Q}(b) = 0$, 因之 $\overline{Q}(b) = 0$. 因此, 如果 $\psi(a_n) \neq 0$, 则当且仅当 $\overline{\psi}(z_k) = b$ 是 $\overline{P}$ 的一个根时, ψ 可扩充成从 A_{k-1} 映入 C 的同态 $\overline{\psi}$.

再者, 因 A_{k-1} 的商域在 A_k 的商域上是代数的, 故 A_{k-1} 中每个元素皆适合系数属于 A_k 的一个多项式. 设 P_{k-1} 所适合的最低次多项式是 $H(X)$, 写

$$H(X) = b_0 + b_1 X + \cdots + b_m X^m, \quad b_i \in A_k, b_m \neq 0,$$

则 $b_0 \neq 0$. 于是

$$\overline{H}(X) = \psi(b_0) + \psi(b_1)X + \cdots + \psi(b_m)X^m.$$

由 $H(P_{k-1}) = 0$ 推出 $\overline{\psi}(H(P_{k-1})) = 0$, 即

$$\overline{H}(\overline{\psi}(P_{k-1})) = \psi(b_0) + \psi(b_1)\overline{\psi}(P_{k-1}) + \cdots + \psi(b_m)\overline{\psi}(P_{k-1})^m = 0.$$

因此, 如 $\psi(b_0) \neq 0$, 则 $\overline{\psi}(P_{k-1}) \neq 0$. 于是, 令 $P_k = a_n b_0$, 那么, 如果 ψ 不将 P_k 映到 0, $\overline{\psi}$ 亦不将 P_{k-1} 映为 0. □

§4 Cartan 子代数的共轭性

引理 3.13 设 $\mathfrak{g}$ 为李代数, $X \in \mathfrak{g}$. 如果 $\operatorname{ad} X$ 是幂零线性变换, 则

$$\sigma(X) = \exp \operatorname{ad} X = \sum_{m=0}^{\infty} \frac{1}{m!}(\operatorname{ad} X)^m \text{ (只有有限项)}$$

是 $\mathfrak{g}$ 的一个自同构.

证 设 $Y, Z \in \mathfrak{g}$, 我们有

$$\operatorname{ad} X[Y, Z] = [\operatorname{ad} XY, Z] + [Y, \operatorname{ad} XZ].$$

用归纳法可证

$$(\operatorname{ad} X)^m[Y, Z] = \sum_{k=0}^{m} \frac{m!}{k!(m-k)!}[(\operatorname{ad} X)^k Y, (\operatorname{ad} X)^{m-k} Z].$$

因此

$$\begin{aligned}\sigma(X)[Y,Z] &= \sum_{m=0}^{\infty}\frac{1}{m!}\sum_{k=0}^{m}\frac{m!}{k!(m-k)!}[(\operatorname{ad}X)^k Y,(\operatorname{ad}X)^{m-k}Z]\\ &= \left[\sum_{k=0}^{\infty}\frac{1}{k!}(\operatorname{ad}X)^k Y,\sum_{l=0}^{\infty}\frac{1}{l!}(\operatorname{ad}X)^l Z\right]\\ &= [\sigma(X)Y,\sigma(X)Z].\end{aligned}$$

又显然, $\sigma(X)$ 是可逆线性变换, 因此 $\sigma(X)$ 是 $\mathfrak{g}$ 的自同构. □

定理 3.14 (Cartan-Chevalley) ① 1) 设 $\mathfrak{h}$ 是 $\mathfrak{g}$ 的一个 Cartan 子代数. 对 $\mathfrak{g}$ 相对于 $\mathfrak{h}$ 的一切非零根 α, 如果 $H\in\mathfrak{h}$ 具有性质 $\alpha(H)\neq 0$, 则 H 是 $\mathfrak{g}$ 的正则元素.

2) 以 A 记由一切 $\sigma(X)$ ($\operatorname{ad}X$ 幂零) 所生成的 $\mathfrak{g}$ 的一个自同构群, 则 $\mathfrak{g}$ 的任意两个 Cartan 子代数对于 A 都是共轭的, 即 A 中有一元素将这两个 Cartan 子代数之一变为另一个.

证 设 $\mathfrak{h}$ 是 $\mathfrak{g}$ 的一个 Cartan 子代数, Σ 是 $\mathfrak{g}$ 相对于 $\mathfrak{h}$ 的非零根的全体, 则 $\mathfrak{g}$ 有 Cartan 分解

$$\mathfrak{g}=\mathfrak{h}\dot{+}\dot{\sum_{\alpha\in\Sigma}}\mathfrak{g}^{\alpha},\quad \mathfrak{h}=\mathfrak{g}^0_{\operatorname{ad}\mathfrak{h}}.$$

我们知道 $[\mathfrak{g}^{\alpha},\mathfrak{g}^{\beta}]\subset\mathfrak{g}^{\alpha+\beta}$; 因此, 如 $X\in\mathfrak{g}^{\alpha}$, $\operatorname{ad}X$ 就将 $\mathfrak{g}^{\beta}$ 映入 $\mathfrak{g}^{\alpha+\beta}$, 因而 $(\operatorname{ad}X)^k$ 将 $\mathfrak{g}^{\beta}$ 映入 $\mathfrak{g}^{k\alpha+\beta}$. 因 Σ 是有限集, 故 $\operatorname{ad}X$ 幂零, 于是 $\sigma(X)=\exp\operatorname{ad}X$ 就是 $\mathfrak{g}$ 的一个自同构.

设 $\Sigma=\{\alpha_1,\alpha_2,\cdots,\alpha_m\}$, 则 $\mathfrak{g}=\mathfrak{h}\dot{+}\mathfrak{g}^{\alpha_1}\dot{+}\cdots\dot{+}\mathfrak{g}^{\alpha_m}$. 考察从 $\mathfrak{g}$ 映入 $\mathfrak{g}$ 的映射 f:

$$f(H,X_1,X_2,\cdots,X_m)=\sigma(X_1)\cdots\sigma(X_m)H,$$
$$(H\in\mathfrak{h},X_1\in\mathfrak{g}^{\alpha_1},\cdots,X_m\in\mathfrak{g}^{\alpha_m}).$$

因 $\operatorname{ad}X_1,\cdots,\operatorname{ad}X_m$ 皆幂零, 显而易见, 这是个多项式映射. 我们来计算 f 在点

①C. Chevalley, An algebraic proof of a property of Lie groups, *Amer. J. Math.*, **63** (1941), 785–793; C. Chevalley, *Théorie des Groupes de Lie*, Tom III, Paris, 1955.

$(H_0,0,\cdots,0)$ 处的微分:

$$\begin{aligned}
&\Delta f(H,X_1,X_2,\cdots,X_m;H_0,0,\cdots,0)\\
=&f(H+H_0,X_1,X_2,\cdots,X_m)-f(H_0,0,\cdots,0)\\
=&\sigma(X_1)\sigma(X_2)\cdots\sigma(X_m)(H+H_0)-H_0\\
=&\sum_{k_1,\cdots,k_m}\frac{1}{\Pi k_i!}[X_1^{k_1},[X_2^{k_2},\cdots[X_m^{k_m},H]\cdots]]\\
&+\sum_{k_1,\cdots,k_m}\frac{1}{\Pi k_i!}[X_1^{k_1},[X_2^{k_2},\cdots[X_m^{k_m},H_0]\cdots]]-H_0,
\end{aligned}$$

其中置 $[X^k,Y]=(\mathrm{ad}\,X)^kY$. 注意 $[X_1^{k_1},[X_2^{k_2},\cdots[X_m^{k_m},H]\cdots]]$ 是齐次的, 次数是 $k_1+k_2+\cdots+k_m+1$, 而 $[X_1^{k_1},[X_2^{k_2},\cdots[X_m^{k_m},H_0]\cdots]]$ 也是齐次的, 次数是 $k_1+k_2+\cdots+k_m$. 这里所谓次数指的是将 $[X_1^{k_1}[X_2^{k_2}\cdots[X_m^{k_m},H]\cdots]]$ 在 $\mathfrak{g}$ 的一组基 (由 $\mathfrak{h}$ 的一组基, $\mathfrak{g}^{\alpha_1}$ 的一组基, $\cdots$, $\mathfrak{g}^{\alpha_m}$ 的一组基组成) 中表出时, 它的系数是相应的 $X_1,X_2,\cdots,X_m,H$ 的系数的多项式的次数. 因此

$$df(H_1,X_1,\cdots,X_m;H_0,0,\cdots,0)=H+\sum_{i=1}^m[X_i,H_0].$$

现在选取 $H_0\in\mathfrak{h}$ 使 $\prod\limits_{i=1}^m\alpha_i(H_0)\neq0$. 如果

$$df(H,X_1,\cdots,X_m;H_0,0,\cdots,0)=0,$$

即

$$H+\sum_{i=1}^m[X_i,H_0]=0,$$

则因 $[X_i,H_0]\in\mathfrak{g}^{\alpha_i}$, 故 $H=0,[X_i,H_0]=0$ 对一切 $i=1,\cdots,m$. 又因 $\mathrm{ad}\,H_0$ 在 $\mathfrak{g}^{\alpha_i}$ 中的行列式是 $(\alpha_i(H_0))^{\dim\mathfrak{g}^{\alpha_i}}\neq0$, 故 $\mathrm{ad}\,H_0$ 在 $\mathfrak{g}^{\alpha_i}$ 上非奇异. 因此从 $[X_i,H_0]=0$ 推出 $X_i=0$. 这就证明了, 如选取 $H_0\in\mathfrak{h}$ 使 $\prod\limits_{i=1}^m\alpha_i(H_0)\neq0$, 则 $(df)_{(H_0,0,\cdots,0)}$ 将 $\mathfrak{g}=\mathfrak{h}\dot{+}\mathfrak{g}^{\alpha_1}\dot{+}\cdots\dot{+}\mathfrak{g}^{\alpha_m}$ 映到 $\mathfrak{g}$ 之上.

现在可以运用引理 3.12 了.

以 G 表示由一切 $\sigma(X)(X\in\mathfrak{g}^\alpha)$ 所生成的 $\mathfrak{g}$ 的一个自同构群. 注意, $\prod\limits_{i=1}^m\alpha_i(H)$ 可看作给定在 $\mathfrak{g}=\mathfrak{h}\dot{+}\mathfrak{g}^{\alpha_1}\dot{+}\cdots\dot{+}\mathfrak{g}^{\alpha_m}$ 上的一个非零多项式函数. 实际上, 如在 $\mathfrak{h}$ 中选一组基 $H_1,\cdots,H_n$, 令 $\alpha_i(H_k)=\alpha_{ik}$, 设 $H=x_1H_1+\cdots+x_nH_n$, 则

$\prod_{i=1}^{m}\alpha_i(H)=\prod_{i=1}^{m}(\alpha_{i1}x_1+\cdots+\alpha_{in}x_n)$. 于是存在着定义在 $\mathfrak{g}$ 上的一个多项式函数 $Q\neq 0$, 使得对任何 $X\in\mathfrak{g}$ 具有性质 $Q(X)\neq 0$ 者, 皆在 G 之下共轭于 $\mathfrak{h}$ 中的一个元素 H 具有性质 $\prod_{i=1}^{m}\alpha_i(H)\neq 0$. 设 $\mathfrak{g}$ 的 Killing 多项式是

$$|\lambda I-\operatorname{ad}X|=\lambda^r+\varphi_1(X)\lambda^{r-1}+\cdots+\varphi_{r-n}(X)\lambda^n,$$

$\varphi_{r-n}(X)\not\equiv 0$. 如 $X_0\in\mathfrak{g}$ 而 $\varphi_{r-n}(X_0)\neq 0$, 则 X_0 为 $\mathfrak{g}$ 的正则元. 显然, $\mathfrak{g}$ 的自同构将正则元变到正则元, 特别 G 中元素将正则元变到正则元. 因 $Q(X)\varphi_{r-n}(X)\not\equiv 0$, 所以可求得 $X_0\in\mathfrak{g}$ 具有性质 $Q(X_0)\varphi_{r-n}(X_0)\neq 0$; 这时 X_0 是 $\mathfrak{g}$ 的正则元而 $Q(X_0)\neq 0$, 因此 X_0 是 $\mathfrak{h}$ 中某一元素 H_0 在 G 之下的像, 而 $\prod_{i=1}^{m}\alpha_i(H_0)\neq 0$. 这就证明了 $\mathfrak{h}$ 一定包含一个正则元 H_0. 由此自然推出, 如 $H\in\mathfrak{h}$ 具性质 $\prod_{i=1}^{m}\alpha_i(H)\neq 0$, 则 H 就是 $\mathfrak{g}$ 的正则元, 同时根据定理 3.8 有

$$\mathfrak{g}^0_{\operatorname{ad}H_0}=\mathfrak{h}=\mathfrak{g}^0_{\operatorname{ad}H}.$$

适才我们证明了 $\mathfrak{g}$ 中一个正则元 X_0 如有性质 $Q(X_0)\neq 0$, X_0 就是 $\mathfrak{h}$ 中一个正则元在 G 之下的像. 现在, 设 $\mathfrak{h}'$ 是 $\mathfrak{g}$ 的另一个 Cartan 子代数, 相对于这个 Cartan 子代数, 我们有 $\mathfrak{g}$ 上的非零多项式函数 $Q'(x)$ 和 $\mathfrak{g}$ 的一个自同构群 G'. 同样可证明 $\mathfrak{g}$ 中一个正则元 X_0 如有性质 $Q'(X_0)\neq 0$, 则 X_0 就是 $\mathfrak{h}'$ 中一个正则元在 G' 之下的像. G 和 G' 都属于群 A. 现在, 如 X_0 是 $\mathfrak{g}$ 的一个正则元而有性质 $Q(X_0)Q'(X_0)\neq 0$, 则 X_0 在 A 之下既共轭于 $\mathfrak{h}$ 中一个正则元 H_0, 也共轭于 $\mathfrak{h}'$ 中一个正则元 H_0'. 因此 H_0 和 H_0' 在 A 之下共轭. 又因 $\mathfrak{h}=\mathfrak{g}^0_{\operatorname{ad}H_0}$, $\mathfrak{h}'=\mathfrak{g}^0_{\operatorname{ad}H_0'}$, 故 $\mathfrak{h}$ 和 $\mathfrak{h}'$ 在 A 之下共轭. □

第四章 Cartan 判断准则

§1 预备知识

设 $\mathfrak{g}$ 是李代数. 在下面的讨论中, 我们固定 $\mathfrak{g}$ 的一个 Cartan 子代数, 记这个 Cartan 子代数为 $\mathfrak{h}$. 设 $\mathfrak{g}$ 是 r 维的, 而 $\mathfrak{h}$ 是 n 维的. $\mathfrak{g}$ 在 $\mathrm{ad}_{\mathfrak{g}}\mathfrak{h}$ 的作用下有以下的 Cartan 分解:

$$\mathfrak{g} = \mathfrak{h} \dot{+} \sum_{\varphi\in\Sigma}^{\cdot} \mathfrak{g}^{\varphi} = \sum_{\varphi\in\Delta}^{\cdot} \mathfrak{g}^{\varphi}.$$

其中 Δ 是 $\mathrm{ad}_{\mathfrak{g}}\mathfrak{h}$ 的权的集合, 而 Σ 是 $\mathrm{ad}_{\mathfrak{g}}\mathfrak{h}$ 的不等于 0 的权的集合, 称为 $\mathfrak{g}$ 对于 Cartan 子代数 $\mathfrak{h}$ 的根的集合, 简称 $\mathfrak{g}$ 的根系, $\mathfrak{h} = \mathfrak{g}^0_{\mathrm{ad}\,\mathfrak{h}}$, $\mathfrak{g}^{\varphi} = \mathfrak{g}^{\varphi}_{\mathrm{ad}\,\mathfrak{h}}$. 以 ν_{φ} 表示 $\mathfrak{g}^{\varphi}$ 的维数, 于是我们有

引理 4.1 设 $X, Y \in \mathfrak{h}$, 则

$$(X, Y) = \sum_{\varphi\in\Sigma} \nu_{\varphi}\varphi(X)\varphi(Y). \tag{4.1}$$

证 设 $\varphi \in \Delta, X \in \mathfrak{h}$, 则 $\mathrm{ad}\,X$ 在子空间 $\mathfrak{g}^{\varphi}$ 中的特征根都等于 $\varphi(X)$, 因此 $(\mathrm{ad}\,X)^2$ 在子空间 $\mathfrak{g}^{\varphi}$ 中的特征根都等于 $\varphi(X)^2$. 于是

$$\mathrm{Tr}_{\mathfrak{g}^{\varphi}}(\mathrm{ad}\,X)^2 = \nu_{\varphi}\varphi(X)^2.$$

因之

$$(X, X) = \mathrm{Tr}_{\mathfrak{g}}(\mathrm{ad}\,X)^2 = \sum_{\varphi\in\Delta} \nu_{\varphi}\varphi(X)^2 = \sum_{\varphi\in\Sigma} \nu_{\varphi}\varphi(X)^2.$$

设 $X, Y \in \mathfrak{h}$, 则

$$\begin{aligned}(X+Y, X+Y) &= \sum_{\varphi\in\Sigma} \nu_\varphi \varphi(X+Y)^2 \\ &= \sum_{\varphi\in\Sigma} \nu_\varphi \varphi(X)^2 + 2\sum_{\varphi\in\Sigma} \nu_\varphi \varphi(X)\varphi(Y) + \sum_{\varphi\in\Sigma} \nu_\varphi \varphi(Y)^2 \\ &= (X,X) + 2\sum_{\varphi\in\Sigma} \nu_\varphi \varphi(X)\varphi(Y) + (Y,Y). \end{aligned} \tag{4.2}$$

另一方面,

$$(X+Y, X+Y) = (X,X) + 2(X,Y) + (Y,Y). \tag{4.3}$$

比较 (4.2), (4.3) 两式即得 (4.1) 式. □

引理 4.2 设 $\varphi \in \Delta, \alpha \in \Delta$, 而且 $-\alpha \in \Delta$, 并设 p 和 q 是非负整数使 $[\mathfrak{g}^{-\alpha}, \mathfrak{g}^{\varphi-p\alpha}] = [\mathfrak{g}^{\alpha}, \mathfrak{g}^{\varphi+q\alpha}] = 0$. 再设

$$r_{\varphi,\alpha} = -\frac{\sum\limits_{k=-p}^{q} k\nu_{\varphi+k\alpha}}{\sum\limits_{k=-p}^{q} \nu_{\varphi+k\alpha}},$$

则对任一 $Z \in [\mathfrak{g}^{\alpha}, \mathfrak{g}^{-\alpha}]$,

$$\varphi(Z) = r_{\varphi,\alpha}\alpha(Z). \tag{4.4}$$

特别, 对任一 $Z \in [\mathfrak{h}, \mathfrak{h}] = \mathscr{D}\mathfrak{h}$, 恒有 $\varphi(Z) = 0$.

证 因 (4.4) 式双方都是 Z 的线性函数, 所以只需对 $Z = [X_\alpha, X_{-\alpha}], X_\alpha \in \mathfrak{g}^{\alpha}, X_{-\alpha} \in \mathfrak{g}^{-\alpha}$ 来证明 (4.4) 式即可. 由于 $[\mathfrak{g}^{-\alpha}, \mathfrak{g}^{\varphi-p\alpha}] = [\mathfrak{g}^{\alpha}, \mathfrak{g}^{\varphi+q\alpha}] = 0$, 所以子空间

$$\widetilde{\mathfrak{g}} = \sum_{k=-p}^{q} \mathfrak{g}^{\varphi+k\alpha}$$

在 $\mathrm{ad}\, X_{-\alpha}$ 和 $\mathrm{ad}\, X_\alpha$ 的作用下都不变. 于是可以计算 $\mathrm{ad}\, Z = \mathrm{ad}\,[X_\alpha, X_{-\alpha}] = \mathrm{ad}\, X_\alpha \mathrm{ad}\, X_{-\alpha} - \mathrm{ad}\, X_{-\alpha}\mathrm{ad}\, X_\alpha$ 在 $\widetilde{\mathfrak{g}}$ 中的迹. 自然有

$$\mathrm{Tr}_{\widetilde{\mathfrak{g}}}\mathrm{ad}\, Z = 0. \tag{4.5}$$

另一方面, 因 $Z \in \mathfrak{h}, \mathrm{ad}\, Z$ 在 $\mathfrak{g}^{\varphi+k\alpha}$ 中的特征根都等于 $(\varphi+k\alpha)(Z) = \varphi(Z) + k\alpha(Z)$, 所以

$$\mathrm{Tr}_{\widetilde{\mathfrak{g}}}\mathrm{ad}\, Z = \sum_{k=-p}^{q} \nu_{\varphi+k\alpha}(\varphi(Z) + k\alpha(Z)). \tag{4.6}$$

从 (4.5) 式及 (4.6) 式得

$$\sum_{k=-p}^{q} \nu_{\varphi+k\alpha}(\varphi(Z)+k\alpha(Z))=0.$$

由此推出

$$\varphi(Z)=-\frac{\sum\limits_{k=-p}^{q} k\nu_{\varphi+k\alpha}}{\sum\limits_{k=-p}^{q} \nu_{\varphi+k\alpha}}\cdot\alpha(Z). \qquad \square$$

§2 李代数可解性的 Cartan 判断准则

设 $\mathfrak{g}$ 是 r 维李代数. 设 $\mathfrak{g}$ 可解, 则 $\mathrm{ad}_{\mathfrak{g}}\mathfrak{g}$ 作为 $\mathfrak{g}$ 的同态像也可解. 利用推论 2.7 推出, 对任意 $X\in\mathscr{D}\mathfrak{g}$, $\mathrm{ad}_{\mathfrak{g}}X$ 都是幂零矩阵, 于是 $\mathscr{D}\mathfrak{g}$ 中每个元素的 Killing 多项式都是 λ^r. 反之, 如 $\mathscr{D}\mathfrak{g}$ 中每个元素的 Killing 多项式都是 λ^r, 那么 $\mathrm{ad}_{\mathfrak{g}}X$, $X\in\mathscr{D}\mathfrak{g}$ 都是幂零矩阵, $\mathrm{ad}_{\mathscr{D}\mathfrak{g}}X$, $X\in\mathscr{D}\mathfrak{g}$ 也都是幂零矩阵. 根据推论 2.3, $\mathscr{D}\mathfrak{g}$ 幂零. 再根据推论 2.8, $\mathfrak{g}$ 可解. 因此我们有

定理 4.3 $\mathfrak{g}$ 可解当且仅当 $\mathscr{D}\mathfrak{g}$ 中每个元素的 Killing 多项式都是 λ^r.

注意, $\mathscr{D}\mathfrak{g}$ 中任一元素 X 的 Killing 多项式皆 λ^r, 就是说它的 Killing 多项式的系数

$$a_1(X)\equiv a_2(X)\equiv\cdots\equiv a_r(X)\equiv 0.$$

Cartan 将这个结果减弱为

定理 4.4 (Cartan 关于李代数可解性的判断准则) $\mathfrak{g}$ 可解当且仅当 $(X, X)=0$, 对所有 $X\in\mathscr{D}\mathfrak{g}$.

证 先设 $\mathfrak{g}$ 可解, 于是根据定理 4.3 有

$$a_1(X)=a_2(X)=\cdots=a_r(X)=0,$$

对所有 $X\in\mathscr{D}\mathfrak{g}$. 对任意 $X\in\mathfrak{g}$ 选取 $\mathfrak{g}$ 的一组基使 $\mathrm{ad}\,X$ 对于这组基的矩阵是上三角形矩阵, 譬如

$$\begin{pmatrix} x_{11} & x_{12} & \cdots & x_{1t} \\ 0 & x_{22} & \cdots & x_{2t} \\ \vdots & \ddots & \ddots & \vdots \\ 0 & \cdots & 0 & x_{tt} \end{pmatrix}$$

那么

$$\begin{aligned}a_1(X)&=-(x_{11}+x_{22}+\cdots+x_{tt}),\\a_2(X)&=x_{11}x_{22}+x_{11}x_{33}+\cdots+x_{t-1,t-1}x_{tt},\\(X,X)&=x_{11}^2+x_{22}^2+\cdots+x_{tt}^2.\end{aligned}$$

于是

$$(X,X)=a_1(X)^2-2a_2(X).$$

所以对所有 $X\in\mathscr{D}\mathfrak{g}$,

$$(X,X)=0.$$

反之, 设 $(X,X)=0$, 对所有 $X\in\mathscr{D}\mathfrak{g}$. 我们用归纳法向 $\mathfrak{g}$ 的维数来证明 $\mathfrak{g}$ 可解. 我们首先证明, 如 $\alpha,-\alpha\in\Delta$, 而 $Z\in[\mathfrak{g}^{\alpha},\mathfrak{g}^{-\alpha}]$, 则 $\varphi(Z)=0$ 对一切 $\varphi\in\Delta$. 因 $Z\in\mathscr{D}\mathfrak{g}$, 我们有 $(Z,Z)=0$. 又因 $Z\in\mathfrak{h}$, 根据引理 4.1,

$$(Z,Z)=\sum_{\varphi\in\Delta}\nu_{\varphi}\varphi(Z)^2.$$

于是

$$\sum_{\varphi\in\Delta}\nu_{\varphi}\varphi(Z)^2=0. \tag{4.7}$$

再根据引理 4.2, $\varphi(Z)$ 是 $\alpha(Z)$ 的有理倍数, 因此由 (4.7) 式推出

$$\alpha(Z)=0.$$

再由 (4.4) 式即可推出对一切 $\varphi\in\Delta$,

$$\varphi(Z)=0.$$

其次我们证明, 对一切 $Z\in[\mathfrak{g},\mathfrak{g}]\bigcap\mathfrak{h},\varphi(Z)=0$. 从 $\mathfrak{g}=\sum\limits_{\varphi\in\Delta}\mathfrak{g}^{\varphi}$, 我们推出

$$[\mathfrak{g},\mathfrak{g}]=\sum_{\varphi,\psi\in\Delta}[\mathfrak{g}^{\varphi},\mathfrak{g}^{\psi}].$$

令

$$\widetilde{\mathfrak{g}}^{\varphi}=\sum_{\psi\in\Delta}[\mathfrak{g}^{\psi},\mathfrak{g}^{\varphi-\psi}],$$

则 $\widetilde{\mathfrak{g}}^{\varphi}\subset\mathfrak{g}^{\varphi}$. 因此

$$[\mathfrak{g},\mathfrak{g}]=\sum_{\varphi\in\Delta}\widetilde{\mathfrak{g}}^{\varphi}$$

是直和. 于是

$$[\mathfrak{g},\mathfrak{g}]\cap\mathfrak{h}=\widetilde{\mathfrak{g}}^0=\sum_{\psi\in\Delta}[\mathfrak{g}^{\psi},\mathfrak{g}^{-\psi}].$$

因此, 由对一切 $Z\in[\mathfrak{g}^{\psi},\mathfrak{g}^{-\psi}],\varphi(Z)=0$ 及上式即可推出, 对一切 $Z\in\mathscr{D}\mathfrak{g}\bigcap\mathfrak{h}$, $\varphi(Z)=0$.

现在我们断言 $\mathfrak{g}\neq\mathscr{D}\mathfrak{g}$. 实际上, 如 $\mathfrak{g}=\mathscr{D}\mathfrak{g}$, 则 $\mathscr{D}\mathfrak{g}\bigcap\mathfrak{h}=\mathfrak{h}$. 因此对一切 $Z\in\mathfrak{h},\varphi(Z)=0$. 这就是说, $\mathrm{ad}\,\mathfrak{h}$ 只有一个权, 它就是 0. 那么 $\mathfrak{g}=\mathfrak{h}$. 但 $\mathfrak{h}$ 幂零, 故 $\mathscr{D}\mathfrak{h}\neq\mathfrak{h}$, 因之 $\mathscr{D}\mathfrak{g}\neq\mathfrak{g}$. 矛盾.

以 $(X,X)_1$ 表示 $\mathscr{D}\mathfrak{g}$ 的 Killing 型. 因 $\mathscr{D}\mathfrak{g}$ 是 $\mathfrak{g}$ 的理想, 故

$$(X,X)_1=(X,X),\quad \text{对一切 } X\in\mathscr{D}\mathfrak{g}.$$

于是

$$(X,X)_1=0,\quad \text{对一切 } X\in\mathscr{D}\mathfrak{g}.$$

特别

$$(X,X)_1=0,\quad \text{对一切 } X\in\mathscr{D}(\mathscr{D}\mathfrak{g}),$$

故 $\mathscr{D}\mathfrak{g}$ 也适合定理 4.4 的假设. 由于 $\mathscr{D}\mathfrak{g}\neq\mathfrak{g}$, 根据归纳法假设, $\mathscr{D}\mathfrak{g}$ 可解, 因此 $\mathfrak{g}$ 也可解. □

推论 4.5 对一切 $X\in\mathfrak{g}$, 如 $(X,X)=0$, 则 $\mathfrak{g}$ 可解.

§3 李代数半单性的 Cartan 判断准则

定理 4.6 (Cartan 关于李代数半单性的判断准则) $\mathfrak{g}$ 半单当且仅当 $\mathfrak{g}$ 的 Killing 型非退化.

证 从 $\mathfrak{g}$ 的 Killing 型非退化推出 $\mathfrak{g}$ 半单已在第一章中证明 (见第一章定理 1.5).

现在设 $\mathfrak{g}$ 的 Killing 型退化. 令

$$\mathfrak{n}=\{X|X\in\mathfrak{g}\text{ 使得对一切 }Y\in\mathfrak{g}:(X,Y)=0\}.$$

则 $\mathfrak{n}$ 不为 0, 而且根据第一章引理 1.4, $\mathfrak{n}$ 是 $\mathfrak{g}$ 的理想. 以 $(X,Y)_{\mathfrak{n}}$ 表 $\mathfrak{n}$ 的 Killing 型, 则

$$(X,Y)_{\mathfrak{n}}=(X,Y),\quad \text{对 } X,Y\in\mathfrak{n}.$$

因此

$$(X,Y)=0,\quad \text{对一切 } X\in\mathfrak{n}.$$

由推论 4.5 知 $\mathfrak{n}$ 可解, 因此 $\mathfrak{g}$ 不半单. □

从定理 4.6 和定理 1.5 立刻推出

定理 4.7 半单李代数 $\mathfrak{g}$ 是它所有的极小理想的直和, 它们的个数有限, 它们本身都是单李代数, 而且对 $\mathfrak{g}$ 的 Killing 型两两正交.

推论 4.8 半单李代数的理想一定半单, 而且如果 $\mathfrak{g}_1$ 是半单李代数 $\mathfrak{g}$ 的理想, 那么一定有一个理想 $\mathfrak{g}_2$ 使 $\mathfrak{g} = \mathfrak{g}_1 \dot{+} \mathfrak{g}_2$, 同时 $\mathfrak{g}_2$ 由 $\mathfrak{g}_1$ 唯一确定.

推论 4.9 设 $\mathfrak{g}$ 是半单李代数, 则 $\mathfrak{g}$ 的中心为 $\{0\}$ 而且 $\mathscr{D}\mathfrak{g} = \mathfrak{g}$.

第五章　半单李代数的 Cartan 分解及根系

§1　半单李代数的 Cartan 分解

定理 5.1　设 $\mathfrak{g}$ 是个半单李代数, $\mathfrak{h}$ 是它的一个 Cartan 子代数. 设 $\dim\mathfrak{g}=r$, $\dim\mathfrak{h}=n$. 设

$$\mathfrak{g}=\mathfrak{h}\dot{+}\dot{\sum_{\alpha\in\Sigma}}\mathfrak{g}^{\alpha}$$

是 $\mathfrak{g}$ 的一个 Cartan 分解, 则

Ⅰ) $\mathfrak{h}$ 是个交换子代数, 而且 Killing 型对 $\mathfrak{h}$ 的限制是非退化的;

Ⅱ) $\mathfrak{g}$ 有 n 个线性无关的根, 而且 $\mathfrak{g}$ 的根都是单根, 即根子空间 $\mathfrak{g}^{\alpha}$ 都是一维的. 再者, 如果 $\alpha\in\Sigma$, 则 $-\alpha\in\Sigma$; 而且如果 $k\neq\pm1$, 则 $k\alpha\notin\Sigma$;

Ⅲ) 如果 α,β 和 $\alpha+\beta$ 都是根, 则 $[\mathfrak{g}^{\alpha},\mathfrak{g}^{\beta}]=\mathfrak{g}^{\alpha+\beta}$.

证　我们依次证明以下诸事实.

1) $\mathfrak{g}$ 的 Killing 型对 $\mathfrak{h}$ 的限制是非退化的.

设 $H\in\mathfrak{h}$. 由第三章 §1 性质 2) 知道, 对一切 $\alpha\in\Sigma,(H,\mathfrak{g}^{\alpha})=0$. 如果还有 $(H,\mathfrak{h})=0$, 则 $(H,\mathfrak{g})=0$, 因之 $H=0$. 这就证明了 Killing 型对 $\mathfrak{h}$ 的限制是非退化的.

2) 对任一 $\alpha\in\Sigma$, 都唯一确定一个 $H_{\alpha}\in\mathfrak{h}$ 使

$$(H,H_{\alpha})=\alpha(H),\ \text{对一切}\ H\in\mathfrak{h}.$$

实际上, 每个 $H \in \mathfrak{h}$ 都确定 $\mathfrak{h}$ 上的一个线性函数

$$\varphi_H(X) = (H, X), \text{ 对一切 } X \in \mathfrak{h}.$$

因 Killing 型对 $\mathfrak{h}$ 的限制是非退化的, 因此不同的 H 所确定的 φ_H 也不同. 于是

$$H \to \varphi_H$$

就是从 $\mathfrak{h}$ 到 $\mathfrak{h}$ 的对偶空间 $\mathfrak{h}^*$ 上的一个同构, 而 $\mathfrak{h}^*$ 是定义在 $\mathfrak{h}$ 上的线性函数所组成的线性空间. 于是 $\mathfrak{h}$ 上任一线性函数, 特别是根 $\alpha(H)$, 皆可由 H 中唯一的一个元素所确定.

3) $\mathfrak{g}$ 有 n 个线性无关的根.

如果 $\mathfrak{g}$ 的线性无关的根的个数 $< n$, 就有 $H \in \mathfrak{h}$ 而 $H \neq 0$, 使得对一切 $\varphi \in \Sigma, \varphi(H) = 0$. 于是根据引理 4.1

$$(H, H') = \sum_{\varphi \in \Sigma} \nu_\varphi \varphi(H)\varphi(H') = 0, \text{ 对一切 } H' \in \mathfrak{h}.$$

这与 Killing 型对 $\mathfrak{h}$ 的限制非退化相违.

4) $\mathfrak{h}$ 是交换子代数.

对任意 $H \in \mathscr{D}\mathfrak{h}$, 根据推论 2.14, 我们都有 $\varphi(H) = 0$ 对一切 $\varphi \in \Sigma$. 于是 $(H, \mathfrak{h}) = 0$, 因之 $H = 0$. 这就证明了 $\mathscr{D}\mathfrak{h} = \{0\}$, 即 $\mathfrak{h}$ 交换.

由 1) 和 4) 可知本定理的结论 I) 成立.

5) 如 $\alpha \in \Sigma$, 则 $-\alpha \in \Sigma$.

实际上, 如 $\alpha \in \Sigma$, 而 $-\alpha \notin \Sigma$, 则由第三章 §1 性质 2) 知, 对一切 $\varphi \in \Delta$, $(\mathfrak{g}^\alpha, \mathfrak{g}^\varphi) = 0$. 因此, $(\mathfrak{g}^\alpha, \mathfrak{g}) = 0$, 这与 Killing 型非退化抵触.

6) 如 E_α 是 $\mathfrak{g}^\alpha$ 中的一个根向量, 即 $\operatorname{ad} H E_\alpha = \alpha(H) E_\alpha$, 对一切 $H \in \mathfrak{h}$, 而 $X_{-\alpha} \in \mathfrak{g}^{-\alpha}$, 则

$$[E_\alpha, X_{-\alpha}] = (E_\alpha, X_{-\alpha}) H_\alpha. \tag{5.1}$$

实际上, $[E_\alpha, X_{-\alpha}] \in \mathfrak{h}, H_\alpha \in \mathfrak{h}$, 于是对任一 $H \in \mathfrak{h}$ 都有

$$\begin{aligned}([E_\alpha, X_{-\alpha}], H) &= -(X_{-\alpha}, [E_\alpha, H]) = (X_{-\alpha}, \alpha(H) E_\alpha) \\ &= \alpha(H)(E_\alpha, X_{-\alpha}) = (E_\alpha, X_{-\alpha})(H_\alpha, H) \\ &= ((E_\alpha, X_{-\alpha}) H_\alpha, H).\end{aligned}$$

由此及 I) 即推出 (5.1) 式.

7) $\alpha(H_\alpha) \neq 0$ 对一切 $\alpha \in \Sigma$.

首先我们断言, 有 $X_{-\alpha} \in \mathfrak{g}^{-\alpha}$ 使 $(E_\alpha, X_{-\alpha}) \neq 0$. 否则, $(E_\alpha, \mathfrak{g}^{-\alpha}) = 0$, 于是 $(E_\alpha, \mathfrak{g}) = 0$, 这与 $\mathfrak{g}$ 的半单性相违. 因此更有 $X_{-\alpha} \in \mathfrak{g}^{-\alpha}$ 使 $(E_\alpha, X_{-\alpha}) = 1$, 于是

$$H_\alpha = [E_\alpha, X_{-\alpha}] \in [\mathfrak{g}^\alpha, \mathfrak{g}^{-\alpha}].$$

根据引理 4.2, 如 $\alpha(H_\alpha) = 0$, 则对一切 $\varphi \in \Delta, \varphi(H_\alpha) = 0$. 于是

$$(H, H_\alpha) = \sum_{\varphi \in \Delta} \nu_\varphi \varphi(H) \varphi(H_\alpha) = 0,$$

对一切 $H \in \mathfrak{h}$. 这与 1) 相违, 因此 $\alpha(H_\alpha) \neq 0$.

8) 设 $a \in \Sigma$, 则 $\dim \mathfrak{g}^\alpha = 1$, 即 α 都是单根.

假定 p 是最大正整数使 $-p\alpha$ 为根. 令 E_α 是相应于根 α 的一个根向量. 考察

$$\widetilde{\mathfrak{g}} = \{E_\alpha\} \dotplus \mathfrak{h} \dotplus \mathfrak{g}^{-\alpha} \dotplus \mathfrak{g}^{-2\alpha} \dotplus \cdots \dotplus \mathfrak{g}^{-p\alpha},$$

其中 $\{E_\alpha\}$ 表示由 E_α 生成的一维子空间. 据 7) 可选 $X_{-\alpha} \in \mathfrak{g}^{-\alpha}$ 使 $(E_\alpha, X_{-\alpha}) = 1$, 因而据 (5.1) 有 $[E_\alpha, X_{-\alpha}] = H_\alpha$. 易见 $\widetilde{\mathfrak{g}}$ 在 $\operatorname{ad} E_\alpha$ 和 $\operatorname{ad} X_{-\alpha}$ 的作用下不变, 因而也在 $\operatorname{ad} H_\alpha$ 的作用下不变. 一方面, 我们有

$$\mathrm{Tr}_{\widetilde{\mathfrak{g}}} \operatorname{ad} H_\alpha = \mathrm{Tr}_{\widetilde{\mathfrak{g}}} (\operatorname{ad} E_\alpha \operatorname{ad} X_{-\alpha} - \operatorname{ad} X_{-\alpha} \operatorname{ad} E_\alpha) = 0.$$

另一方面, 以 m_j 记 $\mathfrak{g}^{-j\alpha}$ 的维数, 则

$$\begin{aligned} \mathrm{Tr}_{\widetilde{\mathfrak{g}}} \operatorname{ad} H_\alpha &= \alpha(H_\alpha) - \alpha(H_\alpha) m_1 - 2\alpha(H_\alpha) m_2 - \cdots - p\alpha(H_\alpha) m_p \\ &= \alpha(H_\alpha)(1 - m_1 - 2m_2 - \cdots - pm_p). \end{aligned}$$

根据 7), $\alpha(H_\alpha) \neq 0$, 因此 $1 - m_1 - 2m_2 - \cdots - pm_p = 0$. 由此推出 $m_1 = 1$, $m_2 = \cdots = m_p = 0$. 这证明了 $-\alpha$ 是单根, 而 $-2\alpha, -3\alpha, \cdots$ 都不是根. 在以上讨论中, 以 $-\alpha$ 代 α, 即可证明 α 也是单根, 而 $2\alpha, 3\alpha, \cdots$ 都不是根.

在上面的证明中我们也附带证明了

9) 如 $\alpha \in \Sigma$, 则对任意整数 $k \neq \pm 1$, 有 $k\alpha \notin \Sigma$.

由 3), 8), 5) 和 7) 可知本定理结论 II) 成立.

显然我们也有

10) 设 $a \in \Sigma$. 对任一根向量 $E_\alpha \in \mathfrak{g}^\alpha$, 总唯一确定一个根向量 $E_{-\alpha} \in \mathfrak{g}^{-\alpha}$ 使

$$(E_\alpha, E_{-\alpha}) = 1, \quad [E_\alpha, E_{-\alpha}] = H_\alpha.$$

11) 在证明 III) 之前, 先证次之引理. □

引理 5.2　设 $\alpha\in\Sigma$, $\varphi\in\Delta$, 而 p 和 q 是非负整数使 $\varphi+k\alpha\in\Delta(-p\leqslant k\leqslant q)$, 而 $\varphi-(p+1)\alpha\notin\Delta$, $\varphi+(q+1)\alpha\notin\Delta$, 于是

$$\frac{2(H_\varphi,H_\alpha)}{(H_\alpha,H_\alpha)}=-(q-p),$$

而 $\varphi+k\alpha(k>q$ 或 $k<-p)$ 都不是根. 特别, $\varphi-2\dfrac{(H_\varphi,H_\alpha)}{(H_\alpha,H_\alpha)}\alpha\in\Delta$. 更进一步, 如 $\varphi\in\Sigma$, 而 $E_\varphi,E_\alpha,E_{-\alpha}$ 是相应于根 $\varphi,\alpha,-\alpha$ 的根向量, $[E_\alpha,E_{-\alpha}]=H_\alpha$ 而

$$\begin{gathered}(\operatorname{ad}E_\alpha)E_\varphi\neq0,\cdots,(\operatorname{ad}E_\alpha)^{q'}E_\varphi\neq0,\\(\operatorname{ad}E_\alpha)^{q'+1}E_\varphi=0,\\(\operatorname{ad}E_{-\alpha})E_\varphi\neq0,\cdots,(\operatorname{ad}E_{-\alpha})^{p'}E_\varphi\neq0,\\(\operatorname{ad}E_{-\alpha})^{p'+1}E_\varphi=0,\end{gathered}$$

则 $p=p'$, $q=q'$.

证　如 $\varphi=\alpha$, 则根据 9), $p=2,q=0$; 如果 $\varphi=0$, 则 $p=1,q=1$; 如果 $\varphi=-\alpha$, 则 $p=0,q=2$. 在这三种情形, 引理 5.2 都成立. 除去这三种情形, 根据 9), 不论 k 是怎样的整数, 总有 $\varphi+k\alpha\neq0$. 这时, $\mathfrak{g}^{\varphi+k\alpha}(-p\leqslant k\leqslant q)$ 都是一维的.

首先, 令 $\widetilde{\mathfrak{g}}=\sum\limits_{k=-p}^{q}\mathfrak{g}^{\varphi+k\alpha}$, 则 $\widetilde{\mathfrak{g}}$ 是 $\operatorname{ad}E_{-\alpha}$ 和 $\operatorname{ad}E_\alpha$ 的不变子空间 (因 $\varphi-(p+1)\alpha\notin\Delta$, $\varphi+(q+1)\alpha\notin\Delta$). 于是

$$\begin{aligned}0=\operatorname{Tr}_{\widetilde{\mathfrak{g}}}[\operatorname{ad}E_\alpha,\operatorname{ad}E_{-\alpha}]&=\operatorname{Tr}_{\widetilde{\mathfrak{g}}}\operatorname{ad}H_\alpha=\sum_{k=-p}^{q}(\varphi+k\alpha)(H_\alpha)\\&=(p+q+1)\varphi(H_\alpha)+\frac{(p+q+1)(q-p)}{2}\alpha(H_\alpha).\end{aligned}$$

因之

$$2\frac{(H_\varphi,H_\alpha)}{(H_\alpha,H_\alpha)}=2\frac{\varphi(H_\alpha)}{\alpha(H_\alpha)}=-(q-p).\tag{5.2}$$

其次, 设 q' 是最大非负整数使 $(\operatorname{ad}E_\alpha)^kE_\varphi\neq0$(对 $0\leqslant k\leqslant q'$) 于是 $\widetilde{\mathfrak{g}}'=\sum\limits_{k=-p}^{q'}\mathfrak{g}^{\varphi+k\alpha}$ 也是 $\operatorname{ad}E_{-\alpha}$ 和 $\operatorname{ad}E_\alpha$ 的不变子空间. 仿上可得

$$\frac{2(H_\varphi,H_\alpha)}{(H_\alpha,H_\alpha)}=-(q'-p).\tag{5.3}$$

比较 (5.2) 和 (5.3) 两式, 得 $q=q'$. 同理, 可证 p 是最大非负整数使 $(\operatorname{ad} E_{-\alpha})^k E_\varphi \neq 0$, 对 $-p \leqslant k \leqslant 0$.

最后, 令 q'' 是最大非负整数使 $\varphi + q''\alpha \in \Sigma$, 则 $q'' \geqslant q$. 设 $q'' > q$. 令 $\varphi_0 = \varphi + q''\alpha$, 以 p_0 和 q_0 表示最大非负整数使 $\varphi_0 + k\alpha \in \Sigma(-p_0 \leqslant k \leqslant q_0)$ 而 $\varphi_0 - (p_0+1)\alpha \notin \Delta$, $\varphi_0 + (q_0+1)\alpha \notin \Delta$. 于是 $q_0 = 0$ 而 $p_0 < q'' - q - 1$. 根据刚才所证明的, 有 $\dfrac{2(H_{\varphi_0}, H_\alpha)}{(H_\alpha, H_\alpha)} = -(q_0 - p_0) = p_0 < q'' - q - 1$. 但 $(H_{\varphi_0}, H_\alpha) = (H_\varphi, H_\alpha) + q''(H_\alpha, H_\alpha)$, 因而又有 $\dfrac{2(H_{\varphi_0}, H_\alpha)}{(H_\alpha, H_\alpha)} = -(q-p) + 2q''$. 于是 $-(q-p) + 2q'' < q'' - q - 1, q'' + p < -1$, 矛盾. 因之 $q'' = q$. 于是 $\varphi + k\alpha\ (k > q)$ 都不是根. 同理可证 $\varphi + k\alpha\ (k < -p)$ 都不是根. □

以后, 我们把根链

$$\beta - p\alpha, \cdots, \beta - \alpha, \beta, \beta + \alpha, \cdots, \beta + q\alpha$$

称为根 β 的 α-根链.

12) 设 $\alpha, \beta, \alpha+\beta \in \Sigma$, 则 $[\mathfrak{g}^\alpha, \mathfrak{g}^\beta] = \mathfrak{g}^{\alpha+\beta}$.

这只要在引理 5.2 中取 $\beta = \varphi$ 即得.

这样定理 5.1 就完全证明了. □

推论 5.3 设 $\mathfrak{g}$ 是半单李代数, $\mathfrak{h}$ 是它的一个 Cartan 子代数. 对每个根 α, 有一个唯一确定的 $H_\alpha \in \mathfrak{h}$ 使

$$(H, H_\alpha) = \alpha(H), \text{ 对一切 } H \in \mathfrak{h}.$$

再对每对根 $\pm\alpha$ 选取 $E_\alpha \in \mathfrak{g}^\alpha$, $E_{-\alpha} \in \mathfrak{g}^{-\alpha}$ 使

$$(E_\alpha, E_{-\alpha}) = 1, \tag{5.4}$$

于是 $\mathfrak{g}$ 的结构公式可写作

$$\begin{aligned}
&[H, H'] = 0, \quad \text{对 } H, H' \in \mathfrak{h},\\
&[H, E_\alpha] = \alpha(H)E_\alpha, \quad \text{对 } H \in \mathfrak{h},\\
&[E_\alpha, E_{-\alpha}] = H_\alpha, \quad \text{对 } \alpha \in \Sigma,\\
&[E_\alpha, E_\beta] = 0, \quad \text{如 } \alpha + \beta \notin \Sigma,\\
&[E_\alpha, E_\beta] = N_{\alpha\beta}E_{\alpha+\beta}, N_{\alpha\beta} \neq 0, \quad \text{如 } \alpha + \beta \in \Sigma.
\end{aligned}$$

注意根向量 E_α 的选取不是唯一的, 但当 E_α 选定之后, 满足条件 (5.4) 的根向量 $E_{-\alpha}$ 则是唯一确定的.

定理 5.4 半单李代数 $\mathfrak{g}$ 的 Cartan 子代数 $\mathfrak{h}$ 可以用下列两个性质来刻画.

1) $\mathfrak{h}$ 是个极大交换子代数;

2) 对任意 $H \in \mathfrak{h}$, $\operatorname{ad} H$ 的初级因子都是单的, 即可在 $\mathfrak{g}$ 中选一组基, 使 $\operatorname{ad} H$ 的矩阵都是对角形的.

证 $\mathfrak{g}$ 的 Cartan 子代数自然适合定理 5.4 中所说的两个性质. 反之, 设 $\mathfrak{h}$ 是 $\mathfrak{g}$ 的一个子代数且适合性质 1) 和 2), 于是 $\mathfrak{h}$ 是个幂零子代数. 考察 $\mathfrak{g}$ 在 $\operatorname{ad}\mathfrak{h}$ 作用下的分解

$$\mathfrak{g} = \mathfrak{g}^0_{\operatorname{ad}\mathfrak{h}} + \sum_{\alpha\in\Sigma} \mathfrak{g}^{\alpha}_{\operatorname{ad}\mathfrak{h}},$$

Σ 是 $\mathfrak{g}$ 对于 $\mathfrak{h}$ 的非零根的全体. 设有 $A \in \mathfrak{g}^0_{\operatorname{ad}\mathfrak{h}}$ 而 $A \notin \mathfrak{h}$. 由性质 2) 知, 对一切 $H \in \mathfrak{h}, [H, A] = 0$. 因此由 $\mathfrak{h}$ 及 A 的线性组合所生成的子空间是个交换子代数, 这与 $\mathfrak{h}$ 的极大性相违. 因此 $\mathfrak{g}^0_{\operatorname{ad}\mathfrak{h}} = \mathfrak{h}$. 这就是说, $\mathfrak{h}$ 是 $\mathfrak{g}$ 的一个 Cartan 子代数. □

在证明过程中我们见到, 条件 2) 可减弱为

2′) 对任意 $H \in \mathfrak{h}$, 相应于 $\operatorname{ad} H$ 的特征根零的初级因子都是单的.

基于定理 3.3, 可将定理 5.4 改进成

定理 5.5 半单李代数 $\mathfrak{g}$ 的 Cartan 子代数 $\mathfrak{h}$ 是具有以下两个性质的子代数中的一个极大者.

1) $\mathfrak{h}$ 是个交换子代数.

2) 对任意 $H \in \mathfrak{h}, \operatorname{ad} H$ 的初级因子都是单的.

证 $\mathfrak{g}$ 的 Cartan 子代数 $\mathfrak{h}$ 自然是具有性质 1) 与 2) 的子代数的一个极大者.

反之, 设 $\mathfrak{h}_1$ 是 $\mathfrak{g}$ 的一个具有性质 1) 与 2) 的一个子代数, 我们来证明 $\mathfrak{h}_1$ 一定可以包在 $\mathfrak{g}$ 的一个 Cartan 子代数中. 特别由此即推出 $\mathfrak{g}$ 的具有性质 1) 与 2) 的子代数中的一个极大者一定是 $\mathfrak{g}$ 的 Cartan 子代数. 令

$$\mathfrak{z}(\mathfrak{h}_1) = \{X \in \mathfrak{g} \text{ 使 } [X, \mathfrak{h}_1] = 0\},$$

称为 $\mathfrak{h}_1$ 在 $\mathfrak{g}$ 中的中心化子. 易证 $\mathfrak{z}(\mathfrak{h}_1)$ 是 $\mathfrak{g}$ 的一个子代数. 以 $\mathfrak{h}$ 表 $\mathfrak{z}(\mathfrak{h}_1)$ 的一个 Cartan 子代数, 设 $H_1 \in \mathfrak{h}_1$, 则对一切 $X \in \mathfrak{z}(\mathfrak{h}_1), [X_1, H_1] = 0$. 特别 $[\mathfrak{h}, H_1] = 0$. 因 $\mathfrak{h}$ 是 $\mathfrak{z}(\mathfrak{h}_1)$ 的一个极大幂零子代数, 故 $H_1 \in \mathfrak{h}$. 这证明了 $\mathfrak{h}_1 \subset \mathfrak{h}$. 剩下来还需要证明 $\mathfrak{h}$ 是 $\mathfrak{g}$ 的一个 Cartan 子代数. 我们来证明 $\mathfrak{n}(\mathfrak{h}) = \mathfrak{h}$. 设

$$\mathfrak{g} = \mathfrak{z}(\mathfrak{h}_1) + \sum_{\alpha_i\neq 0} \mathfrak{g}^{\alpha_i}_{\operatorname{ad}\mathfrak{h}_1}$$

是 $\mathfrak{g}$ 相对于 $\operatorname{ad}\mathfrak{h}_1$ 的权子空间分解. 对 $X \in \mathfrak{g}$, 有

$$X = Z + \sum_i X_i, \quad Z \in \mathfrak{z}(\mathfrak{h}_1), \quad X_i \in \mathfrak{g}^{\alpha_i}_{\operatorname{ad}\mathfrak{h}_1}.$$

设 $X \in \mathfrak{n}(\mathfrak{h})$, 即 $[X, \mathfrak{h}] \subset \mathfrak{h}$, 则对 $H_1 \in \mathfrak{h}_1$,

$$[H_1, X] = \sum_i \alpha_i(H_1) X_i \in \mathfrak{h}.$$

但可选 H_1 使 $\alpha_i(H_1) \neq 0$, 于是由上式导出 $X_i = 0$. 因此 $X \in \mathfrak{z}(\mathfrak{h}_1)$. 但 $\mathfrak{h}$ 是 $\mathfrak{z}(\mathfrak{h}_1)$ 的 Cartan 子代数, 根据定理 3.3, 它在 $\mathfrak{z}(\mathfrak{h}_1)$ 中的正规化子是它自身, 故由 $[X, \mathfrak{h}] \subset \mathfrak{h}$ 导出 $X \in \mathfrak{h}$. 这证明了 $\mathfrak{n}(\mathfrak{h}) = \mathfrak{h}$. 再根据定理 3.3 知, $\mathfrak{h}$ 是 $\mathfrak{g}$ 的一个 Cartan 子代数. □

§2 半单李代数的根系

设 $\mathfrak{g}$ 是个半单李代数, $\mathfrak{h}$ 是它的一个 Cartan 子代数. 以 Σ 表示 $\mathfrak{g}$ 的根的全体, 称为根系. 任一 $\alpha \in \Sigma$ 都唯一地确定一个 $H_\alpha \in \mathfrak{h}$ 使

$$(H, H_\alpha) = \alpha(H) \quad 对一切\ H \in \mathfrak{h}.$$

给了 α, 确定 H_α 的手续我们简称将根 α 嵌入 $\mathfrak{h}$. 更一般地, 以 $\mathfrak{h}^*$ 表示 $\mathfrak{h}$ 的对偶空间, 如果 $\mu \in \mathfrak{h}^*$, 那么也能唯一确定一个 $H_\mu \in \mathfrak{h}$ 使

$$(H, H_\mu) = \mu(H) \quad 对一切\ H \in \mathfrak{h}.$$

我们也说这是将 $\mathfrak{h}$ 上的线性函数 μ 嵌入 $\mathfrak{h}$.

现在设 $\lambda, \mu \in \mathfrak{h}^*$, 将它们嵌入 $\mathfrak{h}$ 后分别得 H_λ 和 H_μ. 定义

$$(\lambda, \mu) = (H_\lambda, H_\mu),$$

这就在 $\mathfrak{h}^*$ 中引进了一个内积, 自然 $\mathfrak{h}^*$ 对于这个内积而言是非退化的. 显然有

$$(\lambda, \mu) = (H_\lambda, H_\mu) = \lambda(H_\mu) = \mu(H_\lambda).$$

有时我们为方便起见, 将 $\lambda \in \mathfrak{h}^*$ 与 $H_\lambda \in \mathfrak{h}$ 视为同一而不加区别, 因此我们也记

$$(\lambda, \mu) = (\lambda, H_\mu) = (H_\mu, \lambda) = (H_\lambda, \mu) = (\mu, H_\lambda).$$

定理 5.6 以 $\mathfrak{h}_0^*$ 表示半单李代数 $\mathfrak{g}$ 的 Cartan 子代数 $\mathfrak{h}$ 的对偶空间中一切可表示成形状

$$\sum_{\varphi\in\Sigma} a_\varphi \varphi \quad (a_\varphi \text{ 是实数})$$

的向量的集合, 则

1) $\mathfrak{h}_0^*$ 是个实向量空间, 它的实维数等于 Cartan 子代数 $\mathfrak{h}$ 的复维数.

2) $\mathfrak{g}$ 的 Cartan 内积诱导出 $\mathfrak{h}_0^*$ 的一个欧氏尺度.

3) 设 $\alpha_1,\cdots,\alpha_n$ 是 n 个线性无关的根, 则任一 $\varphi\in\Sigma$ 皆可表示成它们的有理系数的线性组合.

证 设 $\mu\in\mathfrak{h}^*$. 根据引理 4.2,

$$(\mu,\mu)=(H_\mu,H_\mu)=\sum_{\varphi\in\Sigma}\nu_\varphi\varphi(H_\mu)^2.$$

由定理 5.1 II) 知 $\nu_\varphi=1$ 对任一 $\varphi\in\Sigma$, 因此

$$(\mu,\mu)=\sum_{\varphi\in\Sigma}\varphi(H_\mu)^2=\sum_{\varphi\in\Sigma}(\varphi,\mu)^2. \tag{5.5}$$

特别, 如果 $\mu=\sum\limits_{\alpha\in\Sigma}a_\alpha\alpha\in\mathfrak{h}_0^*$, 即 a_α 都是实数, 则

$$(\mu,\mu)=\sum_{\varphi\in\Sigma}\left(\sum_{\alpha\in\Sigma}a_\alpha(\varphi,\alpha)\right)^2. \tag{5.6}$$

我们先证 (φ,α) 是有理数. 根据引理 5.2,

$$(\varphi,\alpha)=-\frac{1}{2}(q_{\varphi,\alpha}-p_{\varphi,\alpha})(\alpha,\alpha), \tag{5.7}$$

$q_{\varphi,\alpha}$ 和 $p_{\varphi,\alpha}$ 是非负整数. 于是由 (5.5) 及 (5.7) 知

$$(\alpha,\alpha)=\sum_{\varphi\in\Sigma}(\alpha,\varphi)^2=\frac{1}{4}\sum_{\varphi\in\Sigma}(q_{\varphi,\alpha}-p_{\varphi,\alpha})^2(\alpha,\alpha)^2.$$

由于 $(\alpha,\alpha)\neq 0$, 故

$$(\alpha,\alpha)=\frac{4}{\sum\limits_{\varphi\in\Sigma}(q_{\varphi,\alpha}-p_{\varphi,\alpha})^2}.$$

将上式代入 (5.7) 就知 (φ,α) 是有理数. 于是从 (5.6) 推出, 对任一 $\mu\in\mathfrak{h}_0^*$, $(\mu,\mu)\geqslant 0$. 又如 $(\mu,\mu)=0$, 则由 (5.6) 推出, $\sum\limits_{\alpha\in\Sigma}a_\alpha(\varphi,\alpha)=0$ 对一切 $\varphi\in\Sigma$. 于

是 $(\varphi,\mu)=0$ 对一切 $\varphi\in\Sigma$. 因 $\mathfrak{g}$ 有 n 个在复数域上线性无关的根, 故 $(\mu,\mathfrak{h})=0$, 因之 $\mu=0$. 这证明了 Killing 型决定了 $\mathfrak{h}_0^*$ 上的一个欧氏尺度.

设 $\alpha_1,\cdots,\alpha_n$ 是 n 个在复数域上线性无关的根. 设 $\varphi\in\Sigma$, 则

$$\varphi=\sum_{i=1}^{n}a_i\alpha_i,$$

其中 a_i 是复数, 而且是唯一确定的. 问题是证明 a_i 是有理数. 将 $\alpha_k(1\leqslant k\leqslant n)$ 与上式双方做内积, 就有

$$(\varphi,\alpha_k)=\sum_{i=1}^{n}a_i(\alpha_i,\alpha_k)\quad(1\leqslant k\leqslant n). \tag{5.8}$$

将 (5.8) 看作 a_i 的线性方程组, 其行列式

$$|(\alpha_i,\alpha_k)|\neq 0,\quad 1\leqslant i,k\leqslant n,$$

故 a_i 的值由 (5.8) 唯一确定. 因 (5.8) 的系数是有理数, 故 a_i 都是有理数. 由此也推出, $\mathfrak{h}_0^*$ 的实维数是 n. □

对偶地, 如以 $\mathfrak{h}_0$ 表示 $\mathfrak{h}$ 中一切可表示成 $H_\alpha(\alpha\in\Sigma)$ 的实系数线性组合的向量所成之实线性空间, 则 $\mathfrak{h}_0$ 是 $\mathfrak{h}_0^*$ 的对偶空间而 Killing 型对 $\mathfrak{h}_0$ 的限制给出 $\mathfrak{h}_0$ 的一个欧氏尺度.

根据以上的讨论我们知道, 半单李代数 $\mathfrak{g}$ 对它的一个 Cartan 子代数 $\mathfrak{h}$ 的根系 Σ 是 n 维欧氏空间中的一个向量集, 具以下性质:

1) 如 $\alpha\in\Sigma$, 则 $-\alpha\in\Sigma$; 但如 $k\neq\pm1$, 则 $k\alpha\notin\Sigma$.

2) 设 $\alpha,\beta\in\Sigma,\alpha\neq\pm\beta$. 以 p 和 q 表示最大非负整数使 $\beta+k\alpha\in\Sigma(-p\leqslant k\leqslant q)$, 则

$$2\frac{(\beta,\alpha)}{(\alpha,\alpha)}=-(q-p).$$

一般地,

定义 5.1 欧氏空间中的一个非零向量的非空集合 Σ, 如具有性质 1) 与 2), 就称为一个 σ 系.

自然, 根系是 σ 系.

关于 σ 系 Σ, 根据引理 5.2 的证明, 我们有以下简单性质:

3) 设 $\alpha,\beta\in\Sigma$, 则 $\beta-\dfrac{2(\beta,\alpha)}{(\alpha,\alpha)}\alpha\in\Sigma$;

4) 设 $\alpha,\beta\in\Sigma,\alpha\neq\pm\beta$. 以 p 和 q 表示最大非负整数使 $\beta+k\alpha\in\Sigma(-p\leqslant k\leqslant q)$, 则 $\beta+k\alpha\notin\Sigma$, 如 $k>q$ 或 $k<-p$.

更进一步我们有

定理 5.7 设 Σ 是个 σ 系, $\alpha,\beta\in\Sigma$ 而 $\alpha\neq\pm\beta$. 令 $\langle\alpha,\beta\rangle$ 表示 α 与 β 的夹角, 那么

$$\cos\langle\alpha,\beta\rangle=\frac{\varepsilon}{2}\sqrt{r},\quad \varepsilon=\pm1,\quad r=0,1,2,3.$$

如果再设 $(\alpha,\alpha)\leqslant(\beta,\beta)$, 那么当 $r\neq0$ 时,

$$\frac{(\beta,\beta)}{(\alpha,\alpha)}=r,$$
$$\frac{2(\alpha,\beta)}{(\alpha,\alpha)}=\varepsilon r,\quad \frac{2(\alpha,\beta)}{(\beta,\beta)}=\varepsilon;$$

而当 $r=0$ 时

$$\frac{2(\alpha,\beta)}{(\alpha,\alpha)}=\frac{2(\alpha,\beta)}{(\beta,\beta)}=0.$$

证 我们有

$$4\cos^2\langle\alpha,\beta\rangle=4\frac{(\alpha,\beta)^2}{(\alpha,\alpha),(\beta,\beta)}=2\frac{(\alpha,\beta)}{(\alpha,\alpha)}\cdot2\frac{(\alpha,\beta)}{(\beta,\beta)},$$

因之 $4\cos^2\langle\alpha,\beta\rangle$ 是整数. 又因 $\cos^2\langle\alpha,\beta\rangle<1$, 故

$$4\cos^2\langle\alpha,\beta\rangle=0,1,2,3.$$

设

$$\cos\langle\alpha,\beta\rangle=\frac{\varepsilon}{2}\sqrt{r},\quad r=0,1,2,3.$$

因 $(\alpha,\alpha)\leqslant(\beta,\beta)$, 故

$$\frac{2(\alpha,\beta)}{(\alpha,\alpha)}\geqslant\frac{2(\alpha,\beta)}{(\beta,\beta)}.$$

于是当 $r\neq0$ 时就有

$$\frac{2(\alpha,\beta)}{(\alpha,\alpha)}=\varepsilon r,\quad \frac{2(\alpha,\beta)}{(\beta,\beta)}=\varepsilon,\quad \frac{(\beta,\beta)}{(\alpha,\alpha)}=r,$$

而当 $r=0$ 时, 自然有

$$\frac{2(\alpha,\beta)}{(\alpha,\alpha)}=\frac{2(\alpha,\beta)}{(\beta,\beta)}=0.$$

□

定理 5.7 有下面这个重要推论.

推论 5.8 σ 系中的元素个数有限.

证 设 Σ 是 σ 系. 因 Σ 中任意二向量的夹角皆取离散值, 故单位球上的集合

$$\left\{\frac{\alpha}{(\alpha,\alpha)^{1/2}}\middle|\alpha\in\Sigma\right\}$$

不能有极限点, 因而是有限集. 因之 Σ 是有限集. □

σ 系的一个非空子集称为一个子 σ 系, 如果这个子集也满足条件 1) 和 2).

定义 5.2 设 Σ 是个 σ 系. 如果 Σ_1 和 Σ_2 是 Σ 的两个非空子集, 具有性质: $\Sigma=\Sigma_1\bigcup\Sigma_2$, 而且 $(\alpha_1,\alpha_2)=0$ 对任意 $\alpha_1\in\Sigma_1,\alpha_2\in\Sigma_2$, 则易证这时 Σ_1 和 Σ_2 一定是子 σ 系, 而我们说 Σ 分解成了两个互相正交的子 σ 系的并. 如 Σ 不可分解, 就称 Σ 是单 σ 系.

定理 5.9 设 $\mathfrak{g}$ 是半单李代数, $\mathfrak{h}$ 是它的一个 Cartan 子代数, 而 Σ 是 $\mathfrak{g}$ 的相应于 $\mathfrak{h}$ 的根系. 设 $\mathfrak{g}$ 是两个非零半单理想 $\mathfrak{g}_1$ 和 $\mathfrak{g}_2$ 的直和, 将 $\mathfrak{h}$ 写成 $\mathfrak{g}_1$ 的 Cartan 子代数 $\mathfrak{h}_1$ 和 $\mathfrak{g}_2$ 的 Cartan 子代数 $\mathfrak{h}_2$ 的直和. 设 Σ_i 是 $\mathfrak{g}_i$ 的相应于 $\mathfrak{h}_i$ 的根系 $(i=1,2)$. $\mathfrak{g}_i$ 的每一个根 α_i 可以自然地看作定义在 $\mathfrak{h}$ 上的线性函数

$$\alpha_i(H)=\alpha_i(H_i),\quad \text{如}\quad H=H_1+H_2, H_i\in\mathfrak{h}_i,\quad i=1,2.$$

这样每个 $\alpha_i\in\Sigma_i$ 都是 $\mathfrak{g}$ 对于 $\mathfrak{h}$ 的根, 而且 Σ 分解成了互相正交的子 σ 系 Σ_1 和 Σ_2 的并.

证 先证每个 $\alpha_i\in\Sigma_i$ 都是 $\mathfrak{g}$ 对于 $\mathfrak{h}$ 的根. 设 $E_{\alpha_i}\in\mathfrak{g}_i$ 是相应于 α_i 的根向量 $(i=1,2)$, 即

$$[H_i,E_{\alpha_i}]=\alpha_i(H_i)E_{\alpha_i}.$$

设 $H\in\mathfrak{h}$, 写 $H=H_1+H_2$, 则

$$[H,E_{\alpha_i}]=[H_i,E_{\alpha_i}]=\alpha_i(H_i)E_{\alpha_i}=\alpha_i(H)E_{\alpha_i},\quad i=1,2.$$

这样 α_i 就是 $\mathfrak{g}$ 对于 $\mathfrak{h}$ 的根, 而 E_{α_i} 仍是 α_i 的根向量.

其次证明: 如 $\alpha_1\in\Sigma_1,\alpha_2\in\Sigma_2$, 则 $(\alpha_1,\alpha_2)=0$. 我们有 $H_{\alpha_i}\in\mathfrak{h}_i$ 使

$$(H_i,H_{\alpha_i})=\alpha_i(H_i),\quad i=1,2.$$

如果 $H=H_1+H_2\in\mathfrak{h}$, 则

$$(H,H_{\alpha_i})=(H_i,H_{\alpha_i})=\alpha_i(H_i)=\alpha_i(H),\quad i=1,2.$$

因之

$$(\alpha_1,\alpha_2)=(H_{\alpha_1},H_{\alpha_2})=\alpha_1(H_{\alpha_2})=0.$$

最后证明 $\Sigma=\Sigma_1\bigcup\Sigma_2$. 设 $\alpha\in\Sigma$, 而 E_α 是相应于 α 的根向量. 写 $E_\alpha=E_1+E_2, E_1\in\mathfrak{g}_1, E_2\in\mathfrak{g}_2$, 于是对任意 $H\in\mathfrak{h}$, 就有

$$\begin{aligned}[H,E_\alpha]&=\alpha(H)E_\alpha=\alpha(H)E_1+\alpha(H)E_2\\&=[H,E_1+E_2]=[H,E_1]+[H,E_2].\end{aligned}$$

由于 $\mathfrak{g} = \mathfrak{g}_1 \dotplus \mathfrak{g}_2$, 故

$$[H, E_i] = \alpha(H)E_i, \quad i = 1, 2.$$

因之 $E_i \in \mathfrak{g}^\alpha (i = 1, 2)$. 由于 $\mathfrak{g}^\alpha$ 是一维的, 故 E_1 和 E_2 线性相关. 由于 $\mathfrak{g} = \mathfrak{g}_1 \dotplus \mathfrak{g}_2$, 故 $E_1 = 0$ 或 $E_2 = 0$. 因此 $E_\alpha \in \mathfrak{g}_1$ 或 $E_\alpha \in \mathfrak{g}_2$. 如 $E_\alpha \in \mathfrak{g}_1$, 则 $\alpha \in \Sigma_1$; 如 $E_\alpha \in \mathfrak{g}_2$, 则 $\alpha \in \Sigma_2$. 因此 $\Sigma = \Sigma_1 \bigcup \Sigma_2$. □

定理 5.10 设 $\mathfrak{g}$ 是半单李代数, $\mathfrak{h}$ 是它的一个 Cartan 子代数, 而 Σ 是 $\mathfrak{g}$ 的相应于 $\mathfrak{h}$ 的根系. 设 Σ 分解成两个正交的子集 Σ_1 和 Σ_2 的并, 则 $\mathfrak{g}$ 就相应地分解成两个理想 $\mathfrak{g}_1$ 和 $\mathfrak{g}_2$ 的直和, $\mathfrak{h}$ 相应地分解成 $\mathfrak{g}_1$ 的 Cartan 子代数 $\mathfrak{h}_1$ 和 $\mathfrak{g}_2$ 的 Cartan 子代数 $\mathfrak{h}_2$ 的直和, 而 Σ_i 对 $\mathfrak{h}_i$ 的限制是 $\mathfrak{g}_i$ 对 $\mathfrak{h}_i$ 的根系 $(i = 1, 2)$.

证 令

$$\mathfrak{h}_1 = \{H_1 | H_1 \in \mathfrak{h} \text{ 使得 } \alpha_2(H_1) = 0, \text{ 对一切 } \alpha_2 \in \Sigma_2\},$$
$$\mathfrak{h}_2 = \{H_2 | H_2 \in \mathfrak{h} \text{ 使得 } \alpha_1(H_2) = 0, \text{ 对一切 } \alpha_1 \in \Sigma_1\}.$$

我们断言 $\mathfrak{h} = \mathfrak{h}_1 \dotplus \mathfrak{h}_2$. 实际上, 因 $\mathfrak{h}$ 含 n 个线性无关的根, 自然有 $\mathfrak{h}_1 \bigcap \mathfrak{h}_2 = \{0\}$. 其次, 因 Σ_1 和 Σ_2 正交, 设 n_i 是 Σ_i 中所含的线性无关的根的个数 $(i = 1, 2)$, 则 $n = n_1 + n_2$, 而且 $\dim \mathfrak{h}_i = n_i (i = 1, 2)$. 因此 $\mathfrak{h} = \mathfrak{h}_1 \dotplus \mathfrak{h}_2$.

其次置

$$\mathfrak{g}_i = \mathfrak{h}_i + \left\{ \sum_{\alpha_i \in \Sigma_i} a_{\alpha_i} E_{\alpha_i} \middle| a_{\alpha_i} \text{ 复, } E_{\alpha_i} \text{ 是相应于 } \alpha_i \text{ 的根向量} \right\} \ (i = 1, 2).$$

易见 $\mathfrak{g}$ 是向量子空间 $\mathfrak{g}_1$ 和 $\mathfrak{g}_2$ 的直和. 我们来证明 $\mathfrak{g}_1$ 和 $\mathfrak{g}_2$ 都是 $\mathfrak{g}$ 的理想. 实际上, 设 $H \in \mathfrak{h}$, 写 $H = H_1 + H_2$, $H_1 \in \mathfrak{h}_1$, $H_2 \in \mathfrak{h}_2$, 则

$$\left.\begin{array}{l} [H, \mathfrak{h}_1] = 0, \\ [H, E_{\alpha_1}] = \alpha_1(H)E_{\alpha_1} = \alpha_1(H_1)E_{\alpha_1} \text{ 对 } \alpha_1 \in \Sigma_1. \end{array}\right\} \tag{5.9}$$

因此 $[\mathfrak{h}, \mathfrak{g}_1] \subset \mathfrak{g}_1$. 又如 $\alpha_1, \beta_1 \in \Sigma_1$, 则 $\alpha_1 + \beta_1 \notin \Sigma_2$; 否则, 如 $\alpha_1 + \beta_1 \in \Sigma_2$, 则从

$$(\alpha_1, \alpha_1 + \beta_1) = (\beta_1, \alpha_1 + \beta_1) = 0$$

推出

$$(\alpha_1 + \beta_1, \alpha_1 + \beta_1) = 0,$$

于是 $\alpha_1 + \beta_1 = 0$, 这与 $\alpha_1 + \beta_1 \in \Sigma_2$ 相抵触. 因此, 如 $\alpha_1, \beta_1 \in \Sigma_1$ 而 $\alpha_1 + \beta_1 \in \Sigma$, 则 $\alpha_1 + \beta_1 \in \Sigma_1$ 而且

$$[E_{\alpha_1}, E_{\beta_1}] = N_{\alpha_1\beta_1} E_{\alpha_1 + \beta_1} \in \mathfrak{g}_1.$$

又, 设 $\alpha_1 \in \Sigma_1$, 由于 Σ_1 与 Σ_2 正交, 故 $-\alpha_1 \in \Sigma_1$. 令 $[E_{\alpha_1}, E_{-\alpha_1}] = H_{\alpha_1}$, 则

$$\alpha_2(H_{\alpha_1}) = (\alpha_2, \alpha_1) = 0, \quad 对一切\ \alpha_2 \in \Sigma_2.$$

因此 $H_{\alpha_1} \in \mathfrak{h}_1$. 最后, 如 $\alpha_1 \in \Sigma_1, \alpha_2 \in \Sigma_2$, 则 $\alpha_1+\alpha_2 \notin \Sigma$; 否则, 如 $\alpha_1+\alpha_2 \in \Sigma_1$, 则 $(\alpha_1+\alpha_2, \alpha_2) = 0$. 因 $(\alpha_2, \alpha_2) \neq 0$, 故 $(\alpha_1, \alpha_2) \neq 0$, 此为不可能. 于是

$$[E_{\alpha_1}, E_{\alpha_2}] = 0.$$

这就证明了 $\mathfrak{g}_1$ 是 $\mathfrak{g}$ 的理想. 同理可证 $\mathfrak{g}_2$ 是 $\mathfrak{g}$ 的理想. 于是我们有 $\mathfrak{g} = \mathfrak{g}_1 + \mathfrak{g}_2$. 又从 (5.9) 式可见, $\mathfrak{h}_1$ 是 $\mathfrak{g}_1$ 的 Cartan 子代数, 而 Σ_1 对 $\mathfrak{h}_1$ 的限制是 $\mathfrak{g}_1$ 对 $\mathfrak{h}_1$ 的根系. 同样, $\mathfrak{h}_2$ 是 $\mathfrak{g}_2$ 的 Cartan 子代数, 而 Σ_2 对 $\mathfrak{h}_2$ 的限制是 $\mathfrak{g}_2$ 对 $\mathfrak{h}_2$ 的根系. □

推论 5.11 半单李代数 $\mathfrak{g}$ 是单代数, 当且仅当 $\mathfrak{g}$ 的根系 Σ 是单 σ 系.

§3 半单李代数的结构对根系的依赖性

设 S 和 S' 各是欧氏空间 $\mathbb{R}$ 和 $\mathbb{R}'$ 中的向量集. 我们说 S 和 S' 合同, 如果在 S 和 S' 之间可以建立一个一一对应:

$$S \ni \alpha \to f(\alpha) \in S',$$

使得

$$(f(\alpha), f(\beta)) = (\alpha, \beta), \ 对一切\ \alpha, \beta \in S.$$

我们说 S 和 S' 相似, 如果在 S 与 S' 之间可以建立一个一一对应:

$$S \ni \alpha \to f(\alpha) \in S',$$

使得

$$(f(\alpha), f(\beta)) = k^2(\alpha, \beta), \quad 对一切\ \alpha, \beta \in S,$$

其中 k 是正实数. k 称为相似系数. 易见, 相似系数为 1 的相似向量集一定合同. 对于根系的相似, 我们有

引理 5.12 设 Σ 是半单李代数 $\mathfrak{g}$ 对于它的一个 Cartan 子代数 $\mathfrak{h}$ 的根系, 再设 Σ' 是半单李代数 $\mathfrak{g}'$ 对于它的一个 Cartan 子代数 $\mathfrak{h}'$ 的根系. 如果 Σ 和 Σ' 相似, 则 Σ 和 Σ' 一定合同.

证 我们有, 对一切 $\beta \in \Sigma$,

$$(\beta, \beta) = \sum_{\alpha \in \Sigma} (\alpha, \beta)^2$$

及

$$(f(\beta), f(\beta)) = \sum_{f(\alpha)\in\Sigma'} (f(\alpha), f(\beta))^2.$$

设相似系数为 k, 则

$$(f(\beta), f(\beta)) = k^2(\beta,\beta) = k^2 \sum_{\alpha\in\Sigma} (\alpha,\beta)^2,$$

$$\sum_{f(\alpha)\in\Sigma'} (f(\alpha), f(\beta))^2 = \sum_{\alpha\in\Sigma} k^4(\alpha,\beta)^2 = k^4 \sum_{\alpha\in\Sigma}(\alpha,\beta)^2.$$

因此 $k^2=1, k=1$. 这就是说 Σ 与 Σ' 合同. □

引理 5.13 设 $\mathfrak{g}$ 是半单李代数, $\mathfrak{h}$ 是它的一个 Cartan 子代数, Σ 是 $\mathfrak{g}$ 对于 $\mathfrak{h}$ 的根系. 对 $\alpha\in\Sigma$, 选 $E_\alpha\in\mathfrak{g}^\alpha$ 使 $(E_\alpha, E_{-\alpha})=1$. 如 $\alpha+\beta\neq 0$, 令

$$[E_\alpha, E_\beta] = N_{\alpha\beta}E_{\alpha+\beta},$$

于是

1) 如 $\alpha,\beta\in\Sigma$ 而 $\alpha+\beta\neq 0$, 则

$$N_{\alpha\beta} = -N_{\beta\alpha}.$$

2) 如 $\alpha,\beta,\gamma\in\Sigma, \alpha+\beta+\gamma=0$(这时说 α,β,γ 组成三角形), 则

$$N_{\alpha\beta} = N_{\beta\gamma} = N_{\gamma\alpha}.$$

3) 如 $\alpha,\beta,\gamma,\delta\in\Sigma, \alpha+\beta+\gamma+\delta=0$(这时说 $\alpha,\beta,\gamma,\delta$ 组成四边形), 而 $\alpha,\beta,\gamma,\delta$ 之中任意两个之和皆不为 0, 则

$$N_{\alpha\beta}N_{\gamma\delta} + N_{\alpha\gamma}N_{\delta\beta} + N_{\alpha\delta}N_{\beta\gamma} = 0.$$

4) 设 $\alpha,\beta\in\Sigma$, $\alpha+\beta\neq 0$. 令 p,q 为最大非负整数使 $\beta+k\alpha(-p\leqslant k\leqslant q)$ 都是根, 则

$$N_{\alpha\beta}N_{-\alpha-\beta} = -R_{\alpha\beta} = -\frac{q(p+1)}{2}(\alpha,\alpha).$$

于是 $R_{\alpha\beta}>0$ 而且如 Σ 已知, $R_{\alpha\beta}$ 可唯一算出.

证 1) 是显然的. 今证 2). 因 $\alpha+\beta=-\gamma$, 故 $\alpha+\beta$ 一定是根. 同理, $\beta+\gamma,\gamma+\alpha\in\Sigma$. 从

$$([E_\alpha, E_\beta], E_\gamma) + (E_\beta, [E_\alpha, E_\gamma]) = 0$$

及

$$([E_\alpha, E_\beta], E_\gamma) = N_{\alpha\beta}(E_{-\gamma}, E_\gamma) = N_{\alpha\beta},$$
$$(E_\beta, [E_\alpha, E_\gamma]) = N_{\alpha\gamma}(E_\beta, E_{-\beta}) = N_{\alpha\gamma}$$

推出 $N_{\alpha\beta} + N_{\alpha\gamma} = 0$. 再根据 1) 有 $N_{\alpha\beta} = N_{\gamma\alpha}$. 同理可证 $N_{\alpha\beta} = N_{\beta\gamma}$.

现在来证 3). 我们有 Jacobi 恒等式

$$[E_\alpha, [E_\beta, E_\gamma]] + [E_\beta, [E_\gamma, E_\alpha]] + [E_\gamma, [E_\alpha, E_\beta]] = 0.$$

如果 $\beta + \gamma \in \Sigma$, 则 $\alpha, \beta + \gamma, \delta$ 都属于 Σ. 于是

$$[E_\alpha, [E_\beta, E_\gamma]] = N_{\beta\gamma}[E_\alpha, E_{\beta+\gamma}] = N_{\beta\gamma}N_{\alpha,\beta+\gamma}E_{\alpha+\beta+\gamma}.$$

再根据 2) 就有

$$[E_\alpha, [E_\beta, E_\gamma]] = N_{\beta\gamma}N_{\delta\alpha}E_{-\delta}. \tag{5.10}$$

如果 $\beta + \gamma \notin \Sigma$, 则 $[E_\beta, E_\gamma] = 0$ 及 $N_{\beta\gamma} = 0$, 所以这时 (5.10) 式仍成立. 于是有

$$[E_\alpha, [E_\beta, E_\gamma]] = -N_{\alpha\delta}N_{\beta\gamma}E_{-\delta}.$$

同理有

$$[E_\beta, [E_\gamma, E_\alpha]] = -N_{\beta\delta}N_{\gamma\alpha}E_{-\delta},$$
$$[E_\gamma, [E_\alpha, E_\beta]] = -N_{\gamma\delta}N_{\alpha\beta}E_{-\delta}.$$

将以上三式相加, 利用 Jacobi 恒等式, 即推出 3).

最后我们来证 4). 如 $\alpha + \beta \notin \Sigma$, 则 $N_{\alpha\beta} = 0$ 而且 $q = 0$. 因此这时 4) 成立. 以下设 $\alpha + \beta \in \Sigma$, 我们写出根 β 的 α 根链:

$$\beta - p\alpha, \cdots, \beta - \alpha, \beta, \beta + \alpha, \cdots, \beta + q\alpha.$$

以 X_0 表相应于根 $\beta - p\alpha$ 的一个根向量. 令

$$X_1 = (\operatorname{ad} E_\alpha)X_0, \quad X_2 = (\operatorname{ad} E_\alpha)X_1, \cdots,$$
$$X_k = (\operatorname{ad} E_\alpha)X_{k-1}, \cdots,$$

则 X_k 是相应于根 $\beta - p\alpha + k\alpha$ 的根向量. 我们有

$$(\operatorname{ad} E_{-\alpha})X_0 = 0.$$

用归纳法可证

$$(\operatorname{ad} E_{-\alpha})X_{k+1} = \frac{(k+1)(q+p-k)}{2}(\alpha,\alpha)X_k. \tag{5.11}$$

实际上, 当 $k=-1$ 时, (5.11) 式成立, 设 (5.11) 式对 $k \geqslant -1$ 成立, 则

$$\begin{aligned}
&(\operatorname{ad} E_{-\alpha})X_{k+2} = \operatorname{ad} E_{-\alpha}\operatorname{ad} E_{\alpha}X_{k+1}\\
&= -\operatorname{ad} H_{\alpha}X_{k+1} + \operatorname{ad} E_{\alpha}\operatorname{ad} E_{-\alpha}X_{k+1}\\
&= -(\beta - p\alpha + (k+1)\alpha, \alpha)X_{k+1} + \operatorname{ad} E_{\alpha}\frac{(k+1)(q+p-k)}{2}(\alpha,\alpha)X_k\\
&= \left\{-(\beta,\alpha) + (p-k-1)(\alpha,\alpha) + \frac{(k+1)(q+p-k)}{2}(\alpha,\alpha)\right\}X_{k+1}\\
&= \left\{\frac{q-p}{2} + p - k - 1 + \frac{(k+1)(q+p-k)}{2}\right\}(\alpha,\alpha)X_{k+1}\\
&= \frac{(k+2)(q+p-k-1)}{2}(\alpha,\alpha)X_{k+1}.
\end{aligned}$$

因之 (5.11) 式对 $k+1$ 也成立. (5.11) 式又可改写作

$$\operatorname{ad} E_{-\alpha}\operatorname{ad} E_{\alpha}X_k = \frac{(k+1)(q+p-k)}{2}(\alpha,\alpha)X_k.$$

特别

$$\operatorname{ad} E_{-\alpha}\operatorname{ad} E_{\alpha}X_p = \frac{(p+1)q}{2}(\alpha,\alpha)X_p.$$

因 X_p 和 E_β 最多差一个常数因子, 故

$$[E_{-\alpha},[E_\alpha,E_\beta]] = \frac{q(p+1)}{2}(\alpha,\alpha)E_\beta, \tag{5.12}$$

但是

$$[E_{-\alpha},[E_\alpha,E_\beta]] = N_{\alpha\beta}N_{-\alpha,\alpha+\beta}E_\beta,$$

再根据 2)

$$[E_{-\alpha},[E_\alpha,E_\beta]] = -N_{\alpha\beta}N_{-\alpha,-\beta}E_\beta. \tag{5.13}$$

比较 (5.12), (5.13) 两式, 即得断言 4). □

设 $\mathfrak{g}$ 是半单李代数, $\mathfrak{h}$ 是它的一个 Cartan 子代数, Σ 为由 $\mathfrak{h}$ 所确定的根系. 对于每个 $\alpha \in \Sigma$, 可以选 $E_\alpha \in \mathfrak{g}^\alpha$ 使

$$(E_\alpha, E_{-\alpha}) = 1.$$

同时, 对每个 $\alpha \in \Sigma$, 可以选一个唯一确定的 $H_\alpha \in \mathfrak{h}$ 使

$$(H, H_\alpha) = \alpha(H), \quad 对一切\ H \in \mathfrak{h}.$$

这时 $\mathfrak{g}$ 的结构公式如下:

$$
\begin{aligned}
&[\mathfrak{h},\mathfrak{h}]=0,\\
&[H,E_\alpha]=\alpha(H)E_\alpha,\\
&[E_\alpha,E_{-\alpha}]=H_\alpha,\\
&[E_\alpha,E_\beta]=N_{\alpha\beta}E_{\alpha+\beta},\quad \text{如 } \alpha+\beta\neq 0.
\end{aligned}
$$

我们知道 H_α 是唯一确定的, 但 E_α 则未必. 设

$$E'_\alpha=\mu_\alpha E_\alpha,$$

其中 μ_α 是非零复数且满足

$$\mu_\alpha\mu_{-\alpha}=1,$$

则亦有

$$(E'_\alpha,E'_{-\alpha})=1.$$

这时, 如 $\alpha+\beta\neq 0$, 令

$$[E'_\alpha,E'_\beta]=N'_{\alpha\beta}E'_{\alpha+\beta},$$

那么

$$N'_{\alpha\beta}=\frac{\mu_\alpha\mu_\beta}{\mu_{\alpha+\beta}}N_{\alpha\beta},\ \text{对一切 } \alpha,\beta\in\Sigma \text{ 而 } \alpha+\beta\in\Sigma.$$

数组 $\{N_{\alpha\beta}\}$ 和 $\{N'_{\alpha\beta}\}$ 对一切 $\alpha,\beta\in\Sigma$, 而 $\alpha+\beta\in\Sigma$ 如适合上述关系, 其中 $\mu_\alpha\mu_{-\alpha}=1$, 就称为等价.

定理 5.14 [①] 设 $\mathfrak{g}$ 和 $\mathfrak{g}'$ 是两个半单李代数. Σ 和 Σ' 分别是它们相应于各自的 Cartan 子代数 $\mathfrak{h}$ 和 $\mathfrak{h}'$ 的根系. 如果 Σ 和 Σ' 相似, 则 $\mathfrak{g}$ 和 $\mathfrak{g}'$ 同构. 更进一步, 可将 Σ 和 Σ' 之间的相似 (当然是合同) 扩展成 $\mathfrak{g}$ 和 $\mathfrak{g}'$ 之间的同构.

证 为书写简单起见, 不妨设 $\Sigma=\Sigma'$. 因 $\mathfrak{h}$ (及 $\mathfrak{h}'$) 的维数是 Σ 中线性无关向量的最大数, 故 $\dim\mathfrak{h}=\dim\mathfrak{h}'$.

对于每个 α, 有唯一确定的 $H_\alpha\in\mathfrak{h}$ 和 $H'_\alpha\in\mathfrak{h}'$, 使

$$
\begin{aligned}
&(H,H_\alpha)=\alpha(H),\quad \text{对一切 } H\in\mathfrak{h},\\
&(H',H'_\alpha)=\alpha(H'),\quad \text{对一切 } H'\in\mathfrak{h}'.
\end{aligned}
$$

[①] H. Weyl, Theorie der Darstellung Kontinuierlicher halb-einfacher Gruppen durch lineare Transformationen. I, II, III, *Math. Zeit.*, **23** (1925), 271–309; **24** (1926), 328–376; **24** (1926), 377–395.

对于每个 $\alpha \in \Sigma$, 选一个根向量 $E_\alpha \in \mathfrak{g}$ 和一个根向量 $E'_\alpha \in \mathfrak{g}'$, 使

$$(E_\alpha, E_{-\alpha}) = 1 \quad \text{及} \quad (E'_\alpha, E'_{-\alpha}) = 1.$$

这时 $\mathfrak{g}$ 和 $\mathfrak{g}'$ 的结构公式分别为

$$\begin{array}{l|l} [\mathfrak{h}, \mathfrak{h}] = 0 & [\mathfrak{h}', \mathfrak{h}'] = 0 \\ {[H, E_\alpha]} = \alpha(H) E_\alpha & [H', E'_\alpha] = \alpha(H') E'_\alpha \\ {[E_\alpha, E_{-\alpha}]} = H_\alpha & [E'_\alpha, E'_{-\alpha}] = H'_\alpha \\ {[E_\alpha, E_\beta]} = N_{\alpha\beta} E_{\alpha+\beta} & [E'_\alpha, E'_\beta] = N'_{\alpha\beta} E'_{\alpha+\beta} \\ (\text{如 } \alpha + \beta \neq 0) & (\text{如 } \alpha + \beta \neq 0) \end{array}$$

如果 $N_{\alpha\beta} = N_{\alpha'\beta'}$, 对一切 $\alpha, \beta \in \Sigma$ 而 $\alpha + \beta \neq 0$, 那么令

$$\sum_{\alpha \in \Sigma} a_\alpha H_\alpha + \sum_{\alpha \in \Sigma} b_\alpha E_\alpha \to \sum_{\alpha \in \Sigma} a_\alpha H'_\alpha + \sum_{\alpha \in \Sigma} b_\alpha E'_\alpha,$$

就得到从 $\mathfrak{g}$ 到 $\mathfrak{g}'$ 之上的一个同构映射, 且此同构映射诱导出 Σ 的自合同.

现在我们证明, 的确可以选 E'_α 使 $N'_{\alpha\beta} = N_{\alpha\beta}$. 为此, 我们在 Σ 所属的欧氏空间中选一组基 $e_1, \cdots, e_n$. 利用这组基引进一次序: $x = x_1 e_1 + \cdots + x_n e_n, y = y_1 e_1 + \cdots + y_n e_n$, 定义 $x > y$, 如有 k 存在使 $x_i = y_i (1 \leqslant i \leqslant k-1)$ 而 $x_k > y_k$. 容易验证这个次序关系适合条件:

1) 对于任意的 x 和 $y, x > y, x = y$ 及 $x < y$ 三者必具其一.

2) 如果 $x > y, y > z$, 则 $x > z$.

3) 如果 $x > y, \lambda > 0$, 则 $\lambda x > \lambda y$ 及 $x + z > y + z$.

于是 Σ 中向量可以按大小排成次序, 先排小的, 后排大的. 如 $\alpha \in \Sigma$ 而 $\alpha > 0$, α 就称为正根; 否则称为负根. 我们对于正根顺序数用归纳法来选取 E'_α 使 $N'_{\alpha\beta} = N_{\alpha\beta}$.

设 ρ 是一个固定的正根. 假设对于一切根 α 适合条件 $-\rho < \alpha < \rho$ 者, 我们都选了一个根向量 $E'_\alpha \in \mathfrak{g}'$ 使得 $(E'_\alpha, E'_{-\alpha}) = 1$ 以及

$$N'_{\alpha\beta} = N_{\alpha\beta}, \text{ 对任意 } \alpha, \beta, \alpha + \beta \in \Sigma \text{ 及 } -\rho < \alpha, \beta, \alpha + \beta < \rho.$$

如 ρ 不能分解成 $\rho = \gamma + \delta$ 而 $-\rho < \gamma, \delta < \rho$, 则任选根向量 E'_ρ 和 $E'_{-\rho}$ 使 $(E'_\rho, E'_{-\rho}) = 1$. 如 ρ 有一种方法分解成 $\rho = \gamma + \delta$ 而 $-\rho < \gamma, \delta < \rho$, 那么自然有 $\gamma > 0, \delta > 0$, 于是利用

$$[E'_\gamma, E'_\delta] = N_{\gamma,\delta} E'_\rho \tag{5.14}$$

来选取 E'_ρ, 再唯一确定 $E'_{-\rho}$ 使 $(E'_\rho, E'_{-\rho}) = 1$. 我们要证明

$$N'_{\alpha\beta} = N_{\alpha\beta}, \text{ 对任意 } \alpha, \beta, \alpha + \beta \in \Sigma, \text{ 而 } -\rho \leqslant \alpha, \beta, \alpha + \beta \leqslant \rho.$$

分以下几步来证明.

1) $-\rho<\alpha,\beta,\alpha+\beta<\rho$, 这时根据归纳假设有 $N'_{\alpha\beta}=N_{\alpha\beta}$.

2) $-\rho<\alpha,\beta<\rho,\alpha+\beta=\rho$. 这时自然有 $\alpha>0,\beta>0$. 如 ρ 的分解 $\rho=\alpha+\beta$, 即是 $\rho=\gamma+\delta$. 根据 E'_ρ 的选法, 由 (5.14) 就有 $N'_{\alpha\beta}=N_{\alpha\beta}$. 设 $\rho=\alpha+\beta$, 而不是 $\rho=\gamma+\delta$, 则 $\alpha+\beta+(-\gamma)+(-\delta)=0$, 即 $\alpha,\beta,-\gamma,-\delta$ 组成一个四边形. 于是根据引理 5.13 的 3) 就有

$$N_{\alpha\beta}N_{-\gamma,-\delta}=-N_{\alpha,-\gamma}N_{-\delta,\beta}-N_{\alpha,-\delta}N_{\beta,-\gamma},$$
$$N'_{\alpha\beta}N'_{-\gamma,-\delta}=-N'_{\alpha,-\gamma}N'_{-\delta,\beta}-N'_{\alpha,-\delta}N'_{\beta,-\gamma}.$$

注意从 $0<\alpha,\gamma<\rho$ 推出 $-\rho<\alpha-\gamma<\rho$, 同理有 $-\rho<-\delta,\ \beta,\beta-\delta<\rho$, $-\rho<\alpha,-\delta,\alpha-\delta<\rho,-\rho<\beta,-\gamma,\beta-\gamma<\rho$. 因此根据归纳假设有

$$N_{\alpha,-\gamma}=N'_{\alpha,-\gamma},N_{-\delta,\beta}=N'_{-\delta,\beta},$$
$$N_{\alpha,-\delta}=N'_{\alpha,-\delta},N_{\beta,-\gamma}=N'_{\beta,-\gamma},$$

所以

$$N_{\alpha\beta}N_{-\gamma,-\delta}=N'_{\alpha\beta}N'_{-\gamma,-\delta}. \tag{5.15}$$

但是从 $N_{\gamma\delta}=N'_{\gamma\delta}$ 及引理 5.13 的 4) 推出 $N_{-\gamma,-\delta}=N'_{-\gamma,-\delta}$. 于是从 (5.15) 式推出 $N_{\alpha\beta}=N'_{\alpha\beta}$.

3) $-\rho<\alpha,\beta<\rho,\alpha+\beta=-\rho$. 这时 $\rho=(-\alpha)+(-\beta)$ 而 $-\rho<-\alpha,-\beta<\rho$, 于是根据 2) 有 $N_{-\alpha,-\beta}=N'_{-\alpha,-\beta}$. 再根据引理 5.13 的 4) 推出 $N_{\alpha\beta}=N'_{\alpha\beta}$.

4) $-\rho\leqslant\alpha,\beta,\alpha+\beta\leqslant\rho$. 这时 $\alpha+\beta+(-\alpha-\beta)=0$, 因此在 $\alpha,\beta,-\alpha-\beta$ 这三个根中最多有一个等于 $\pm\rho$. 那么, 利用引理 5.13 的 2) 可将这情形化归已讨论过的情形.

这样, 定理 5.14 就完全证明了. □

下面的定理可看作是定理 5.14 的逆, 它是定理 3.14 (Cartan 子代数的共轭性) 的直接推论.

定理 5.15　设 $\mathfrak{g}$ 是半单李代数, $\mathfrak{h},\mathfrak{h}'$ 是它的两个 Cartan 子代数, 而 Σ 和 Σ' 分别是 $\mathfrak{g}$ 相应于 $\mathfrak{h}$ 和 $\mathfrak{h}'$ 的根系, 则 Σ 与 Σ' 合同. 换言之, 半单李代数的根系在合同的意义下由代数本身所确定, 而不依赖于 Cartan 子代数的选取; 或具不合同的根系的半单李代数一定不同构.

证　根据定理 3.14, $\mathfrak{g}$ 有自同构 σ 使 $\sigma(\mathfrak{h})=\mathfrak{h}'$. 设 α 是 $\mathfrak{g}$ 相对于 $\mathfrak{h}$ 的一个根, 即有根向量 E_α 使

$$[H,E_\alpha]=\alpha(H)E_\alpha,\quad 对一切\ H\in\mathfrak{h}.$$

将上式双方作用 σ 之后得

$$[\sigma(H), \sigma(E_\alpha)] = \alpha(H)\sigma(E_\alpha), \quad \text{对一切 } H \in \mathfrak{h}.$$

定义 $\mathfrak{h}'$ 上的一个线性函数

$$\alpha'(H') = \alpha(\sigma^{-1}(H')), \quad H' \in \mathfrak{h},$$

则有

$$[H', \sigma(E_\alpha)] = \alpha'(H')\sigma(E_\alpha), \quad \text{对一切 } H' \in \mathfrak{h}.$$

这表明 α' 是 $\mathfrak{g}$ 相对于 $\mathfrak{h}'$ 的一个根, 于是 σ 诱导出从 Σ 到 Σ' 的一个映射, 仍记作 σ:

$$\alpha \mapsto \alpha'.$$

因 Σ 和 Σ' 有相同的个数, 故这个映射是一一映射.

将 $\alpha \in \Sigma$ 嵌入 $\mathfrak{h}$ 得 H_α, 即

$$(H, H_\alpha) = \alpha(H), \quad \text{对一切 } H \in \mathfrak{h}.$$

于是根据 σ 保持 Killing 型这一性质, 得

$$(\sigma(H), \sigma(H_\alpha)) = \alpha(H), \quad \text{对一切 } H \in \mathfrak{h}.$$

记 $\sigma(H) = H'$, 则有

$$(H', \sigma(H_\alpha)) = \alpha'(H'), \quad \text{对一切 } H' \in \mathfrak{h}.$$

因此如将 $\alpha' \in \Sigma'$ 嵌入 $\mathfrak{h}'$ 得 $H'_{\alpha'}$, 则有 $H'_{\alpha'} = \sigma(H_\alpha)$, 于是, 如 $\alpha, \beta \in \Sigma$, 则

$$\begin{aligned}(\sigma(\alpha), \sigma(\beta)) &= (H'_{\sigma(\alpha)}, H'_{\sigma(\beta)}) = (\sigma(H_\alpha), \sigma(H_\beta)) \\ &= (H_\alpha, H_\beta) = (\alpha, \beta).\end{aligned}$$

这证明了 σ 是将 Σ 映到 Σ' 之上的合同. □

为了以后的需要, 我们证明

定理 5.16 ① 在半单李代数 $\mathfrak{g}$ 中可以选取根向量 E_α 适合

$$(E_\alpha, E_{-\alpha}) = 1$$

①见 76 页脚注.

而使结构常数 $N_{\alpha\beta}$ 是非零实数 (对 $\alpha+\beta\in\Sigma$) 且满足

$$N_{\alpha\beta}=-N_{-\alpha-\beta},$$

于是

$$N_{\alpha\beta}^2=R_{\alpha\beta}=\frac{q(p+1)}{2}(\alpha,\alpha)>0.$$

这样, 可选取 E_α 使 $N_{\alpha\beta}^2$ 由根系 Σ 唯一确定.

证 $\mathfrak{g}$ 的根系 Σ 有自合同:

$$\alpha\mapsto\alpha'=-\alpha.$$

对每一 α' 可选向量 $Y_{\alpha'}=-E_{-\alpha}$ 使

$$(Y_{\alpha'},Y_{-\alpha'})=(E_{-\alpha},E_\alpha)=1.$$

令

$$[Y_{\alpha'},Y_{\beta'}]=N'_{\alpha'\beta'}Y_{\alpha'+\beta'},\quad \text{对 } \alpha+\beta\neq 0,$$

则

$$N'_{\alpha'\beta'}=-N_{-\alpha,-\beta},\quad \text{对 } \alpha+\beta\neq 0.$$

根据定理 5.14, 对每个 α 可选 μ_α 使 $\mu_\alpha\mu_{-\alpha}=1$, 而以 $Z_\alpha=\mu_\alpha E_\alpha$ 代 E_α 之后有

$$[Z_\alpha,Z_\beta]=-N_{-\alpha,-\beta}Z_{\alpha+\beta},\quad \text{对 } \alpha+\beta\neq 0.$$

这样一来,

$$-N_{-\alpha,-\beta}=\frac{\mu_\alpha\mu_\beta}{\mu_{\alpha+\beta}}N_{\alpha,\beta}\quad \text{对}\quad \alpha+\beta\in\Sigma.$$

置 $\widetilde{\mu}_\alpha=\sqrt{\mu_\alpha}$ 并固定其符号使 $\widetilde{\mu}_\alpha\widetilde{\mu}_{-\alpha}=1$. 令 $F_\alpha=\widetilde{\mu}_\alpha E_\alpha$, 而 $[F_\alpha,F_\beta]=\widetilde{N}_{\alpha\beta}F_{\alpha+\beta}$. 如 $\alpha+\beta\neq 0$, 则当 $\alpha+\beta\in\Sigma$ 时,

$$\begin{aligned}\widetilde{N}_{\alpha\beta}&=\frac{\widetilde{\mu}_\alpha\widetilde{\mu}_\beta}{\widetilde{\mu}_{\alpha+\beta}}N_{\alpha\beta}=-\frac{\widetilde{\mu}_\alpha\widetilde{\mu}_\beta}{\widetilde{\mu}_{\alpha+\beta}}\frac{\mu_{\alpha+\beta}}{\mu_\alpha\mu_\beta}N_{-\alpha,-\beta}\\&=-\frac{\widetilde{\mu}_{-\alpha}\widetilde{\mu}_{-\beta}}{\widetilde{\mu}_{-\alpha,-\beta}}N_{-\alpha,-\beta}=-\widetilde{N}_{-\alpha,-\beta}.\end{aligned}$$

于是

$$\widetilde{N}_{\alpha\beta}^2=-\widetilde{N}_{\alpha\beta}\widetilde{N}_{-\alpha,-\beta}=R_{\alpha\beta}=\frac{q(p+1)}{2}(\alpha,\alpha).$$ □

最后我们给出以下定义.

定义 5.3 设 $\mathfrak{g}$ 是个半单李代数而 $\mathfrak{h}$ 是它的一个 Cartan 子代数. Σ 是它的根系. 设 $H_1, \cdots, H_n$ 是 $\mathfrak{h}$ 的任意一组基, 并假定对于每个根 α, 有根向量 E_α 存在, 使 $(E_\alpha, E_{-\alpha}) = 1$ 以及 $N_{\alpha\beta} = -N_{-\alpha,-\beta}$ (注意这时 $N_{\alpha\beta}$ 一定是实数), 则 $\{H_1, \cdots, H_n; E_\alpha, \alpha \in \Sigma\}$ 就称为 $\mathfrak{g}$ 的一组 Weyl 基.

定理 5.16 有以下直接推论.

推论 5.17 半单李代数一定有 Weyl 基存在.

复半单李代数的 Weyl 基对于以后讨论它的紧致实形很重要.

§4 典型李代数的根系

先研究 A_n 的根系 $\Sigma(A_n)$. 令 $m = n+1$. 我们知道

$$\mathfrak{h} = \left\{ H_{\lambda_1 \cdots \lambda_m} \middle| \sum_{i=1}^{m} \lambda_i = 0 \right\}$$

是 A_n 的一个 Cartan 子代数. A_n 相应于 $\mathfrak{h}$ 的根系 $\Sigma(A_n)$ 是

$$\lambda_i - \lambda_k, \quad i \neq k, \quad 1 \leqslant i, k \leqslant m.$$

这一共有 $m(m-1) = m^2 - m$ 个. 相应于根 $\lambda_i - \lambda_k$ 的根向量是 E_{ik}. 我们来计算 A_n 的 Killing 型对 $\mathfrak{h}$ 的限制. 我们选取 $E_{ik}(i \neq k, 1 \leqslant i, k \leqslant m)$ 及 $\mathfrak{h}$ 的一组基的并作为 A_n 的一组基, 于是

$$\begin{aligned}
(H_{\lambda_1 \cdots \lambda_m}, H_{\mu_1 \cdots \mu_m}) &= \sum_{\substack{i,k=1 \\ i \neq k}}^{m} (\lambda_i - \lambda_k)(\mu_i - \mu_k) \\
&= \sum_{\substack{i,k=1 \\ i \neq k}}^{m} (\lambda_i \mu_i + \lambda_k \mu_k - \lambda_i \mu_k - \lambda_k \mu_i) \\
&= 2(m-1) \sum_{i=1}^{m} \lambda_i \mu_i - 2 \sum_{\substack{i,k=1 \\ i \neq k}}^{m} \lambda_i \mu_k \\
&= 2(m-1) \sum_{i=1}^{m} \lambda_i \mu_i - 2 \sum_{i=1}^{m} \lambda_i \sum_{k=1}^{m} \mu_k + 2 \sum_{i=1}^{m} \lambda_i \mu_i \\
&= 2m \sum_{i=1}^{m} \lambda_i \mu_i.
\end{aligned} \tag{5.16}$$

特别

$$(H_{\lambda_1 \cdots \lambda_m}, H_{\lambda_1 \cdots \lambda_m}) = 2m \sum_{i=1}^{m} \lambda_i^2.$$

我们要将根 $\lambda_i-\lambda_k$ 嵌入 $\mathfrak{h}$, 即在 $\mathfrak{h}$ 中寻求一元素 $H_{\mu_1\cdots\mu_m}$ 使

$$(H_{\lambda_1\cdots\lambda_m}, H_{\mu_1\cdots\mu_m})=\lambda_i-\lambda_k, \tag{5.17}$$

对任意 $H_{\lambda_1\cdots\lambda_m}\in\mathfrak{h}$, 即对任意 $\lambda_1,\cdots,\lambda_m$ 适合条件 $\sum\limits_{i=1}^{m}\lambda_i=0$ 者. 由 (5.16) 及 (5.17) 得

$$2m\sum_{s=1}^{m}\lambda_s\mu_s=\lambda_i-\lambda_k,$$

对任意 $\lambda_1,\cdots,\lambda_m$ 适合条件 $\sum\limits_{i=1}^{m}\lambda_i=0$. 这时一定有

$$\mu_s=\begin{cases} c+\dfrac{1}{2m}, & \text{对 } s=i,\\ c-\dfrac{1}{2m}, & \text{对 } s=k,\\ c, & \text{对 } s\neq i,k,\end{cases}$$

而 c 为某一常数. 又因 $\sum\limits_{s=1}^{m}\mu_s=0$, 故 $c=0$. 因此

$$\mu_s=\begin{cases} \dfrac{1}{2m}, & \text{对 } s=i,\\ -\dfrac{1}{2m}, & \text{对 } s=k,\\ 0, & \text{对 } s\neq i,k.\end{cases}$$

这样, 如将 $\mathfrak{h}_0$ 与 $\mathfrak{h}_0^*$ 视为同一, 就有

$$\lambda_i-\lambda_k=\frac{1}{2m}(E_{ii}-E_{kk}).$$

根的长度的平方

$$\begin{aligned}(\lambda_i-\lambda_k,\lambda_i-\lambda_k)&=\left(\frac{1}{2m}\right)^2(E_{ii}-E_{kk},E_{ii}-E_{kk})\\ &=\left(\frac{1}{2m}\right)^2 2m\cdot 2=\frac{1}{m}.\end{aligned}$$

如以 $e_i=\dfrac{1}{2m}E_{ii}(i=1,\cdots,m)$ 作为 $n+1$ 维欧氏空间的一组正交基, 并令

$$(e_i,e_i)=\frac{1}{2m},$$

于是 $\mathfrak{h}_0$ 由一切向量

$$\sum_{i=1}^{m}\mu_i e_i\left(\mu_i\text{ 实},\sum_{i=1}^{m}\mu_i=0\right)$$

组成, 而 A_n 的根系 $\Sigma(A_n)$ 也可看作是

$$\{e_i-e_k,i\neq k,\ i,k=1,\cdots,m\}.$$

再研究 B_n 的根系 $\Sigma(B_n)$. 令 $m=2n+1$, 我们知道

$$\mathfrak{h}=\left\{H_{\lambda_1\cdots\lambda_n}=\left(\begin{array}{c|ccc|ccc} 0 & & 0 & & & 0 & \\ \hline & \lambda_1 & & 0 & & & \\ 0 & & \ddots & & & 0 & \\ & 0 & & \lambda_n & & & \\ \hline & & & & -\lambda_1 & & 0 \\ 0 & & 0 & & & \ddots & \\ & & & & 0 & & -\lambda_n \end{array}\right)\right\}$$

是 $\mathfrak{h}$ 的一个 Cartan 子代数. 相应的根系 $\Sigma(B_n)$ 是

$$\pm\lambda_i\pm\lambda_k(i<k)\quad\text{和}\quad\pm\lambda_i(i,k=1,\cdots,n).$$

我们计算

$$\begin{aligned}
&(H_{\lambda_1\cdots\lambda_n},H_{\mu_1\cdots\mu_n})\\
=&\sum_{i<k}(\pm\lambda_i\pm\lambda_k)(\pm\mu_i\pm\mu_k)+\sum_{i=1}^{n}(\pm\lambda_i)(\pm\mu_i)\\
=&\sum_{i<k}\{(\lambda_i+\lambda_k)(\mu_i+\mu_k)+(\lambda_i-\lambda_k)(\mu_i-\mu_k)\\
&+(-\lambda_i+\lambda_k)(-\mu_i+\mu_k)+(-\lambda_i-\lambda_k)(-\mu_i-\mu_k)\}\\
&+\sum_{i=1}^{n}\{\lambda_i\mu_i+(-\lambda_i)(-\mu_i)\}\\
=&2\sum_{i<k}\{(\lambda_i+\lambda_k)(\mu_i+\mu_k)+(\lambda_i-\lambda_k)(\mu_i-\mu_k)\}+2\sum_{i=1}^{n}\lambda_i\mu_i\\
=&2\sum_{i<k}(\lambda_i\mu_i+\lambda_i\mu_k+\lambda_k\mu_i+\lambda_k\mu_k+\lambda_i\mu_i-\lambda_i\mu_k-\lambda_k\mu_i+\lambda_k\mu_k)\\
&+2\sum_{i=1}^{n}\lambda_i\mu_i
\end{aligned}$$

$$
\begin{aligned}
&= 4\sum_{i<k}(\lambda_i\mu_i + \lambda_k\mu_k) + 2\sum_{i=1}^{n}\lambda_i\mu_i \\
&= 4(n-1)\sum_{i=1}^{n}\lambda_i\mu_i + 2\sum_{i=1}^{n}\lambda_i\mu_i \\
&= (4n-2)\sum_{i=1}^{n}\lambda_i\mu_i.
\end{aligned}
$$

特别

$$(H_{\lambda_1\cdots\lambda_n}, H_{\lambda_1\cdots\lambda_n}) = (4n-2)\sum_{i=1}^{n}\lambda_i^2.$$

我们要将根 $\pm\lambda_i \pm \lambda_k$ 及 $\pm\lambda_i$ 嵌入 $\mathfrak{h}$. 首先在 $\mathfrak{h}$ 中寻求一元素 $H_{\mu_1\cdots\mu_n}$ 使

$$(H_{\lambda_1\cdots\lambda_n}, H_{\mu_1\cdots\mu_n}) = \lambda_i + \lambda_k,$$

这要求

$$(4n-2)\sum_{s=1}^{n}\lambda_s\mu_s = \lambda_i + \lambda_k, \text{ 对一切 } \lambda_1, \cdots, \lambda_n.$$

因此

$$\mu_s = \begin{cases} \dfrac{1}{4n-2}, & s = i, k, \\ 0, & s \neq i, k. \end{cases}$$

如将 $\mathfrak{h}_0^*$ 与 $\mathfrak{h}_0$ 视为同一, 并记

$$H_i = \begin{pmatrix} 0 & 0 & 0 \\ 0 & E_{ii} & 0 \\ 0 & 0 & -E_{ii} \end{pmatrix},$$

则

$$\lambda_i + \lambda_k = \frac{1}{4n-2}(H_i + H_k).$$

同理

$$
\begin{aligned}
\pm\lambda_i \pm \lambda_k &= \frac{1}{4n-2}(\pm H_i \pm H_k), \\
\pm\lambda_i &= \frac{1}{4n-2}(\pm H_i).
\end{aligned}
$$

根的长度的平方

$$\begin{aligned}(\pm\lambda_i\pm\lambda_k,\pm\lambda_i\pm\lambda_k)&=\left(\frac{1}{4n-2}\right)^2(\pm H_i\pm H_k,\pm H_i\pm H_k)\\&=\left(\frac{1}{4n-2}\right)^2(4n-2)\cdot 2=\frac{1}{2n-1},\\(\pm\lambda_i,\pm\lambda_i)&=\left(\frac{1}{4n-2}\right)^2(\pm H_i,\pm H_i)\\&=\left(\frac{1}{4n-2}\right)^2(4n-2)=\frac{1}{4n-2}.\end{aligned}$$

如以 $e_i=\dfrac{1}{4n-2}H_i(1\leqslant i\leqslant n)$ 作为 n 维欧氏空间的一组正交基, 于是

$$(e_i,e_i)=\frac{1}{4n-2},$$

于是 $\mathfrak{h}_0$ 由一切向量

$$\sum_{i=1}^{n}\mu_ie_i\quad(\mu_i\ 实)$$

组成, B_n 的根系 $\Sigma(B_n)$ 也可看作是

$$\{\pm e_i\pm e_k,\pm e_i,i<k,\ i,k=1,\cdots,n\}.$$

注意 B_1 的根系是 $\{\pm e_1\}$, 而

$$\begin{aligned}(e_1,e_1)&=(-e_1,-e_1)=\frac{1}{4n-2}=\frac{1}{2},\\(e_1,-e_1)&=-\frac{1}{4n-2}=-\frac{1}{2}.\end{aligned}$$

回忆 A_1 的根系是 $\{e_1-e_2,e_2-e_1\}$ 而

$$\begin{aligned}(e_1-e_2,e_1-e_2)&=(e_2-e_1,e_2-e_1)=\frac{1}{m}=\frac{1}{2},\\(e_1-e_2,e_2-e_1)&=-\frac{1}{2},\end{aligned}$$

所以 A_1 和 B_1 有合同的根系, 因此 A_1 和 B_1 同构.

再研究 D_n 的根系 $\Sigma(D_n)$ $(n\geqslant 2)$. 令 $m=2n$, 我们知道

$$\mathfrak{h}_0=\left\{H_{\lambda_1\cdots\lambda_n}=\left(\begin{array}{ccc|ccc}\lambda_1&&&&&\\&\ddots&&&0&\\&&\lambda_n&&&\\\hline&&&-\lambda_1&&\\&0&&&\ddots&\\&&&&&-\lambda_n\end{array}\right)\right\}$$

是 D_n 的一个 Cartan 子代数. 相应的根系 $\Sigma(D_n)$ 是

$$\pm\lambda_i \pm \lambda_k \quad (i < k,\ i, k = 1, \cdots, n).$$

我们计算

$$\begin{aligned}
(H_{\lambda_1\cdots\lambda_n}, H_{\mu_1\cdots\mu_n}) &= \sum_{i<k}(\pm\lambda_i \pm \lambda_k)(\pm\mu_i \pm \mu_k)\\
&= 2\sum_{i<k}\{(\lambda_i + \lambda_k)(\mu_i + \mu_k) + (\lambda_i - \lambda_k)(\mu_i - \mu_k)\}\\
&= 4\sum_{i<k}(\lambda_i\mu_i + \lambda_k\mu_k)\\
&= (4n-4)\sum_{i=1}^{n}\lambda_i\mu_i.
\end{aligned}$$

特别

$$(H_{\lambda_1\cdots\lambda_n}, H_{\lambda_1\cdots\lambda_n}) = (4n-4)\sum_{i=1}^{n}\lambda_i^2.$$

我们要将根 $\pm\lambda_i \pm \lambda_k$ 嵌入 $\mathfrak{h}$. 在 $\mathfrak{h}$ 中寻求一元素 $H_{\mu_1\cdots\mu_n}$ 使

$$(H_{\lambda_1\cdots\lambda_n}, H_{\mu_1\cdots\mu_n}) = \pm\lambda_i \pm \lambda_k,$$

这要求

$$(4n-4)\sum_{s=1}^{n}\lambda_s\mu_s = \pm\lambda_i \pm \lambda_k.$$

因此

$$\mu_s = \begin{cases} \pm\dfrac{1}{4n-4}, & s = i, k,\\ 0, & s \neq i, k. \end{cases}$$

所以如将 $\mathfrak{h}_0^*$ 与 $\mathfrak{h}_0$ 视为同一, 并记

$$H_i = \begin{pmatrix} E_{ii} & 0\\ 0 & -E_{ii} \end{pmatrix},$$

则

$$\pm\lambda_i \pm \lambda_k = \frac{1}{4n-4}(\pm H_i \pm H_k).$$

根的长度的平方

$$\begin{aligned}
(\pm\lambda_i \pm \lambda_k, \pm\lambda_i \pm \lambda_k) &= \left(\frac{1}{4n-4}\right)^2(\pm H_i \pm H_k, \pm H_i \pm H_k)\\
&= \left(\frac{1}{4n-4}\right)^2(4n-4)\cdot 2 = \frac{1}{2n-2}.
\end{aligned}$$

如以 $e_i = \dfrac{1}{4n-4}H_i(1 \leqslant i \leqslant n)$ 作为 n 维欧氏空间的一组正交组, 则

$$(e_i, e_i) = \frac{1}{4n-4}.$$

于是 $\mathfrak{h}_0$ 由一切向量

$$\sum_{i=1}^{n} \mu_i e_i \quad (\mu_i\ 实)$$

组成, D_n 的根系 $\Sigma(D_n)$ 也可看作是

$$\{\pm e_i \pm e_k, i < k,\ i, k = 1, \cdots, n\}.$$

注意 $\Sigma(D_2) = \{\pm e_1 \pm e_2\}$, 而

$$\begin{aligned}
&(\pm e_1 \pm e_2, \pm e_1 \pm e_2) = \frac{1}{2n-2} = \frac{1}{2},\\
&(e_1 + e_2, -e_1 - e_2) = -\frac{1}{2},\\
&(e_1 - e_2, -e_1 + e_2) = -\frac{1}{2},\\
&(\pm e_1 \pm e_2, \pm e_1 \mp e_2) = 0,
\end{aligned}$$

所以 $\Sigma(D_2)$ 分解成两个互相正交的子系的并:

$$\Sigma(D_2) = \{e_1 + e_2, -e_1 - e_2\} \cup \{e_1 - e_2, -e_1 + e_2\},$$

其中每一个子 σ 系都与 A_1 的根系合同, 所以 $D_2 \cong A_1 \dot{+} A_1$.

研究 C_n 的根系 $\Sigma(C_n)$. 我们知道

$$\mathfrak{h}_0 = \left\{ H_{\lambda_1 \cdots \lambda_n} = \left(\begin{array}{ccc|ccc} \lambda_1 & & & & & \\ & \ddots & & & 0 & \\ & & \lambda_n & & & \\ \hline & & & -\lambda_1 & & \\ & 0 & & & \ddots & \\ & & & & & -\lambda_n \end{array} \right) \right\}$$

是 C_n 的一个 Cartan 子代数. 相应的根系 $\Sigma(C_n)$ 是 $\pm\lambda_i \pm \lambda_k$ 和 $\pm 2\lambda_i(i <$

$k,\ i,k=1,\cdots,n$). 计算

$$\begin{aligned}
&(H_{\lambda_1\cdots\lambda_n},H_{\mu_1\cdots\mu_n})\\
=&\sum_{i<k}(\pm\lambda_i\pm\lambda_k)(\pm\mu_i\pm\mu_k)+\sum_i(\pm2\lambda_i)(\pm2\mu_i)\\
=&2\sum_{i<k}\{(\lambda_i+\lambda_k)(\mu_i+\mu_k)+(\lambda_i-\lambda_k)(\mu_i-\mu_k)\}+8\sum_i\lambda_i\mu_i\\
=&4\sum_{i<k}(\lambda_i\mu_i+\lambda_k\mu_k)+8\sum_i\lambda_i\mu_i\\
=&4(n-1)\sum_{i=1}^n\lambda_i\mu_i+8\sum_{i=1}^n\lambda_i\mu_i\\
=&4(n+1)\sum_{i=1}^n\lambda_i\mu_i.
\end{aligned}$$

特别

$$(H_{\lambda_1\cdots\lambda_n},H_{\lambda_1\cdots\lambda_n})=(4n+4)\sum_{i=1}^n\lambda_i^2.$$

我们要将根 $\pm\lambda_i\pm\lambda_k$ 及 $\pm2\lambda_i$ 嵌入 $\mathfrak{h}$. 由

$$(H_{\lambda_i\cdots\lambda_n},H_{\mu_1\cdots\mu_n})=\pm\lambda_i\pm\lambda_k\quad 或\quad \pm2\lambda_i$$

得

$$(4n+4)\sum_{s=1}^n\lambda_s\mu_s=\pm\lambda_i\pm\lambda_k\quad 或\quad \pm2\lambda_i,\ 对一切\ \lambda_1,\cdots,\lambda_n.$$

因此, 对于 $\pm\lambda_i\pm\lambda_k$

$$\mu_s\Big|_{\pm\lambda_i\pm\lambda_k}=\begin{cases}\pm\dfrac{1}{4n+4}, & s=i,k,\\ 0, & s\neq i,k,\end{cases}$$

而对于 $\pm2\lambda_i$

$$\mu_s\Big|_{\pm2\lambda_i}=\begin{cases}\pm\dfrac{1}{2n+2}, & s=i,\\ 0, & s\neq i.\end{cases}$$

于是, 如将 $\mathfrak{h}_0^*$ 与 $\mathfrak{h}_0$ 视为同一, 并记

$$H_i=\begin{pmatrix}E_{ii}&0\\0&-E_{ii}\end{pmatrix},$$

则

$$\pm\lambda_i \pm \lambda_k = \frac{1}{4n+4}(\pm H_i \pm H_k),$$
$$\pm 2\lambda_i = \frac{1}{4n+4}(\pm 2H_i).$$

根的长度的平方

$$\begin{aligned}(\pm\lambda_i \pm \lambda_k, \pm\lambda_i \pm \lambda_k) &= \left(\frac{1}{4n+4}\right)^2 (\pm H_i \pm H_k, \pm H_i \pm H_k)\\ &= \left(\frac{1}{4n+4}\right)^2 (4n+4)\cdot 2 = \frac{2}{4n+4},\\ (\pm 2\lambda_i, \pm 2\lambda_i) &= \left(\frac{1}{4n+4}\right)^2 (\pm 2H_i, \pm 2H_i)\\ &= \left(\frac{1}{4n+4}\right)^2 (4n+4)\cdot 4 = \frac{4}{4n+4}.\end{aligned}$$

如令 $e_i = \dfrac{1}{4n+4}H_i$, 则

$$(e_i, e_i) = \frac{1}{4n+4},$$

而 $e_1, \cdots, e_n$ 生成一个 n 维欧氏空间. C_n 的根系 $\Sigma(C_n)$ 也可看作是

$$\{\pm e_i \pm e_k\ i<k,\ \pm 2e_i,\ i,k=1,\cdots,n\}.$$

可仿照证明 A_1 与 B_1 同构的方法, 证明 $\Sigma(A_1)$ 与 $\Sigma(C_1)$ 合同, 于是推出 A_1 与 C_1 同构.

第六章　半单李代数的基础根系与 Weyl 群

§1　基础根系与素根系

定义 6.1　设 Σ 是个 σ 系. Σ 中的一组向量 $\Pi=\{\alpha_1,\alpha_2,\cdots,\alpha_n\}$ 称为 Σ 的一个*基础向量系*, 如果以下二条件成立:

1) $\alpha_1,\alpha_2,\cdots,\alpha_n$ 线性无关;

2) 任一 $\alpha\in\Sigma$ 皆可表作

$$\alpha=\varepsilon(m_1\alpha_1+m_2\alpha_2+\cdots+m_n\alpha_n),$$

其中 $\varepsilon=\pm1$, 而 $m_1,m_2,\cdots,m_n$ 都是非负整数. 特别, 半单李代数的根系的一个基础向量系称为它的一个*基础根系*.

设 Π 是 σ 系 Σ 的一个基础向量系, 则 Π 有以下性质:

3) 设 $\alpha,\beta\in\Pi$ 而 $\alpha\neq\beta$, 则

$$(\alpha,\beta)\leqslant 0,$$

而 $\dfrac{2(\beta,\alpha)}{(\alpha,\alpha)}$ 和 $\dfrac{2(\alpha,\beta)}{(\beta,\beta)}$ 都是非正的整数.

证　根据 σ 系的基础向量系的性质 2) 知, $\beta-\alpha\notin\Sigma$. 如果以 p 和 q 表示最大非负整数使 $\beta+k\alpha\in\Sigma\ (-p\leqslant k\leqslant q)$, 则 $p=0$. 因 Σ 是 σ 系, 故

$$\frac{2(\beta,\alpha)}{(\alpha,\alpha)}=-(q-p)=-q\leqslant 0.$$

因此 $(\beta,\alpha)\leqslant 0$, 由此也推出 $\dfrac{2(\alpha,\beta)}{(\beta,\beta)}\leqslant 0$. □

下面的定理肯定了任一 σ 系皆有基础向量系存在.

定理 6.1 [①] 设 Σ 是个 σ 系, 于是可以在 Σ 中取出线性无关的子集 $\Pi=\{\alpha_1,\alpha_2,\cdots,\alpha_n\}$, 使它满足以下条件:

1) 如 $\alpha,\beta\in\Pi$ 而 $\alpha\neq\beta$, 则

$$(\alpha,\beta)\leqslant 0, \tag{6.1}$$

因之, $\dfrac{2(\alpha,\beta)}{(\alpha,\alpha)}$ 和 $\dfrac{2(\alpha,\beta)}{(\beta,\beta)}$ 都是非正的整数.

2) 任一 $\alpha\in\Sigma$ 皆可写成

$$\alpha=\varepsilon(m_1\alpha_1+\cdots+m_n\alpha_n), \tag{6.2}$$

其中 $\varepsilon=\pm1$, 而 $m_1,\cdots,m_n$ 都是非负整数.

证 设 Σ 属于 m 维欧氏空间 $\mathbb{R}^m$. 在 $\mathbb{R}^m$ 中选定一组基 $e_1,e_2,\cdots,e_m$. 利用这组基, 我们可以在 $\mathbb{R}^m$ 中确定一个次序: 如 $x=a_1e_1+\cdots+a_me_m, y=b_1e_1+\cdots+b_me_m$; 定义 $x>y$, 如有正整数 k 存在, 使

$$a_1=b_1,a_2=b_2,\cdots,a_k=b_k,\quad 而\quad a_{k+1}>b_{k+1}.$$

如 $x>0$, 则称 x 为正向量; 如 $x<0$, 则称 x 为负向量.

我们先证明

引理 6.2 σ 系 Σ 中满足条件

$$(x_j,x_k)\leqslant 0,\quad j\neq k \tag{6.3}$$

的正向量 $x_1,x_2,\cdots,x_p$ 一定线性无关.

证 我们用反证法来证明. 假定 $x_1,\cdots,x_p$ 线性相关, 那么适当改变它们的次序, 就有关系式

$$x_p=\sum_{i=1}^{p-1}\lambda_ix_i$$

成立. 将这个关系式改写成

$$x_p={\sum}'\lambda_ix_i+{\sum}''\lambda_ix_i,$$

①邓金, 半单纯李氏代数的结构, 科学出版社, 北京, 1954.

其中具正系数 λ_i 的项归在 $\sum'$ 中, 具负系数 λ_i 的项归在 $\sum''$ 中. 令

$$y=\sum{}'\lambda_i x_i, \quad z=\sum{}''\lambda_i x_i,$$

于是就有 $x_p=y+z$. 因为 $x_p>0, z\leqslant 0$. 故 $y\neq 0$, $y>0$. 由于条件 (6.3), 我们有 $(y,z)\geqslant 0$. 因此

$$(x_p,y)=(y,y)+(z,y)>0.$$

但是另一方面, 仍根据 (6.3), 又有

$$(x_p,y)=\sum{}'\lambda_i(x_p,x_i)\leqslant 0.$$

这是一个矛盾, 因此 $x_1,\cdots,x_p$ 一定线性无关. □

我们继续来证明定理 6.1. 假如 Σ 中有一个正向量不能分解成 Σ 中两个正向量之和, 我们就称之为一个*素向量*. 我们以 $\Pi=\{\alpha_1,\cdots,\alpha_n\}$ 表示 Σ 中所有素向量的集合, 称为*素向量系*. 我们来证明 Π 适合定理 6.1 中之性质 1) 和 2).

设 $\alpha,\beta\in\Pi,\alpha\neq\beta$. 如 $(\alpha,\beta)>0$, 则 $\dfrac{2(\alpha,\beta)}{(\alpha,\alpha)}$ 和 $\dfrac{2(\alpha,\beta)}{(\beta,\beta)}$ 都是正整数. 于是根据 σ 系的性质 2) 知, $\beta-\alpha\in\Sigma$ 和 $\alpha-\beta\in\Sigma$. $\beta-\alpha$ 和 $\alpha-\beta$ 中一定有一个是正向量, 设 $\varphi=\beta-\alpha$ 是正向量, 则 $\beta=\varphi+\alpha$, 这与 β 是素向量的假设相违. 同样 $\alpha-\beta$ 也不能是正向量, 因此一定有 $(\alpha,\beta)\leqslant 0$. 更由此根据引理 6.2 推出, Π 中向量一定线性无关.

其次来证明 Π 具有性质 2). Σ 中的向量个数是有限的, 因而正向量的个数也是有限的. 将全体正向量按大小排列起来, 小的排在大的前面. 我们向正向量的排列次序数施归纳法来证明 (6.2) 式成立, 但其中 $\varepsilon=1$. 设 α 是个正向量. 如果 α 是素向量, 则 $\alpha=\alpha_i$ (对某个 i). 如果 α 不是素向量, 则 $\alpha=\beta+\gamma,\beta,\gamma\in\Sigma,\beta>0,\gamma>0$. 由于 $\alpha>\beta,\alpha>\gamma$, 根据归纳法假设 β 和 γ 皆可表示成素向量的非负整数系数的线性组合, 将它们的表达式代入 $\alpha=\beta+\gamma$, 即得出 α 可表示成 (6.2) 的形状而 $\varepsilon=1$. 如 α 是负向量, 则 $-\alpha>0$, 因之 $-\alpha$ 可表示成 (6.2) 的形状而 $\varepsilon=1$, 于是 α 可表示成 (6.2) 的形状而 $\varepsilon=-1$. □

由定理 6.1 立得

推论 6.3 *在 σ 系 Σ 所属的欧氏空间中引进一个次序之后, Σ 的一个素向量系就是 Σ 的一个基础向量系.*

自然, Σ 所属的欧氏空间中的不同的次序可以给出不同的素向量系 (因而不同的基础向量系), 也可以给出同一素向量系 (因而同一基础向量系). 反之, 我们有

定理 6.4 设 Π 是 σ 系 Σ 的一个基础向量系, 则可在 Σ 所属的欧氏空间中引进一个次序, 使这个次序所定的 Σ 的素向量系恰是 Π.

证 设 $\Pi=\{\alpha_1,\alpha_2,\cdots,\alpha_n\}$, 于是可设 Σ 属于由 $\alpha_1,\alpha_2,\cdots,\alpha_n$ 所张成的 n 维欧氏空间 $\mathbb{R}^n$, 而 $\alpha_1,\alpha_2,\cdots,\alpha_n$ 是 $\mathbb{R}^n$ 的一组基. 利用基 $\alpha_1,\alpha_2,\cdots,\alpha_n$ 来规定 $\mathbb{R}^n$ 中的次序: 如 $x=a_1\alpha_1+a_2\alpha_2+\cdots+a_n\alpha_n$, $y=b_1\alpha_1+b_2\alpha_2+\cdots+b_n\alpha_n$, 规定 $x>y$, 如有正整数 k 存在使

$$a_1=b_1,a_2=b_2,\cdots,a_k=b_k \quad 而 \quad a_{k+1}>b_{k+1}.$$

在此次序下, Σ 中的一个向量 β 是正向量当且仅当 $\beta=\sum\limits_{i=1}^{n}m_i\alpha_i$, 其中 m_i 是不全为 0 的非负整数. 设 $\alpha_i=\beta+\gamma,\beta\geqslant 0,\gamma\geqslant 0$. 有 $\beta=\sum\limits_{j=1}^{n}m_j\alpha_j,\gamma=\sum\limits_{j=1}^{n}n_j\alpha_j$, 而 m_j,n_j 皆是非负整数. 将 β 和 γ 的表达式代入 $\alpha_i=\beta+\gamma$ 就有 $\alpha_i=\sum\limits_{j=1}^{n}(m_j+n_j)\alpha_j$. 因 $\alpha_1,\alpha_2,\cdots,\alpha_n$ 线性无关, 故当 $j\neq i$ 时, $m_j+n_j=0$ 而 $m_i+n_i=1$. 因此当 $j\neq i$ 时, $m_j=n_j=0$, 而 $m_i=1,n_i=0$ 或 $m_i=0,n_i=1$. 于是 $\beta=\alpha_i$ 而 $\gamma=0$, 或 $\beta=0$ 而 $\gamma=\alpha_i$. 这证明了 α_i 是素向量. 因此 Π 是素向量系. □

定理 6.5 由 σ 系 Σ 的基础向量系 Π 可以唯一地决定出 Σ 自身, 即利用 Π 的度量性质可以求出哪些线性组合 (6.2) 是 Σ 中的向量. 因此, 具有相同的 (或合同的, 或相似的) 基础向量系的 σ 系一定相同 (或合同, 或相似).

证 设 $\Pi=\{\alpha_1,\alpha_2,\cdots,\alpha_n\}$ 是 Σ 的一个基础向量系, 则 Σ 属于由 $\alpha_1,\alpha_2,\cdots,\alpha_n$ 所张成的 n 维欧氏空间 $\mathbb{R}^n$. 以 $\alpha_1,\cdots,\alpha_n$ 作为 $\mathbb{R}^n$ 的一组基而决定出 $\mathbb{R}^n$ 的一个次序. 以 Σ_+ 表示正向量的全体. 以 Σ_m (m 是正整数) 表 Σ_+ 中 $\alpha_1,\alpha_2,\cdots,\alpha_n$ 的满足条件 $0<m_1+m_2+\cdots+m_n\leqslant m$ 的具非负整系数的线性组合 $m_1\alpha_1+m_2\alpha_2+\cdots+m_n\alpha_n$ 的全体, 于是有

$$\Sigma_1\subseteq\Sigma_2\subseteq\cdots\subseteq\Sigma_m\subseteq\Sigma_{m+1}\subseteq\cdots\subseteq\Sigma_+.$$

我们用归纳法证明 Σ_m $(m=1,2,\cdots)$ 可以依次由 Π 唯一地作出.

首先 $\Sigma_1=\Pi$, 因此 Σ_1 可以由 Π 作出. 现在设 Σ_m 已经作出. 我们先证明 $\Sigma_{m+1}\backslash\Sigma_m$ 中每一个向量 γ 皆可表示成 $\gamma=\beta+\alpha$, 而 $\beta\in\Sigma_m,\alpha\in\Pi$. 由于 $\{\alpha_1,\alpha_2,\cdots,\alpha_n,\gamma\}$ 线性相关, 故根据引理 6.2, 一定有 i 存在使 $(\gamma,\alpha_i)>0$. 根据

σ 系的性质 2), $\beta=\gamma-\alpha_i\in\Sigma$. β 不可能是负向量, 否则 $\alpha_i=\gamma+(-\beta)$ 是两个正向量之和. 于是 $\beta\in\Sigma_m$. 这就证明了我们要证的事实.

因为 Σ_m 已经作出, 所以对任意 $\beta\in\Sigma_m$ 和 $\alpha\in\Pi,\beta-j\alpha\ (j=1,2,\cdots)$ 是否属于 Σ 的问题已经知道. 因此可以求出最大非负整数 p 使 $\beta-j\alpha\in\Sigma\ (j=0,1,2,\cdots,p)$. 于是可算出 $q=p-\dfrac{2(\beta,\alpha)}{(\alpha,\alpha)}$. 如 $q>0$, 我们就知道 $\beta+\alpha\in\Sigma_{m+1}$, 否则 $\beta+\alpha\notin\Sigma_{m+1}$. 这样我们就作出了 Σ_{m+1}.

因此, 我们可以从 Π, 利用它的度量性质作出 Σ_+, 因而也作出了 Σ. 于是 Σ 由 Π 的度量性质唯一确定. □

推论 6.6 如果两个半单李代数的基础根系合同 (或相似), 那么这两个李代数一定同构.

证 这是上面定理 6.5 以及定理 5.14 的直接推论. □

我们还可以仿照定理 5.14 的证明方法, 证明下面这个较强的结果.

定理 6.7 设 $\mathfrak{g}$ 和 $\mathfrak{g}'$ 是两个半单李代数, $\mathfrak{h}$ 和 $\mathfrak{h}'$ 分别是它们的 Cartan 子代数, Σ 和 Σ' 分别是它们 (相对于 $\mathfrak{h}$ 和 $\mathfrak{h}'$) 的根系, 而 $\Pi=\{\alpha_1,\alpha_2,\cdots,\alpha_n\}$ 和 $\Pi'=\{\alpha_1',\alpha_2',\cdots,\alpha_n'\}$ 分别是它们的基础根系. 设

$$\alpha_i\to\alpha_i'\quad(i=1,2,\cdots,n)$$

是 Π 和 Π' 间的一个合同, 即

$$(\alpha_i,\alpha_k)=(\alpha_i',\alpha_k')\quad(i,k=1,2,\cdots,n).$$

那么任意给出两组根向量 $E_{\pm\alpha_i}\in\mathfrak{g}^{\pm\alpha_i},E'_{\pm\alpha_i'}\in\mathfrak{g}^{\pm\alpha_i'}\ (i=1,2,\cdots,n)$, 如果它们适合关系

$$(E_{\alpha_i},E_{-\alpha_i})=1,\quad(E'_{\alpha_i'},E'_{-\alpha_i'})=1,$$

则必有一个, 而且仅有一个将 $\mathfrak{g}$ 映上 $\mathfrak{g}'$ 的同构映射 f 使

$$f(E_{\pm\alpha_i})=E'_{\pm\alpha_i'}\quad(i=1,2,\cdots,n).\tag{6.4}$$

证 先证 f 的唯一性. 我们有

$$[E_{\alpha_i},E_{-\alpha_i}]=H_{\alpha_i},\quad[E'_{\alpha_i'},E'_{-\alpha_i'}]=H'_{\alpha_i'}\quad(i=1,2,\cdots,n).$$

因此, 由 (6.4) 导出 $f(H_{\alpha_i})=H'_{\alpha_i'}$. 因 $H_{\alpha_i}(i=1,2,\cdots,n)$ 线性地生成 $\mathfrak{h}$, 故 $\mathfrak{h}$ 中任一元素的像都由条件 (6.4) 唯一确定.

我们在 $\mathfrak{h}_0^*$ 中引进一个次序, 使 $\alpha_1, \alpha_2, \cdots, \alpha_n$ 是相对于这个次序的素根系. 这样 Σ 中的根就排成了一个一定的次序. 我们向 Σ 中的正根的排列次序施归纳法来证明, 对任一 $\alpha \in \Sigma_+, \mathfrak{g}^{\pm\alpha}$ 中任一元素的像由条件 (6.4) 唯一确定. 设对于一切 $\rho \in \Sigma_+$ 而 $\rho < \alpha, \mathfrak{g}^{\pm\rho}$ 中任一元素的像由条件 (6.4) 唯一确定. 如果 α 是一个素根, 自然 $\mathfrak{g}^{\pm\alpha}$ 中任一元素的像由条件 (6.4) 唯一确定. 设 α 不是素根, 则 α 有分解 $\alpha = \beta + \gamma, 0 < \beta, \gamma < \alpha$. 根据归纳法假设, $\mathfrak{g}^{\pm\beta}, \mathfrak{g}^{\pm\gamma}$ 中任一元素的像皆由条件 (6.4) 唯一确定. 但 $\mathfrak{g}^{\pm\alpha} = [\mathfrak{g}^{\pm\beta}, \mathfrak{g}^{\pm\gamma}]$, 故 $\mathfrak{g}^{\pm\alpha}$ 中任一元素的像也由条件 (6.4) 唯一确定. 这就证明了 f 的唯一性.

其次, 仿照定理 5.14 的证明方法来证明 f 的存在性. 首先我们注意, 当 Π 与 Π' 合同时, 根据定理 6.5, Σ 和 Σ' 也合同, 而且 Π 与 Π' 间的合同可扩为 Σ 与 Σ' 间的合同. 记 $\alpha \in \Sigma$ 在此扩充了的合同之下的像为 α'. 对任一 $\alpha \in \Sigma, \alpha \notin \Pi$, 也选取根向量 $E_{\pm\alpha} \in \mathfrak{g}^{\pm\alpha}$ 使

$$(E_\alpha, E_{-\alpha}) = 1.$$

设 $\alpha, \beta \in \Sigma, \alpha \neq \pm\beta$, 令

$$[E_a, E_\beta] = N_{\alpha,\beta} E_{\alpha+\beta}.$$

问题在于证明: 对任一 $\alpha' \in \Sigma'$ 而 $\alpha \notin \Pi$, 可选取根向量 $E'_{\pm\alpha'} \in \mathfrak{g}^{\pm\alpha'}$ 使

$$(E'_{\alpha'}, E'_{-\alpha'}) = 1,$$

而且当 $\alpha', \beta' \in \Sigma', \alpha' \neq \pm\beta'$ 时, 有

$$[E'_{\alpha'}, E'_{\beta'}] = N_{\alpha\beta} E'_{\alpha'+\beta'}.$$

这样就和定理 5.14 一样导出

$$\sum_{i=1}^n a_i H_{\alpha_i} + \sum_{\alpha\in\Sigma} b_\alpha E_\alpha \to \sum_{i=1}^n a_i H'_{\alpha'_i} + \sum_{\alpha\in\Sigma} b_\alpha E'_{\alpha'}$$

是将 $\mathfrak{g}$ 映到 $\mathfrak{g}'$ 之上的适合条件 (6.4) 的同构映射.

仍在 $\mathfrak{h}_0^*$ 中规定一个次序使 Π 为素根系, 则相应地 $\mathfrak{h}_0'^*$ 中有一次序而 Π' 为素根系.

设 ρ' 是 Σ' 中一个固定的正根. 假设对一切根 α' 适合条件 $-\rho' < \alpha' < \rho'$ 者, 我们都选取了根向量 $E'_{\alpha'} \in \mathfrak{g}'^{\alpha'}$ 使得 $(E'_{\alpha'}, E'_{-\alpha'}) = 1$ 以及

$$[E'_{\alpha'}, E'_{\beta'}] = N_{\alpha\beta} E'_{\alpha'+\beta'}, \quad \text{对任意 } \alpha', \beta', \alpha'+\beta' \in \Sigma'$$
$$\text{而 } -\rho' < \alpha', \beta', \alpha'+\beta' < \rho'.$$

如 ρ' 是一个素根, 设 $\rho' = \alpha_i'$, 就取 $E'_{\pm\rho'} = E'_{\pm\alpha_i'}$. 如 ρ' 不是素根, 则 ρ' 有分解 $\rho' = \gamma' + \delta', 0 < \gamma', \delta' < \rho'$, 那么利用

$$[E'_{\gamma'}, E'_{\delta'}] = N_{\gamma\delta} E'_{\gamma'+\delta'}$$

来选取 $E'_{\rho'}$, 再利用 $(E'_{\rho'}, E'_{-\rho'}) = 1$ 来唯一确定 $E'_{-\rho'}$. 无论在哪一种情形, 都可像定理 5.14 一样来证明

$$[E'_{\alpha'}, E'_{\beta'}] = N_{\alpha\beta} E'_{\alpha'+\beta'}, \quad \text{对任意 } \alpha', \beta', \alpha'+\beta' \in \Sigma' \\ \text{而} - \rho' \leqslant \alpha', \beta', \alpha'+\beta' \leqslant \rho'.$$

这就是我们所要证明的. □

我们知道, 任一 σ 系 Σ 的基础向量系 Π 适合以下条件:

1) Π 由一些线性无关的向量组成;

2) 如果 $\alpha, \beta \in \Pi$ 而 $\alpha \neq \beta$, 则 $\dfrac{2(\alpha,\beta)}{(\alpha,\alpha)}$ 是个非负的整数. 一般地, 我们有

定义 6.2 欧氏空间中一个非空向量集 Π 定义为一个 π 系, 如果它适合上面的条件 1) 和 2).

于是 σ 系的基础向量系是 π 系, 特别半单李代数的基础根系也是 π 系. 类似于单 σ 系, 我们还可以定义

定义 6.3 一个 π 系是单 π 系, 如果它不能分解两个互相正交的非空子集.

于是我们有

定理 6.8 设 Σ 是个 σ 系, Π 是它的一个基础向量系, 则 Σ 是个单 σ 系当且仅当 Π 是个单 π 系.

证 设 Σ 是两个互相正交的非空子集之并: $\Sigma = \Sigma_1 \cup \Sigma_2$, 则 Σ_1 和 Σ_2 也是 σ 系. 令 $\Pi_1 = \Sigma_1 \cap \Pi, \Pi_2 = \Sigma_2 \cap \Pi$, 则 $\Pi = \Pi_1 \cup \Pi_2$ 而且 Π_1 和 Π_2 自然也互相正交而且非空, 因而都是 π 系. (更进一步还可以证明, Π_1 是 Σ_1 的一组基础向量系, Π_2 是 Σ_2 的一组基础向量系.)

反之, 设 Π 分解成两个互相正交的非空子集之并 $\Pi = \Pi_1 \cup \Pi_2$. 自然 Π_1 和 Π_2 都是 π 系. 以 Σ_{mi} 表示 Σ_m 中与 Π_i 线性相关的所有向量的集合 $(i = 1, 2)$, 自然有 $(\Sigma_{m1}, \Sigma_{m2}) = 0$ $(m = 1, 2, \cdots)$. 假设 $\Sigma_m = \Sigma_{m1} \cup \Sigma_{m2}$, 我们来证明 $\Sigma_{m+1} = \Sigma_{m+11} \cup \Sigma_{m+12}$. 设 $\gamma \in \Sigma_{m+1}$. 于是 $\gamma = \beta + \alpha, \beta \in \Sigma_m, \alpha \in \Pi$. 根据归纳法假设, $\beta \in \Sigma_{m1}$ 或 $\beta \in \Sigma_{m2}$. 为确定起见, 设 $\beta \in \Sigma_{m1}$. 假设此时有 $\alpha \in \Pi_2$, 于是 $\beta - \alpha$ 分解成 $\alpha_1, \alpha_2, \cdots, \alpha_n$ 的线性组合时, 既有正系数又有负系数, 因此

$\beta-\alpha\notin\Sigma$. 于是, 如果 p 是最大非负整数使 $\beta-j\alpha\in\Sigma\ (j=0,1,2,\cdots,p)$, 则 $p=0$. 又 $\dfrac{2(\beta,\alpha)}{(\alpha,\alpha)}=0$, 因此如果 q 是最大非负整数使 $\beta+j\alpha\in\Sigma\ (j=0,1,2,\cdots,q)$, 则 $q=p-\dfrac{2(\beta,\alpha)}{(\alpha,\alpha)}=0$, 这与 $\beta+\alpha\in\Sigma_{m+1}$ 相矛盾. 因此 $\alpha\in\Pi_1$, 于是 $\gamma=\beta+\alpha\in\Sigma_{m+11}$. 这就证明了 $\Sigma_{m+1}=\Sigma_{m+11}\cup\Sigma_{m+12}$. 令 $\Sigma_{+1}=\Sigma_{11}\cup\Sigma_{21}\cup\cdots,\Sigma_{+2}=\Sigma_{12}\cup\Sigma_{22}\cup\cdots$, 则 Σ_+ 是互相正交的子集 Σ_{+1} 和 Σ_{+2} 之并. 再令 $\Sigma_1=\Sigma_{+1}\cup-\Sigma_{+1},\Sigma_2=\Sigma_{+2}\cup-\Sigma_{+2}$, 则 Σ 是互相正交的子集 Σ_1 和 Σ_2 之并. □

推论 6.9 设 $\mathfrak{g}$ 是半单李代数, Π 是它的一个基础根系, 于是 $\mathfrak{g}$ 是单代数当且仅当 Π 是单 π 系.

§2 典型李代数的基础根系

在第五章 §4 中, 我们已经知道典型李代数的根系是

$$\begin{aligned}
&\Sigma(A_n)=\{\lambda_i-\lambda_k,i\neq k,i,k=1,2,\cdots,n+1\},\\
&\Sigma(B_n)=\{\pm\lambda_i\pm\lambda_k,i<k;\pm\lambda_i;i,k=1,2,\cdots,n\},\\
&\Sigma(C_n)=\{\pm\lambda_i\pm\lambda_k,i<k;\pm2\lambda_i;i,k=1,2,\cdots,n\},\\
&\Sigma(D_n)=\{\pm\lambda_i\pm\lambda_k,i<k,i,k=1,2,\cdots,n\}\quad(n\geqslant2).
\end{aligned}$$

于是 A_n,B_n,C_n,D_n 有以下的基础根系

$$\begin{aligned}
&\Pi(A_n)=\{\lambda_1-\lambda_2,\lambda_2-\lambda_3,\cdots,\lambda_n-\lambda_{n+1}\},\\
&\Pi(B_n)=\{\lambda_1-\lambda_2,\lambda_2-\lambda_3,\cdots,\lambda_{n-1}-\lambda_n,\lambda_n\},\\
&\Pi(C_n)=\{\lambda_1-\lambda_2,\lambda_2-\lambda_3,\cdots,\lambda_{n-1}-\lambda_n,2\lambda_n\},\\
&\Pi(D_n)=\{\lambda_1-\lambda_2,\lambda_2-\lambda_3,\cdots,\lambda_{n-1}-\lambda_n,\lambda_{n-1}+\lambda_n\}\quad(n\geqslant2).
\end{aligned}$$

将基础根系中的根依上面的排列次序记作 $\alpha_1,\alpha_2,\cdots,\alpha_n$, 我们来计算基础根的内积.

对于 A_n

$$(\alpha_i,\alpha_k)=\begin{cases}\dfrac{1}{m}, & i=k,\\ -\dfrac{1}{2m}, & |i-k|=1,\\ 0, & |i-k|>1.\end{cases}$$

对于 B_n

$$(\alpha_i,\alpha_k)=\begin{cases}\dfrac{1}{2n-1}, & i=k,\\ -\dfrac{1}{4n-2}, & |i-k|=1 \quad (1\leqslant i,k\leqslant n-1),\\ 0, & |i-k|>1,\end{cases}$$

$$(\alpha_i,\alpha_n)=\begin{cases}0, & i<n-1,\\ -\dfrac{1}{4n-2}, & i=n-1,\\ \dfrac{1}{4n-2}, & i=n.\end{cases}$$

对于 C_n

$$(\alpha_i,\alpha_k)=\begin{cases}\dfrac{1}{2n+2}, & i=k,\\ -\dfrac{1}{4n+4}, & |i-k|=1 \quad (1\leqslant i,k\leqslant n-1),\\ 0, & |i-k|>1,\end{cases}$$

$$(\alpha_i,\alpha_n)=\begin{cases}0, & i<n-1,\\ -\dfrac{1}{2n+2}, & i=n-1,\\ \dfrac{1}{n+1}, & i=n.\end{cases}$$

对于 D_n

$$(\alpha_i,\alpha_k)=\begin{cases}\dfrac{1}{2n-2}, & i=k,\\ -\dfrac{1}{4n-4}, & |i-k|=1 \quad (1\leqslant i,k\leqslant n-1),\\ 0, & |i-k|>1,\end{cases}$$

$$(\alpha_i,\alpha_n)=\begin{cases}\dfrac{1}{2n-2}, & i=n,\\ -\dfrac{1}{4n-4}, & i=n-2,\\ 0, & i\neq n-2,n.\end{cases}$$

我们再计算基础根之间的夹角如下：

对于 A_n

$$\langle\alpha_i,\alpha_k\rangle=\begin{cases}90^\circ, & |i-k|\neq 1,\\ 120^\circ, & |i-k|=1.\end{cases}$$

对于 B_n

$$\langle\alpha_i,\alpha_k\rangle=\begin{cases}90^\circ, & |i-k|\neq 1,\\ 120^\circ, & |i-k|=1,\end{cases}\quad (1\leqslant i,k\leqslant n-1)$$

$$\langle\alpha_i,\alpha_n\rangle=\begin{cases}90^\circ, & i<n-1,\\ 135^\circ, & i=n-1.\end{cases}$$

对于 C_n

$$\langle\alpha_i,\alpha_k\rangle=\begin{cases}90^\circ, & |i-k|\neq 1,\\ 120^\circ, & |i-k|=1,\end{cases}\quad (1\leqslant i,k\leqslant n-1)$$

$$\langle\alpha_i,\alpha_n\rangle=\begin{cases}90^\circ, & i<n-1,\\ 135^\circ, & i=n-1.\end{cases}$$

对于 D_n

$$\langle\alpha_i,\alpha_k\rangle=\begin{cases}90^\circ, & |i-k|\neq 1,\\ 120^\circ, & |i-k|=1,\end{cases}\quad (1\leqslant i,k\leqslant n-1)$$

$$\langle\alpha_i,\alpha_n\rangle=\begin{cases}90^\circ, & i\neq n-2,\\ 120^\circ, & i=n-2.\end{cases}$$

作为推论 6.6 的一个应用, 我们来证明 $A_3\approx D_3$. 我们有

$$\Pi(A_3)=\{\lambda_1-\lambda_2,\lambda_2-\lambda_3,\lambda_3-\lambda_4\},$$
$$(\lambda_i,\lambda_j)=\delta_{ij}\frac{1}{2m}=\delta_{ij}\frac{1}{8},$$

于是

$$\begin{aligned}(\lambda_1-\lambda_2,\lambda_1-\lambda_2)&=(\lambda_2-\lambda_3,\lambda_2-\lambda_3)\\&=(\lambda_3-\lambda_4,\lambda_3-\lambda_4)=\frac{1}{4},\\(\lambda_1-\lambda_2,\lambda_2-\lambda_3)&=(\lambda_2-\lambda_3,\lambda_3-\lambda_4)=-\frac{1}{8},\\(\lambda_1-\lambda_2,\lambda_3-\lambda_4)&=0.\end{aligned}$$

又有

$$\Pi(D_3)=\{\lambda_1-\lambda_2,\lambda_2-\lambda_3,\lambda_2+\lambda_3\},$$
$$(\lambda_i,\lambda_j)=\delta_{ij}\frac{1}{4n-4}=\delta_{ij}\frac{1}{8},$$

于是

$$
\begin{aligned}
(\lambda_1-\lambda_2,\lambda_1-\lambda_2)&=(\lambda_2-\lambda_3,\lambda_2-\lambda_3)\\
&=(\lambda_2+\lambda_3,\lambda_2+\lambda_3)=\frac{1}{4},\\
(\lambda_1-\lambda_2,\lambda_2-\lambda_3)&=(\lambda_1-\lambda_2,\lambda_2+\lambda_3)=-\frac{1}{8},\\
(\lambda_2-\lambda_3,\lambda_2+\lambda_3)&=0.
\end{aligned}
$$

因此可以建立从 $\Pi(A_3)$ 到 $\Pi(D_3)$ 的合同映射:

$$
\begin{aligned}
\lambda_1-\lambda_2&\to\lambda_2-\lambda_3,\\
\lambda_2-\lambda_3&\to\lambda_1-\lambda_2,\\
\lambda_3-\lambda_4&\to\lambda_2+\lambda_3.
\end{aligned}
$$

这就证明了 $A_3\approx D_3$.

类似地可以证明 $B_2\approx C_2$.

§3 Weyl 群

设 Σ 是欧氏空间 $\mathbb{R}^m$ 中的一个 σ 系, $\alpha\in\Sigma$, 于是

$$
\xi\to\xi-\frac{2(\xi,\alpha)}{(\alpha,\alpha)}\alpha\quad(\xi\in\mathbb{R}^m) \tag{6.5}
$$

就是 Σ 所属的欧氏空间 $\mathbb{R}^m$ 中对于超平面

$$
P_\alpha^*:(\xi,\alpha)=0
$$

的反射, 称为由 α 所决定的反射, 记作 S_α. 设 Σ 的一组基础向量系是 $\Pi=\{\alpha_1,\alpha_2,\cdots,\alpha_n\}$, 则 Σ 属于由 $\alpha_1,\alpha_2,\cdots,\alpha_n$ 所张成的 n 维欧氏空间 $\mathbb{R}^n$. $\mathbb{R}^n$ 在 $\mathbb{R}^m$ 中有一正交补 $\mathbb{R}^{m-n}$, 即 $\mathbb{R}^{m-n}$ 由 $\mathbb{R}^m$ 中一切与 $\mathbb{R}^n$ 中每一向量都正交的向量组成. 显然 $\mathbb{R}^{m-n}\subset P_\alpha^*$, 因此 $\mathbb{R}^{m-n}$ 中的向量在反射 S_α 之下皆保持不动, 所以可以把 S_α 简单地看作 $\mathbb{R}^n$ 中的一个反射, 以下我们总作此约定. 于是 S_α 是 n 维欧氏空间 $\mathbb{R}^n$ 中的正交变换而 $\det S_\alpha=-1$.

定义 6.4 设 Σ 是欧氏空间 $\mathbb{R}^n$ 中的一个 σ 系, 并设 Σ 张成 $\mathbb{R}^n$. 一切反射 $S_\alpha(\alpha\in\Sigma)$ 生成一群, 称为 σ 系 Σ 的 Weyl 群①, 记作 W. 自然 W 中的元素都是正交变换. 半单李代数 $\mathfrak{g}$ 的根系的 Weyl 群称为 $\mathfrak{g}$ 的 Weyl 群, 记作 $W(\mathfrak{g})$.

①见第五章 76 页脚注.

定理 6.10 σ 系 Σ 的 Weyl 群可看作作用在 Σ 中的向量上的一个置换群, 因而是有限群.

证 在 (6.5) 中取 $\xi=\beta\in\Sigma$, 则

$$S_\alpha(\beta)=\beta-\frac{2(\beta,\alpha)}{(\alpha,\alpha)}\alpha.$$

如 $\beta=\pm\alpha$, 自然有 $S_\alpha(\alpha)=-\alpha$. 如 $\beta\neq\pm\alpha$, 设 p 和 q 为最大非负整数使 $\beta+k\alpha(-p\leqslant k\leqslant q)$ 都属于 Σ, 于是根据 σ 系的定义有

$$\frac{2(\beta,\alpha)}{(\alpha,\alpha)}=-(q-p).$$

因此 $S_\alpha(\beta)=\beta+(q-p)\alpha\in\Sigma$. 这证明了每个 S_α 皆引起 Σ 中向量的一个置换. 因 W 由 $S_\alpha(\alpha\in\Sigma)$ 生成, 故 W 中每个元素皆引起 Σ 中向量的一个置换.

又, W 中两个元素 S,T 如果引起 Σ 中向量上的同一置换, 则 $S^{-1}T$ 必将 Σ 中每个向量保持不动; 特别将 $\alpha_1,\alpha_2,\cdots,\alpha_n$ 保持不动. 但 $\alpha_1,\alpha_2,\cdots,\alpha_n$ 线性无关, 故 $S^{-1}T$ 将 $\mathbb{R}^n$ 中每个向量保持不动, 即 $S^{-1}T=I$ (恒同变换), $S=T$. 这证明了, W 可看作作用在 Σ 中的向量上的一个置换群, 因而是有限群. □

设 $\mathfrak{g}$ 是半单李代数, $\mathfrak{h}$ 是 $\mathfrak{g}$ 的一个 Cartan 子代数, 根据以上的定义, $\mathfrak{g}$ 的 Weyl 群 W 是由 $\mathfrak{h}_0^*$ 中对于垂直于根 α 的超平面 P_α^* 的反射

$$S_\alpha:\xi\to\xi-\frac{2(\xi,\alpha)}{(\alpha,\alpha)}\alpha\quad(\xi\in\mathfrak{h}_0^*)$$

所生成之群. 对偶地, 也可以将 W 看作 $\mathfrak{h}_0$ 中对于垂直于根 α 的对偶元素 H_α 的超平面 $P_\alpha:(H_\alpha,H)=\alpha(H)=0$ 的反射

$$S_\alpha:H\to H-\frac{2(H,H_\alpha)}{(H_\alpha,H_\alpha)}H_\alpha\quad(H\in\mathfrak{h}_0)$$

所生成的群. 今后我们有时采用前一观点, 有时采用后一观点. 又, 有时我们也把 W 看作是 $\mathfrak{h}^*$ (或 $\mathfrak{h}$) 中由一切根 α 所定之反射

$$\xi\to\xi-\frac{2(\xi,\alpha)}{(\alpha,\alpha)}\alpha\left(\text{或 } H\to H-\frac{2(H,H_\alpha)}{(H_\alpha,H_\alpha)}H_\alpha\right)$$

所生成之群. 显然, 这时 W 中每个元素都将 $\mathfrak{h}_0^*$ (或 $\mathfrak{h}_0$) 映到自身之上.

我们来研究一下典型李代数的 Weyl 群, 并将它看作 $\mathfrak{h}_0^*$ 中的变换群.

先从 A_n 开始. 我们回忆, A_n 的根系是

$$\Sigma(A_n)=\{\lambda_i-\lambda_k,i\neq k,i,k=1,2,\cdots,m\}\quad(m=n+1),$$

而 $\lambda_1, \lambda_2, \cdots, \lambda_m$ 是 m 维欧氏空间 $\mathbb{R}^m$ 中的一组正交基而其长度

$$(\lambda_i, \lambda_i) = \frac{1}{2m}, \quad i = 1, 2, \cdots, m.$$

于是

$$\mathfrak{h}_0^*(A_n) = \left\{ \sum_{i=1}^m x_i \lambda_i \middle| x_i \text{ 为实数而 } \sum_{i=1}^m x_i = 0 \right\}.$$

设

$$x = x_1\lambda_1 + \cdots + x_i\lambda_i + \cdots + x_k\lambda_k + \cdots + x_m\lambda_m$$

是 $\mathfrak{h}_0^*$ 中任一向量. 由根 $\lambda_i - \lambda_k$ 所定的反射是

$$x \to x - \frac{2(x, \lambda_i - \lambda_k)}{(\lambda_i - \lambda_k, \lambda_i - \lambda_k)} (\lambda_i - \lambda_k).$$

我们有

$$\frac{(x, \lambda_i - \lambda_k)}{(\lambda_i - \lambda_k, \lambda_i - \lambda_k)} = \frac{\dfrac{x_i - x_k}{2m}}{\dfrac{1}{m}} = \frac{x_i - x_k}{2},$$

因之由 $\lambda_i - \lambda_k$ 所决定的反射是

$$\begin{aligned} x &= x_1\lambda_1 + \cdots + x_i\lambda_i + \cdots + x_k\lambda_k + \cdots + x_m\lambda_m \\ &\to x_1\lambda_1 + \cdots + x_k\lambda_i + \cdots + x_i\lambda_k + \cdots + x_m\lambda_m, \end{aligned}$$

即它将 x 中 λ_i 和 λ_k 的系数互换. 因此 A_n 的 Weyl 群 $W(A_n)$ 可看作 $n+1$ 个文字的对称群, 而 $W(A_n)$ 的阶 $W(A_n) : 1 = (n+1)!$.

再研究 B_n 的 Weyl 群. 我们有

$$\Sigma(B_n) = \{\pm\lambda_i \pm \lambda_k \ (i < k), \pm\lambda_i, i, k = 1, 2, \cdots, n\},$$

而 $\lambda_1, \cdots, \lambda_n$ 是 $\mathfrak{h}_0^*(B_n)$ 的一组正交基, 其长为

$$(\lambda_i, \lambda_i) = \frac{1}{4n-2}, \quad i = 1, 2, \cdots, n.$$

设

$$x = x_1\lambda_1 + \cdots + x_n\lambda_n, \quad x_i \text{ 为实数},$$

为 $\mathfrak{h}_0^*(B_n)$ 中任一向量, 计算

$$\frac{(x, \pm\lambda_i \pm \lambda_k)}{(\pm\lambda_i \pm \lambda_k, \pm\lambda_i \pm \lambda_k)} = \frac{\dfrac{\pm x_i \pm x_k}{4n-2}}{\dfrac{2}{4n-2}} = \frac{\pm x_i \pm x_k}{2},$$

$$\frac{(x, \pm\lambda_i)}{(\pm\lambda_i, \pm\lambda_i)} = \frac{\dfrac{\pm x_i}{4n-2}}{\dfrac{1}{4n-2}} = \pm x_i.$$

因此由 $\pm\lambda_i \pm \lambda_k$ 所决定的反射是

$$x = x_1\lambda_1 + \cdots + x_n\lambda_n \to x_1\lambda_1 + \cdots + x_k\lambda_i + \cdots + x_i\lambda_k + \cdots + x_n\lambda_n$$
$$\text{或 } x_1\lambda_1 + \cdots - x_k\lambda_i + \cdots - x_i\lambda_k + \cdots + x_n\lambda_n,$$

而由 $\pm\lambda_i$ 所决定的反射是

$$x = x_1\lambda_1 + \cdots + x_n\lambda_n \to x_1\lambda_1 + \cdots - x_i\lambda_i + \cdots + x_n\lambda_n.$$

因此 B_n 的 Weyl 群 $W(B_n)$ 可看作是由一切将 n 个文字作任意置换并同时改变其中任意个文字的符号的变换所组成的群, $W(B_n) : 1 = 2^n \cdot n!$.

再研究 C_n 的 Weyl 群. 我们有

$$\Sigma(C_n) = \{\pm\lambda_i \pm \lambda_k \ (i < k), \pm 2\lambda_i, i, k = 1, 2, \cdots, n\}$$

而 $\lambda_1, \lambda_2, \cdots, \lambda_n$ 是 $\mathfrak{h}_0^*(C_n)$ 的一组正交基, 其长为

$$(\lambda_i, \lambda_i) = \frac{1}{4n+4}, \quad i = 1, 2, \cdots, n.$$

设

$$x = x_1\lambda_1 + \cdots + x_n\lambda_n \ (x_i \text{ 为实数})$$

为 $\mathfrak{h}_0^*(C_n)$ 中任意向量, 计算

$$\frac{(x, \pm\lambda_i \pm \lambda_k)}{(\pm\lambda_i \pm \lambda_k, \pm\lambda_i \pm \lambda_k)} = \frac{\pm x_i \pm x_k}{2},$$
$$\frac{(x, \pm 2\lambda_i)}{(\pm 2\lambda_i, \pm 2\lambda_i)} = \frac{\pm x_i}{2}.$$

因此由 $\pm\lambda_i \pm \lambda_k$ 所决定的反射是

$$x = x_1\lambda_1 + \cdots + x_n\lambda_n \to x_1\lambda_1 + \cdots + x_k\lambda_i + \cdots + x_i\lambda_k + \cdots + x_n\lambda_n$$
$$\text{或 } x_1\lambda_1 + \cdots - x_k\lambda_i + \cdots - x_i\lambda_k + \cdots + x_n\lambda_n,$$

而由 $\pm 2\lambda_i$ 所决定的反射是

$$x = x_1\lambda_1 + \cdots + x_n\lambda_n \to x_1\lambda_1 + \cdots - x_i\lambda_i + \cdots + x_n\lambda_n.$$

因此 C_n 的 Weyl 群 $W(C_n)$ 与 B_n 的一样.

最后研究 D_n 的 Weyl 群. 我们有

$$\Sigma(D_n) = \{\pm\lambda_i \pm \lambda_k, i < k, i, k = 1, 2, \cdots, n\},$$

而 $\lambda_1,\lambda_2,\cdots,\lambda_n$ 是 $\mathfrak{h}_0^*(D_n)$ 的一组正交基, 其长为

$$(\lambda_i,\lambda_i)=\frac{1}{4n-4}.$$

设

$$x=x_1\lambda_1+\cdots+x_n\lambda_n\ (x_i\text{ 为实数})$$

为 $\mathfrak{h}_0^*(D_n)$ 中任一向量, 计算

$$\frac{(x,\pm\lambda_i\pm\lambda_k)}{(\pm\lambda_i\pm\lambda_k,\pm\lambda_i\pm\lambda_k)}=\frac{\pm x_i\pm x_k}{2}.$$

因此由 $\pm\lambda_i\pm\lambda_k$ 所决定的反射是

$$\begin{aligned}x=x_1\lambda_1+\cdots+x_n\lambda_n\to\ & x_1\lambda_1+\cdots+x_k\lambda_i+\cdots+x_i\lambda_k+\cdots+x_n\lambda_n\\ \text{或 } & x_1\lambda_1+\cdots-x_k\lambda_i+\cdots-x_i\lambda_k+\cdots+x_n\lambda_n.\end{aligned}$$

因此 D_n 的 Weyl 群 $W(D_n)$ 可看作是一切将 n 个文字作任意置换并同时改变其中偶数个文字的符号的变换所组成的群, $W(D_n):1=2^{n-1}\cdot n!$.

§4 Weyl 群的性质

定义 6.5 设 Σ 为一 σ 系, 而 $\Pi=\{\alpha_1,\alpha_2,\cdots,\alpha_n\}$ 是它的一组基础向量系, 则 Σ 可看作含在由 $\alpha_1,\alpha_2,\cdots,\alpha_n$ 所张成的 n 维欧氏空间 $\mathbb{R}^n$ 中. 设 $\alpha\in\Sigma$, 以 P_α^* 表示 $\mathbb{R}^n$ 中方程为

$$(\alpha,\xi)=0$$

的超平面. 令

$$K=\mathbb{R}^n\Big\backslash\bigcup_{\alpha\in\Sigma}P_\alpha^*,$$

即 K 为从 $\mathbb{R}^n$ 中除去属于任一超平面 $P_\alpha^*(\alpha\in\Sigma)$ 的点之后所余之集. 我们把 K 的连通分支 (即极大连通子集) 称为 $\mathbb{R}^n$ 中 (相对于 Σ 而言) 的 Weyl 间.

我们先证明

引理 6.11 设 $\alpha_1,\alpha_2,\cdots,\alpha_n$ 是 Σ 的一组基础向量系, 则集合

$$C_0=\{\xi\in\mathbb{R}^n\text{ 使得 }(\alpha_i,\xi)>0,\text{ 对 }i=1,2,\cdots,n\}$$

是 $\mathbb{R}^n$ 的一个 Weyl 间, 而且对任意 $\alpha\in\Sigma$, 或者 $(\alpha,\xi)>0$ 对一切 $\xi\in C_0$, 或者 $(\alpha,\xi)<0$ 对一切 $\xi\in C_0$.

证 利用 $\alpha_1, \alpha_2, \cdots, \alpha_n$ 在 $\mathbb{R}^n$ 中引进一次序, 使 $\alpha_1, \alpha_2, \cdots, \alpha_n$ 是这次序所定的素向量系. 设 $\alpha \in \Sigma_+$, 则有 $\alpha = \sum_{i=1}^{n} m_i \alpha_i$, 其中 m_i 是非负整数而不全为 0. 于是对任一 $\xi \in C_0$ 都有

$$(\alpha, \xi) = \sum_{i=1}^{m} m_i (\alpha_i, \xi) > 0.$$

同理, 如 $\alpha \in \Sigma_-$, 则对任一 $\xi \in C_0$ 都有 $(\alpha, \xi) < 0$. 这证明了引理 6.11 的第二个断言. 由此推出 $C_0 \subset K$.

我们再证明 C_0 是连通的. 设 ξ_1 和 ξ_2 是 C_0 中任意二点. 连接 ξ_1 和 ξ_2 的线段上的点是 $\lambda\xi_1 + (1-\lambda)\xi_2$ $(0 \leqslant \lambda \leqslant 1)$. 显然当 $0 \leqslant \lambda \leqslant 1$ 时,

$$(\alpha_i, \lambda\xi_1 + (1-\lambda)\xi_2) = \lambda(\alpha_i, \xi_1) + (1-\lambda)(\alpha_i, \xi_2) > 0.$$

因此 $\lambda\xi_1 + (1-\lambda)\xi_2 \in C_0$ $(0 \leqslant \lambda \leqslant 1)$, 故 C_0 是连通的.

最后我们来证明 C_0 是极大连通的. 设 $\xi' \in K, \xi' \notin C_0$ 而 ξ' 可与 C_0 中一点 ξ_0 用 K 中连续曲线 $l(t)(0 \leqslant t \leqslant 1)$ 相连, 而 $l(0) = \xi', l(1) = \xi_0$. 因 $\xi' \notin C_0$, 故至少有一素根, 设为 α_1 使 $(\alpha_1, \xi') < 0$. 由于 $(\alpha_1, l(t))$ 是 t 的连续函数, 而

$$(\alpha_1, l(0)) = (\alpha_1, \xi') < 0, \quad (\alpha_1, l(1)) = (\alpha_1, \xi_0) > 0,$$

故有 $t = t_0(0 < t_0 < 1)$ 使 $(\alpha_1, l(t_0)) = 0$. 于是 $l(t_0) \notin K$, 这与 $l(t)$ 是 K 中连续曲线的假设相抵触. 因此 C_0 是极大连通的. 于是 C_0 是个 Weyl 间. □

对于任一基础向量 α_i, 记 $S_i = S_{\alpha_i}$. 以 W' 表由 $S_1, S_2, \cdots, S_n$ 生成的群, 则 W' 是 W 的子群, 而且我们有

引理 6.12 *W' 可迁地作用在诸 Weyl 间之上, 即如 C_1 是任一 Weyl 间, 则有 $S \in W'$ 使 $C_0 = S(C_1)$.*

证 首先我们证明, W' 中任一元必将 Weyl 间映到 Weyl 间. 这只要证明: 如 ξ_1 和 ξ_2 是 K 中任意两点, 它们可用 K 中一条连续曲线 $l(t)$ $(0 \leqslant t \leqslant 1)$ 相连, 则 $S(\xi_1)$ 和 $S(\xi_2)$ 也可用 K 中一条连续曲线相连. 实际上, $S(l(t))$ $(0 \leqslant t \leqslant 1)$ 即是连接 $S(\xi_1)$ 和 $S(\xi_2)$ 的连续曲线. 又因 S 为正交变换并引起 Σ 中向量的一个置换, 故对一切 $\alpha \in \Sigma$,

$$(\alpha, S(l(t))) = (S^{-1}(\alpha), l(t)) \neq 0.$$

因此 $S(l(t)) \in K$ $(0 \leqslant t \leqslant 1)$.

因此要证明引理 6.12, 只要证明对 C_1 中任一给定的点 ξ_1, 有 $S \in W'$ 存在使 $S(\xi_1) \in C_0$ 即可.

考察一切 $S(\xi_1)(S \in W')$. 设 ξ_0 为 C_0 中任一给定的点, 于是 $S(\xi_1)(S \in W')$ 中必有一点与 ξ_0 的距离最近. 设此点为 $S_0(\xi_1)$, 即

$$\| S_0(\xi_1) - \xi_0 \| \leqslant \|S(\xi_1) - \xi_0\| \text{ 对一切 } S \in W',$$

而其中

$$\|\xi\| = \sqrt{(\xi, \xi)}, \quad \xi \in \mathbb{R}^n.$$

我们断言 $S_0(\xi_1) \in C_0$. 否则, 必有一素根 α_i 使

$$(\alpha_i, S_0(\xi_1)) < 0.$$

于是

$$S_i S_0(\xi_1) = S_0(\xi_1) - \frac{2(\alpha_i, S_0(\xi_1))}{(\alpha_i, \alpha_i)}\alpha_i,$$

而

$$\begin{aligned}
\|S_i S_0(\xi_1) - \xi_0\| &= \left\| S_0(\xi_1) - \xi_0 - \frac{2(\alpha_i, S_0(\xi_1))}{(\alpha_i, \alpha_i)}\alpha_i \right\| \\
&= \left\{ \|S_0(\xi_1) - \xi_0\|^2 + \left\| \frac{2(\alpha_i, S_0(\xi_1))}{(\alpha_i, \alpha_i)}\alpha_i \right\|^2 \right. \\
&\quad \left. -2\left(S_0(\xi_1) - \xi_0, \frac{2(\alpha_i, S_0(\xi_1))}{(\alpha_i, \alpha_i)}\alpha_i \right) \right\}^{\frac{1}{2}} \\
&= \left\{ \|S_0(\xi_1) - \xi_0\|^2 + \left\| \frac{2(\alpha_i, S_0(\xi_1))}{(\alpha_i, \alpha_i)}\alpha_i \right\|^2 \right. \\
&\quad \left. - \frac{4(\alpha_i, S_0(\xi_1))}{(\alpha_i, \alpha_i)}(S_0(\xi_1) - \xi_0, \alpha_i) \right\}^{\frac{1}{2}} \\
&= \left\{ \|S_0(\xi_1) - \xi_0\|^2 + \frac{4(\alpha_i, S_0(\xi_1))^2}{(\alpha_i, \alpha_i)} - \frac{4(\alpha_i, S_0(\xi_1))^2}{(\alpha_i, \alpha_i)} \right. \\
&\quad \left. + \frac{4(\alpha_i, S_0(\xi_1)(\alpha_i, \xi_0))}{(\alpha_i, \alpha_i)} \right\}^{\frac{1}{2}} \\
&< \|S_0(\xi_1) - \xi_0\|,
\end{aligned}$$

这是因为 $(\alpha_i, S_0(\xi_1)) < 0, (\alpha_i, \xi_0) > 0$. 这就是说, $S_i S_0(\xi_1)$ 比 $S_0(\xi_1)$ 距 ξ_0 还近. 这是矛盾的, 因此一定有 $S_0(\xi_1) \in C_0$. □

引理 6.13 设 C_1 是任一 Weyl 间, 则 Σ 中必有 n 个线性无关的向量 $\beta_1, \beta_2, \cdots, \beta_n$ 具有性质

$$C_1 = \{\xi \in \mathbb{R}^n \text{ 使 } (\beta_i, \xi) > 0 \text{ 对 } i = 1, 2, \cdots, n\},$$

而 $\beta_1,\beta_2,\cdots,\beta_n$ 由 C_1 唯一确定. 实际上, $\beta_1,\beta_2,\cdots,\beta_n$ 也是一组基础向量系.

证 根据引理 6.12, 有 $S\in W'$ 使 $C_0=S(C_1)$, 则 $S^{-1}(\alpha_1),\cdots,S^{-1}(\alpha_n)$ 就是具有引理所要求的性质的 n 个根. 实际上,

$$\begin{aligned}C_1=S^{-1}(C_0)&=S^{-1}\{\xi\in\mathbb{R}^n \text{ 使 } (\alpha_i,\xi)>0 \text{ 对 } i=1,2,\cdots,n\}\\&=\{S^{-1}(\xi)\in\mathbb{R}^n \text{ 使 } (\alpha_i,\xi)>0 \text{ 对 } i=1,2,\cdots,n\}\\&=\{S^{-1}(\xi)\in\mathbb{R}^n \text{ 使 } (S^{-1}(\alpha_i),S^{-1}(\xi))>0 \text{ 对 } i=1,2,\cdots,n\}\\&=\{\xi\in\mathbb{R}^n \text{ 使 } (S^{-1}(\alpha_i),\xi)>0 \text{ 对 } i=1,2,\cdots,n\}.\end{aligned}$$

因 S 引起 Σ 中向量的一个置换, 故 $S^{-1}(\alpha_1),S^{-1}(\alpha_2),\cdots,S^{-1}(\alpha_n)$ 也是一组基础向量系.

要证 $S^{-1}(\alpha_1),S^{-1}(\alpha_2),\cdots,S^{-1}(\alpha_n)$ 由 C_1 唯一确定, 只需证 $\alpha_1,\alpha_2,\cdots,\alpha_n$ 由 C_0 唯一确定即可. 我们已知

$$C_0=\{\xi\in\mathbb{R}^n \text{ 使 } (\alpha,\xi)>0 \text{ 对一切 } \alpha\in\Sigma_+\}.$$

因 $\alpha_1,\alpha_2,\cdots,\alpha_n$ 线性无关, 所以 $\{\alpha_1,\alpha_2,\cdots,\alpha_n\}$ 的任一真子集不能用来确定 C_0. 现在设 $\beta_1,\beta_2,\cdots,\beta_m$ 是一组线性无关的根, 而

$$C_0=\{\xi\in\mathbb{R}^n \text{ 使 } (\beta_i,\xi)>0 \text{ 对 } i=1,2,\cdots,m\},$$

自然 $\beta_1,\beta_2,\cdots,\beta_m$ 都是正根, 而且 $\beta_1,\beta_2,\cdots,\beta_m$ 的任何真子集不能用来确定 C_0. 于是可选取 $\xi_1\in\mathbb{R}^n$ 使 $(\beta_i,\xi_1)>0$ 对 $i=2,3,\cdots,m$ 而 $(\beta_1,\xi_1)\leqslant 0$; 于是 $\xi_1\notin C_0$. 选 $\xi_0\in C_0$. 那么连接 ξ_0 和 ξ_1 的线段必通过 $P^*_{\beta_1}:(\beta_1,\xi)=0$. 设 ξ_2 是连接 ξ_0 和 ξ_1 的线段上的那个落在 $P^*_{\beta_1}$ 上的点, 则 $(\beta_i,\xi_2)>0$ 对 $i=2,3,\cdots,m$ 而 $(\beta_1,\xi_2)=0$. 可选 ξ_3 使 $(\beta_1,\xi_3)=0$ 而 $(\alpha,\xi_3)\neq 0$ 对一切 $\alpha\in\Sigma_+$ 而 $\alpha\neq\beta_1$. 于是可以找到一个实数 t, 使 $(\beta_i,\xi_2+t\xi_3)>0$ 对 $i=2,3,\cdots,m$, $(\beta_1,\xi_2,+t\xi_3)=0$ 及 $(\alpha,\xi_2+t\xi_3)\neq 0$ 对一切 $\alpha\in\Sigma_+$ 而 $\alpha\neq\beta_1$. 令 $\xi_4=\xi_2+t\xi_3$, 则连接 ξ_0 和 ξ_4 的线段上的点都属于 C_0; 因 $(\alpha,\xi_4)\neq 0$ 对一切 $\alpha\in\Sigma_+$ 而 $\alpha\neq\beta_1$, 故 $(\alpha,\xi_4)>0$ 对一切 $\alpha\in\Sigma_+$ 而 $\alpha\neq\beta_1$. 因 $\xi_4\notin C_0$, 故 β_1 必为 $\alpha_1,\alpha_2,\cdots,\alpha_n$ 中之一. 这证明了 $\alpha_1,\alpha_2,\cdots,\alpha_n$ 由 C_0 唯一确定. □

我们把超平面 $P^*_{\alpha_1},P^*_{\alpha_2},\cdots,P^*_{\alpha_n}$ 称为 Weyl 间 C_0 的墙, 或一般地, 如 Weyl 间 C_1 由线性无关的根 $\beta_1,\beta_2,\cdots,\beta_n$ 所确定, 即

$$C_1=\{\xi\in\mathbb{R}^n \text{ 使 } (\beta_i,\xi)>0 \text{ 对 } i=1,2,\cdots,n\},$$

则称 $P^*_{\beta_1},P^*_{\beta_2},\cdots,P^*_{\beta_n}$ 为 Weyl 间 C_1 的墙.

引理 6.14 对任一 $\alpha\in\Sigma, P_\alpha^*$ 必是某一 Weyl 间的墙.

证 选 $\xi_1\in P_\alpha^*$ 而 $(\beta,\xi_1)\neq 0$ 对一切 $\beta\in\Sigma$ 而 $\beta\neq\pm\alpha$. 设 $\xi_2\notin P_\alpha^*$, 于是可选一适当小的实数 t, 使 $(\beta,\xi_1)(\beta,\xi_1+t\xi_2)>0$ 对一切 $\beta\in\Sigma$ 而 $\beta\neq\pm\alpha$. 这样一来, P_α^* 就是包有 $\xi_1+t\xi_2$ 的 Weyl 间 C_1 的墙. 实际上, 设 $\beta_1,\beta_2,\cdots,\beta_n$ 是一组线性无关的根使

$$C_1=\{\xi\in\mathbb{R}^n \text{ 使 } (\beta_i,\xi)>0 \text{ 对 } i=1,2,\cdots,n\}.$$

如 $\beta_1,\beta_2,\cdots,\beta_n\neq\pm\alpha$, 则从 $(\beta_i,\xi_1+t\xi_2)>0$ 对 $i=1,2,\cdots,n$ 推出 $(\beta_i,\xi_1)>0$ 对 $i=1,2,\cdots,n$; 更由此推出 $(\alpha,\xi_1)\neq 0$. 矛盾. □

引理 6.15 设 $\alpha_1,\alpha_2,\cdots,\alpha_n$ 是 Σ 的一组基础向量系, 利用这组向量在 $\mathbb{R}^n$ 中引进一个次序, 使这组向量是相对于这个次序的一组素向量系. 如果 $\alpha\in\Sigma_+$ 而 $\alpha\neq\alpha_i$, 则 $S_{\alpha_i}(\alpha)>0$, 但是 $S_{\alpha_i}(\alpha_i)=-\alpha_i$.

证 如果 $\alpha\in\Sigma_+$, 则 $\alpha=\sum\limits_{i=1}^n m_i\alpha_i, m_i\geqslant 0$, 于是

$$\begin{aligned}S_{\alpha_i}(\alpha)&=\alpha-\frac{2(\alpha,\alpha_i)}{(\alpha_i,\alpha_i)}\alpha_i\\&=\sum_{j\neq i}m_j\alpha_j+\left(m_i-\frac{2(\alpha,\alpha_i)}{(\alpha_i,\alpha_i)}\right)\alpha_i.\end{aligned}$$

如 $\alpha\neq\alpha_i$, 就有 $j\neq i$ 使 $m_j>0$, 于是 $S_{\alpha_i}(\alpha)>0$. 但是显然有 $S_{\alpha_i}(\alpha_i)=-\alpha_i$.□

定理 6.16 设 $\alpha_1,\alpha_2,\cdots,\alpha_n$ 是 σ 系 Σ 的一组基础向量系, 则反射 $S_i=S_{\alpha_i}(i=1,2,\cdots,n)$ 生成 Σ 的 Weyl 群 W, 而且 Σ 中任一向量 α 皆是某一基础向量 α_i 在某一 $S\in W$ 之下的像. 更进一步, W 是作用在 Σ 的诸 Weyl 间之上的正则可迁置换群, 所谓正则是说, 如有 $S\in W$ 使 $S(C)=C$ 对某一 Weyl 间 C, 则 $S=1$.

证 设 α 是任一根, 则 α 和 $-\alpha$ 是垂直于超平面 P_α^* 的仅有的二根. P_α^* 必是某一 Weyl 间 C_1 的墙. 设 $S\in W'$ 使 $S(C_0)=C_1$, 于是必有一基础根 α_i 使 $SP_{\alpha_i}^*=P_\alpha^*$, 因此 $S(\alpha_i)=\pm\alpha$. 如 $S(\alpha_i)=-\alpha$, 则 $(SS_{\alpha_i})(\alpha_i)=S(-\alpha_i)=\alpha$. 因此总有 $S\in W'$ 使 $S\alpha_i=\alpha$. 于是 $S_\alpha=SS_iS^{-1}$. 因 $S_i,S\in W'$, 故 $S_\alpha\in W'$. 因此 $W'=W$, 这证明了 W 由 $S_1,S_2,\cdots,S_n$ 生成. 又根据引理 6.12, W' 可迁地作用在诸 Weyl 间之上, 故 W 亦然.

最后需要证明 W 是作用在诸 Weyl 间之上的正则置换群. 设有 $S\in W$ 有性质 $S(C)=C$, 而 C 为某一 Weyl 间, 我们要证明 $S=1$. 因 W 可迁地作用在

诸 Weyl 间之上, 不妨设 $C=C_0$ 是由基础向量系 $\alpha_1,\alpha_2,\cdots,\alpha_n$ 所确定者, 即

$$C=C_0=\{\xi\in\mathbb{R}^n \text{ 使 } (\alpha_i,\xi)>0 \text{ 对 } i=1,2,\cdots,n\}.$$

根据引理 4, $S(C_0)=C_0$ 这一条件与 S 引起基础向量系的一个置换等价, 因而也与 S 引起正向量系的一个置换等价. 因 W 由 $S_1,S_2,\cdots,S_n$ 所生成, 故可设 $S=S_{i_1}S_{i_2}\cdots S_{i_p}, 1\leqslant i_1,i_2,\cdots,i_p\leqslant n$. 假定当 S 可表示成 $<p$ 个 S_i 的乘积时一定有 $S=1$, 我们来证明当 S 表示成 p 个 S_i 的乘积时也有 $S=1$.

令 $S'=S_{i_2}\cdots S_{i_p}$, 则 $S=S_{i_1}S'$. 如果 $S'=1$, 则 $S(\alpha_{i_1})=S_{i_1}S'(\alpha_{i_1})=S_{i_1}(\alpha_{i_1})=-\alpha_{i_1}<0$. 与假设相违, 因此一定有 $S'\neq 1$. 于是根据归纳法假设有正向量 α 存在, 使 $S'(\alpha)<0$, 但是 $S(\alpha)=S_{i_1}S'(\alpha)>0$, 所以根据引理 6.15 有 $S'(\alpha)=-\alpha_{i_1}$. 现在设 β 是一个正根而 $S'(\beta)<0$, 那么由 $S(\beta)=S_iS'(\beta)>0$, 也有 $S'(\beta)=-\alpha_{i_1}$ 因此 $\beta=\alpha$. 于是我们证明了, 如果 β 是一个正向量而 $\beta\neq\alpha$, 那么一定有 $S'(\beta)>0$. 我们再证明 α 一定是一个基础向量. 否则将 α 写作 $\alpha=\sum\limits_{i=1}^{n}m_i\alpha_i, m_i\geqslant 0$, 那么 $S'(\alpha)=\sum\limits_{i}m_iS'(\alpha_i)>0$. 矛盾, 因此一定有一个 $j(1\leqslant j\leqslant n)$ 使 $\alpha=\alpha_j$. 于是 $S'(\alpha_j)=-\alpha_{i_1}<0$, 对任意正向量 $\beta\neq\alpha_j$ 总有 $S'(\beta)>0$.

令 $\beta_t=S_{i_t}S_{i_{t+1}}\cdots S_{i_p}(\alpha_j)$, $t=2,3,\cdots,p+1$, 而 $\beta_{p+1}=\alpha_j$, 那么 $\beta_{p+1}=\alpha_j>0$ 而 $\beta_2=S'(\alpha_j)<0$. 因此有一个 $k(2<k\leqslant p+1)$ 存在, 使 $\beta_k>0$ 而 $\beta_{k-1}<0$. 令 $S_{i_k}\cdots S_{i_p}=T, S_{i_2}\cdots S_{i_{k-2}}=T'$, 而当 $k=p+1$ 时, 令 $T=I$. 于是 $S'(\alpha_j)=T'S_{i_{k-1}}T(\alpha_j)$ 而 $\beta_k=T(\alpha_j)>0, S_{i_{k-1}}T(\alpha_j)=\beta_{k-1}<0$. 仍根据引理 6.15 知 $T(\alpha_j)=\alpha_{i_{k-1}}$. 于是 $T^{-1}S_{i_{k-1}}T=S_j$, 因而 $S'=T'S_{i_{k-1}}T=T'TS_j$. 因 $S_j^2=1$, 故 $T'T(\alpha)=T'TS_j(S_j(\alpha))=S'(S_j(\alpha))$. 如 α 为正向量而 $\alpha\neq\alpha_j$, 则 $S_j(\alpha)>0$ 而且 $S_j(\alpha)\neq\alpha_j$, 那么根据上面所证明的关于 S' 的性质有 $S'(S_j(\alpha))>0$. 如 $\alpha=\alpha_j$, 则 $S_j(\alpha)=-\alpha_j$, 于是 $S'(S_j(\alpha_j))=-S'(\alpha_j)=\alpha_{i_1}>0$. 因此 $T'T$ 总将正向量变到正向量. 但是 $T'T$ 是 $p-2$ 个 S_i 之积, 故根据归纳法假设一定有 $T'T=I$. 于是 $S'=T'TS_j=S_j$. 那么一方面我们有 $S'(\alpha_j)=-\alpha_{i_1}$, 另一方面又有 $S'(\alpha_j)=S_j(\alpha_j)=-\alpha_j$, 因此 $j=i_1$. 于是 $S=S_{i_1}S'=S_{i_1}^2=I$. 这就证明了 W 是作用在诸 Weyl 间之上的正则置换群. □

推论 6.17 设 $S\in W$ 而 S 将正向量都变到正向量或将基础向量都变到基础向量, 则 $S=1$.

根据我们关于 σ 系的 Weyl 群的研究, 我们有以下关于 σ 系以及半单李代数的性质.

定理 6.18 设 Σ 为 σ 系, 则 Σ 的任何两个基础向量系皆合同, 而这个合同

可扩充成 Σ 的一个自合同. 因之, 合同的 σ 系的任意两个基础向量系皆合同, 而具不合同的基础向量系的 σ 系必不合同.

证 只要证第一个断言即可. 设 $\{\alpha_1, \alpha_2, \cdots, \alpha_n\}$ 和 $\{\beta_1, \beta_2, \cdots, \beta_n\}$ 是 Σ 的两个基础向量系, 于是它们分别决定两个 Weyl 间:

$$C_\alpha = \{\xi \in \mathbb{R}^n \text{ 使 } (\alpha_i, \xi) > 0 \text{ 对 } i = 1, 2, \cdots, n\},$$
$$C_\beta = \{\xi \in \mathbb{R}^n \text{ 使 } (\beta_i, \xi) > 0 \text{ 对 } i = 1, 2, \cdots, n\}.$$

根据定理 6.16, 有 $S \in W$ 使 $S(C_\alpha) = C_\beta$. 再根据引理 6.13 知, 重排 $\beta_1, \beta_2, \cdots, \beta_n$ 后可设 $S\alpha_i = \beta_i$ $(i = 1, 2, \cdots, n)$. 因 S 为正交变换, 故 S 为映 $\{\alpha_1, \alpha_2, \cdots, \alpha_n\}$ 成 $\{\beta_1, \beta_2, \cdots, \beta_n\}$ 的合同, 因而也是 Σ 的自合同. □

定理 6.19 半单李代数的任意两组基础根系皆合同; 换言之, 半单李代数的基础根系在合同的意义下是唯一确定的. 因此两个半单李代数同构当且仅当它们各自的一组基础根系彼此合同.

这是定理 5.15, 6.7 和 6.18 的直接推论.

基于定理 6.19 以及推论 6.9 知, 要决定一切两两不同构的单李代数, 只需定出一切两两不相似的单 π 系. 然后对这组两两不相似的单 π 系中的每一个, 定出一个单李代数, 而它的基础根系与给定的这个单 π 系相似即可. 这就是下面一章所要做的事.

最后我们再作一注记. 当把半单李代数 $\mathfrak{g}$ 的 Weyl 群 W 看作是 $\mathfrak{h}_0$ 中对于超平面 P_α: $(\alpha, H) = \alpha(H) = 0$ $(\alpha \in \Sigma)$ 的反射所生成的 Weyl 群时, 我们把集

$$\mathfrak{h}_0 \Big\backslash \bigcup_{\alpha \in \Sigma} P_\alpha$$

的连通分支亦称为 $\mathfrak{g}$ 的 Weyl 间. 这时同样有 Weyl 群是作用在诸 Weyl 间之上的正则置换群. 任一 Weyl 间 C 由唯一的一组基础根系 $\{\alpha_1, \alpha_2, \cdots, \alpha_n\}$ 所确定:

$$C = \{H \in \mathfrak{h}_0 \text{ 使 } \alpha_i(H) > 0 \text{ 对 } i = 1, 2, \cdots, n\},$$

而且 Weyl 群由 $S_1, S_2, \cdots, S_n$ 所生成, 这时

$$S_i(H) = H - \frac{2(H, H_{\alpha_i})}{(H_{\alpha_i}, H_{\alpha_i})} H_{\alpha_i}, \quad H \in \mathfrak{h}_0.$$

第七章　单代数的分类

§1　π 系的图

我们回忆一下 π 系的定义. 欧氏空间中的一个向量集 Π 称为一个 π 系, 如果

1) Π 由线性无关的向量组成;

2) 如 $\alpha, \beta \in \Pi, \alpha \neq \beta$, 则 $\dfrac{2(\beta,\alpha)}{(\alpha,\alpha)}$ 是个负的整数或 0. 而一个 Π 系称为单 π 系, 如果它不能分解成两个互相正交的子 π 系的并.

现在设 Π 是个 π 系, $\alpha, \beta \in \Pi$ 而 $\alpha \neq \beta$. 以 $\langle\alpha,\beta\rangle$ 表 α 与 β 的夹角, 根据定理 5.7 的证明, 有

$$\cos\langle\alpha,\beta\rangle = \frac{\varepsilon}{2}\sqrt{r}, \quad \varepsilon = \pm 1, \quad r = 0,1,2,3. \tag{7.1}$$

但现在

$$\cos\langle\alpha,\beta\rangle = \frac{(\alpha,\beta)}{\sqrt{(\alpha,\alpha)(\beta,\beta)}} \leqslant 0,$$

故 (7.1) 式中 $\varepsilon = -1$. 因此这时 $\langle\alpha,\beta\rangle$ 只能取 $90^\circ, 120^\circ, 135^\circ, 150^\circ$ 这四个值之一. 再设 $(\alpha,\alpha) \leqslant (\beta,\beta)$, 仍根据定理 5.7 的证明有

如 $\langle\alpha,\beta\rangle = 120^\circ$, 则 $(\beta,\beta) = (\alpha,\alpha)$,

$$\frac{2(\beta,\alpha)}{(\alpha,\alpha)} = -1, \quad \frac{2(\beta,\alpha)}{(\beta,\beta)} = -1;$$

如 $\langle\alpha,\beta\rangle = 135^\circ$, 则 $(\beta,\beta) = 2(\alpha,\alpha)$,

$$\frac{2(\beta,\alpha)}{(\alpha,\alpha)} = -2, \quad \frac{2(\beta,\alpha)}{(\beta,\beta)} = -1;$$

如 $\langle\alpha,\beta\rangle=150°$, 则 $(\beta,\beta)=3(\alpha,\alpha)$,

$$\frac{2(\beta,\alpha)}{(\alpha,\alpha)}=-3,\quad \frac{2(\beta,\alpha)}{(\beta,\beta)}=-1.$$

定义 7.1 对 π 系 Π 中每个向量, 我们令平面上一个点与之相对应. 两个这样的点, 我们看它们的夹角是 $120°$, $135°$ 或 $150°$, 而用一条线, 两条线和三条线连接起来; 而两个正交的向量对应的点则不用线加以连接. 这样得出来的一个图称为 π 系 Π 的角图. 如果还在图的每个点下面注上与之相应的向量的长度的平方 (α,α), 就得到 π 系 Π 的图.

合同的 π 系有相同的图.

显而易见, 我们有

引理 7.1 π 系 Π 的图是连通的当且仅当 Π 是单 π 系.

以后将证明, 单 π 系的图中只有两种长度的向量, 它们的长度平方之比是 $2:1$ 或 $3:1$.

定义 7.2 我们用黑点代表单 π 系 Π 的图中较短的向量, 而用小圆圈代表单 π 系 Π 的图中较长的向量, 并将标在点下面的向量长度的平方略去, 我们就得到单 π 系 Π 的 Dynkin 图 $\Gamma(\Pi)$.

显然具有同一 Dynkin 图的两个单 π 系是相似的. 单代数的基础根系的 Dynkin 图亦称单代数的 Dynkin 图.

最后, 我们列出典型代数 A_n, B_n, C_n, D_n 的图及 Dynkin 图.

代数	图		Dynkin 图
A_n	○—○—○—○⋯○—○ (下标: λ λ λ λ λ λ)	$\left(\lambda=\dfrac{1}{n+1}\right)$	●—●—●⋯●—●
B_n	○═○—○—○⋯○—○ (下标: $\lambda/2$ λ λ λ λ λ)	$\left(\lambda=\dfrac{1}{2n-1}\right)$	●═○—○⋯○—○
C_n	○═○—○—○⋯○—○ (下标: 2λ λ λ λ λ λ)	$\left(\lambda=\dfrac{1}{2n+2}\right)$	○═●—●⋯●—●
D_n	○, ○ >○—○—○⋯○—○ (下标: λ, λ; λ λ λ λ λ)	$\left(\lambda=\dfrac{1}{2n-2}\right)$	●, ● >●—●⋯●—●

§2 单 π 系的分类①

我们先来研究单 π 系的角图必须是怎样的形状.

① 见邓金, 半单纯李氏代数的结构, 科学出版社, 北京, 1954 及 Seminaire Sophus Lie, Paris, 1955.

设 $\Pi=\{\alpha_1,\cdots,\alpha_n\}$. 如 $\lambda_1,\cdots,\lambda_n$ 是 n 个实变数, 则

$$\left(\sum_{i=1}^{n}\lambda_i\alpha_i,\sum_{i=1}^{n}\lambda_i\alpha_i\right)=\sum_{i,j=1}^{n}(\alpha_i,\alpha_j)\lambda_i\lambda_j \tag{7.2}$$

是个正定二次型, 因为它是欧氏空间中向量长度的平方.

以下我们用同一文字来代表 Π 中向量及角图中代表它的点.

引理 7.2 角图

$$\circ\equiv\circ$$

是唯一含有三重线段的单 π 系的角图.

证 设 Π 的角图中 α_1 和 α_2 由三重线段相连. 如角图中还有其余的点, 由于角图是连通的, 可以设有 α_3 与 α_1 或 α_2 相连. 为确定起见, 设 α_3 与 α_2 相连. 从初等几何我们知道, 对于三个线性无关的向量 $\alpha_1,\alpha_2,\alpha_3$ 来说,

$$\langle\alpha_1,\alpha_2\rangle+\langle\alpha_2,\alpha_3\rangle+\langle\alpha_3,\alpha_1\rangle<360^\circ.$$

现在 $\langle\alpha_1,\alpha_2\rangle=150^\circ,\langle\alpha_2,\alpha_3\rangle\geqslant120^\circ,\langle\alpha_3,\alpha_1\rangle\geqslant90^\circ$. 这是不可能的. □

以下从引理 7.3 到引理 7.8, 我们都假定单 π 系 Π 的角图中仅含单重线段和双重线段.

引理 7.3 单 π 系 Π 的角图不能含闭路 (因而是树).

证 设 $\alpha_1,\alpha_2,\cdots,\alpha_k\in\Pi$, 而它们在角图中组成一个闭路, 则 $(\alpha_1,\alpha_2)\neq0,(\alpha_2,\alpha_3,)\neq0,\cdots,(\alpha_{k-1},\alpha_k)\neq0,(\alpha_k,\alpha_1)\neq0$. 记 $\|\alpha_i\|=\sqrt{(\alpha_i,\alpha_i)}$, 并令 $\alpha_{k+1}=\alpha_1$, 则

$$\begin{aligned}\left(\sum_{i=1}^{k}\frac{1}{\|\alpha_i\|}\alpha_i,\sum_{i=1}^{k}\frac{1}{\|\alpha_i\|}\alpha_i\right)&\leqslant\sum_{i=1}^{k}\frac{1}{\|\alpha_i\|^2}(\alpha_i,\alpha_i)+2\sum_{i=1}^{k}\frac{1}{\|\alpha_i\|\|\alpha_{i+1}\|}(\alpha_i,\alpha_{i+1})\\&=k+2\sum_{i=1}^{k}\cos\langle\alpha_i,\alpha_{i+1}\rangle\leqslant k-k=0.\end{aligned}$$

这与 (7.1) 的正定性相违. □

推论 7.4 设 Π' 是单 π 系 Π 的子 π 系, 而且也是单的. 再设 $\beta\in\Pi-\Pi'$, 并设 β 与 Π' 中一点相连, 则 β 只与 Π' 中唯一的一点相连.

引理 7.5 单 π 系 Π 的角图中任意一点都不能有三条以上的线与之相连.

证 设 $\alpha\in\Pi$, 并设共有 $k>3$ 条线与 α 相连. 设 $\alpha_1,\cdots,\alpha_l$ $(l\leqslant k)$ 是 Π 中与 α 相连的一切点, 于是, 根据推论 7.4, $\alpha_1,\cdots,\alpha_l$ 两两垂直. 以 V 表示 α 及

$\alpha_1,\cdots,\alpha_l$ 所张成的线性子空间. 在 V 中选取与 $\alpha_1,\cdots,\alpha_l$ 都正交的一个向量 $\gamma\neq 0$. 由于 $\gamma,\alpha_1,\cdots,\alpha_l$ 两两垂直, 故根据勾股定理有

$$\cos^2\langle\gamma,\alpha\rangle+\sum_{i=1}^{l}\cos^2\langle\alpha_i,\alpha\rangle=1.$$

因 α 不与 $\alpha_1,\cdots,\alpha_l$ 线性相关, γ 不与 α_1 正交, 故

$$\sum_{i=1}^{l}4\cos^2\langle\alpha_i,\alpha\rangle<4. \tag{7.3}$$

如 α_i 与 α 用 t 条线相连, 则 $4\cos^2\langle\alpha_i,\alpha\rangle=t$, 因此

$$\sum_{i=1}^{l}4\cos^2\langle\alpha_i,\alpha\rangle=k.$$

这与 (7.3) 式相抵触, 故 $k\leqslant 3$. □

定义 7.3　π 系 Π 的角图中的点 $\alpha_1,\cdots,\alpha_k$ 称为一个链, 如果 α_1 与 α_2 相连, α_2 与 α_3 相连, $\cdots,\alpha_{k-1}$ 与 α_k 相连, 而其余的任意两个 α_i 和 α_j 都不相连. 一个链 $C=\{\alpha_1,\cdots,\alpha_k\}$ 称为简单的, 如果连接 α_i 和 α_{i+1} $(i=1,\cdots,k-1)$ 的都是单重线段.

引理 7.6　设 C 是单 π 系 Π 的一个简单链, $C=\{\alpha_1,\cdots,\alpha_k\}$. 令

$$\Pi'=\left\{\Pi\setminus C,\alpha=\sum_{i=1}^{k}\alpha_i\right\},$$

则 Π' 也是个单 π 系, 而 Π' 的角图可以由 Π 的角图将链 $C=\{\alpha_1,\cdots,\alpha_k\}$ 缩为一点 α, 并将每个与某一个 α_i 在 Π 中用 t 重线段相连的点 $\beta\in\Pi\backslash C$ 以 t 重线段相连到 α 而得到.

证　自然 Π' 中向量皆线性无关. 其次

$$\begin{aligned}(\alpha,\alpha)&=\left(\sum_{i=1}^{k}\alpha_i,\sum_{i=1}^{k}\alpha_i\right)\\&=\sum_{i=1}^{k-1}\{(\alpha_i,\alpha_i)+2(\alpha_i,\alpha_{i+1})\}+(\alpha_k,\alpha_k)\\&=(\alpha_k,\alpha_k)=(\alpha_l,\alpha_l).\end{aligned}$$

设 $\beta\in\Pi\backslash C$ 而 β 与 α_l 以 t 重线段相连, 则根据推论 7.4, β 不能与其余的 α_i 相连, 因之

$$(\beta,\alpha)=\left(\beta,\sum_{i=1}^{k}\alpha_i\right)=(\beta,\alpha_l).$$

又如 γ 在 Π 中不与 C 相连, 则

$$(\gamma,\alpha)=\left(\gamma,\sum_{i=1}^{k}\alpha_i\right)=0.$$

因此, Π' 是个 π 系, 而 Π' 的角图可由 Π 的图将链 C 缩为一点 α, 并将每个与某一个 α_i 在 π 中用 t 重线段相连的点 $\beta\in\Pi\backslash C$ 用 t 重线段连到 α 而得. □

推论 7.7 以下这些图都不能是单 π 系的角图的子图:

(a_k) α ○═○ β_1 —○ β_2 ······ ○ β_{k-1} —○ β_k ═○ γ

(b_k) α ○═○ β_1 —○ β_2 ······ ○ β_{k-1} —○ β_k <○ γ, ○ δ

(c_k) α ○, α' ○ >○ β_1 —○ β_2 ······ ○ β_{k-1} —○ β_k <○ γ, ○ γ'

证 实际上, 如 $(a_k),(b_k),(c_k)$ 是单 π 系的角图的子图, 则根据引理 7.6,

(a_1) α ○═○ β ═○ γ

(b_1) α ○═○ β <○ γ, ○ δ

(c_1) α ○, α' ○ >○ β <○ γ, ○ γ'

也将是单 π 系的角图的子图, 而这与引理 7.5 相抵触. □

引理 7.8 单 π 系 Π 的角图只能是以下几种类型的:

$(a'_{p,q})$ α_1 ○—○ α_2 —○ ······ ○ α_{p-1} —○ α_p ═● β_q —● β_{q-1} ······ ● β_2 —● β_1 $p,q\geqslant 1$

(b'_n) α_1 ○—○ α_2 —○ ······ ○ α_{n-1} —○ α_n $n\geqslant 1$

$(c'_{p,q,r})$ α_1 ○—○ ······ ○ α_{p-1} —○ <○ β_{q-1} ······ ○—○ β_1; ○ γ_{r-1} ······ ○—○ γ_1 $p\geqslant q\geqslant r\geqslant 2$

证 设 Π 的角图中含一个二重线段, 即它包有一个子图○═○. 将这个子图扩充成一个极大链 C. 根据推论 7.7, C 只能包含一个二重线段, 因此 C 是 $(a'_{p,q})$ 类型的图. 如 $C\neq\Pi$, 就有 $\gamma\in\Pi,\gamma\overline{\in}C$, 而 γ 与 C 中一个点相连. 根据 C 的极

大性, γ 不能与 α_1 或 β_1 相连. 根据推论 7.7, γ 也不能与 $\alpha_2,\cdots,\alpha_p$ 或 $\beta_2,\cdots,\beta_q$ 中之一相连, 这是个矛盾. 因此 $\Pi=C$, 即 Π 的角图是 $(a'_{p,q})$ 型的.

再设 Π 的角图中只有单重线段, 仍在其中选一个极大链 C. 如 $\Pi=C$, 则 Π 的角图就是 (b'_n) 型的. 否则, 再依推论 7.7, 可知 Π 的角图是 $(c'_{p,q,r})$ 型的. □

引理 7.9 单 Π 系的图中只能有两种长度的向量.

这是引理 7.2 和引理 7.8 的直接推论.

定理 7.10 单 π 系的 Dynkin 图只能是以下几种类型的:

$\Gamma(A_n)$: α_1 ●—● α_2 —● α_3 ······ ● α_{n-1} —● α_n $n\geqslant 1$

$\Gamma(B_n)$: α_1 ●═○ α_2 —○ α_3 ······ ○ α_{n-1} —○ α_n $n\geqslant 2$

$\Gamma(C_n)$: α_1 ○═● α_2 —● α_3 ······ ● α_{n-1} —● α_n $n\geqslant 2$

$\Gamma(D_n)$: α_1 ●, α_2 ● 均与 α_3 相连; α_3 ●—● α_4 ······ ● α_{n-1} —● α_n $n\geqslant 4$

$\Gamma(E_n)$: α_1 ●—● α_2 —● α_3 ······ ● α_{n-1} —● α_n, α_3 下连 ● α_4 $n=6,7,8$

$\Gamma(F_4)$: α_1 ●—● α_2 ═○ α_3 —○ α_4

$\Gamma(G_2)$: α_1 ●≡○ α_2

证 据引理 7.2, 含三重线段的单 π 系的 Dynkin 图只能是 $\Gamma(G_2)$. 以下考虑不含三重线段的单 π 系的 Dynkin 图. 不失普遍性, 可设单 π 系 Π 中较短的向量的长度为 1, 于是根据引理 7.8, 单 π 系的图只可能是

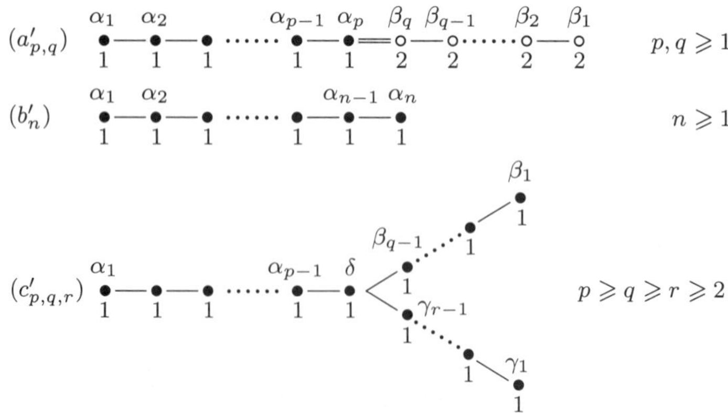

如果 $C=\{\alpha_1,\cdots,\alpha_n\}$ 是由同样长度 $\sqrt{(\alpha_i,\alpha_i)}=a(i=1,\cdots,n)$ 的向量组

成的链, 令 $\alpha=\sum_{k=1}^{n}k\alpha_k$ 则

$$\begin{aligned}(\alpha,\alpha)&=\sum_{k=1}^{n}k^2(\alpha_k,\alpha_k)+2\sum_{k=1}^{n-1}k(k+1)(\alpha_k,\alpha_{k+1})\\&=\sum_{k=1}^{n}k^2a-\sum_{k=1}^{n-1}k(k+1)a=n^2a-\sum_{k=1}^{n-1}ka\\&=\frac{n(n+1)}{2}a.\end{aligned}$$

我们先证明, 如单 π 系的图是 $(a'_{p,q})$, 则 $p=1$ 而 q 任意或 $q=1$ 而 p 任意, 或 $p=q=2$. 实际上, 令 $\alpha=\sum_{k=1}^{p}k\alpha_k, \beta=\sum_{j=1}^{q}j\beta_j$, 则 $(\alpha,\alpha)=\frac{p(p+1)}{2}, (\beta,\beta)=q(q+1)$, 而

$$(\alpha,\beta)=pq(\alpha_p,\beta_q)=-pq.$$

因 $\alpha_1,\cdots,\alpha_p,\beta_1,\cdots,\beta_q$ 线性无关, 故 α,β 不共线. 于是由 Schwartz 不等式 $(\alpha,\beta)^2<(\alpha,\alpha)(\beta,\beta)$ 得

$$p^2q^2<\frac{1}{2}pq(p+1)(q+1).$$

即

$$(p-1)(q-1)<2.$$

由此即得 $p=1$ 而 q 任意, 或 $q=1$ 而 p 任意或 $p=q=2$. 这样得到的 Dynkin 图分别是 $\Gamma(B_{q+1}),\Gamma(C_{p+1})$ 和 $\Gamma(F_4)$.

(b'_n) 即是 $\Gamma(A_n)$.

最后来研究 $(c'_{p,q,r})$. 令 $\alpha=\sum_{i=1}^{p-1}i\alpha_i, \beta=\sum_{j=1}^{q-1}j\beta_j, \gamma=\sum_{k=1}^{r-1}k\gamma_k$ 我们有

$$\begin{gathered}(\alpha,\alpha)=\frac{1}{2}p(p-1),\quad(\beta,\beta)=\frac{1}{2}q(q-1),\\(\gamma,\gamma)=\frac{1}{2}r(r-1),\quad(\delta,\delta)=1.\\(\alpha,\delta)=-\frac{1}{2}(p-1),\quad(\beta,\delta)=-\frac{1}{2}(q-1),\\(\gamma,\delta)=-\frac{1}{2}(r-1),\end{gathered}$$

因此

$$\cos^2\langle\alpha,\delta\rangle=\frac{1}{2}(1-p^{-1}),\quad\cos^2\langle\beta,\delta\rangle=\frac{1}{2}(1-q^{-1}),\quad\cos^2\langle\gamma,\delta\rangle=\frac{1}{2}(1-r^{-1}).$$

因 α,β,γ 两两正交, 根据引理 7.5 的证明中的同样道理,

$$\cos^2\langle\alpha,\delta\rangle+\cos^2\langle\beta,\delta\rangle+\cos^2\langle\gamma,\delta\rangle<1$$

(δ 与 α,β,γ 线性无关), 即

$$\frac{1}{2}(1-p^{-1}+1-q^{-1}+1-r^{-1})<1,$$

也即

$$p^{-1}+q^{-1}+r^{-1}>1.$$

因 $p\geqslant q\geqslant r$ 故 $p^{-1}\leqslant q^{-1}\leqslant r^{-1}$. 于是 $3r^{-1}>1$. 因 $r\geqslant 2$, 故 $r=2$. 于是 $p^{-1}+q^{-1}>\frac{1}{2}, 2q^{-1}>\frac{1}{2}$, 因之 $q<4$. 这样就有两个可能: $q=2$ 和 $q=3$. 如 $q=2$, 则 $p^{-1}>0$ 及 $p\geqslant 2$, 因之 p 是任意 $\geqslant 2$ 的整数; 这时 Dynkin 图是 $\Gamma(D_{p+2})$. 如 $q=3$, 则 $p^{-1}>\frac{1}{6}$ 及 $p\geqslant 3$, 这就是说 $3\leqslant p\leqslant 5$, 这时 Dynkin 图是 $\Gamma(E_{p+3})$. □

定理 7.11 对于定理 7.10 中列举的那些 Dynkin 图, 确有单 π 系存在, 以它们作为 Dynkin 图.

证 以 $\mathbb{R}^{n+1}$ 表示 $n+1$ 维欧氏空间. $e_1,\cdots,e_{n+1}$ 是它的一组标准正交基. 令 $\alpha_i=e_i-e_{i+1}(1\leqslant i\leqslant n)$, 我们有

$$(\alpha_i,\alpha_j)=\begin{cases}2, & |i-j|=0,\\ -1, & |i-j|=1, \quad i,j=1,\cdots,n.\\ 0, & |i-j|\geqslant 2,\end{cases}$$

于是 $\Pi(A_n)=\{\alpha_1,\cdots,\alpha_n\}$ 是个单 π 系, 其 Dynkin 图为 $\Gamma(A_n)$.

在 $\mathbb{R}^n$ 中考察向量组 $\alpha_i(1\leqslant i\leqslant n-1)$ 和 e_n, 我们有

$$(\alpha_i,e_n)=\begin{cases}-1, & i=n-1,\\ 0, & i<n-1,\end{cases}$$
$$(e_n,e_n)=1.$$

于是 $\Pi(B_n)=\{\alpha_1,\cdots,\alpha_{n-1},e_n\}$ 是个单 π 系, 其 Dynkin 图为 $\Gamma(B_n)$.

在 $\mathbb{R}^n$ 中 $\Pi(C_n)=\{\alpha_1,\cdots,\alpha_{n-1},2e_n\}$ 是个单 π 系, 其 Dynkin 图为 $\Gamma(C_n)$.

在 $\mathbb{R}^n$ 中 $\Pi(D_n)=\{\alpha_1,\cdots,\alpha_{n-1},e_{n-1}+e_n\}$ 也是个单 π 系, 其 Dynkin 图为 $\Gamma(D_n)$. 注意,

$$(e_{n-1}+e_n,e_{n-1}+e_n)=2,$$
$$(\alpha_i,e_{n-1}+e_n)=\begin{cases}0, & i\neq n-2,\\ -1, & i=n-2.\end{cases}$$

剩下来还要研究五个例外情形, 如令 $e^{(n)}=\sum\limits_{k=1}^{n}e_k$, 那么对于 $\Gamma(G_2)$ 可在 $\mathbb{R}^3$ 中取

$$\Pi(G_2)=\{e_1-e_2,3e_2-e^{(3)}\}.$$

对于 $\Gamma(F_4)$ 可在 $\mathbb{R}^4$ 中取

$$\Pi(F_4)=\left\{e_1-e_2,e_2-e_3,e_3,\frac{1}{2}(e_4-e_1-e_2-e_3)\right\},$$

对于 $\Gamma(E_6)$ 可在 $\mathbb{R}^7$ 中取

$$\Pi(E_6)=\Big\{e_1-e_2,e_2-e_3,e_3-e_4,e_4-e_5,e_5-e_6,\\ -e_1-e_2-e_3+\frac{1}{2}e^{(6)}+\frac{\sqrt{2}}{2}e_7\Big\}.$$

对于 $\Gamma(E_7)$ 可在 $\mathbb{R}^8$ 中取

$$\Pi(E_7)=\Big\{e_1-e_2,e_2-e_3,e_3-e_4,e_4-e_5,e_5-e_6,\\ e_6-e_7,\frac{1}{2}e^{(8)}-e_1-e_2-e_3-e_4\Big\}.$$

对于 $\Gamma(E_8)$ 可在 $\mathbb{R}^8$ 中取

$$\Pi(E_8)=\Big\{e_1-e_2,e_2-e_3,e_3-e_4,e_4-e_5,\\ e_5-e_6,e_6-e_7,e_6+e_7,e_8-\frac{1}{2}e^{(8)}\Big\}.$$

这就证明了定理 7.11. □

定理 7.10 和 7.11 解决了单 π 系的分类问题, 即决定了一切两两不相似的单 π 系. $\Pi(A_n),\Pi(B_n),\Pi(C_n),\Pi(D_n)$ 分别与典型代数 A_n,B_n,C_n,D_n 的基础根系相似. $\Pi(G_2),\Pi(F_4),\Pi(E_n)$ $(n=6,7,8)$ 称为例外单 π 系. 在定理 7.10 和 7.11 的基础上容易推出

定理 7.12 两两不相似的单 σ 系被典型代数 $A_n(n\geqslant 1),B_n(n\geqslant 2),C_n(n\geqslant 3),D_n(n\geqslant 4)$ 的根系和另外五个例外单 σ 系 $\Sigma(G_2),\Sigma(F_4),\Sigma(E_n)$ $(n=6,7,8)$ 所穷尽, 而它们的基础向量系分别是 $\Pi(G_2),\Pi(F_4),\Pi(E_n)$ $(n=6,7,8)$.

证 以 $e_1, e_2, \cdots, e_8$ 为 $\mathbb{R}^8$ 中的一组标准正交基. 可以直接验证

$$\Sigma(G_2) = \{e_i - e_j; \pm(e^{(3)} - 3e_i), i, j = 1, 2, 3\},$$

$$\Sigma(F_4) = \left\{\pm e_i; \pm e_i \pm e_j; \frac{1}{2}(\pm e_1 \pm e_2 \pm e_3 \pm e_4); i, j = 1, 2, 3, 4\right\},$$

$$\Sigma(E_6) = \left\{e_i - e_j; \pm\sqrt{2}e_7; \pm\left(\frac{\sqrt{2}}{2}e_7 + \frac{1}{2}e^{(6)} - e_i - e_j - e_k\right); i, j, k = 1, \cdots, 6\right\},$$

$$\Sigma(E_7) = \left\{e_i - e_j; \left(\frac{1}{2}e^{(3)} - e_i - e_j - e_k - e_m\right); i, j, k, m = 1, \cdots, 8\right\},$$

$$\Sigma(E_8) = \left\{\pm e_i \pm e_j, \pm\left(\frac{1}{2}e^{(8)} - e_i\right); \pm\left(\frac{1}{2}e^{(8)} - e_i - e_j - e_k\right); i, j, k = 1, \cdots, 8\right\},$$

其中在同一式中出现的 i, j, k, m 两两不同, 是 σ 系而且分别以 $\Pi(G_2), \Pi(F_4), \Pi(E_6), \Pi(E_7), \Pi(E_8)$ 为基础向量组. □

以后我们将证明, 有单代数 G_2, F_4, E_6, E_7, E_8 存在, 它们的基础向量系分别与 $\Pi(G_2), \Pi(F_4), \Pi(E_6), \Pi(E_7), \Pi(E_8)$ 相似, 那么它们的根系就是五个例外单 σ 系.

§3 李代数 G_2

在李代数 B_3 中, 我们知道

$$\mathfrak{h} = \{H_{\lambda_1, \lambda_2, \lambda_3} | \lambda_1, \lambda_2, \lambda_3 \in C\}$$

是它的一个 Cartan 子代数. 令

$$\mathfrak{h}' = \left\{H_{\lambda_1, \lambda_2, \lambda_3} \middle| \sum_{i=1}^{3} \lambda_i = 0\right\},$$

则 $\mathfrak{h}'$ 是 $\mathfrak{h}$ 的一个子代数. 再令

$$G_{\lambda_i} = \sqrt{2}E_{\lambda_i} + E_{-\lambda_j - \lambda_k},$$
$$G_{-\lambda_i} = \sqrt{2}E_{-\lambda_i} + E_{\lambda_j + \lambda_k},$$

其中 i, j, k 为 1, 2, 3 的一个偶排列, 并改记

$$G_{\lambda_i - \lambda_k} = E_{\lambda_i - \lambda_k}, \quad i \neq k.$$

对任意 $H_{\lambda_1\lambda_2\lambda_3} \in \mathfrak{h}'$, 我们有

$$[H_{\lambda_1\lambda_2\lambda_3}, G_\alpha] = \alpha G_\alpha,$$

对 $\alpha=\pm\lambda_i(i=1,2,3)$ 以及 $\alpha=\lambda_i-\lambda_k(i,k=1,2,3,i\neq k)$. 如令

$$H_1=H_{1,0,0},\quad H_2=H_{0,1,0},\quad H_3=H_{0,0,1},$$

我们还有

$$\begin{aligned}
&[G_{\lambda_i},G_{-\lambda_i}]=3H_i-(H_1+H_2+H_3),\\
&[G_{\lambda_i-\lambda_k},G_{\lambda_k-\lambda_i}]=H_i-H_k,\\
&\left.\begin{aligned}&[G_{\lambda_i},G_{\lambda_j}]=-2G_{-\lambda_k}\\ &[G_{-\lambda_i},G_{-\lambda_j}]=2G_{\lambda_k}\end{aligned}\right\}(i,j,k)\text{ 为偶排列},\\
&[G_{\lambda_i},G_{-\lambda_j}]=3G_{\lambda_i-\lambda_j}\quad(i\neq j),\\
&[G_{\lambda_i-\lambda_j},G_{\lambda_k}]=\delta_{jk}G_{\lambda_i},\\
&[G_{\lambda_i-\lambda_j},G_{-\lambda_k}]=-\delta_{ik}G_{-\lambda_j},\\
&[G_{\lambda_i-\lambda_j},G_{\lambda_k-\lambda_l}]=\delta_{jk}G_{\lambda_i-\lambda_l}-\delta_{il}G_{\lambda_k-\lambda_j}\\
&\qquad\qquad\qquad(i\neq l\text{ 而且 }j\neq k).
\end{aligned}$$

因此, $\mathfrak{h}'$ 和 $G_{\pm\lambda_i}(i=1,2,3),G_{\lambda_i-\lambda_k}(i,k=1,2,3,i\neq k)$ 生成一个 14 维的李代数. 将此李代数记作 G_2. 显然 $\mathfrak{h}'$ 是 G_2 的一个 Cartan 子代数.

我们来证明 G_2 是半单的. 为此, 将 G_2 看作是作用在七维列向量空间 V_7 上的线性李代数, 而

$$v_0=\begin{pmatrix}1\\0\\0\end{pmatrix},\quad v_i=\begin{pmatrix}0\\e_i\\0\end{pmatrix},\quad v_{i'}=\begin{pmatrix}0\\0\\e_i\end{pmatrix}\quad(i=1,2,3)$$

其中 e_i 表第 i 个分量为 1 而其余分量为 0 的三维列向量, 组成 V_7 的一组基. 我们先证明 V_7 在 G_2 的作用下不可约. 实际上, 设 V' 是一个非 0 不可约的不变子空间, 则 V' 在 $\mathfrak{h}'$ 的作用下不变. 注意到

$$H_{\lambda_1\lambda_2\lambda_3}v_0=0,\quad H_{\lambda_1\lambda_2\lambda_3}v_i=\lambda_iv_i,\quad H_{\lambda_1\lambda_2\lambda_3}v_{i'}=-\lambda_iv_{i'},$$

即知 V' 一定包有基向量 $v_0,v_1,v_2,v_3,v_{1'},v_{2'},v_{3'}$ 之一. 于是由

$$\begin{aligned}
&G_{\lambda_i}v_0=-\sqrt{2}v_i,\quad G_{\lambda_i}v_j=\varepsilon v_{k'},\quad G_{\lambda_i-\lambda_j}v_{i'}=-v_{j'},\\
&G_{-\lambda_i}v_0=\sqrt{2}v_{i'},\quad G_{-\lambda_i}v_{j'}=-\varepsilon v_k,\quad G_{\lambda_i-\lambda_j}v_j=v_i,\\
&G_{\lambda_i}v_{i'}=\sqrt{2}v_0
\end{aligned}$$

(在第二列的等式中 $\varepsilon=-1$ 或 1, 根据排列 (ijk) 的奇偶性而定), 即推知 $V'=V_7$. 这证明了 G_2 是不可约的. 易见 G_2 的中心为 0, 因此, 根据推论 2.9 知, G_2 是半单的.

我们已经见到, G_2 对于 $\mathfrak{h}'$ 的根是 $\pm\lambda_i(i=1,2,3)$ 知 $\lambda_i-\lambda_k(i,k=1,2,3,i\neq k)$. 我们证明 $\lambda_1-\lambda_2$ 和 λ_2 组成 G_2 的一组基础根系. 由于 $\lambda_1+\lambda_2+\lambda_3=0, G_2$ 的根可写作

$$\pm\lambda_1,\ \pm\lambda_2,\ \pm(\lambda_1+\lambda_2),\ \pm(\lambda_1-\lambda_2),\ \pm(2\lambda_1+\lambda_2),\ \pm(\lambda_1+2\lambda_2);$$

又因 $\lambda_1=(\lambda_1-\lambda_2)+\lambda_2$, 这就证明了 $\lambda_1-\lambda_2$ 和 λ_2 组成 G_2 的一组基础根系. 又因 $(\lambda_1-\lambda_2)+k\lambda_2$ $(0\leqslant k\leqslant 3)$ 都是根而当 $k>3$ 时 $(\lambda_1-\lambda_2)+k\lambda_3$ 不再是根, 故 $\dfrac{2(\lambda_1-\lambda_2,\lambda_2)}{(\lambda_2,\lambda_2)}=-3$. 这证明了 G_2 的 Dynkin 图是

●≡≡○
λ_2 $\lambda_1-\lambda_2$

因此 G_2 是以图 $\Gamma(G_2)$ 为 Dynkin 图的单代数.

§4 单李代数的分类

定理 7.13 (W. Killing-E. Cartan) *全部单李代数由四系典型李代数 A_n $(n\geqslant 1), B_n(n\geqslant 1), C_n(n\geqslant 1)$ 和 $D_n(n\geqslant 3)$ 以及五个例外李代数 G_2, F_4, E_6, E_7, E_8 所取尽, 它们之间只有下列同构关系:*

$$A_1\approx B_1\approx C_1,\quad B_2\approx C_2,\quad A_3\approx D_3.$$

证 根据定理 6.19, 我们知道两个单李代数同构当且仅当它们的基础根系相似, 因而合同. 又根据定理 6.8 的系理, 我们知道一个半单李代数是单的当且仅当它的基础根系是单 π 系. 在 §2 中我们已经定出了一切两两不相似的单 π 系, 它们的 Dynkin 图是定理 7.10 中的 $\Gamma(A_n)(n\geqslant 1), \Gamma(B_n)(n\geqslant 2), \Gamma(C_n)(n\geqslant 3), \Gamma(D_n)(n\geqslant 4), \Gamma(E_n)(n=6,7,8), \Gamma(F_4)$ 和 $\Gamma(G_2)$. 因此要证明定理 7.13, 只要对这些 Dynkin 图中的每一个来证明有一单李代数存在, 而这个单李代数以所赋予的 Dynkin 图为其 Dynkin 图.

根据 §1 的讨论, 我们知道在第一章 §3 中所定义的典型李代数 $A_n(n\geqslant 1), B_n(n\geqslant 1), C_n(n\geqslant 1)$ 和 $D_n(n\geqslant 3)$ 分别以 $\Gamma(A_n), \Gamma(B_n), \Gamma(C_n)$ 和 $\Gamma(D_n)$ 为其 Dynkin 图, 而且 $A_1\approx B_1\approx C_1, B_2\approx C_2, A_3\approx D_3$.

又根据本章 §3 的讨论, 那里定义的李代数 G_2 是单的而且以 $\Gamma(G_2)$ 为其 Dynkin 图.

因此剩下的问题是要证明确有单李代数 F_4, E_6, E_7, E_8 存在, 它们分别以本章 §2 所定的单 π 系的 Dynkin 图 $\Gamma(F_4), \Gamma(E_6), \Gamma(E_7), \Gamma(E_8)$ 为 Dynkin 图. 关于 F_4 和 E_8 的存在性, 将在本书第十二章中给出. 如果假定 E_8 存在, 则因 $\Pi(E_6), \Pi(E_7)$ 是 $\Pi(E_8)$ 的子 π 系, 故 E_6, E_7 的存在将是下述定理的推论. □

定理 7.14 设 $\mathfrak{g}$ 是个半单李代数, $\mathfrak{h}$ 是它的一个 Cartan 子代数, 而 Σ 是它的根系. 设 Σ' 是 Σ 的一个子集, 有下述性质: (i) 如 $\alpha,\beta\in\Sigma'$ 而 $\alpha+\beta\in\Sigma$, 则 $\alpha+\beta\in\Sigma'$; (ii) 如 $\alpha\in\Sigma'$, 则 $-\alpha\in\Sigma'$. 那么一切 H_α, E_α $(\alpha\in\Sigma')$ 张成 $\mathfrak{g}$ 的一个半单子代数 $\mathfrak{g}'$, 它以一切 $H_\alpha(\alpha\in\Sigma')$ 张成的 $\mathfrak{h}$ 的子代数 $\mathfrak{h}'$ 为其 Cartan 子代数, 而 $\mathfrak{g}'$ 对 $\mathfrak{h}'$ 的根系与 Σ' 相似.

证 从 Σ' 具有性质 (i) 即可推出 $\mathfrak{g}'$ 是一个子代数, 而且 $\mathfrak{g}'$ 的结构公式为

$$\begin{aligned}
&[H,H']=0,\quad H,H'\in\mathfrak{h}',\\
&[H,E_\alpha]=\alpha(H)E_\alpha,\quad H\in\mathfrak{h}',\alpha\in\Sigma',\\
&[E_\alpha,E_{-\alpha}]=H_\alpha,\quad \alpha\in\Sigma',\\
&[E_\alpha,E_\beta]=N_{\alpha\beta}E_{\alpha+\beta},\alpha,\beta\in\Sigma'.
\end{aligned}$$

我们欲证 $\mathfrak{g}'$ 半单, 只要证明 $\mathfrak{g}'$ 的 Killing 型非退化. 设 $X,Y\in\mathfrak{g}'$, 以 $(X,Y)'$ 表示 $\mathfrak{g}'$ 的 Killing 型, 设有 $Z\in\mathfrak{g}'$ 使得对一切 $X\in\mathfrak{g}',(Z,X)'=0$. 选 $\mathfrak{h}'$ 的一组基 $H_{\gamma_1},H_{\gamma_2},\cdots,H_{\gamma_{n'}}$, 其中 $\gamma_1,\gamma_2,\cdots,\gamma_{n'}$ 为 Σ' 的一个极大线性无关子集, 于是它们和所有的 $E_\alpha(\alpha\in\Sigma')$ 一起就组成 $\mathfrak{g}'$ 的一级基. 可以写

$$Z=\sum_{i=1}^{n'}a_iH_{\gamma_i}+\sum_{\alpha\in\Sigma'}b_\alpha E_\alpha,$$

其中 a_i,b_α 皆复数. 对任意 $\beta\in\Sigma'$, 我们有

$$(H,E_{-\beta})'=\mathrm{Tr}\,\mathrm{ad}_{\mathfrak{g}'}H\mathrm{ad}_{\mathfrak{g}'}E_{-\beta}=0,\quad \text{对 } H\in\mathfrak{h}'$$

以及

$$(E_\alpha,E_{-\beta})'=\mathrm{Tr}\,\mathrm{ad}_{\mathfrak{g}'}E_\alpha\mathrm{ad}_{\mathfrak{g}'}E_{-\beta}=0,\quad \text{对 } \alpha\in\Sigma' \text{ 而 } \alpha\neq\beta.$$

于是

$$(Z,E_{-\beta})'=b_\beta(E_\beta,E_{-\beta})'. \tag{7.4}$$

但是

$$\begin{aligned}
&\mathrm{ad}\,E_\beta\mathrm{ad}\,E_{-\beta}H=\beta(H)H_\beta,\\
&\mathrm{ad}\,E_\beta\mathrm{ad}\,E_{-\beta}E_\beta=\beta(H_\beta)E_\beta,\\
&\mathrm{ad}\,E_\beta\mathrm{ad}\,E_{-\beta}E_\gamma=N_{-\beta,\gamma}N_{\beta,-\beta+\gamma}E_\gamma,\quad \text{若 } \gamma\neq\beta.
\end{aligned}$$

根据引理 5.13 有

$$N_{\beta,-\beta+\gamma}=N_{-\gamma,\beta}=-N_{\beta,-\gamma}$$

以及

$$N_{-\beta,\gamma}N_{\beta,-\beta+\gamma} = -N_{-\beta,\gamma}N_{\beta,-\gamma} = \frac{q}{2}(p+1)(\beta,\beta),$$

其中 p,q 为最大非负整数使 $\gamma-k\beta(-p\leqslant k\leqslant q)$ 都是根, 那么, 当 $\gamma\neq\beta$ 时,

$$\operatorname{ad}E_\beta\operatorname{ad}E_{-\beta}E_\gamma = \frac{1}{2}q(p+1)(\beta,\beta)E_\gamma,$$

因此

$$(E_\beta,E_{-\beta})'\geqslant 2(\beta,\beta)>0.$$

于是由 (7.4) 式推出 $b_\beta=0$, 而 β 为 Σ' 中任一根. 那么 $Z=\sum\limits_{i=1}^{n'}a_iH_{\gamma_i}\in\mathfrak{h}'$, 而对任意 $Y=\sum a_i'H_{\gamma_i}\in\mathfrak{h}$ 有

$$(Z,Y)' = \sum_{i,j=1}^{n'}a_ia_j'(H_{\gamma_i},H_{\gamma_j})'=0.$$

以 $\mathfrak{h}_0'$ 表示一切 $H_\alpha(\alpha\in\Sigma')$ 的实系数线性组合所组成的空间. 设 $H=\sum\limits_{i=1}^{n'}b_iH_{\gamma_i}$, 其中 b_i 为实数, 则

$$(H,H)'=\sum_{\varphi\in\Sigma'}\varphi(H)^2,$$

而

$$\varphi(H)=(H,H_\varphi)=\sum_{i=1}^{n'}b_i(\gamma_i,\varphi).$$

因 (γ_i,φ) 是有理数, 故 $(H,H)'\geqslant 0$. 又如 $(H,H)=0$, 则对一切 $\varphi\in\Sigma',\varphi(H)=0$; 特别

$$\gamma_j(H)=\sum_{i=1}^{n'}b_i(\gamma_i,\gamma_j)=0,\quad j=1,2,\cdots,n$$

但 $\gamma_1,\cdots,\gamma_{n'}$ 线性无关, 故 $\det((\gamma_i,\gamma_j))_{1\leqslant i,j\leqslant n'}\neq 0$, 因此 $b_i=0$ $(1\leqslant i\leqslant n')$, 即 $H=0$. 这证明了 $\mathfrak{g}'$ 的 Killing 型在 $\mathfrak{h}_0'$ 上的诱导是正定的, 亦即

$$((H_{\gamma_i},H_{\gamma_j})')_{1\leqslant i,j\leqslant n}$$

是一正定矩阵, 因而非退化. 这个矩阵也是 $\mathfrak{g}'$ 的 Killing 型, 在 $\mathfrak{h}'$ 上的诱导相对于 $\mathfrak{h}'$ 的基 $H_{\gamma_1},\cdots,H_{\gamma_{n'}}$ 的系数矩阵, 因此 $\mathfrak{g}'$ 的 Killing 型在 $\mathfrak{h}'$ 上的诱导非退化. 于是由 $(Z,Y)'=0$ (对一切 $Y\in\mathfrak{h}'$) 导出 $Z=0$. 这证明了 $\mathfrak{g}'$ 的 Killing 型非退化, 因而 $\mathfrak{g}'$ 半单. 至于 $\mathfrak{h}'$ 是 $\mathfrak{g}'$ 的 Cartan 子代数, 以及 $\mathfrak{g}'$ 相对于 $\mathfrak{h}'$ 的根系与 Σ' 相似这两点, 是很显然的. □

第八章 半单李代数的自同构[①]

§1 李代数的自同构群和导子代数

定义 8.1 设 $\mathfrak{g}$ 是复数域 $\mathbb{C}$ 上的一个李代数. $\mathfrak{g}$ 的一个可逆线性变换 A 如具有性质:

$$A[X,Y]=[AX,AY]$$

(对一切 $X,Y\in\mathfrak{g}$), 就称为 $\mathfrak{g}$ 的一个自同构. $\mathfrak{g}$ 的自同构的全体组成一群, 称为 $\mathfrak{g}$ 的自同构群, 记作 $\mathrm{Aut}\,\mathfrak{g}$.

自然, $\mathrm{Aut}\ \mathfrak{g}$ 是 $\mathfrak{g}$ 上一切可逆线性变换所组成的复解析群 $GL(r,\mathbb{C})=GL(\mathfrak{g})$ 的子群, r 为 $\mathfrak{g}$ 的维数. 因 $\mathrm{Aut}\,\mathfrak{g}$ 是 $GL(r,\mathbb{C})$ 的闭子群, 故 $\mathrm{Aut}\,\mathfrak{g}$ 本身也是一个复李群.

定义 8.2 $\mathfrak{g}$ 的一个线性变换 D 称为 $\mathfrak{g}$ 的一个导子, 如果 D 具有性质:

$$D[X,Y]=[DX,Y]+[X,DY]\ \text{对一切}\ X,Y\in\mathfrak{g}.$$

$\mathfrak{g}$ 的导子的全体组成 $\mathfrak{g}$ 上全体线性变换所组成的李代数 $\mathfrak{gl}(r,\mathbb{C})=\mathfrak{gl}(\mathfrak{g})$ 的一个子代数, 称为 $\mathfrak{g}$ 的导子代数, 记作 $\mathrm{aut}\,\mathfrak{g}$.

定理 8.1 $\mathrm{aut}\ \mathfrak{g}$ 是 $\mathrm{Aut}\ \mathfrak{g}$ 的李代数.

---

①阅读本章, 须具备李群的基本知识. 见 C. Chevalley, Theory of Lie Groups, Vol. I, Princeton University Press, 1946. 读者也可略去本章而直接阅读后面几章.

证 $\mathfrak{gl}(r,\mathbb{C})$ 是 $GL(r,\mathbb{C})$ 的李代数. $\mathrm{Aut}\,\mathfrak{g}$ 作为 $GL(r,\mathbb{C})$ 的闭子群, 可设它以 $\mathfrak{gl}(r,\mathbb{C})$ 的子代数 $\mathfrak{a}$ 作为它的李代数.

任取 $D\in\mathfrak{a}$. 于是, 对于任意复数 $t,\exp tD\in\mathrm{Aut}\,\mathfrak{g}$, 即 $\exp tD$ 是 $\mathfrak{g}$ 的自同构. 我们有

$$\exp tD[X,Y]=[(\exp tD)X,(\exp tD)Y],$$

对一切 $X,Y\in\mathfrak{g}$. 将 $\exp tD$ 写作

$$\exp tD=I+tD+t^2D_t,$$

而 D_t 为一矩阵, 当 $t\to 0$ 时, $D_t\to\dfrac{D^2}{2!}$. 于是

$$(I+tD+t^2D_t)[X,Y]=[(I+tD+t^2D_t)X,(I+tD+t^2D_t)Y].$$

展开上式得

$$\begin{aligned}&[X,Y]+tD[X,Y]+t^2D_t[X,Y]=[X,Y]+[tDX,Y]+[X,tDY]\\&+t^2[D_tX,Y+tDY+t^2D_tY]+t^2[DX,DY+tD_tY]+t^2[X,D_tY].\end{aligned}$$

从上式双方消去 $[X,Y]$, 然后将双方除以 t, 再令 $t\to 0$ 即得

$$D[X,Y]=[DX,Y]+[X,DY].$$

因此 D 是 $\mathfrak{g}$ 的导子. 这证明了 $\mathfrak{a}\subseteq\mathrm{aut}\,\mathfrak{g}$.

现在设 $D\in\mathrm{aut}\,\mathfrak{g}$, 即

$$D[X,Y]=[DX,Y]+[X,DY].$$

用归纳法可证

$$D^p[X,Y]=\sum_{k=0}^{p}\frac{p!}{k!(p-k)!}[D^kX,D^{p-k}Y],$$

于是

$$\begin{aligned}\exp tD[X,Y]&=\sum_{p=0}^{\infty}\frac{t^p}{p!}\sum_{k=0}^{p}\frac{p!}{k!(p-k)!}[D^kX,D^{p-k}Y]\\&=[\exp tDX,\exp tDY],\end{aligned}$$

因此 $\exp tD\in\mathrm{Aut}\,\mathfrak{g}$. 于是 $D\in\mathfrak{a}$, 这证明了 $\mathrm{aut}\,\mathfrak{g}\subseteq\mathfrak{a}$. 所以 $\mathfrak{a}=\mathrm{aut}\,\mathfrak{g}$. □

作为定理 8.1 的推论立得:

推论 8.2 单连通李群的自同构群与一李群 (即它的李代数的自同构群) 同构, 此李群的李代数是这个单连通李群的李代数的导子代数.

定义 8.3 设 $\mathfrak{g}$ 为李代数. 对任一 $X \in \mathfrak{g}$, 我们知道 $\operatorname{ad} X$ 是 $\mathfrak{g}$ 的内导子, $\mathfrak{g}$ 的内导子的全体构成一李代数称为 $\mathfrak{g}$ 的内导子代数, 记作 $\operatorname{ad}\mathfrak{g}$. 自然, $\operatorname{ad}\mathfrak{g}$ 是 $\operatorname{aut}\mathfrak{g}$ 的子代数, 因此 $\operatorname{ad}\mathfrak{g}$ 是 $\operatorname{Aut}\mathfrak{g}$ 的单位元的连通分支所构成的解析群的一个解析子群的李代数. 这个解析子群记作 $\operatorname{Ad}\mathfrak{g}$, 称为李代数 $\mathfrak{g}$ 的内自同构群.

如果 $\mathfrak{g}$ 是解析群 $\mathfrak{G}$ 的李代数, 以 A 表 $\mathfrak{G}$ 的伴随表示:

$$\sigma \xrightarrow{A} d\alpha_\sigma \quad (\alpha_\sigma : t \to \sigma t \sigma^{-1}),$$

则 A 将 $\mathfrak{G}$ 映入 $GL(\mathfrak{g})$. 因 $d\alpha_\sigma$ 皆是 $\mathfrak{g}$ 的自同构, 故 A 将 $\mathfrak{G}$ 映入 $\operatorname{Aut}\mathfrak{g}$. 我们知道, 对一切 $X \in \mathfrak{g}$:

$$X \xrightarrow{dA} \operatorname{ad} X,$$

即 dA 将 $\mathfrak{g}$ 映到 $\operatorname{ad}\mathfrak{g}$ 之上. 这指明, $\operatorname{ad}\mathfrak{g}$ 是解析群 $\{d\alpha_\sigma | \sigma \in \mathfrak{G}\}$ 的李代数. 因 $\{d\alpha_\sigma | \sigma \in \mathfrak{G}\}$ 与 $\operatorname{Ad}\mathfrak{g}$ 同为 $GL(\mathfrak{g})$ 的解析子群而它们有相同的李代数, 故

$$\operatorname{Ad}\mathfrak{g} = \{d\alpha_\sigma | \sigma \in \mathfrak{G}\}.$$

又因 $\{d\alpha_\sigma | \sigma \in \mathfrak{G}\}$ 与 $\mathfrak{G}$ 的内自同构群同构, 这说明了为什么将 $\operatorname{Ad}\mathfrak{g}$ 称为 $\mathfrak{g}$ 的内自同构群的道理.

一般说来, $\operatorname{Ad}\mathfrak{g}$ 不一定是 $\operatorname{Aut}\mathfrak{g}$ 的闭子群. 但对于半单代数来说, 这却是对的. 这基于

定理 8.3 半单李代数 g 的导子都是内导子, 即 $\operatorname{aut}\mathfrak{g} = \operatorname{ad}\mathfrak{g}$.

证 设 D 是 $\mathfrak{g}$ 的一个导子. 定义一个新的李代数 $\mathfrak{g}_1$, 它由一切 $(X, \lambda D)$ 组成, $X \in \mathfrak{g}$, λ 为复数. 定义

$$\begin{aligned}
&(X, \lambda D) + (Y, \mu D) = (X + Y, (\lambda + \mu)D), \\
&[(X, \lambda D), (Y, \mu D)] = ([X, Y] + \lambda D(Y) - \mu D(X), 0),
\end{aligned}$$

显然 $\mathfrak{g}_1$ 成一向量空间, 而且换位运算对两个变元来说都是线性的. 要证 $\mathfrak{g}_1$ 成一李代数, 还需证 Jacobi 恒等式成立. 我们有

$$\begin{aligned}
&[[(X, \lambda D), (Y, \mu D)], (Z, \nu D)] \\
&= [([X, Y] + \lambda D(Y) - \mu D(X), 0), (Z, \nu D)] \\
&= ([[X, Y] + \lambda D(Y) - \mu D(X), Z] - \nu D([X, Y] + \lambda D(Y) - \mu D(X)), 0) \\
&= ([[X, Y], Z] + \lambda[D(Y), Z] - \mu[D(X), Z] - \nu D[X, Y] \\
&\quad - \lambda\nu D^2(Y) + \nu\mu D^2(X), 0).
\end{aligned}$$

由此容易看出 Jacobi 恒等式成立.

我们断言, $\mathfrak{g}_1$ 不是半单的. 设 $\mathfrak{g}_1$ 半单. 记 $\mathfrak{g}_0 = \{(X,0)|X \in \mathfrak{g}\}$. 易见 $\mathfrak{g}_0$ 与 $\mathfrak{g}$ 同构, 因而是 $\mathfrak{g}_1$ 的一个半单理想. 因此 $\mathfrak{g}_1$ 有以下的分解:

$$\mathfrak{g}_1 = \{(X,0)|X \in \mathfrak{g}\} \dot{+} \mathfrak{a}.$$

比较维数, 知 $\mathfrak{a}$ 是一维的. 这与 $\mathfrak{g}_1$ 半单相抵触.

今设 $\mathfrak{r}$ 是 $\mathfrak{g}_1$ 的极大可解理想. 因 $\mathfrak{g} \cap \mathfrak{r}$ 是 $\mathfrak{g}$ 的可解理想, 故 $\mathfrak{g} \cap \mathfrak{r} = (0)$. 因此

$$\mathfrak{g}_1 = \mathfrak{g} \dot{+} \mathfrak{r} \quad (\text{理想直和}).$$

自然 $\mathfrak{r}$ 是一维的, $(0,D)$ 在此直分解中:

$$(0,D) = (A,0) + T, \quad T \in \mathfrak{r}.$$

于是

$$[(0,D),(X,0)] = [(A,0),(X,0)],$$

即

$$(DX,0) = ([A,X],0).$$

因此

$$DX = \operatorname{ad} AX.$$

这就证明了

$$D = \operatorname{ad} A.$$ □

推论 8.4 半单李代数 $\mathfrak{g}$ 的内自同构群 $\operatorname{Ad}\mathfrak{g}$ 是它的自同构群 $\operatorname{Aut}\mathfrak{g}$ 的单位元的连通分支, 因而是 $\operatorname{Aut}\mathfrak{g}$ 的闭子群.

推论 8.5 单连通半单李群 $\mathfrak{G}$ 的自同构群是一李群, 它的李代数与 $\mathfrak{G}$ 的李代数 $\mathfrak{g}$ 同构. 更进一步, $\mathfrak{G}$ 的自同构群的单位元的连通分支即是它的内自同构群.

证 前一断言由推论 8.2 及 $\operatorname{ad}\mathfrak{g} \approx \mathfrak{g}$ 推出. 后一断言由推论 8.5 推出. □

定理 8.6 半单代数 $\mathfrak{g}$ 的自同构群 $\operatorname{Aut}\mathfrak{g}$ 和内自同构群 $\operatorname{Ad}\mathfrak{g}$ 的中心都仅由单位元构成.

证 设 A 是 $\operatorname{Aut}\mathfrak{g}$ 或 $\operatorname{Ad}\mathfrak{g}$ 的一个中心元素. 对任意 $X \in \mathfrak{g}$ 及任意复数 $t, e^{t\operatorname{ad} X}$ 是 $\mathfrak{g}$ 的内自同构. 于是

$$Ae^{t\operatorname{ad} X} = e^{t\operatorname{ad} X}A.$$

比较上式双方 t 的线性项即得

$$A\,\mathrm{ad}\,X = \mathrm{ad}\,X A,$$

即对任意 $Y \in \mathfrak{g}$ 都有

$$(A\,\mathrm{ad}\,X)Y = (\mathrm{ad}\,X A)Y,$$

即

$$[AX, AY] = [X, AY].$$

因 A 为 $\mathfrak{g}$ 的自同构, 故 $AX = X$; 这表明 A 是 $\mathfrak{g}$ 的恒同映射. □

§2 半单李代数的外自同构群

定义 8.4 设 $\mathfrak{g}$ 是半单李代数. 以 $\mathrm{Aut}\,\mathfrak{g}$ 表示 $\mathfrak{g}$ 的自同构群, 以 $\mathrm{Ad}\,\mathfrak{g}$ 表示 $\mathfrak{g}$ 的内自同构群. $\mathrm{Ad}\,\mathfrak{g}$ 是 $\mathrm{Aut}\,\mathfrak{g}$ 的单位元的连通分支, 因而是正规子群. 商群 $\mathrm{Aut}\,\mathfrak{g}/\mathrm{Ad}\,\mathfrak{g}$ 称为 $\mathfrak{g}$ 的外自同构群.

设 $\mathfrak{h}$ 是 $\mathfrak{g}$ 的一个固定的 Cartan 子代数. 以 $\mathfrak{A}$ 表示 $\mathfrak{g}$ 的所有将 $\mathfrak{h}$ 映到 $\mathfrak{h}$ 之上的自同构的集合, 它自然是 $\mathrm{Aut}\,\mathfrak{g}$ 的一个子群. 对任意 $A \in \mathfrak{A}$, 令

$$A \to A\,\mathrm{Ad}\,\mathfrak{g}. \tag{8.1}$$

这是一个将 $\mathfrak{A}$ 映入 $\mathrm{Aut}\,\mathfrak{g}/\mathrm{Ad}\,\mathfrak{g}$ 的同态映射. 我们来证明它是映上的. 设 $B \in \mathrm{Aut}\,\mathfrak{g}$, 则 $B^{-1}(\mathfrak{h})$ 也是 $\mathfrak{g}$ 的一个 Cartan 子代数. 根据定理 3.14 (Cartan 子代数的共轭性定理), 有 $U \in \mathrm{Ad}\,\mathfrak{g}$ 使 $U(\mathfrak{h}) = B^{-1}(\mathfrak{h})$. 于是 $BU(\mathfrak{h}) = \mathfrak{h}$, 即 $A = BU \in \mathfrak{A}$. 因此 $A\,\mathrm{Ad}\,\mathfrak{g} = B\,\mathrm{Ad}\,\mathfrak{g}$, 即映射 (8.1) 是映上的. 以 $\mathfrak{A}_0$ 表示同态 (8.1) 的核, 于是

$$\mathfrak{A}/\mathfrak{A}_0 \approx \mathrm{Aut}\,\mathfrak{g}/\mathrm{Ad}\,\mathfrak{g}.$$

因此我们可以研究 $\mathfrak{A}/\mathfrak{A}_0$, 以免直接研究 $\mathrm{Aut}\,\mathfrak{g}/\mathrm{Ad}\,\mathfrak{g}$.

设 $A \in \mathfrak{A}$, 于是 A 在 $\mathfrak{h}$ 上诱导出一个变换. 更进一步我们有

引理 8.7 设 A 为 $\mathfrak{g}$ 的一个自同构而 $A(\mathfrak{h}) = \mathfrak{h}$, 那么 A 引起 $\mathfrak{h}_0$ 的一个正交变换, 并且引起 $\mathfrak{g}$ 的根系的一个置换 (我们假定利用 $\mathfrak{g}$ 的 Killing 型将根嵌入 $\mathfrak{h}$).

证 设 $\alpha \in \Sigma, \Sigma$ 为 $\mathfrak{g}$ 的根系. 取 $E_\alpha \in \mathfrak{g}^\alpha$, 则对任意 $H \in \mathfrak{h}$ 有

$$A[H, E_\alpha] = \alpha(H)AE_\alpha = [AH, AE_\alpha]. \tag{8.2}$$

所以 AE_α 也是根向量. 另一方面, 如果用公式

$$\alpha^*(H) = (H, AH_\alpha), \quad H \in \mathfrak{h}$$

来定义一个 $\mathfrak{h}$ 上的线性函数, 那么 $AH_\alpha = H_{\alpha^*}$. 于是

$$\alpha(H) = (H, H_\alpha) = (AH, AH_\alpha) = (AH, H_{\alpha^*}) = \alpha^*(AH).$$

那么从 (8.2) 式得 $[AH, AE_\alpha] = \alpha^*(AH)AE_\alpha$. 又因 $A\mathfrak{h} = \mathfrak{h}$, 所以

$$[H, AE_\alpha] = \alpha^*(H)AE_\alpha,$$

因此 α^* 是 $\mathfrak{g}$ 的一个根, 而 AE_α 是相应于根 α^* 的根向量. 于是 $AH_\alpha = H_{\alpha^*} \in \mathfrak{h}_0$, 因此 $A\mathfrak{h}_0 = \mathfrak{h}_0$. 又因 Killing 型对 $\mathfrak{h}_0$ 的限制是 $\mathfrak{h}_0$ 的一个欧氏度量, 而 $\mathfrak{g}$ 的自同构保持 Killing 型, 所以 A 引起 $\mathfrak{h}_0$ 的一个正交变换. 又由 $AH_\alpha = H_{\alpha^*}$, 或对偶地置 $A\alpha = \alpha^*$, 即知 A 引起根系的一个置换. □

这样, 任一 $A \in \mathfrak{A}$ 都引出 $\mathfrak{h}_0$ 的一个正交变换并引起根的一个置换, 记由 A 所引出的 $\mathfrak{h}_0$ 的正交变换为 $f(A)$, 于是有映射

$$A \to f(A). \tag{8.3}$$

自然这是个同态映射. 记此同态的像为 $\mathfrak{T}$. 我们来证明 $\mathfrak{T}$ 由 $\mathfrak{h}_0$ 的所有那些正交变换组成, 它们引起根系的一个置换. 实际上, 设 σ 是 $\mathfrak{h}_0$ 的一个正交变换, 并设 σ 引起根系 Σ 的一个置换. 因此 σ 是 Σ 的一个自合同. 那么根据定理 5.14, σ 可扩充成 $\mathfrak{g}$ 的一个自同构 A_σ, 而 A_σ 对于根的作用与 σ 相同, 即 $A_\sigma H_\alpha = \sigma H_\alpha$, 对一切 $\alpha \in \Sigma$. 自然 $A_\sigma \in \mathfrak{A}$ 而 $f(A_\sigma) = \sigma$. 以 $\mathfrak{A}^0$ 表示同态 (8.3) 的核, 于是

$$\mathfrak{A}/\mathfrak{A}^0 \approx \mathfrak{T}. \tag{8.4}$$

再记 $\mathfrak{A}_0$ 在同态 (8.3) 之下的像为 $\mathfrak{S}$, 则

$$\mathfrak{A}_0/\mathfrak{A}_0 \cap \mathfrak{A}^0 \approx \mathfrak{S}. \tag{8.5}$$

我们再证明

引理 8.8 $\mathfrak{g}$ 的一个自同构 A 将 $\mathfrak{h}$ 中每个元素都保持不动的充要条件是, 有 $\widetilde{H} \in \mathfrak{h}$ 使得 $A = e^{\mathrm{ad}\,\widetilde{H}}$.

证 条件的充分性是显然的. 问题在于证明条件的必要性. 设 $A \in \mathrm{Aut}\,\mathfrak{g}$, 而 $AH = H$(对一切 $H \in \mathfrak{h}$). 特别, 这时 A 也将每个根都保持不动, 于是有

$$AE_\alpha = \nu_\alpha E_\alpha, \quad \nu_\alpha \neq 0.$$

可以选根向量 $E_{\pm\alpha}$ 使

$$[E_\alpha, E_{-\alpha}] = H_\alpha.$$

于是从此关系式推出

$$\nu_\alpha \nu_{-\alpha} = 1, \tag{8.6}$$

又从关系式 $[E_\alpha, E_\beta] = N_{\alpha\beta} E_{\alpha+\beta} (\beta \neq \pm\alpha)$ 推出, 当 $\alpha, \beta, \alpha+\beta \in \Sigma$ 时

$$\nu_\alpha \nu_\beta = \nu_{\alpha+\beta}. \tag{8.7}$$

设 $\alpha_1, \alpha_2, \cdots, \alpha_n$ 是一组基础根系. 对任一根 α, 写 $\alpha = \sum\limits_{i=1}^n m_i \alpha_i$, 其中 m_i 全是非负整数或全是非正整数. 从 (8.6), (8.7) 两式利用归纳法可以证明

$$\nu_\alpha = \prod_{i=1}^n \nu_{\alpha_i}^{m_i}.$$

设 $\widetilde{H} \in \mathfrak{h}$, 则自同构 $B = e^{\mathrm{ad}\,\widetilde{H}} = \sum\limits_{r=0}^\infty \frac{1}{r!} (\mathrm{ad}\,\widetilde{H})^r$ 将 $\mathfrak{h}$ 中每个元素都保持不变, 而对于每个 $\alpha \in \Sigma$,

$$\begin{aligned} BE_\alpha &= \sum_{r=0}^\infty \frac{1}{r!} \underbrace{[\widetilde{H}, [\widetilde{H}, \cdots [}_{r\ \text{个}} \widetilde{H}, E_\alpha] \cdots]] \\ &= \sum_{r=0}^\infty \frac{1}{r!} \alpha(\widetilde{H})^r E_\alpha = e^{\alpha(\widetilde{H})} E_\alpha. \end{aligned}$$

选取 $\widetilde{H}$ 使 $\alpha_i(\widetilde{H}) = \log \nu_{\alpha_i} (1 \leqslant i \leqslant n)$; 因 $\nu_{\alpha_i} \neq 0$, 故当 $\log \nu_{\alpha_i}$ 确定时, $\widetilde{H}$ 被唯一确定. 于是

$$BE_{\alpha_i} = e^{\alpha_i(\widetilde{H})} E_{\alpha_i} = e^{\log \nu_{\alpha_i}} E_{\alpha_i} = \nu_{\alpha_i} E_{\alpha_i}.$$

而一般地有

$$\begin{aligned} BE_\alpha &= e^{\alpha(\widetilde{H})} E_\alpha = e^{\sum\limits_{i=1}^n m_i \alpha_i(\widetilde{H})} E_\alpha \\ &= \prod_{i=1}^n (e^{n_i(\widetilde{H})})^{m_i} E_\alpha = \prod_{i=1}^n \nu_{\alpha_i}^{m_i} E_\alpha = \nu_\alpha E_\alpha. \end{aligned}$$

这就证明了 $A = B = e^{\mathrm{ad}\,\widetilde{H}}$. □

从引理 8.8 立刻推出 $\mathfrak{A}^0 \subset \mathfrak{A}_0$. 因此 (8.5) 成为

$$\mathfrak{A}_0 / \mathfrak{A}^0 \approx \mathfrak{S}. \tag{8.8}$$

那么从 (8.4), (8.8) 两式推出

$$\mathfrak{A}/\mathfrak{A}_0 \approx \mathfrak{T}/\mathfrak{S}.$$

我们再证明

引理 8.9　$\mathfrak{S}=W$, 即 $\mathfrak{g}$ 的那些将 $\mathfrak{h}$ 映到 $\mathfrak{h}$ 的内自同构在 $\mathfrak{h}_0$ 上诱导的线性变换正好构成 $\mathfrak{g}$ 的 Weyl 群.

证　证明分两步进行.

1) 先证明 $W\subset\mathfrak{S}$. 这只要证明 $S_\alpha(\alpha\in\Sigma)$ 是形为 $U=e^{\operatorname{ad}X}$ 的一个自同构在 $\mathfrak{h}_0$ 上的诱导即可. 取

$$X=\frac{i\pi}{\sqrt{2(\alpha,\alpha)}}(E_\alpha+E_{-\alpha}),$$

那么对任一 $H\in\mathfrak{h}$,

$$UH=H+\sum_{p=0}^{\infty}\frac{1}{(2p+1)!}(\operatorname{ad}X)^{2p+1}H+\sum_{p=0}^{\infty}\frac{1}{(2p+2)!}(\operatorname{ad}X)^{2p+2}H.$$

可是容易验算

$$(\operatorname{ad}X)^{2p+1}H=\frac{(i\pi)^{2p+1}}{\sqrt{2(\alpha,\alpha)}}\alpha(H)(-E_\alpha+E_{-\alpha}),$$

$$(\operatorname{ad}X)^{2p+2}H=\frac{(i\pi)^{2p+2}}{(\alpha,\alpha)}\alpha(H)H_\alpha.$$

那么

$$\begin{aligned}
&\sum_{p=0}^{\infty}\frac{1}{(2p+1)!}(\operatorname{ad}X)^{2p+1}H\\
=&\sum_{p=0}^{\infty}\frac{1}{(2p+1)!}\frac{(i\pi)^{2p+1}}{\sqrt{2(\alpha,\alpha)}}\alpha(H)(-E_\alpha+E_{-\alpha})\\
=&\left(\sum_{p=0}^{\infty}\frac{(-1)^p\pi^{2p+1}}{(2p+1)!}\right)\frac{i}{\sqrt{2(\alpha,\alpha)}}\alpha(H)(-E_\alpha+E_{-\alpha})\\
=&\sin\pi\frac{i}{\sqrt{2(\alpha,\alpha)}}\alpha(H)(-E_\alpha+E_{-\alpha})=0,\\
&\sum_{p=0}^{\infty}\frac{1}{(2p+2)!}(\operatorname{ad}X)^{2p+2}H\\
=&\sum_{p=0}^{\infty}\frac{1}{(2p+2)!}\frac{(i\pi)^{2p+2}}{(\alpha,\alpha)}\alpha(H)H_\alpha\\
=&\frac{\cos\pi-1}{(\alpha,\alpha)}\alpha(H)H_\alpha.
\end{aligned}$$

因此对任一 $H \in \mathfrak{h}, UH \in \mathfrak{h}$. 这证明了 U 将 $\mathfrak{h}$ 保持不动. 于是根据引理 8.7, U 诱导出 $\mathfrak{h}_0$ 的一个正交变换而且引起根的一个置换. 又根据上面的计算知, 对一切 $H \in P_\alpha, UH = H$. 而 P_α 由方程 $\alpha(H) = 0$ 所定义, 即 U 将 P_α 中向量都保持不动. 仍根据上面的计算有

$$UH_\alpha = H_\alpha + \frac{\cos\pi - 1}{(\alpha,\alpha)}\alpha(H_\alpha)H_\alpha = -H_\alpha.$$

所以 U 在 $\mathfrak{h}_0$ 中诱导的变换恰好是对于超平面 P_α 的反射 S_α. 这就是所要证明的.

2) 现在再来证明 $\mathfrak{S} = W$.

设 $\tau \in \mathfrak{S}$. τ 引起根系 Σ 的一个自合同, 因而将 Σ 的一组基础根系 $\{\alpha_1, \alpha_2, \cdots, \alpha_n\}$ 变到另一组基础根系 $\{\tau\alpha_1, \tau\alpha_2, \cdots, \tau\alpha_n\}$. 于是 τ 就把 $\{\alpha_1, \alpha_2, \cdots, \alpha_n\}$ 所确定的 Weyl 间

$$C_0 = \{H \in \mathfrak{h}_0 \text{ 使得 } \alpha_i(H) > 0, \text{ 对 } i = 1, 2, \cdots, n\}$$

变到由 $\{\tau\alpha_1, \tau\alpha_2, \cdots, \tau\alpha_n\}$ 所确定的 Weyl 间

$$C_1 = \{H \in \mathfrak{h}_0 \text{ 使得 } \tau\alpha_i(H) > 0, \text{ 对 } i = 1, 2, \cdots, n\}.$$

因 Weyl 群 W 可递地作用在诸 Weyl 间之上, 故有 $S \in W$ 使 $S(C_0) = C_1$. 于是 $S^{-1}\tau(C_0) = C_0$. 令 $\tau_1 = S^{-1}\tau$, 则 $\tau_1 \in \mathfrak{S}$ 而 $\tau_1(C_0) = C_0$. 只要证 $\tau_1 \in W$ 即可.

将 τ_1 扩充成 $\mathfrak{g}$ 的一个内自同构 A_{τ_1} 使得

$$A_{\tau_1}(H_\alpha) = \tau_1(H_\alpha), \text{对一切} \alpha \in \Sigma,$$

那么 $A_{\tau_1}\mathfrak{h} = \mathfrak{h}$, 因此 $A_{\tau_1} \in \mathfrak{A}_0$. 如果我们能证明有 $\widetilde{H} \in \mathfrak{h}$ 使得 $A_{\tau_1} = e^{\mathrm{ad}\,\widetilde{H}}$, 那么 A_{τ_1} 就将 $\mathfrak{h}$ 中每个元素都保持不动, 于是 τ_1 是 $\mathfrak{h}_0$ 上的恒同变换, 自然有 $\tau_1 \in W$.

τ_1 也可看成是 $\mathfrak{h}_0^*$ 的一个正交变换, 而引起根系的一个置换, 如果对一切 $\xi \in \mathfrak{h}_0^*$, 定义 $\tau_1\xi = \tau_1 H_\xi$, 而 H_ξ 由条件 $\xi(H) = (H, H_\xi)$ 对所有 $H \in \mathfrak{h}$, 唯一确定. 将 τ_1 表示成根的相异轮换之积 $\tau_1 = \sigma_1 \cdots \sigma_p$. 相应于这个分解, 我们写

$$\mathfrak{g} = \mathfrak{h} \dot{+} \sum_{i=1}^{p}{}^{\cdot}\, \mathfrak{g}^{\sigma_i},$$

而 $\mathfrak{g}^{\sigma_i}$ 是 σ_i 中所包含的根的相应根子空间的直和, 则 $\mathfrak{g}^{\sigma_i}$ 是 A_{τ_1} 的不变子空间. 设 σ 是 $\sigma_1, \sigma_2, \cdots, \sigma_p$ 中之一, 写 $\sigma = (\alpha, \sigma(\alpha), \cdots, \sigma^{q-1}(\alpha)), q$ 为轮换 σ 之长, 那么 $\mathfrak{g}^\sigma$ 有一组基 $E_\alpha, E_{\sigma(\alpha)}, \cdots, E_{\sigma^{q-1}(\alpha)}$. 令

$$A_{\tau_1}E_{\sigma^k(\alpha)} = \nu_{k+1}E_{\sigma^{k+1}(\alpha)}, \quad k = 0, 1, \cdots, q-1.$$

于是在 $\mathfrak{g}^{\sigma}$ 中, A_{τ_1} 对于基 $E_{\alpha}, E_{\sigma(\alpha)}, \cdots, E_{\sigma^{q-1}(\alpha)}$ 的矩阵是

$$\begin{pmatrix} 0 & 0 & 0 & \cdots & 0 & \nu_q \\ \nu_1 & 0 & 0 & \cdots & 0 & 0 \\ 0 & \nu_2 & 0 & \cdots & 0 & 0 \\ \vdots & \vdots & \vdots & & \vdots & \vdots \\ 0 & 0 & 0 & \cdots & \nu_{q-1} & 0 \end{pmatrix}.$$

因此在 $\mathfrak{g}^{\sigma}$ 中 A_{τ_1} 的特征方程是

$$\lambda^q - \nu_1\nu_2\cdots\nu_q = 0.$$

在上述讨论中, 如用 $A_{\tau_1}B$ 代替 A_{τ_1}, 其中 $B = e^{\operatorname{ad} H}, H \in \mathfrak{h}$, 也有 $A_{\tau_1}B \in \mathfrak{A}_0$ 而且 $A_{\tau_1}B$ 在根上引起的置换与 A_{τ_1} 所引起的相同. 因此以上讨论对 $A_{\tau_1}B$ 也有效. 这时 $A_{\tau_1}B$ 在 $\mathfrak{g}^{\sigma}$ 中的特征方程将是

$$\lambda^q - \nu_1'\nu_2'\cdots\nu_q' = 0.$$

由于 $\operatorname{ad} HE_{\sigma^k(\alpha)} = \sigma^k(\alpha)(H)E_{\sigma^k(\alpha)}$, 故 $e^{\operatorname{ad} H}E_{\sigma^k(\alpha)} = e^{\sigma^k(\alpha)(H)}E_{\sigma^k(\alpha)}$, 于是 $\nu_k = e^{\sigma^{k-1}(\alpha)(H)}\nu_k$. 因此 $A_{\tau_1}B$ 在 $\mathfrak{g}^{\sigma}$ 中的特征方程也可写作

$$\lambda^q - e^{\sum\limits_{k=1}^{q}\sigma^{k-1}(\alpha)(H)}\nu_1\nu_2\cdots\nu_q = 0.$$

令

$$C_0 = \{\xi \in \mathfrak{h}_0^* \text{ 使得 } (\alpha_i, \xi) > 0, \text{ 对 } i = 1, 2, \cdots, n\}.$$

因 $\tau_1(C_0) = C_0$, 故 $\tau_1(\Sigma_+) = \Sigma_+, \tau_1(\Sigma_-) = \Sigma_-$. 因此 $\alpha, \sigma(\alpha), \cdots, \sigma^{q-1}(\alpha)$ 或者全都是正根, 或者全都是负根. 所以 $\sum\limits_{k=1}^{q}\sigma^{k-1}(\alpha) \neq 0$. 那么可以选取 $H \in \mathfrak{h}$ 使得

$$e^{\sum\limits_{k=1}^{q}\sigma^{k-1}(\alpha)(H)}\nu_1\cdots\nu_q \neq 1$$

对 $\sigma = \sigma_1, \sigma_2, \cdots, \sigma_p$ 都成立. 于是 $A_{\tau_1}B$ 在 $\sum\limits_{i=1}^{p}\mathfrak{g}^{\sigma_i}$ 中不能以 1 作为特征根, 因此

$$\mathfrak{g}^1_{A_{\tau_1}B} \cap \left(\sum_{i=1}^{p}\mathfrak{g}^{\sigma_i}\right) = (0),$$

这里置

$$\mathfrak{g}^1_{A_{\tau_1}B} = \{X \in \mathfrak{g} \text{ 使得有非负整数 } m \text{ 存在, 使 } (A_{\tau_1}B - I)^m X = 0\}.$$

于是 $\mathfrak{g}^1_{A_{\tau_1}B} \subset \mathfrak{h}$.

我们先证明

引理 8.10 设 $A\in \mathrm{Ad}\,\mathfrak{g}$, 则 $\dim \mathfrak{g}_A^1 \geqslant n$, 这里 n 是 $\mathfrak{g}$ 的秩, 也是 $\mathfrak{h}$ 的维数.

证 先设 $A=e^{\mathrm{ad}\,X}, X\in\mathfrak{g}$. 这时自然有 $\mathfrak{g}_A^1\supset\mathfrak{g}_{\mathrm{ad}\,X}^0$ 因 $\dim\mathfrak{g}_X^0\geqslant n$, 故这时引理 8.10 成立. 因此引理 8.10 对于 $\mathrm{Ad}\,\mathfrak{g}$ 的单位元的一个充分小的邻域中的 A 成立.

现在任取一 $A\in\mathrm{Ad}\,\mathfrak{g}$. 因 $\mathrm{Ad}\,\mathfrak{g}$ 是连通李群, A 与 $\mathrm{Ad}\,\mathfrak{g}$ 的单位元 I 可用一条闭曲线相连, 而这条闭曲线可用有限个坐标开邻域 $U_1,U_2,\cdots,U_m$ 盖住, 并可假定 $U_1\ni I, U_m\ni A$, 而 $U_i\bigcap U_{i+1}\neq\varnothing$ $(i=1,2,\cdots,m-1)$. 还可设引理 8.9 对 U_1 中的自同构 A 成立. 现设 $A\in U_2$, 写

$$\det(\lambda I-A)=\sum_{j=0}^{r}(\lambda-1)^j\varphi_j(A),$$

其中 r 为 $\mathfrak{g}$ 的维数, $\varphi_0(A),\varphi_1(A),\cdots,\varphi_r(A)$ 都是 A 的解析函数. 对于 $A\in U_1\bigcap U_2$, 我们有 $\varphi_0(A)\equiv\varphi_1(A)\equiv\cdots\equiv\varphi_{n-1}(A)\equiv 0$. 因此对于 $A\in U_2, \varphi_0(A)\equiv\varphi_1(A)\equiv\cdots\equiv\varphi_{n-1}(A)\equiv 0$ 也成立. 这证明了引理 8.10 对于 U_2 中的自同构 A 也成立. 如此继续下去, 即可证明引理 8.10 对于所取的 A 成立. □

我们再回过头来继续证明引理 8.9. 将引理 8.10 应用到 $A_{\tau_1}B$ 上就得出 $\dim\mathfrak{g}_{A_{\tau_1}B}^1\geqslant\dim\mathfrak{h}$. 但已证得 $\mathfrak{g}_{A_{\tau_1}B}^1\subset\mathfrak{h}$, 故有 $\mathfrak{g}_{A_{\tau_1}B}^1=\mathfrak{h}$. 注意 $A_{\tau_1}B$ 引起欧氏空间 $\mathfrak{h}_0$ 上的一个正交变换, 而它的特征根又都是 1; 因正交变换的初等因子都是单的, 故 $A_{\tau_1}B$ 在 $\mathfrak{h}_0$ 上诱导出恒同变换, 因此 $A_{\tau_1}B$ 在 $\mathfrak{h}$ 上也诱导出恒同变换. 根据引理 8.8, 有 $H'\in\mathfrak{h}$ 使 $A_{\tau_1}B=e^{\mathrm{ad}\,H'}$, 于是 $A_{\tau_1}=e^{\mathrm{ad}\,(H'-H)}$. 这就是我们所要证明的.

这样引理 8.9 就完全证明了. □

综合上面的讨论, 我们得到下面的定理.

定理 8.11 设 $\mathfrak{g}$ 是个半单李代数, 用 $\mathrm{Aut}\,\mathfrak{g}$ 表示 $\mathfrak{g}$ 的自同构群. 用 $\mathrm{Ad}\,\mathfrak{g}$ 表示 $\mathfrak{g}$ 的内自同构群. 再设 $\mathfrak{h}$ 是 $\mathfrak{g}$ 的一个 Cartan 子代数. 用 $\mathfrak{T}$ 表 $\mathfrak{h}_0$ 中所有那种正交变换所组成的群, 它们每一个都引起 $\mathfrak{g}$ 的根系的一个置换. 再以 W 表 $\mathfrak{g}$ 的 Weyl 群, 那么 W 是 $\mathfrak{T}$ 的正规子群而且

$$\mathrm{Aut}\,\mathfrak{g}/\mathrm{Ad}\,\mathfrak{g}\approx\mathfrak{T}/W.$$

这个定理有下面这个推论.

推论 8.12 半单李代数 $\mathfrak{g}$ 的外自同构群与这样一个有限群 G 同构, G 由 $\mathfrak{g}$ 的一组基础根系 Π 的所有自合同组成

证　只要证 $\mathfrak{T}/W$ 与 G 同构即可. 因 $\mathfrak{g}$ 的基础根系 Π 组成 $\mathfrak{h}_0^*$ 的一组基, 故 G 是 $\mathfrak{T}$ 的一个子群. 设 $\tau \in G$, 令

$$\tau \to \tau W, \tag{8.9}$$

这是一个从 G 映入 $\mathfrak{T}/W$ 的同态. 此同态的核是 $G\bigcap W$. 因 W 是作用在诸 Weyl 间之上的正则置换群. 故 $G\bigcap W$ 仅由恒同变换组成. 我们再证明此同态将 G 映上 $\mathfrak{T}/W$. 设 $\sigma \in \mathfrak{T}$, 可设 σ^{-1} 将由 Π 所确定的 Weyl 间 C_0 映成另一 Weyl 间 C_1, 即 $\sigma^{-1}(C_0) = C_1$. 因 Weyl 群 W 可递地作用在诸 Weyl 间之上, 故可设有 $S \in W$ 使 $S(C_0) = C_1$. 于是 $\sigma S(C_0) = C_0$. 这样 $\sigma_1 = \sigma S$ 就是基础根系 Π 的一个自合同, 即 $\sigma_1 \in G$. 显然有 $\sigma_1 W = \sigma SW = \sigma W$. 这证明了同态 (8.9) 将 G 映到 $\mathfrak{T}/W$ 之上, 于是

$$G \approx \mathfrak{T}/W. \qquad \square$$

这个推论还可推广成下面这个较强的形式.

定理 8.13　设 $\mathfrak{g}$ 是个半单李代数, 以 $\mathrm{Aut}\,\mathfrak{g}$ 表示 $\mathfrak{g}$ 的自同构群, 以 $\mathrm{Ad}\,\mathfrak{g}$ 表示 $\mathfrak{g}$ 的内自同构群. 设 $\mathfrak{h}$ 是 $\mathfrak{g}$ 的一个 Cartan 子代数, $\Pi = \{\alpha_1, \alpha_2, \cdots, \alpha_n\}$ 是 $\mathfrak{g}$ 相对于 $\mathfrak{h}$ 的根系的一组基础根系. 对每个 $\alpha_i \in \Pi$ 选 $E_{\pm\alpha_i} \in \mathfrak{g}^{\pm\alpha_i}$ 使 $(E_{\alpha_i}, E_{-\alpha_i}) = 1$. 那么 Π 的每个自合同 σ 都可以唯一地扩充成 $\mathfrak{g}$ 的一个自同构 A_σ, 并有性质:

$$A_\sigma(E_{\pm\alpha_i}) = E_{\pm\sigma(\alpha_i)}, \quad i = 1, 2, \cdots, n. \tag{8.10}$$

一切这种自同构组成一群, 它与 Π 的所有自合同组成之群同构. 记此群为 G', 那么

$$\mathrm{Aut}\,\mathfrak{g} = G'\mathrm{Ad}\,\mathfrak{g}, \quad G' \cap \mathrm{Ad}\,\mathfrak{g} = \{I\}.$$

证　Π 的每个自合同 σ 都可以唯一地扩充成 $\mathfrak{g}$ 的一个具有性质 (8.10) 的自同构 A_σ, 这是定理 6.7 所证明的. 所有这种自同构 A_σ 组成一群 G', 它与 Π 的自合同群 G 同构是显然的, 于是根据推论 8.12 就有

$$\mathrm{Aut}\,\mathfrak{g}/\mathrm{Ad}\,\mathfrak{g} \approx G'.$$

又因 G' 是 $\mathrm{Aut}\,\mathfrak{g}$ 的子群而 G' 中只有恒同自同构才是内自同构, 故

$$\mathrm{Aut}\,\mathfrak{g} = G'\mathrm{Ad}\,\mathfrak{g}, \quad G' \cap \mathrm{Ad}\,\mathfrak{g} = \{I\}. \qquad \square$$

利用定理 8.13 或者利用推论8.12, 可以确定出单李代数的外自同构群.

推论 8.14　单李代数的外自同构群如下表所示

单李代数	A_1	$A_n(n>1)$	$B_n(n\geqslant 1)$	$C_n(n\geqslant 1)$	$D_n(n\geqq 3, n\neq 4)$
外自同构群	$\{I\}$	2 阶循环群	$\{I\}$	$\{I\}$	2 阶循环群

D_4	E_6	E_7	E_8	F_4	G_2
三个文字的对称群	2 阶循环群	$\{I\}$	$\{I\}$	(I)	(I)

最后, 我们来具体定出典型李代数的自同构群.

我们知道 A_n 是全体行列式为 1 的 $(n+1)\times(n+1)$ 复系数矩阵所组成的群 $SL(n+1,\mathbb{C})$ 的李代数. $SL(n+1,\mathbb{C})$ 的内自同构有形状

$$Z\to PZP^{-1},\quad 对一切\ Z\in SL(n+1,\mathbb{C}),$$

其中 $P\in SL(n+1,\mathbb{C})$. 这样一个自同构的微分是

$$X\to PXP^{-1},\quad 对一切\ X\in A_n.$$

因此 A_n 的内自同构群是 $SL(n+1,\mathbb{C})$ 对于它的中心的商群, 此群记作 $PSL(n+1,\mathbb{C})$. 易证 $SL(n+1,\mathbb{C})$ 的中心是由 $e^{\frac{2\pi i}{n+1}}I_{n+1}$ 生成的 $n+1$ 阶循环群. 当 $n>1$ 时

$$X\to -X'$$

是 A_n 的一个外自同构.

B_n 是由一切行列式为 1 且适合条件

$$Z\begin{pmatrix}1&0&0\\0&0&I_n\\0&I_n&0\end{pmatrix}Z'=\begin{pmatrix}1&0&0\\0&0&I_n\\0&I_n&0\end{pmatrix}$$

的矩阵 Z 所组成的群 $SO(2n+1,\mathbb{C})$ 的李代数. 可证 $SO(2n+1,\mathbb{C})$ 的中心仅含单位矩阵. 因此, 同理可证, B_n 的内自同构群 (亦即外自同构群) 是 $SO(2n+1,\mathbb{C})$.

C_n 是由一切适合条件

$$Z\begin{pmatrix}0&I_m\\-I_m&0\end{pmatrix}Z'=\begin{pmatrix}0&I_m\\-I_m&0\end{pmatrix}$$

的矩阵 Z 所组成的群 $Sp(2n,\mathbb{C})$ 的李代数. 可证 $Sp(2n,\mathbb{C})$ 的中心由 $\pm I_{2n}$ 组成. 记 $Sp(2n,\mathbb{C})$ 对于它的中心 $\{\pm I_{2n}\}$ 的商群为 $PSp(2n,\mathbb{C})$. 同理可证 $PSp(2n,\mathbb{C})$ 就是 C_n 的内自同构群 (也是外自同构群).

D_n 是由一切行列式为 1 且适合条件

$$Z\begin{pmatrix}0&I_n\\I_n&0\end{pmatrix}Z'=\begin{pmatrix}0&I_n\\I_n&0\end{pmatrix}\tag{8.11}$$

的矩阵 Z 所组成的群 $SO(2n,\mathbb{C})$ 的李代数. 可证 $SO(2n,\mathbb{C})$ 的中心由 $\pm I_{2n}$ 组成. 记 $SO(2n,\mathbb{C})$ 对于它的中心 $\{\pm I_{2n}\}$ 的商群为 $PSO(2n,\mathbb{C})$. 同理可证 $PSO(2n,\mathbb{C})$ 是 D_n 的内自同构群. 全体适合条件 (8.11) 的矩阵组成一群, 记作 $O(2n,\mathbb{C})$. 如 $P\in O(2n,\mathbb{C})$ 而 $\det P=-1$ 那么

$$X\to PXP^{-1}\quad (X\in D_n)$$

就是 D_n 的一个外自同构. 于是当 $n\geqslant 3$ 而 $n\neq 4$ 时, D_n 的自同构群就是 $O(2n,\mathbb{C})$ 对于它的中心 $\{\pm I_{2n}\}$ 的商群 $PO(2n,\mathbb{C})$.

利用以上这些讨论, 我们可以导出低维典型群之间的一些同构关系. 例如, 从 $A_1\approx B_1\approx C_1$ 导出 $PSL(2,\mathbb{C})\approx SO(3,\mathbb{C})\approx PSp(2,\mathbb{C})$. 又从 $B_2\approx C_2$ 导出 $SO(5,\mathbb{C})\approx PSp(4,\mathbb{C})$. 又从 $A_3\approx D_3$ 导出 $PSL(4,\mathbb{C})\approx PSO(6,\mathbb{C})$.

第九章　李代数的表示

§1　基 本 概 念

定义 9.1　设 $\mathfrak{g}$ 是李代数而 V 是复数域上的有限维向量空间. 从 $\mathfrak{g}$ 映入李代数 $\mathfrak{gl}(V)$ 的一个同态 ρ:

$$X \to \rho(X) \tag{9.1}$$

称为 $\mathfrak{g}$ 的一个线性表示, 或简称表示, 而 V 称为表示 ρ 的表示空间, V 的维数称为表示 ρ 的级数. 如在 V 中选取一组基 $e_1, e_2, \cdots, e_N$, 这里 $N = \dim V$, 并设

$$\rho(X)e_j = \sum_{i=1}^{N} a_{ij}(X)e_i, \quad j = 1, 2, \cdots, N,$$

那么

$$X \to (a_{ij}(X))_{1\leqslant i,j\leqslant N} \tag{9.2}$$

就是从 $\mathfrak{g}$ 映入李代数 $\mathfrak{gl}(N, \mathbb{C})$ 的一个同态, 这个同态称为 $\mathfrak{g}$ 的一个矩阵表示.

对于 V 的另一组基 $e'_1, e'_2, \cdots, e'_N$, 设

$$\rho(X)e'_j = \sum_{i=1}^{N} b_{ij}(X)e'_i, \quad j = 1, 2, \cdots, N,$$

那么

$$X \to (b_{ij}(X))_{1\leqslant i,j\leqslant N} \tag{9.3}$$

也是 $\mathfrak{g}$ 的矩阵表示. 设关联 V 的上述两组基的矩阵是 (p_{ij}), 即

$$e'_j = \sum_{i=1}^{N} p_{ij} e_i, \quad j = 1, 2, \cdots, N,$$

则

$$(b_{ij}(X)) = (p_{ij})^{-1}(a_{ij}(X))(p_{ij}), \quad X \in \mathfrak{g}. \tag{9.4}$$

定义 9.2 $\mathfrak{g}$ 的两个矩阵表示 (9.2) 和 (9.3) 如由 (9.4) 式所关联, 其中 (p_{ij}) 为 $N \times N$ 可逆矩阵, 就称为等价.

定义 9.3 设 ρ_1 和 ρ_2 是 $\mathfrak{g}$ 的两个线性表示, 它们的表示空间分别是 V_1 和 V_2. 我们说 ρ_1 和 ρ_2 等价, 如果有一个一对一的线性映射 P, 将 V_1 映到 V_2 之上且对一切 $X \in \mathfrak{g}$ 有性质:

$$P\rho_1(X) = \rho_2(X)P.$$

这时我们说表示空间 V_1 和 V_2 同构, 记作 $V_1 \approx V_2$.

同构的表示空间一定有相同的维数. 设在 V_1 和 V_2 中选定了基 $e_{11}, \cdots, e_{1N}$ 和 $e_{21}, \cdots, e_{2N}$, 这里 $N = \dim V_1 = \dim V_2$, 以 $\tilde{\rho}_i(X)$ 表示 $\rho_i(X)$ 相对于 V_i 的基 $e_{i1}, \cdots, e_{iN}$ 的矩阵, 以 (p_{ij}) 表 P 相对于这两组基的矩阵, 即

$$Pe_{1j} = \sum_{i=1}^{N} p_{ij} e_{2i}, \quad j = 1, 2, \cdots, N,$$

那么

$$\tilde{\rho}_1(X) = (p_{ij})^{-1} \tilde{\rho}_2(X)(p_{ij}).$$

特别, 如选取 $e_{21} = Pe_{11}, \cdots, e_{2N} = Pe_{1N}$, 则

$$\tilde{\rho}_1(X) = \tilde{\rho}_2(X).$$

以下说到表示, 我们总指线性表示.

李代数表示论的基本问题之一就是寻求一李代数的一切两两不等价的表示.

定义 9.4 李代数 $\mathfrak{g}$ 的表示 ρ 称为不可约, 如果 ρ 的表示空间 V 在 $\rho(\mathfrak{g})$ 的作用下是不可约的; 否则 ρ 称为可约.

设李代数 $\mathfrak{g}$ 的表示 ρ 可约, 则 ρ 的表示空间 V 包有一个既 $\neq V$ 又 $\neq \{0\}$ 的不变子空间 V_1. 对于商空间 V/V_1 中任一向量 $v + V_1$ 和 $X \in \mathfrak{g}$, 定义

$$\tilde{\rho}(X)(v + V_1) = \rho(X)v + V_1.$$

利用 V_1 的不变性可证此定义与 v 的选取无关. 更进一步可以证明, 映射

$$X \to \tilde{\rho}(X)$$

是 $\mathfrak{g}$ 的一个表示, 这个表示的表示空间是商空间 V/V_1.

定义 9.5 设李代数 $\mathfrak{g}$ 的表示 ρ 的表示空间 V 分解成若干个在 $\rho(\mathfrak{g})$ 的作用下不变的子空间 $V_1, \cdots, V_s$ 的直和, 于是 ρ 在每个 V_i 上都诱导出一个表示 ρ_i:

$$\rho_i(X)v_i = \rho(X)v_i, \quad X \in \mathfrak{g}, \quad v_i \in V_i.$$

这时我们说 ρ 分解成表示 $\rho_1, \cdots, \rho_s$ 的和, 记作 $\rho = \rho_1 + \rho_2 + \cdots + \rho_s$. 如果 ρ 可以分解成一些不可约表示的和, 就说 ρ 完全可约.

设 $\mathfrak{g}$ 是个李代数, 则映射

$$X \to \operatorname{ad} X \quad X \in \mathfrak{g}$$

就是 $\mathfrak{g}$ 的一个表示, 表示空间就是 $\mathfrak{g}$ 本身. 这个表示称为 $\mathfrak{g}$ 的*正则表示*. 正则表示的不变子空间就是 $\mathfrak{g}$ 的理想. 如果 $\mathfrak{g}$ 半单, 则 $\mathfrak{g}$ 的正则表示完全可约.

定理 9.1 *设李代数 $\mathfrak{g}$ 的表示 ρ 完全可约, 而 $\rho = \rho_1 + \cdots + \rho_r = \rho_1' + \cdots + \rho_s'$ 是 ρ 分解成不可约表示的和的两种方法, 则 $r = s$, 而且可以重排 $\rho_1', \cdots, \rho_s'$ 使 ρ_i 和 ρ_i' 等价 $(i = 1, 2, \cdots, r)$.*

证 相应于分解 $\rho = \rho_1 + \cdots + \rho_r$, 表示空间 V 有分解 $V = V_1 \dot{+} \cdots \dot{+} V_r$, 其中 V_i 都是不可约的. 相应于分解 $\rho = \rho_1' + \cdots + \rho_s'$, 表示空间 V 有分解 $V = V_1' + \cdots + V_s'$, 其中 V_j' 都是不可约的.

考察 $V = V_1 + V_1' + \cdots + V_s'$. 对任一 $k (1 \leqslant k \leqslant s)$, 因 V_k' 不可约, 所以或者 $(V_1 + V_1' + \cdots + V_{k-1}') \bigcap V_k' = (0)$ 或者 $(V_1 + V_1' + \cdots + V_{k-1}') \bigcap V_k' = V_k'$. 在前一情形, $V_1 + V_1' + \cdots + V_{k-1}' + V_k' = (V_1 + V_1' + \cdots + V_{k-1}') \dot{+} V_k'$, 而在后一情形, $V_1 + V_1' + \cdots + V_{k-1}' + V_k' = V_1 + V_1' + \cdots + V_{k-1}'$. 因此我们可以在 $V_1', \cdots, V_s'$ 中删除某些之后得到 V 的一个直和分解. 将 $V_1', \cdots, V_s'$ 重排后可以假定

$$V = V_1 \dot{+} V_i' \dot{+} V_{i+1}' \dot{+} \cdots \dot{+} V_s'.$$

于是

$$V_1 \approx V/(V_i' \dot{+} \cdots \dot{+} V_s') \approx V_1' \dot{+} \cdots \dot{+} V_{i-1}'.$$

因 V_1 不可约, 故 $i = 2$. 于是

$$V = V_1 \dot{+} V_2' \dot{+} V_3' \dot{+} \cdots \dot{+} V_s',$$

而且 $V_1 \approx V_1'$, 即 ρ_1 和 ρ_1' 等价.

再考察 $V = V_1 + V_2 + V_2' + V_3' + \cdots + V_s'$. 仍然利用同样的推理方法, 可以在 $V_2', \cdots, V_s'$ 中删除一个, 设为 V_2', 使

$$V = V_1 \dotplus V_2 \dotplus V_3' \dotplus \cdots \dotplus V_s'.$$

这样 $V_2 \approx V_2'$, 即 ρ_2 和 ρ_2' 等价.

如此继续下去, 可得 $r = s$ 以及重排 $\rho_1', \cdots, \rho_s'$ 之后总有 ρ_i 和 ρ_i' 等价 $(i = 1, 2, \cdots, r)$. 这就证明了定理 9.1. □

根据定理 9.1, 如李代数 $\mathfrak{g}$ 的任一表示皆完全可约, 则求 $\mathfrak{g}$ 的一切两两不等价的表示这一问题就化为求 $\mathfrak{g}$ 的一切两两不等价的不可约表示的问题.

以下我们介绍表示的一些运算:

1) 设 ρ_1 和 ρ_2 都是李代数的表示, 表示空间各为 V_1 和 V_2. 令 $V = V_1 \dotplus V_2$. 对一切 $v_1 \in V_1, v_2 \in V_2$ 以及任意 $X \in \mathfrak{g}$, 定义

$$\rho(X)(v_1 + v_2) = \rho_1(X)v_1 + \rho_2(X)v_2.$$

这样

$$X \to \rho(X)$$

就是 ρ 的一个表示, 表示空间为 $V = V_1 \dotplus V_2$. 自然 ρ 可分解成 ρ_1 和 ρ_2 的和, 我们说表示 ρ 是 ρ_1 与 ρ_2 的和.

2) 仍设 ρ_1 和 ρ_2 是 $\mathfrak{g}$ 的表示, 表示空间各为 V_1 和 V_2. 令 $V = V_1 \otimes V_2$ (空间 V_1 和 V_2 的张量积或 Kronecker 积). 对一切 $v_1 \in V_1, v_2 \in V_2$ 以及任意 $X \in \mathfrak{g}$, 定义

$$\rho(X)(v_1 \otimes v_2) = \rho_1(X)v_1 \otimes v_2 + v_1 \otimes \rho_2(X)v_2.$$

这时

$$X \to \rho(X)$$

也是 $\mathfrak{g}$ 的一个表示, 称为 ρ_1 和 ρ_2 的 Kronecker 积.

3) 再设 ρ 是 $\mathfrak{g}$ 的一个表示, 表示空间为 V. 以 V^* 表示 V 的对偶空间. 对任意 $X \in \mathfrak{g}$, 按公式

$$(v, \rho^*(X)v^*) = -(\rho(X)v, v^*), \quad v \in V, \quad v^* \in V^*$$

来定义 $\mathfrak{g}$ 的一个表示 $\rho^* : X \to \rho^*(X)$, ρ^* 称为 ρ 的星表示或逆步表示.

§2 Schur 引理

在表示论中, Schur 引理实属基本.

引理 9.2 如果李代数 $\mathfrak{g}$ 的表示 ρ 是不可约的, 那么与每个线性变换 $\rho(X)$ $(X \in \mathfrak{g})$ 都交换的线性变换一定是恒同线性变换 I 的倍数; 换言之, 从关系式

$$\rho(X)A = A\rho(X) \tag{9.5}$$

对一切 $X \in \mathfrak{g}$, 推出等式

$$A = \lambda I,$$

其中 λ 为一复数.

证 以 V 表示 ρ 的表示空间. 线性变换 A 至少有一特征值, 设为 λ. 以 V_1 表示 V 中一切适合条件 $Av = \lambda v$ 的向量 v 所组成的集合, 则 V_1 是 V 的一个非零子空间. 又如 $v \in V_1$, 则由 (9.5) 式得

$$A(\rho(X)v) = \rho(X)Av = \rho(X)\lambda v = \lambda\rho(X)v,$$

即 $\rho(X)v \in V_1$. 因此 V_1 在 ρ 的作用下不变, 因表示 ρ 不可约, 故一定有 $V_1 = V$, 因此 $A = \lambda I$. □

引理 9.3 设 ρ_1 和 ρ_2 是李代数 $\mathfrak{g}$ 的两个不可约表示, 它们分别作用在空间 V_1 和 V_2 之上. 设有从 V_2 映入 V_1 的线性变换 A, 对一切 $X \in \mathfrak{g}$, 它满足条件

$$\rho_1(X)A = A\rho_2(X), \tag{9.6}$$

那么或者 $A = 0$, 或者 A 可逆, 即 A 将 V_2 一一地映到 V_1 之上, 这时 ρ_1 和 ρ_2 一定等价. 因此, 如果 ρ_1 和 ρ_2 不等价, 那么一定有 $A = 0$.

证 设 A 的核为 V_2', 它是 V_2 的一个子空间, 它由 V_2 中一切适合条件 $Av_2 = 0$ 的向量 v_2 组成. 设 $v_2 \in V_2'$, 则由 (9.6) 式有

$$A(\rho_2(X)v_2) = \rho_1(X)Av_2 = 0,$$

于是 $\rho_2(X)v_2 \in V_2'$. 这就是说, V_2' 在 ρ_2 的作用下不变. 因 ρ_2 不可约, 故一定有 $V_2' = V_2$ 或 $V_2' = \{0\}$. 如果 $V_2' = V_2$, 则 $A = 0$. 以下设 $V_2' = \{0\}$, 这时 A 一一地将 V_2 映入 V_1.

再考察 A 的像集 $V_1' = AV_2$. 自然 V_1' 是 V_1 的子空间. 设 $v_1 \in V_1'$, 记 $v_1 = Av_2$ 而 $v_2 \in V_2$, 则由 (2) 式有

$$\rho_1(X)v_1 = \rho_1(X)Av_2 = A(\rho_2(X)v_2) \in AV_2 = V_1'.$$

因此 V_1' 在 ρ_1 的作用下不变. 因表示 ρ_1 不可约, 故一定有 $V_1'=\{0\}$ 或 $V_1'=V_1$. 如 $V_1'=\{0\}$, 则 $A=0$. 如 $V_1'=V_1$, 则 A 将 V_2 一一地映到 V_1 之上, 因而 ρ_1 和 ρ_2 等价. □

§3 一个例子 —— 三维单李代数的表示

所有 3×3 的复系数斜对称矩阵组成一个三维单代数 $\mathfrak{g}_3$. 令

$$M_1=\begin{pmatrix}0&0&0\\0&0&-1\\0&1&0\end{pmatrix},\quad M_2=\begin{pmatrix}0&0&1\\0&0&0\\-1&0&0\end{pmatrix},\quad M_3=\begin{pmatrix}0&-1&0\\1&0&0\\0&0&0\end{pmatrix},$$

则 M_1,M_2,M_3 组成 $\mathfrak{g}_3$ 的一组基, 而结构公式是

$$[M_1,M_2]=M_3,\quad [M_2,M_3]=M_1,\quad [M_3,M_1]=M_2.$$

令

$$H=iM_3,\quad E_1=i(M_1+iM_2),\quad E_{-1}=i(M_1-iM_2),$$

则

$$[H,E_1]=E_1,\quad [H,E_{-1}]=-E_{-1},\quad [E_1,E_{-1}]=2H.$$

这表明 $\mathfrak{h}=\{H\}$ 是 $\mathfrak{g}_3$ 的一个 Cartan 子代数, $\mathfrak{h}$ 的两个根是 λ 和 $-\lambda$,

$$[\lambda H,E_1]=\lambda E_1,\quad [\lambda H,E_{-1}]=-\lambda E_1,$$

而相应的根向量是 E_1 和 E_{-1}.

我们来研究 $\mathfrak{g}_3$ 的表示. 设 ρ 是 $\mathfrak{g}_3$ 的一个表示, 表示空间为 V. 我们把 $\rho(H)$ 的特征根称为 ρ 的权, 而 $\rho(H)$ 的非零特征向量称为 ρ 的权向量. 首先我们有

引理 9.4 设 v 是 ρ 的一个权向量, 相应于权 m, 即 $\rho(H)v=mv$. 如果 $\rho(E_1)v\neq 0$, 则 $\rho(E_1)v$ 是相应于权 $m+1$ 的权向量; 如果 $\rho(E_{-1})v\neq 0$, 则 $\rho(E_{-1})v$ 是相应于权 $m-1$ 的权向量.

证 我们有

$$\begin{aligned}\rho(H)\rho(E_1)v&=\rho([H,E_1])v+\rho(E_1)\rho(H)v\\&=\rho(E_1)v+\rho(E_1)mv=(m+1)\rho(E_1)v.\end{aligned}$$

同理

$$\rho(H)\rho(E_{-1})v=(m-1)\rho(E_{-1})v.$$

从这两个式子即可推出引理 9.4 的结论. □

因 V 是有限维的, 所以根据引理 9.4, ρ 总有一个权向量 v 而 $\rho(E_1)v=0$. 设 v 的权是 j, 记 $v=v_j$, 即

$$\rho(H)v_j=jv_j.$$

置

$$v_{j-1}=\rho(E_{-1})v_j,\quad v_{j-2}=\rho(E_{-1})v_{j-1},\cdots.$$

我们有

$$\begin{aligned}\rho(E_1)v_j&=0,\\ \rho(E_1)v_{j-1}&=\rho(E_1)\rho(E_{-1})v_j\\ &=\rho([E_1,E_{-1}])v_j+\rho(E_{-1})\rho(E_1)v_j\\ &=\rho(2H)v_j=2jv_j.\end{aligned}$$

一般地

$$\rho(E_1)v_m=(j-m)(j+m+1)v_{m+1}.$$

实际上, 如上式对 m 成立, 则对 $m-1$ 也成立:

$$\begin{aligned}\rho(E_1)v_{m-1}&=\rho(E_1)\rho(E_{-1})v_m\\ &=\rho([E_1,E_{-1}])v_m+\rho(E_{-1})\rho(E_1)v_m\\ &=\rho(2H)v_m+\rho(E_{-1})(j-m)(j+m+1)v_{m+1}\\ &=2mv_m+(j-m)(j+m+1)v_m\\ &=(j-m+1)(j+m)v_m.\end{aligned}$$

设 j' 是第一个数, 使

$$v_{j'}\neq 0\quad 而\quad \rho(E_{-1})v_{j'}=v_{j'-1}=0.$$

于是从 $\rho(E_1)v_{j'-1}=0$ 推出

$$(j-j'+1)(j+j')=0.$$

因 $j-j'$ 为一非负整数, 故 $j+j'=0$, 于是 $j'=-j$. 这样 j 为非负整数或半整数. 更进一步, 可以证明

$$v_j,\quad v_{j-1},\quad \cdots,\quad v_{-j}$$

生成 ρ 的一个不可约不变子空间. 实际上, 以 V_j 表示由 $v_j,v_{j-1},\cdots,v_{-j}$ 所生成的子空间. 因为

$$\left.\begin{aligned}\rho(H)v_m&=mv_m,\\ \rho(E_{-1})v_m&=v_{m-1},\\ \rho(E_1)v_m&=(j-m)(j+m+1)v_{m+1},\end{aligned}\qquad (m=j,j-1,\cdots,-j)\right\}\tag{9.7}$$

其中置 $v_{j+1}=v_{-j-1}=0$, 所以 V_j 在 ρ 的作用下不变. 其次, 设 V' 是 V_j 的一个在 ρ 的作用下不变的子空间, 设 $V'\neq 0$, 那么 $\rho(H)$ 在 V' 中一定有一个特征值, 设为 k, 则 k 必为 $j,j-1,\cdots,-j$ 之一. 因 V_j 中 $\rho(H)$ 的特征值都是单的, 故 V' 一定含有 v_k. 那么利用 (1) 式即可推出 $v_j,v_{j-1},\cdots,v_{-j}$ 都属于 V'. 于是 $V'=V_j$. 这证明了 V_j 的不可约性. 特别, 如 ρ 不可约, 则 $V_j=V$, 这时我们把 j 称为 ρ 的首权, 于是我们证明了

定理 9.5 设 ρ 是 $\mathfrak{g}_3$ 的一个不可约表示, 表示空间为 V, 于是 $\dim V=2j+1$, 其中 j 为非负整数或半整数, 而且我们可以在 V 中选一组基 $v_j,v_{j-1},\cdots,v_{-j}$ 使

$$\left.\begin{aligned}&\rho(H)v_m=mv_m,\\&\rho(E_{-1})v_m=v_{m-1},\qquad\qquad (m=j,j-1,\cdots,-j)\\&\rho(E_1)v_m=(j-m)(j+m+1)v_{m+1},\end{aligned}\right\}$$

其中置 $v_{j+1}=v_{-j-1}=0$. 因此, $\mathfrak{g}_3$ 的两个不可约表示等价当且仅当它们有相同的首权.

反过来我们有

定理 9.6 任给一个非负整数或半整数 j, 可按公式 (9.7) 来定义 $\mathfrak{g}_3$ 的一个不可约表示 ρ, 其首权为 j.

证 我们可以验证

$$\begin{aligned}&[\rho(H),\rho(E_1)]=\rho(E_1),\\&[\rho(H),\rho(E_{-1})]=-\rho(E_{-1}),\\&[\rho(E_1),\rho(E_{-1})]=2\rho(H).\end{aligned}$$

由此推出 ρ 是 $\mathfrak{g}_3$ 的一个表示, 又由定理 9.5 中关于 V_j 不可约性的证明就证明了 ρ 的不可约性. □

定理 9.5 和 9.6 一起解决了求 $\mathfrak{g}_3$ 的不可约表示的问题.

今后以 ρ_j 记 $\mathfrak{g}_3$ 的首权为 j 的不可约表示, 以 V_j 表示它的表示空间. 我们知道 ρ_j 是 $2j+1$ 级的表示.

定理 9.5 有下面的推论:

推论 9.7 设 v 为 V_j 中权为 r 的向量. 如以 p 表示最大非负整数使 $\rho_j(E_{-1})^p v\neq 0$, 而以 q 表示最大非负整数使 $\rho_j(E_1)^q v\neq 0$, 则 $2r=-(q-p)$, 而且 $p+q=2j$. 再者, $\rho_j(E_{-1})^i\rho_j(E_1)^q v\neq 0(0\leqslant i\leqslant p+q)$ 而 $\rho_j(E_{-1})^i\rho_j(E_1)^q v$ 是属于权 $r+q-i$ 的向量.

证 因 $\rho_j(H)$ 的特征根都是单的, 故 v 与 v_r 线性相关, 因此不妨设 $v=v_r$. 根据 (9.7) 式知, 如 $\rho_j(E_1)^i v_r \neq 0$, 则 $\rho_j(E_1)^i v_r$ 属于权 $r+i$, 因而与 v_{r+i} 线性相关. 于是由 $\rho_j(E_1)\rho_j(E_1)^q v_r = 0$ 推出 $r+q=j$. 同理有 $r-p=-j$, 将 $r+q=j$ 与 $r-p=-j$ 相加得 $2r=-(q-p)$, 相减得 $p+q=2j$. □

下面的定理将寻求 $\mathfrak{g}_3$ 的可约表示的问题化归寻求不可约表示的问题, 这样和定理 9.5 及 9.6 一起, 就解决了寻求 $\mathfrak{g}_3$ 的一切表示的问题.

定理 9.8 $\mathfrak{g}_3$ 的任一表示皆完全可约.

证 我们引进 $\mathfrak{g}_3$ 的表示 ρ 的 Casimir 算子:

$$\begin{aligned}\rho(G) &= -\frac{1}{2}(\rho(M_1)^2+\rho(M_2)^2+\rho(M_3)^2)\\ &= \frac{1}{4}(\rho(E_1)\rho(E_{-1})+\rho(E_{-1})\rho(E_1))+\frac{1}{2}\rho(H)^2.\end{aligned}$$

易证 $\rho(G)$ 与 $\rho(\mathfrak{g}_3)$ 中每个线性变换皆交换, 例如

$$\begin{aligned}2[\rho(G),\rho(M_1)] &= -[\rho(M_2)^2,\rho(M_1)]-[\rho(M_3)^2,\rho(M_1)]\\ &= -\rho(M_2)[\rho(M_2),\rho(M_1)]-[\rho(M_2),\rho(M_1)]\rho(M_2)\\ &\quad -\rho(M_3)[\rho(M_3),\rho(M_1)]-[\rho(M_3),\rho(M_1)]\rho(M_3)\\ &= \rho(M_2)\rho(M_3)+\rho(M_3)\rho(M_2)-\rho(M_3)\rho(M_2)-\rho(M_2)\rho(M_3)=0.\end{aligned}$$

因此, 如果 ρ 是不可约表示, 则根据 Schur 引理, $\rho(G)$ 是恒同变换的倍数. 特别, 如 ρ_j 是首权为 j 的不可约表示, 则

$$\rho_j(G)=\frac{1}{2}j(j+1)I.$$

实际上,

$$\begin{aligned}\rho_j(G)v_m &= \left\{\frac{1}{4}(\rho_j(E_1)\rho_j(E_{-1})+\rho_j(E_{-1})\rho_j(E_1))+\frac{1}{2}\rho_j(H)^2\right\}v_m\\ &= \frac{1}{4}\rho_j(E_1)v_{m-1}+\frac{1}{4}\rho_j(E_{-1})(j-m)(j+m+1)v_{m+1}+\frac{1}{2}m^2v_m\\ &= \frac{1}{4}(j-m+1)(j+m)v_m+\frac{1}{4}(j-m)(j+m+1)v_m+\frac{1}{2}m^2v_m\\ &= \frac{1}{2}j(j+1)v_m \quad (m=j,j-1,\cdots,-j).\end{aligned}$$

有了上面这些准备之后, 我们可以证明定理 9.8 的一个特殊情形.

引理 9.9 如 $\mathfrak{g}_3$ 的一个表示 ρ 恰包含两个不可约表示, 即 ρ 的表示空间 V 包有一个不可约的不变子空间 V_0 而商空间 V/V_0 仍不可约, 则 V 有不变子空间 V' 存在, 使 V 分解成 V_0 和 V' 的直和: $V=V_0\dotplus V'$.

证　设 ρ 包有两个不可约表示 ρ_j 和 $\rho_{j'}$. 可在 V 中选取一组基, 使 $\rho(\mathfrak{g}_3)$ 中矩阵皆有形状:

$$\rho(X)=\begin{pmatrix}\rho_j(X) & B(X)\\ 0 & \rho_{j'}(X)\end{pmatrix},\quad X\in\mathfrak{g}_3.$$

分别考察 $j\neq j'$ 和 $j=j'$ 两种情形:

1) $j\neq j'$, 这时 $\frac{1}{2}j(j+1)\neq\frac{1}{2}j'(j'+1)$, 而

$$\rho(G)=\begin{pmatrix}\frac{1}{2}j(j+1)I & K\\ 0 & \frac{1}{2}j'(j'+1)I\end{pmatrix}.$$

用矩阵

$$P=\begin{pmatrix}I & \left(\frac{1}{2}j(j+1)-\frac{1}{2}j'(j'+1)\right)^{-1}K\\ 0 & I\end{pmatrix}$$

来变换 $\rho(G)$ 和 $\rho(\mathfrak{g}_3)$ 中所有矩阵. 变换 $\rho(G)$ 的结果是

$$P\rho(G)P^{-1}=\begin{pmatrix}\frac{1}{2}j(j+1)I & 0\\ 0 & \frac{1}{2}j'(j'+1)I\end{pmatrix},$$

而 $\rho(\mathfrak{g}_3)$ 中所有矩阵经 P 变换后要与 $P\rho(G)P^{-1}$ 交换, 因此

$$P\rho(X)P^{-1}=\begin{pmatrix}\rho_j(X) & 0\\ 0 & \rho_{j'}(X)\end{pmatrix},\quad X\in\mathfrak{g}_3.$$

这就证明了引理 9.9 在 $j\neq j'$ 时成立.

2) $j=j'$. 这时 ρ_j 和 $\rho_{j'}$ 等价. V 包有一个不可约不变子空间 V_j, 它的基向量 $v_j,v_{j-1},\cdots,v_{-j}$, 按公式 (9.7) 变换. 此外, V 还包有一组向量 $v'_j,v'_{j-1},\cdots,v'_{-j}$, 它们 $\operatorname{mod}V_j$ 之后也按公式 (9.7) 变换, 即 $v'_j,v'_{j-1},\cdots,v'_{-j}(\operatorname{mod}V_j)$ 构成 V/V_j 的一组基, 这组基也按公式 (9.7) 变换. 我们先选取 v'_j 使

$$\rho(H)v'_j=jv'_j+\mu v_j,$$

然后按下式来定义 $v'_{j-1},\cdots,v'_{-j}$:

$$\rho(E_{-1})v'_m=v'_{m-1}\quad(m=j,j-1,\cdots,-j+1).$$

这样一来, 我们有

$$\begin{aligned}\rho(H)v'_{j-1} &= \rho(H)\rho(E_{-1})v'_j\\ &= \rho([H,E_{-1}])v'_j + \rho(E_{-1})\rho(H)v'_j\\ &= -\rho(E_{-1})v'_j + \rho(E_{-1})(jv'_j + \mu v_j)\\ &= (j-1)v'_{j-1} + \mu v_{j-1},\\ \rho(E_1)v'_{j-1} &= \rho(E_1)\rho(E_{-1})v'_j\\ &= \rho(2H)v'_j + \rho(E_{-1})\rho(E_1)v'_j\\ &= 2jv'_j + 2\mu v_j.\end{aligned}$$

一般地, 我们有

$$\begin{aligned}\rho(H)v'_m &= mv'_m + \mu v_m,\\ \rho(E_1)v'_m &= (j-m)(j+m+1)v'_{m+1} + 2\mu(j-m)v_{m+1}.\end{aligned}$$

实际上, 设上式对 m 成立, 则

$$\begin{aligned}\rho(H)v'_{m-1} &= \rho(H)\rho(E_{-1})v'_m\\ &= \rho([H,E_{-1}])v'_m + \rho(E_{-1})\rho(H)v'_m\\ &= -\rho(E_{-1})v'_m + \rho(E_{-1})(mv'_m + \mu v_m)\\ &= (m-1)v'_{m-1} + \mu v_{m-1},\\ \rho(E_1)v'_{m-1} &= \rho(E_1)\rho(E_{-1})v'_m\\ &= \rho(2H)v'_m + \rho(E_{-1})\rho(E_1)v'_m\\ &= 2mv'_m + 2\mu v_m\\ &\quad + \rho(E_{-1})\{(j-m)(j+m+1)v'_{m+1} + 2\mu(j-m)v_{m+1}\}\\ &= 2mv'_m + 2\mu v_m + (j-m)(j+m+1)v'_m + 2\mu(j-m)v_m\\ &= (j-m+1)(j+m)v'_m + 2\mu(j-m+1)v_m\end{aligned}$$

当 $m=-j-1$ 时, $v'_{-j-1}=0$, 这是因为 v'_{-j-1} 属于 $\rho(H)$ 的特征根 $-j-1$, 而 $-j-1$ 不是 $\rho(H)$ 的特征根. 于是由

$$\rho(E_1)v'_{-j-1} = 0$$

得

$$2\mu(j-(-j)+1) = 0.$$

从而

$$\mu = 0.$$

这样一来,

$$\rho(H)v'_m = mv'_m,$$
$$\rho(E_{-1})v'_m = v'_{m-1} \quad (m = j, j-1, \cdots, -j),$$
$$\rho(E_1)v'_m = (j-m)(j+m+1)v'_{m+1}.$$

这就证明了 $v'_{-j}, v'_{-j+1}, \cdots, v'_j$ 构成 V 的不可约不变子空间 V'_j, 而 $V = V_j \dotplus V'_j$.□

现在我们再指出, 如何从引理 9.9 导出定理 9.8. 实际上, 设 ρ 是 $\mathfrak{g}_3$ 的一个表示, 表示空间为 V. 再设 V_0 是 ρ 的一个不可约不变子空间. 假定定理 9.8 对于维数较 V 的维数为低的表示空间成立, 那么

$$V/V_0 = \overline{V}_1 \dotplus \overline{V}_2 \dotplus \cdots \dotplus \overline{V}_m,$$

其中 $\overline{V}_1, \overline{V}_2, \cdots, \overline{V}_m$ 都是 V/V_0 的不可约不变子空间. 以 U_i 表示 V 中向量在自然同态

$$V \to V/V_0$$

之下映到 $\overline{V}_i$ 去的那些向量所构成的子空间, 则

$$U_i/V_0 = \overline{V}_i.$$

于是根据引理 9.9, U_i 有不可约不变子空间 V_i 使

$$U_i = V_0 \dotplus V_i.$$

那么

$$V = V_0 \dotplus V_1 \dotplus \cdots \dotplus V_m.$$

这就证明了 ρ 是完全可约的. □

基于定理 9.8, 推论 9.7 可作如下的推广.

引理 9.10 设 ρ 是 $\mathfrak{g}_3$ 的一个表示, 则 ρ 的权都是整数或半整数. 设 v 是 ρ 的表示空间 V 中属于权 r 的一个向量. 如以 p 表示最大非负整数使 $\rho(E_{-1})^p v \neq 0$, 而以 q 表示最大非负整数使 $\rho(E_1)^q v \neq 0$, 则 $2r = -(q-p)$. 再者, $\rho(E_{-1})^i \rho(E_1)^q v \neq 0$ $(0 \leqslant i \leqslant p+q)$ 而 $\rho(E_{-1})^i \rho(E_1)^q$ 属于权 $r+q-i$.

证 根据定理 9.8, ρ 可分解成一些不可约表示的和. 又根据定理 9.6, 其中每一个都和某一个 ρ_j 等价. 相应地 V 就分解成一些不可约不变子空间的直和, 其中每一个都可看作某一个 V_i. 设在 V 的这个直和分解下, v 有以下的分解

$$v = \sum_i v_i,$$

而 v_i 属于一个首权为 $j(i)$ 的不可约不变子空间. 显然, 每个 v_i 都与 v 有相同的权 r. 由此即推出 r 为整数或半整数.

其次, 对所有的 i, 我们有 $\rho(E_1)^{q+1}v_i = 0$; 对至少一个 i, 有 $\rho(E_1)^q v_i \neq 0$. 如 $\rho(E_1)^q v_i \neq 0$, 设 p' 为最大非负整数使 $\rho(E_{-1})^{p'}v_i \neq 0$, 则根据推论 9.7 有 $2r = -(q - p')$, 于是 $p' = 2r + q$. 如 $\rho(E_1)^q v_k = 0$. 设 p'' 为最大非负整数使 $\rho(E_{-1})^{p''}v_k \neq 0$, 而 q'' 为最大非负整数使 $\rho(E_1)^{q''}v_k \neq 0$, 则根据推论 9.7 有 $2r = -(q'' - p'')$, 于是 $p'' = 2r + q''$; 但 $q'' < q$, 故 $p'' < p'$. 因此, 对使得 $\rho(E_1)^q v_i \neq 0$ 的标号 i, $\rho(E_{-1})^p v_i \neq 0$. 于是由推论 9.7 推出 $2r = -(q - p)$. □

第十章 半单李代数的表示

§1 半单李代数的不可约表示

定义 10.1 设 $\mathfrak{g}$ 是半单李代数, $\mathfrak{h}$ 是它的一个固定的 Cartan 子代数. 设 ρ 是 $\mathfrak{g}$ 的一个表示, 表示空间为 V. 定义在 $\mathfrak{h}$ 上的一个线性函数 $\omega=\omega(H)$ 称为表示 ρ 的一个**权**, 如果有 V 中非 0 向量 x 存在, 使

$$\rho(H)x=\omega(H)x,\quad 对一切\ H\in\mathfrak{h}$$

而 x 称为相应于权 ω 的一个**权向量**. ρ 的两个权 ω_1 和 ω_2 称为等价, 如有 $S\in W$ ($\mathfrak{g}$ 的 Weyl 群), 使 $S(\omega_1)=\omega_2$.

易见, 半单李代数的根即是它附属表示的权.

设 ω 是定义在 $\mathfrak{h}$ 上的一个线性函数, 定义

$$V_\omega=\{x\in V\quad 使\quad \rho(H)x=\omega(H)x,\quad 对一切\ H\in\mathfrak{h}\},$$

即 V_ω 由一切相应于权 ω 的权向量组成, 则 V_ω 是 V 的子空间, 自然它属于权 ω 的权子空间, 即

$$V_\omega\subseteq V^\omega=V^\omega_{\rho(\mathfrak{h})},$$

而且 ω 是权当且仅当 $V_\omega\neq(0)$. 定义 ω 的**重数**为 $\dim V^\omega$.

E. Cartan① 曾逐一地研究了单李代数的表示, 但他的许多讨论对于一般的半单李代数也成立.

①见 E. Cartan, Les groupes projectifs qui ne laissent invariante aucune multiplicité plane, *Bull. Soc. Math. France*, **41** (1913), 53–96.

定理 10.1 设 ρ 是半单李代数 $\mathfrak{g}$ 的一个不可约表示, 表示空间是 $V,\mathfrak{h}$ 是 $\mathfrak{g}$ 的一个 Cartan 子代数, 而 $\Pi=\{\alpha_1,\alpha_2,\cdots,\alpha_n\}$ 是 $\mathfrak{g}$ 的一组基础根系 (相对于 $\mathfrak{h}$ 而言的). 于是

Ⅰ) V 可分解成权子空间 V_ω 的直和, 即 $V=\sum_\omega V_\omega$. 因此 $V_\omega=V^\omega$.

Ⅱ) 如果 ω 是 ρ 的权而 α 是一个根, 则 $\dfrac{2(\omega,\alpha)}{(\alpha,\alpha)}$ 是整数, 而且

$$\omega-\frac{2(\omega,\alpha)}{(\alpha,\alpha)}\alpha$$

也是 ρ 的权, 并且它与 ω 有相同的重数. 因此等价的权也有相同的重数.

Ⅲ) 存在唯一的一个权 ω_0(自然依赖于基础根系 Π 的选取), 称为首权, 使得 ρ 的权皆有形状:

$$\omega_0-\alpha_{i_1}-\alpha_{i_2}-\cdots-\alpha_{i_k},\quad \alpha_{i_1},\alpha_{i_2},\cdots,\alpha_{i_k}\in\Pi,$$

并且 ω_0 是单权.

证 证明分以下几步进行.

1) 先证明 ρ 至少有一个权.

因 $\mathfrak{h}$ 是交换子代数, 故 $\rho(\mathfrak{h})$ 是交换线性代数, 因而是可解线性代数. 于是根据 Lie 定理, ρ 一定有一个权.

2) 再证明下述引理.

引理 10.2 设 ω 是 ρ 的一个权, x 是相应的权向量. 再设 $\alpha\in\Sigma,\Sigma$ 是 $\mathfrak{g}$ 的根系. 如果 $\rho(E_\alpha)x\neq 0$, 则 $\omega+\alpha$ 也是 ρ 的一个权而 $\rho(E_\alpha)x$ 是相应的权向量. 如果 $\omega+\alpha$ 不是权, 则 $\rho(E_\alpha)x=0$.

证 实际上,

$$\begin{aligned}\rho(H)\rho(E_\alpha)x&=\rho([H,E_\alpha])x+\rho(E_\alpha)\rho(H)x\\&=\rho(\alpha(H)E_\alpha)x+\rho(E_\alpha)\omega(H)x\\&=(\omega+\alpha)(H)\rho(E_\alpha)x.\end{aligned}$$ □

注意到定理 2.12, 引理 10.2 可推广如下:

引理 10.3 设 $\mathfrak{g}$ 是半单李代数, $\mathfrak{h}$ 是它的一个 Cartan 子代数, Σ 是 $\mathfrak{g}$ 的根系, $\alpha\in\Sigma$ 而 E_α 是相应于根 α 的一个根向量. 再设 ρ 是 $\mathfrak{g}$ 的一个表示, 表示空间为 V, 而 V_1 是 V 的一个子空间, 它在 $\rho(\mathfrak{h})$ 及 $\rho(E_\alpha)$ 的作用下不变. 再设 ω 是

ρ 的一个权并设有 $x \in V, x \notin V_1$ 存在, 有性质

$$\rho(H)x \equiv \omega(H)x (\operatorname{mod} V_1), \quad \text{对一切 } H \in \mathfrak{h}.$$

那么如果 $\rho(E_\alpha)x \notin V_1$, 则 $\omega + \alpha$ 也是 ρ 的一个权, 而

$$\rho(H)\rho(E_\alpha)x \equiv (\omega+\alpha)(H)\rho(E_\alpha)x (\operatorname{mod} V_1), \text{ 对一切 } H \in \mathfrak{h};$$

如果 $\omega + \alpha$ 不是权, 则 $\rho(E_\alpha)x \in V_1$.

3) V 由权向量生成, 换言之, V 有一组基使 $\rho(H)(H \in \mathfrak{h})$ 同时呈对角形.

设 ω 是 ρ 的一个权, 以 x 表相应于 ω 的一个权向量. 考虑形为

$$\rho(E_{\varphi_1})\rho(E_{\varphi_2})\cdots\rho(E_{\varphi_s})x$$

的向量, 其中 $\varphi_1, \varphi_2, \cdots, \varphi_s \in \Sigma$ 而 s 为任意 $\geqslant 0$ 的整数. 如果这个向量不为 0, 根据引理 10.2, 它就是相应于权 $\omega + \varphi_1 + \varphi_2 + \cdots + \varphi_s$ 的权向量. 这种向量的线性组合组成 V 的一个子空间, 记作 V_1. 自然 V_1 是 ρ 的不变子空间. 因 $V_1 \neq (0)$ 而 ρ 不可约, 故 $V = V_1$. 因此 V 由权向量生成.

这就证明了 I).

4) 设 ω 是 ρ 的一个权. 因 $\mathfrak{g}$ 的 Killing 型对 $\mathfrak{h}$ 的限制是非退化的, 所以有 $H_\omega \in \mathfrak{h}$ 使

$$(H, H_\omega) = \omega(H), \quad \text{对一切 } H \in \mathfrak{h}$$

而且满足上述条件的 H_ω 是唯一确定的. 这样我们就将权嵌入 $\mathfrak{h}$.

5) 再证明

引理 10.4 设 ρ 是半单李代数 $\mathfrak{g}$ 的一个表示, 表示空间为 V. 设 ω 是 ρ 的一个权而 $\alpha \in \Sigma$, 那么

i) $\dfrac{2(\omega,\alpha)}{(\alpha,\alpha)}$ 是整数而 $\omega - \dfrac{2(\omega,\alpha)}{(\alpha,\alpha)}\alpha$ 仍是 ρ 的一个权.

ii) ω 和 $\omega - \dfrac{2(\omega,\alpha)}{(\alpha,\alpha)}\alpha$ 在 ρ 中有相同的重数. 因此, 等价的权有相同的重数.

iii) 如更设 ω 是单权, 而以 p 和 q 表示最大非负整数, 使 $\omega + k\alpha(-p \leqslant k \leqslant q)$ 都是 ρ 的权, 则

$$\frac{2(\omega,\alpha)}{(\alpha,\alpha)} = -(q-p)$$

而且当 $k > q$ 或 $k < -p$ 时, $\omega + k\alpha$ 都不是 ρ 的权.

证　选取根向量 E_α 和 $E_{-\alpha}$ 使 $(E_\alpha, E_{-\alpha})=1$, 于是 $H_\alpha, E_\alpha, E_{-\alpha}$ 生成一个三维子代数, 其结构公式为

$$[H_\alpha, E_\alpha]=(\alpha,\alpha)E_\alpha,\quad [H_\alpha, E_{-\alpha}]=-(\alpha,\alpha)E_\alpha,$$
$$[E_\alpha, E_{-\alpha}]=H_\alpha.$$

令

$$H_1=\frac{H_\alpha}{(\alpha,\alpha)},\quad E_1=\sqrt{\frac{2}{(\alpha,\alpha)}}E_\alpha,\quad E_{-1}=\sqrt{\frac{2}{(\alpha,\alpha)}}E_{-\alpha},$$

则 H_1, E_1, E_{-1} 也是这个子代数的一组基而

$$[H_1,E_1]=E_1,\quad [H_1,E_{-1}]=-E_{-1},\quad [E_1,E_{-1}]=2H_1.$$

因此, 这个三维子代数就是第九章 §3 中所讨论的 $\mathfrak{g}_3$.

$\mathfrak{g}$ 的表示 ρ 自然诱导出 $\mathfrak{g}_3$ 的一个表示. 设 v 是 V 中属于权 ω 的一个向量, 那么根据引理 9.10, 以 p 表示最大非负整数使 $\rho(E_{-1})^p v\neq 0$ 而以 q 表示最大非负整数使 $\rho(E_i)^q v\neq 0$, 则 $2\omega(H_1)=-(q-p)$. 这证明了

$$\frac{2(\omega,\alpha)}{(\alpha,\alpha)}=\frac{2\omega(H_\alpha)}{(\alpha,\alpha)}=2\omega(H_1)=-(q-p)$$

是整数. 仍根据同一引理有 $\rho(E_{-1})^i\rho(E_1)^q v\neq 0(0\leqslant i\leqslant p+q)$. 又根据引理 10.2 可知, $\rho(E_{-1})^i\rho(E_1)^q v$ 是属于权 $\omega+(q-i)\alpha$ 的权向量; 取 $i=p$ 得知

$$\omega-\frac{2(\omega,\alpha)}{(\alpha,\alpha)}\alpha=\omega+(q-p)\alpha$$

仍是 ρ 的一个权. 这证明了 i).

现在来证明 ii). 如果 ω 不是单权, 记 V_1 为由 $\rho(E_1)^q v,\cdots,\rho(E_1)v, v$, $\rho(E_{-1})v,\cdots,\rho(E_{-1})^p v$ 所张成的子空间. 易见 V_1 在 $\rho(\mathfrak{h}),\rho(E_1),\rho(E_{-1})$ 的作用下不变. 因 ω 不是 ρ 的单权, 所以有 $v_1\in V$ 而 $v_1\notin V_1$, 使对一切 $H\in\mathfrak{h}$, $\rho(H)v_1\equiv\omega(H)v_1(\operatorname{mod} V_1)$. 注意这时 $\mathfrak{g}$ 的表示 ρ 在商空间 V/V_1 上诱导出 $\mathfrak{g}_3$ 的一个表示. 那么仍根据引理 9.10, 以 p' 表示最大非负整数使 $\rho(E_{-1})^{p'}v_1\notin V_1$, 而以 q' 表示最大非负整数使 $\rho(E_1)^{q'}v_1\notin V_1$, 就有 $2\omega(H_1)=-(q'-p')$. 同样推出 $\dfrac{2(\omega,\alpha)}{(\alpha,\alpha)}=-(q'-p')$. 仍根据同一引理, 有 $\rho(E_{-1})^i\rho(E_1)^{q'}v_1\notin V_1(0\leqslant i\leqslant p'+q')$. 再根据引理 10.3 知, 对一切 $H\in\mathfrak{h}$ 有

$$\begin{aligned}&\rho(H)\rho(E_{-1})^i\rho(E_1)^{q'}v_1\\ \equiv{}&(\omega+(q'-i)\alpha)(H)\rho(E_{-1})^i\rho(E_1)^{q'}v_1(\operatorname{mod} V_1).\end{aligned}$$

取 $i=p'$ 知, $\omega+(q'-p')\alpha=\omega-\dfrac{2(\omega,\alpha)}{(\alpha,\alpha)}\alpha$ 也不是 ρ 的单权.

如此继续下去, 可证得 $\omega-\dfrac{2(\omega,\alpha)}{(\alpha,\alpha)}\alpha$ 的重数不比 ω 的重数小. 但 ω 与 $\omega'=\omega-\dfrac{2(\omega,\alpha)}{(\alpha,\alpha)}\alpha$ 的地位完全对等, 即 $\omega'-\dfrac{2(\omega',\alpha)}{(\alpha,\alpha)}\alpha=\omega$. 因此同样可证 ω 的重数不比 $\omega-\dfrac{2(\omega,\alpha)}{(\alpha,\alpha)}\alpha$ 的重数小, 所以 ω 与 $\omega-\dfrac{2(\omega,\alpha)}{(\alpha,\alpha)}\alpha$ 有相同的重数. 又因

$$S_\alpha(\omega)=\omega-\frac{2(\omega,\alpha)}{(\alpha,\alpha)}\alpha,$$

而 Weyl 群由一切 $S_\alpha(\alpha\in\Sigma)$ 生成, 故等价的权有相同的重数. 这证明了 ii).

最后来证明 iii). 现在设 ω 是单权. 仍设 v 是属于权 ω 的一个权向量, 仍以 p 和 q 表示最大非负整数分别使 $\rho(E_{-1})^p v\neq 0, \rho(E_1)^q v\neq 0$. 再以 p_0, q_0 表示最大非负整数使 $\omega-p_0\alpha$ 和 $\omega+q_0\alpha$ 都是 ρ 的权, 显然 $p_0\geqslant p, q_0\geqslant q$. 只要证明 $p=p_0, q=q_0$ 即可. 设 u 是 V 中属于权 $\omega+q_0\alpha$ 的一个权向量, 自然有 $\rho(E_1)u=0$. 以 s 表示最大非负整数使 $\rho(E_{-1})^s u\neq 0$, 那么根据引理 9.10 有 $2(\omega+q_0\alpha)(H_1)=s$; 将 $2\omega(H_1)=-(q-p)$ 代入得 $-q+p+2q_0=s$. 因 $q_0\geqslant q$, 故 $s\geqslant p+q_0\geqslant q_0$, 于是 $\rho(E_{-1})^{q_0}u\neq 0$. 因 ω 是单权, 而 $\rho(E_{-1})^{q_0}u$ 是相应于权 ω 是一个权向量, 故 $\rho(E_{-1})^{q_0}u$ 与 v 线性相关. 因 p 为最大非负整数使 $\rho(E_{-1})^p v\neq 0$ 而 s 为最大非负整数使 $\rho(E_{-1})^s u\neq 0$, 故 $s-q_0=p$. 将 $s-q_0=p$ 代入 $-q+p+2q_0=s$ 即得 $q=q_0$, 同理可证 $p=p_0$. □

这样 Ⅱ) 也就证明了.

6) 我们在此附带指出, 可仿照定理 5.6 的证明来证明下面的

引理 10.5 设 ω 是半单李代数 $\mathfrak{g}$ 的某一表示的一个权, 则 $\omega\in\mathfrak{h}_0^*$, 而 $\mathfrak{h}_0^*$ 是由根的实系数线性组合所生成的一个实空间.

7) 最后来证明 Ⅲ).

我们知道基础根系 $\Pi=\{\alpha_1,\alpha_2,\cdots,\alpha_n\}$ 是 $\mathfrak{h}_0^*$ 的一组基. 我们先利用这组基在 $\mathfrak{h}_0^*$ 中引进一个偏序关系: 设 $\lambda,\mu\in\mathfrak{h}_0^*$, 我们说 $\lambda\succcurlyeq\mu$. 如果 $\lambda-\mu$ 可表示成 $\alpha_1,\alpha_2,\cdots,\alpha_n$ 的非负系数的线性组合; 这时我们称 λ 高于或等于 μ. 如果 $\lambda\succcurlyeq\mu$ 而 $\lambda\neq\mu$, 我们就说 λ 高于 μ, 记 $\lambda\succ\mu$. 如 $\lambda\succ 0$, 我们就说 λ 是正的; 如果 $\lambda\prec 0$, 我们就说 λ 是负的. 在 $\mathfrak{h}_0^*$ 中引进此偏序之后, 根系 Σ 仍分成正负各半, 仍记作 Σ_+ 和 Σ_-. 以后我们谈到 $\mathfrak{h}_0^*$ 中的次序总是指的这样一个偏序关系.

对于上面引进的这个偏序来说, 说 ω_0 是 ρ 的一个最高权, 即 ρ 的其余的权

都不比 ω_0 高. 设 x 是相应于 ω_0 的一个非 0 权向量. 考察形为

$$\rho(E_{-\alpha_{i_1}})\rho(E_{-\alpha_{i_2}})\cdots\rho(E_{-\alpha_{i_k}})x$$

的向量, 其中 $\alpha_{i_1},\alpha_{i_2},\cdots,\alpha_{i_k}\in\Pi$ 可重复出现, 而 k 为任意 $\geqslant 0$ 的整数. 如果这个向量不为 0, 它就是相应于权

$$\omega_0-\alpha_{i_1}-\alpha_{i_2}-\cdots-\alpha_{i_k}$$

的权向量. 这种向量的线性组合的全体组成 V 的一个子空间, 记作 V_1. 我们来证明 V_1 是 ρ 的不变子空间. 首先 V_1 在 $\rho(H)(H\in\mathfrak{h})$ 及 $\rho(E_{-\alpha})(\alpha\in\Pi)$ 的作用下不变是显然的. 其次, 由

$$[E_\alpha,E_{-\beta}]=\delta_{\alpha\beta}H_\alpha,\quad \alpha,\beta\in\Pi$$

推出

$$\rho(E_\alpha)\rho(E_{-\beta})=\delta_{\alpha\beta}\rho(H_\alpha)+\rho(E_{-\beta})\rho(E_\alpha),$$

由此即可导出 V_1 在 $\rho(E_\alpha)(\alpha\in\Pi)$ 的作用下也不变. 最后设 $\gamma\in\Sigma$. 如 γ 为负根, 则 $\gamma=-(m_1\alpha_1+m_2\alpha_2+\cdots+m_n\alpha_n),m_1,m_2,\cdots,m_n\geqslant 0$. 我们对 $\sum\limits_{i=1}^n m_i$ 行归纳法. 当 $\sum\limits_{i=1}^n m_i=1$ 时, $-\gamma$ 是基础根, 已知 V_1 在 $\rho(E_\gamma)$ 的作用下不变. 当 $\sum\limits_{i=1}^n m_i>1$ 时, 可以写 $\gamma=\beta+(-\alpha)$, 其中 α 为基础根. 根据归纳法假设 V_1 在 $\rho(E_\beta)$ 的作用下不变. 再由

$$E_\gamma=\frac{1}{N_{\beta,-\alpha}}[E_\beta,E_{-\alpha}]$$

得

$$\rho(E_\gamma)=\frac{1}{N_{\beta,-\alpha}}\left\{\rho(E_\beta)\rho(E_{-\alpha})-\rho(E_{-\alpha})\rho(E_\beta)\right\}.$$

由此即可推出 V_1 在 $\rho(E_\gamma)$ $(\gamma\prec 0)$ 的作用下不变. 同理可证 V_1 在 $\rho(E_\alpha)$ $(\alpha\succ 0)$ 的作用下也不变, 因此 V_1 是 ρ 的不变子空间. 又因 V_1 不可约, 故 $V=V_1$. ω_0 是单权这一点是显然的, 而且从证明可见, ω_0 的确比 ρ 的其余的权都要高. 因此首权 ω_0 由基础根系 Π 唯一确定.

这样定理 10.1 就完全证明. □

定理 10.6 设 $\mathfrak{g}$ 是半单李代数, $\mathfrak{h}$ 是 $\mathfrak{g}$ 的一个 Cartan 子代数, $\Pi=\{\alpha_1,\alpha_2,\cdots,\alpha_n\}$ 是 $\mathfrak{g}$ 的一组基础根系. 设 ρ 和 ρ' 是 $\mathfrak{g}$ 的两个不可约表示. 如果 ρ 和 ρ' 相对于 Π 的首权相等, 那么 ρ 和 ρ' 等价.

证 设 x_0 和 x_0' 分别是 ρ 和 ρ' 的表示空间 V 和 V' 中相应于首权 ω_0 的权向量. 在 V 中作出所有可能的向量

$$\rho(E_{-\alpha_{i_1}})\rho(E_{-\alpha_{i_2}})\cdots\rho(E_{-\alpha_{i_k}})x_0, \tag{10.1}$$

并相应地在 V' 中作出

$$\rho'(E_{-\alpha_{i_1}})\rho'(E_{-\alpha_{i_2}})\cdots\rho'(E_{-\alpha_{i_k}})x_0'. \tag{10.2}$$

在定理 10.1 的证明中已知它们分别张成 V 和 V', 并且每一个这种非 0 向量有一个确定的权. 我们如下建立 V 和 V' 之间的一个同构:

$$\begin{aligned}&\sum c_{i_1 i_2\cdots i_k}\rho(E_{-\alpha_{i_1}})\rho(E_{-\alpha_{i_2}})\cdots\rho(E_{-\alpha_{i_k}})x_0\\ \to&\sum c_{i_1 i_2\cdots i_k}\rho'(E_{-\alpha_{i_1}})\rho'(E_{-\alpha_{i_2}})\cdots\rho'(E_{-\alpha_{i_k}})x_0'.\end{aligned}$$

要证明这是个同构, 需要证明: 如果在没撇的向量 (10.1) 之间存在一个线性关系, 那么对应的有撇的向量 (10.2) 之间也存在带有同样系数的线性关系; 而且反之也成立.

假定在没撇的向量之间有一线性关系

$$c_1v_1+c_2v_2+\cdots=0, \tag{10.3}$$

则用相同系数 $c_1,c_2,\cdots$, 我们能在 V' 中作一向量

$$c_1v_1'+c_2v_2'+\cdots=u'. \tag{10.4}$$

所有如此获得的向量 u' 形成 V' 的一个子空间 V_1'. 容易看出 V_1' 是 ρ' 的不变子空间. 因 ρ' 不可约, 故一定有 $V_1'=0$ 或 $V_1'=V'$. 因 $x_0'\notin V_1'$, 否则 (10.3) 式左方诸向量 $v_1,v_2,\cdots$ 的权都是 ω_0, 于是 $v_1=v_2=\cdots=x_0$. 那么由 (10.3) 式得

$$c_1+c_2+\cdots=0.$$

这时也有 $v_1'=v_2'=\cdots=x_0'$, 于是由 (10.4) 式得

$$x_0'=(c_1+c_2+\cdots)x_0'=0.$$

矛盾. 因此一定有 $V_1'=0$. 断言得证. 从而 ρ 和 ρ' 等价. □

由定理 10.6 可知, 半单李代数的不可约表示由它的首权唯一确定. 因此要决定半单李代数的不可约表示就需要研究 $\mathfrak{h}_0^*$ 中哪些元素可以作为不可约表示的首权.

定理 10.7 设 $\mathfrak{g}$ 是半单李代数, $\mathfrak{h}$ 是它的一个 Cartan 子代数, $\Pi = \{\alpha_1, \alpha_2, \cdots, \alpha_n\}$ 是它的一组基础根系. 如果 ω 是 $\mathfrak{g}$ 的一个不可约表示的首权, 那么

$$\omega_{\alpha_i} = \frac{2(\omega, \alpha_i)}{(\alpha_i, \alpha_i)} \quad (i = 1, 2, \cdots, n)$$

都是非负整数. 反之, 设 $\omega \in \mathfrak{h}_0^*$, 如果 ω_{α_i} $(i = 1, 2, \cdots, n)$ 都是非负整数, 那么 $\mathfrak{g}$ 一定有一个不可约表示以 ω 为首权.

证 此地我们只给出定理中第一部分的证明. 在后面两章里, 将对于典型李代数给出第二部分的证明, 而在第十三章中将对于一般的半单李代数给出第二部分的证明.

设 ω 是 $\mathfrak{h}$ 的一个不可约表示的首权. 如果对于某一 $\alpha \in \Pi$ 有

$$\omega_\alpha = \frac{2(\omega, \alpha)}{(\alpha, \alpha)} < 0,$$

那么根据定理 10.1, $\omega - \omega_\alpha \alpha$ 也是 ρ 的权. 显然 $\omega \prec \omega - \omega_\alpha \alpha$, 这与 ω 是首权相抵触, 因此一定有 $\omega_\alpha \succcurlyeq 0$ 对一切 $\alpha \in \Pi$. □

定理 10.6 和 10.7 一起可以看作原则上解决了求半单李代数的一切不可约表示的问题, 当然定理 10.7 的第二部分还有待证明.

由于一个不可约表示的首权 ω 可由 ω_α 这一组数唯一确定, 故半单李代数 $\mathfrak{g}$ 的以 ω 为首权的不可约表示, 可在 $\mathfrak{g}$ 的 Dynkin 图中代表基础根 α 的每个圆圈 (或黑点) 上标以 ω_α 的值来标记. 这样就得到半单李代数 $\mathfrak{g}$ 的以 ω 为首权的不可约表示的图. 于是半单李代数的两个不可约表示等价当且仅当它们的图相同.

为了从另一方面来刻画不可约表示的首权所具有的定理 10.7 中所说的那个特征性质, 我们引进下面的定义:

定义 10.2 设 $\Pi = \{\alpha_1, \alpha_2, \cdots, \alpha_n\}$ 是半单李代数 $\mathfrak{g}$ 的一组基础根系, 我们说 $\mathfrak{h}^*$ 中的一个元素 μ 是整线性函数, 如果 $\dfrac{2(\mu, \alpha_i)}{(\alpha_i, \alpha_i)} (i = 1, 2, \cdots, n)$ 都是整数; 而 μ 称为支配线性函数, 如果 $\dfrac{2(\mu, \alpha_i)}{(\alpha_i, \alpha_i)} (i = 1, 2, \cdots, n)$ 都是非负实数.

自然整线性函数与支配线性函数都属于 $\mathfrak{h}_0^*$. 有了这些定义之后, 定理 10.7 可改述成

定理 10.8 设 $\mathfrak{g}$ 是个半单李代数, 而 $\mathfrak{h}$ 是 $\mathfrak{g}$ 的一个 Cartan 子代数, Π 是 $\mathfrak{g}$ 的一组基础根系. 那么 $\omega \in \mathfrak{h}^*$ 是 $\mathfrak{g}$ 的一个不可约表示的首权 (相对于 Π 而言), 当且仅当 ω 是支配整线性函数 (也是相对于 Π 而言).

最后, 我们给出支配线性函数的一个充要条件.

引理 10.9 设 $\mu \in \mathfrak{h}_0^*$, 则 μ 是支配线性函数, 当且仅当 $\mu \succcurlyeq S(\mu)$, 对任意 $S \in W$.

证 对任意 $S \in W$, 设 $\mu \succcurlyeq S(\mu)$; 特别有 $\mu \succcurlyeq S_i(\mu)$, 对 $i = 1, 2, \cdots, n$. 但是

$$S_i(\mu) = \mu - \frac{2(\mu, \alpha_i)}{(\alpha_i, \alpha_i)}\alpha_i,$$

于是 $\dfrac{2(\mu, \alpha_i)}{(\alpha_i, \alpha_i)} \geqslant 0$.

反之, 设 $\dfrac{2(\mu, \alpha_i)}{(\alpha_i, \alpha_i)}(i = 1, 2, \cdots, n)$ 都是非负实数. 自然有 $\mu \succcurlyeq S_i(\mu)$. 设 $S \in W$, 则 S 可表作 $S = S_{i_1} S_{i_2} \cdots S_{i_k}$, 其中 $1 \leqslant i_1, i_2, \cdots, i_k \leqslant n$. 我们用归纳法对 k 来证明 $\mu \succcurlyeq S(\mu)$. 写 $S = S' S_{i_k}, S' = S_{i_1} S_{i_2} \cdots S_{i_{k-1}}$. 于是从

$$S_{i_k}(\mu) = \mu - \frac{2(\mu, \alpha_{i_k})}{(\alpha_{i_k}, \alpha_{i_k})}\alpha_{i_k}$$

推出

$$S(\mu) = S'(\mu) - \frac{2(\mu, \alpha_{i_k})}{(\alpha_{i_k}, \alpha_{i_k})}S'(\alpha_{i_k}).$$

如果 $S'(\alpha_{i_k}) \succ 0$, 则因 $\dfrac{2(\mu, \alpha_{i_k})}{(\alpha_{i_k}, \alpha_{i_k})} \geqslant 0$, 故 $S'(\mu) \succcurlyeq S(\mu)$. 由归纳法假设又有 $\mu \succcurlyeq S'(\mu)$, 因此 $\mu \succcurlyeq S(\mu)$.

以下设 $S'(\alpha_{i_k}) \prec 0$, 令 $\beta_k = \alpha_{i_k}$ 而 $\beta_t = S_{i_t} S_{i_{t+1}} \cdots S_{i_{k-1}}(\alpha_{i_k}), t = 1, 2, \cdots, k-1$, 于是 $\beta_k = \alpha_{i_k} \succ 0$ 而 $\beta_1 = S'(\alpha_{i_k}) \prec 0$. 那么有 j 存在 $(1 < j \leqslant k)$ 使 $\beta_t \succ 0$ (对 $t \geqslant j$) 而 $\beta_{j-1} \prec 0$. 于是 $\beta_j \succ 0$ 而 $\beta_{j-1} = S_{i_{j-1}}(\beta_j) \prec 0$. 根据引理 6.15, 一定有 $\beta_j = \alpha_{i_{j-1}}$. 令 $T = S_{i_1} S_{i_2} \cdots S_{i_{j-2}}, T' = S_{i_j} \cdots S_{i_{k-1}}$, 则 $S' = T S_{i_{j-1}} T'$, 而 $\beta_j = T'(\alpha_{i_k}) = \alpha_{i_{j-1}}$. 由此推出 $T' S_{i_k} T'^{-1} = S_{i_{j-1}}$, 即 $T' S_{i_k} = S_{i_{j-1}} T'$. 于是 $S = S' S_{i_k} = T S_{i_{j-1}} T' S_{i_k} = T T' S_{i_k}^2 = T T'$, 这时 S 是 $k-2$ 个 S_i 之积, 故根据归纳法假设有 $\mu \succcurlyeq S(\mu)$. □

引理 10.9 有以下的推论.

推论 10.10 设 $\mu \in \mathfrak{h}_0^*$, 则 μ 是支配整线性函数, 当且仅当对任意 $\alpha \in \Sigma_+$, $\dfrac{2(\mu, \alpha)}{(\alpha, \alpha)}$ 都是非负整数.

证 如果对任意 $\alpha \in \Sigma_+$, $\dfrac{2(\mu, \alpha)}{(\alpha, \alpha)}$ 都是非负整数, 自然 μ 是支配整线性函数.

反之, 设 μ 是支配整线性函数, 那么根据定义, $\dfrac{2(\mu, \alpha_i)}{(\alpha_i, \alpha_i)}(i = 1, 2, \cdots, n)$ 都是

非负整数. 根据引理 10.9, 对任意 $\alpha\in\Sigma_+$,

$$\mu \succcurlyeq S(\mu)=\mu-\frac{2(\mu,\alpha)}{(\alpha,\alpha)}\alpha.$$

因此 $\dfrac{2(\mu,\alpha)}{(\alpha,\alpha)}$ 是非负的. 还要证明对任意 $\alpha\in\Sigma_+$, $\dfrac{2(\mu,\alpha)}{(\alpha,\alpha)}$ 都是整数. 首先我们证明, 如 μ 是整线性函数, 则对任意 $S\in W, S(\mu)$ 也是整线性函数. 当 $S=S_i$ 时,

$$S(\mu)=S_i(\mu)=\mu-\frac{2(\mu,\alpha_i)}{(\alpha_i,\alpha_i)}\alpha_i,$$

于是

$$\frac{2(S(\mu),\alpha_j)}{(\alpha_j,\alpha_j)}=\frac{2(\mu,\alpha_j)}{(\alpha_j,\alpha_j)}-\frac{2(\mu,\alpha_i)}{(\alpha_i,\alpha_i)}\frac{2(\alpha_i,\alpha_j)}{(\alpha_j,\alpha_j)}\quad (j=1,2,\cdots,n)$$

都是整数, 故 $S(\mu)$ 是整线性函数. 因 W 由 $S_1,S_2,\cdots,S_n$ 所生成, 故对任意 $S\in W, S(\mu)$ 是整线性函数. 其次, 对任一 $\alpha\in\Sigma_+$, 根据引理 6.14, 有 $S\in W$ 使 $S\alpha=\alpha_i$ 对某一 $i(1\leqslant i\leqslant n)$. 于是

$$\frac{2(\mu,\alpha)}{(\alpha,\alpha)}=\frac{2(S(\mu),S(\alpha))}{(S(\alpha),S(\alpha))}=\frac{2(S(\mu),\alpha_i)}{(\alpha_i,\alpha_i)}$$

是整数. □

推论 10.11 设 ρ 是半单李代数 $\mathfrak{g}$ 的一个不可约表示, 则 ρ 的权的任一等价类中都有一最高的权, 即这样的权 ω, 对任一 $S\in W$, 有性质 $\omega\succcurlyeq S(\omega)$ (这样的权称为支配权).

证 设 ω 是 ρ 的一个权. 如果 $\dfrac{2(\omega,\alpha_i)}{(\alpha_i,\alpha_i)}\geqslant 0(i=1,2,\cdots,n),\omega$ 就是一个支配权. 否则, 有 j 存在 $(1\leqslant j\leqslant n)$ 使 $\dfrac{2(\omega,\alpha_j)}{(\alpha_j,\alpha_j)}<0$, 于是

$$\omega\preccurlyeq S_j\omega=\omega-\frac{2(\omega,\alpha_j)}{(\alpha_j,\alpha_j)}\alpha_j.$$

再考察 $S_j\omega$. 如果 $\dfrac{2(S_j\omega,\alpha_i)}{(\alpha_i,\alpha_i)}\geqslant 0(i=1,2,\cdots,n)$, 则 $S_j\omega$ 就是一个支配权. 否则可得一与 $S_j\omega$ 等价的权, 此权也与 ω 等价, 且高于 $S_j\omega$. 如此继续下去, 因与 ω 等价的权只有有限个, 故最后总得一支配权. □

§2 完全可约性定理

定理 10.12 (H. Weyl①) 半单李代数 $\mathfrak{g}$ 的任一表示皆完全可约.

这是 H. Weyl 的著名定理, Weyl 原来的证明要用到李群, 下面我们采用 Casimir 和 van der Waerden②的代数证明.

首先我们指出, 对于半单李代数 $\mathfrak{g}$, 如果引理 9.9 成立, 那么可以仿照第九章 §3 中关于 $\mathfrak{g}_3$ 的表示的完全可约性的证明推出 $\mathfrak{g}$ 的表示的完全可约性. 因此问题归结为对于半单李代数 $\mathfrak{g}$ 来证明引理 9.9.

我们把 Casimir 算子推广到任意半单李代数 $\mathfrak{g}$ 来. 设 $X_\mu, \cdots$ 是 $\mathfrak{g}$ 的一组基, 令

$$g_{\lambda\mu} = \mathrm{Tr}\,\mathrm{ad}\,X_\lambda \mathrm{ad}\,X_\mu.$$

由 Cartan 关于李代数半单性的判断准则知, 矩阵

$$(g_{\lambda\mu})$$

是非退化对称矩阵. 令

$$(g^{\lambda\mu}) = (g_{\lambda\mu})^{-1}.$$

如果 ρ 是 $\mathfrak{g}$ 的一个表示, 令

$$\rho(G) = \sum_{\lambda,\mu} g^{\lambda\mu}\rho(X_\lambda)\rho(X_\mu),$$

易证 $\rho(G)$ 与 $\mathfrak{g}$ 的基的选取无关. 我们把 $\rho(G)$ 称为表示 ρ 的 Casimir 算子. 可以证明, $\rho(G)$ 与 $\rho(\mathfrak{g})$ 中任一元皆交换. 实际上,

$$\begin{aligned}[\rho(G), \rho(X_\nu)] &= \sum_{\lambda,\mu} g^{\lambda\mu}[\rho(X_\lambda)\rho(X_\mu), \rho(X_\nu)] \\ &= \sum_{\lambda,\mu} g^{\lambda\mu}\{\rho(X_\lambda)[\rho(X_\mu), \rho(X_\nu)] + [\rho(X_\lambda), \rho(X_\nu)]\rho(X_\mu)\}.\end{aligned}$$

如令

$$[X_\lambda, X_\mu] = \sum_\nu c^\nu_{\lambda\mu} X_\nu,$$

那么

$$\begin{aligned}[\rho(G), \rho(X_\nu)] &= \sum_{\lambda,\mu} g^{\lambda\mu}\left\{\rho(X_\lambda)\sum_\tau c^\tau_{\mu\nu}\rho(X_\tau) + \sum_\tau c^\tau_{\lambda\nu}\rho(X_\tau)\rho(X_\mu)\right\} \\ &= \sum_{\lambda,\mu,\tau} \rho(X_\lambda)\rho(X_\tau)\{g^{\lambda\mu}c^\tau_{\mu\nu} + g^{\mu\tau}c^\lambda_{\mu\nu}\}.\end{aligned}$$

---

① 见第五章 76 页所引文献.

② 见 H. Casimir 和 B. L. van der Waerden, *Math. Ann.*, **111** (1935), 1–12.

如能证明 $\left(\sum_\mu g^{\lambda\mu}c_{\mu\nu}^\tau\right)_{\lambda,\tau}$ 是斜对称矩阵, 即可推出 $[\rho(G),\rho(X_\nu)]=0$. 易证 $g_{\tau\sigma}=\sum_{\alpha,\beta}c_{\tau\alpha}^\beta c_{\sigma\beta}^\alpha$, 于是

$$\begin{aligned}\sum_\tau c_{\rho\nu}^\tau g_{\tau\sigma}&=\sum_{\tau,\alpha,\beta}c_{\rho\nu}^\tau c_{\tau\alpha}^\beta c_{\sigma\beta}^\alpha\\&=-\sum_{\tau,\alpha,\beta}c_{\nu\alpha}^\tau c_{\tau\rho}^\beta c_{\sigma\beta}^\alpha-\sum_{\tau,\alpha,\beta}c_{\alpha\rho}^\tau c_{\tau\nu}^\beta c_{\sigma\beta}^\alpha\\&=\sum_{\tau,\alpha,\beta}c_{\nu\alpha}^\tau c_{\rho\tau}^\beta c_{\sigma\beta}^\alpha+\sum_{\tau,\alpha,\beta}c_{\alpha\rho}^\tau c_{\tau\nu}^\beta c_{\beta\sigma}^\alpha.\end{aligned}$$

这表明 $\sum_\tau c_{\rho\nu}^\tau g_{\tau\sigma}$ 在 ν,ρ,σ 的轮换 (ν,ρ,σ) 之下是不变的. 又因 $\sum_\tau c_{\rho\nu}^\tau g_{\tau\sigma}$ 对于 ρ,ν 是斜对称的, 故它对于 ρ,σ 亦然. 换句话说, 矩阵 $\left(\sum_\tau c_{\rho\nu}^\tau g_{\tau\sigma}\right)_{\rho,\sigma}$ 是斜对称的. 再由

$$\left(\sum_\tau c_{\rho\nu}^\tau g_{\tau\sigma}\right)_{\rho,\sigma}=(g_{\rho\lambda})_{\rho,\lambda}\left(\sum_\mu g^{\lambda\mu}c_{\mu\nu}^\tau\right)_{\lambda,\tau}(g_{\tau\sigma})_{\tau,\sigma}$$

推出矩阵 $\left(\sum_\mu g^{\lambda\mu}c_{\mu\nu}^\tau\right)_{\lambda,\tau}$ 也是斜对称的. 这就证明了我们要证的事实.

从 $\rho(G)$ 和 $\rho(\mathfrak{g})$ 中任一线性变换皆可换推出, 如 ρ 是 $\mathfrak{g}$ 的不可约表示, 则 $\rho(G)$ 是恒同变换的倍数, 但需注意, 对于不等价的不可约表示, $\rho(G)$ 的特征值可能相同, 这是和 $\mathfrak{g}_3$ 不同之处. 例如, 对于 $A_n(n\geqslant 2)$, 对任意 $X\in A_n$, 令

$$\begin{aligned}\rho_1:&\quad X\to X,\\\rho_2:&\quad X\to -X',\end{aligned}$$

则 ρ_1 和 ρ_2 是 A_n 的两个不可约表示, 它们的首权分别是 λ_1 和 $-\lambda_{n+1}$, 因而是不等价的. 但是

$$\begin{aligned}\rho_1(G)&=\sum_{\lambda,\mu}g^{\lambda\mu}\rho_1(X_\lambda)\rho_1(X_\mu)=\sum_{\lambda,\mu}g^{\lambda\mu}X_\lambda X_\mu,\\\rho_2(G)&=\sum_{\lambda,\mu}g^{\lambda\mu}\rho_2(X_\lambda)\rho_2(X_\mu)=\sum_{\lambda,\mu}g^{\lambda,\mu}(-X_\lambda')(-X_\mu')\\&=\sum_{\lambda,\mu}g^{\lambda\mu}(X_\mu X_\lambda)'=\sum_{\lambda,\mu}g^{\lambda\mu}(X_\lambda X_\mu)',\end{aligned}$$

因 $(g^{\lambda\mu})$ 是对称矩阵. 于是

$$\rho_1(G)'=\rho_2(G).$$

但是 $\rho_1(G)$ 和 $\rho_2(G)$ 都是单位矩阵的倍数, 故

$$\rho_1(G)=\rho_2(G).$$

我们先利用引理 10.4 的证明导出下面的

引理 10.13 设 $\mathfrak{g}$ 是半单李代数, ρ 是 $\mathfrak{g}$ 的一个表示. 表示空间为 V. 设 V_1 是 V 的一个子空间, 它在 $\rho(\mathfrak{h}),\rho(E_\alpha),\rho(E_{-\alpha})$ 的作用下不变, 其中 $E_{\pm\alpha}$ 是相应于根 $\pm\alpha$ 的根向量而 $[E_\alpha,E_{-\alpha}]=H_\alpha$. 设 ω 是 ρ 在商空间 V/V_1 中的一个权, 而 $\omega+\alpha$ 不是 ρ 在 V/V_1 中的权, 即有 $e_0\in V$ 而 $e_0\notin V_1$ 使

$$\rho(H)e_0\equiv\omega(H)e_0 \pmod{V_1},\quad \text{对一切 } H\in\mathfrak{h},$$

而没有 $v\in V$ 且 $v\notin V_1$ 具性质

$$\rho(H)v\equiv(\omega+\alpha)(H)v \pmod{V_1},\quad \text{对一切 } H\in\mathfrak{h}.$$

置

$$e_{-1}=\rho(E_{-\alpha})e_0,\cdots,e_{-i}=\rho(E_{-\alpha})^ie_0,\cdots,$$

并设 p 是第一个非负整数使

$$e_{-p}\not\equiv 0 \pmod{V_1}\quad 而\quad e_{-p-1}=\rho(E_{-\alpha})e_{-p}\equiv 0 \pmod{V_1}.$$

于是

$$p=\frac{2(\omega,\alpha)}{(\alpha,\alpha)}.$$

同时还有

$$\rho(H)e_{-i}\equiv(\omega-i\alpha)(H)e_{-i} \pmod{V_1}. \tag{10.5}$$

$$\rho(E_\alpha)e_{-i}\equiv\frac{i(p-i+1)}{2}(\alpha,\alpha)e_{-i+1} \pmod{V_1}, \tag{10.6}$$

其中置 $e_1=0$.

证 唯一需要证明的是 (10.6) 式. 我们用归纳法来验证它. 因 $\omega+\alpha$ 不是 V/V_1 中的权, 故 (10.6) 式对 $i=0$ 成立. 设 (10.6) 式对于 $k\geqslant 0$ 成立, 即

$$\rho(E_\alpha)e_{-k}\equiv\frac{k(p-k+1)}{2}(\alpha,\alpha)e_{-k+1} \pmod{V_1},$$

那么

$$\begin{aligned}&\rho(E_\alpha)e_{-(k+1)}\equiv\rho(E_\alpha)\rho(E_{-\alpha})e_{-k}\\ \equiv&\ \rho([E_\alpha,E_{-\alpha}])e_{-k}+\rho(E_{-\alpha})\rho(E_\alpha)e_{-k}\\ \equiv&\ \rho(H_\alpha)e_{-k}+\rho(E_{-\alpha})\frac{k(p-k+1)}{2}(\alpha,\alpha)e_{-k+1}\end{aligned}$$

$$\equiv (\omega - k\alpha, \alpha)e_{-k} + \frac{k(p-k+1)}{2}(\alpha,\alpha)e_{-k}$$
$$\equiv \frac{(k+1)(p-k)}{2}(\alpha,\alpha)e_{-k} \quad (\mathrm{mod}\, V_1),$$

即 (10.6) 式对 $k+1$ 也成立. □

现在设 $\mathfrak{g}$ 是个半单李代数, $\mathfrak{h}$ 是它的一个 Cartan 子代数, ρ 是它的一个表示, 表示空间是 V. 假定在 $\mathfrak{h}_0^*$ 中利用 $\mathfrak{g}$ 的一个基础根系 $\Pi = \{\alpha_1, \alpha_2, \cdots, \alpha_n\}$ 引进一个偏序. 相对于这个偏序. 设 ω 是表示 ρ 的一个最高权, 即 ρ 不再有比 ω 还高的权. 设 $\alpha \in \Sigma_+$. 这时, 自然 $\omega + \alpha$ 不是权. 那么根据引理 10.13, 可得一串权向量 $e_0, e_{-1}, \cdots, e_{-p}$, 其中

$$e_{-i} = \rho(E_{-\alpha})^i e_0, \quad e_{-p} \neq 0, \quad e_{-p-1} = 0,$$

而它们分别相应于权 $\omega, \omega - \alpha, \cdots, \omega - p\alpha$, 同时还有

$$p = \frac{2(\omega,\alpha)}{(\alpha,\alpha)}$$

及

$$\rho(E_\alpha)e_{-i} = \frac{i(p-i+1)}{2}(\alpha,\alpha)e_{-i+1} \quad (i = 0, 1, \cdots, p),$$

其中置 $e_1 = 0$. 这时表示空间 $\mathrm{mod}\,\{e_0, e_{-1}, \cdots, e_{-p}\}$ 之后, 仍有一最高权 ω'. 设 e_0' 为相应于 ω' 的向量, 即

$$\rho(H)e_0' \equiv \omega'(H)e_0' \quad (\mathrm{mod}\,\{e_0, e_{-1}, \cdots, e_{-p}\}).$$

从 e_0' 出发又得一串向量 $e_0', e_{-1}', \cdots, e_{-p'}'$, 其中

$$e_{-i}' = \rho(E_{-\alpha})^i e_0', \quad e_{-p'}' \not\equiv 0,$$
$$e_{-p'-1}' \equiv 0 \quad (\mathrm{mod}\,\{e_0, e_{-1}, \cdots, e_{-p}\}).$$

同样有

$$p' = \frac{2(\omega',\alpha)}{(\alpha,\alpha)}$$

以及

$$\rho(E_\alpha)e_{-i}' \equiv \frac{i(p'-i+1)}{2}(\alpha,\alpha)e_{-i+1}' \quad (\mathrm{mod}\,\{e_0, e_{-1}, \cdots, e_{-p}\}) \ \ (i = 0, 1, \cdots, p'),$$

其中置 $e_1' = 0$. 如此继续下去, 可得 $e_0, e_{-1}, \cdots, e_{-p}, e_0', e_{-1}', \cdots, e_{-p'}' \cdots$ 张成的整个表示空间 V.

有了以上这些准备之后, 我们可对一般的半单李代数 $\mathfrak{g}$ 来证明引理 9.9. 设 $\mathfrak{g}$ 的表示 ρ 恰含有两个不可约表示 ρ_{ω_1} 和 ρ_{ω_2}, 它们分别以 ω_1 和 ω_2 为首权, 我们分以下三种情形来讨论:

1) 设 ρ_{ω_1} 和 ρ_{ω_2} 不等价, 但其中之一的首权同时是另一个的权.

为确定起见, 不妨设 ω_1 是 ρ_{ω_2} 的权. 设

$$\rho_{\omega_1}(G) = g_{\omega_1} I, \quad \rho_{\omega_2}(G) = g_{\omega_2} I,$$

其中 $g_{\omega_1}, g_{\omega_2}$ 为复数. 我们可以证明 $g_{\omega_1} < g_{\omega_2}$.

选定 $\mathfrak{g}$ 的一组基, 它由 $\mathfrak{h}$ 的一组基 $H_1, H_2, \cdots, H_n$ 及相应于每个根 α 的一个根向量 E_α 构成, 但

$$(E_\alpha, E_{-\alpha}) = 1.$$

令

$$\begin{aligned} q_{ik} &= \mathrm{Tr}\,\mathrm{ad}\,H_i \mathrm{ad}\,H_k, \\ (q^{ik}) &= (q_{ik})^{-1}, \end{aligned}$$

则相对于这组基, 一个表示 ρ 的 Casimir 算子是

$$\rho(G) = \sum_{i,k} q^{ik} \rho(H_i)\rho(H_k) + \sum_\alpha \rho(E_\alpha)\rho(E_{-\alpha}).$$

以 V 和 U 分别表示 ρ_{ω_1} 和 ρ_{ω_2} 的表示空间. U 中属于权 ω_1 的向量组成的子空间记作 U_{ω_1}. 我们知道 U_{ω_1} 是 $\rho_{\omega_2}(H_i)\rho_{\omega_2}(H_k)$ 和 $\rho_{\omega_2}(E_\alpha)\rho_{\omega_2}(E_{-\alpha})$ 的不变子空间. 以 r 表示 U_{ω_1} 的维数, 则

$$\begin{aligned} g_{\omega_2} &= \frac{1}{r} \mathrm{Tr}_{\,U_{\omega_1}} \rho_{\omega_2}(G) \\ &= \frac{1}{r} \sum_{i,k} q^{ik} \mathrm{Tr}_{\,U_{\omega_1}} \rho_{\omega_2}(H_i)\rho_{\omega_2}(H_k) + \frac{1}{r} \sum_\alpha \mathrm{Tr}_{\,U_{\omega_1}} \rho_{\omega_2}(E_\alpha)\rho_{\omega_2}(E_{-\alpha}). \end{aligned}$$

同样, 以 V_{ω_1} 表示 V 中属于权 ω_1 的向量组成的子空间. 因 ω_1 是 ρ_1 的首权, 故 V_{ω_1} 是一维的. 于是

$$\begin{aligned} g_{\omega_1} &= \mathrm{Tr}_{\,V_{\omega_1}} \rho_{\omega_1}(G) \\ &= \sum_{i,k} q^{ik} \mathrm{Tr}_{\,V_{\omega_1}} \rho_{\omega_1}(H_i)\rho_{\omega_1}(H_k) + \sum_\alpha \mathrm{Tr}_{\,V_{\omega_1}} \rho_{\omega_1}(E_\alpha)\rho_{\omega_1}(E_{-\alpha}). \end{aligned}$$

显然有

$$\mathrm{Tr}_{\,U_{\omega_1}} \rho_{\omega_2}(H_i)\rho_{\omega_2}(H_k) = r\omega_1(H_i)\omega_1(H_k).$$

因此 g_{ω_1} 和 g_{ω_2} 的表达式中第一个和式相等. 为了证明 $g_{\omega_1} < g_{\omega_2}$, 只需证对任一 $\alpha \in \Sigma$

$$\frac{1}{r}\mathrm{Tr}_{U_{\omega_1}}\rho_{\omega_2}(E_\alpha)\rho_{\omega_2}(E_{-\alpha}) \geqslant \mathrm{Tr}_{V_{\omega_1}}\rho_{\omega_1}(E_\alpha)\rho_{\omega_1}(E_{-\alpha}),$$

而对于至少一个 $\alpha \in \Sigma$, "$>$" 成立即可. 更因 $\mathrm{Tr}\,\rho(E_{-\alpha})\rho(E_\alpha) = \mathrm{Tr}\,\rho(E_\alpha)\rho(E_{-\alpha})$, 故只要对正根考察即可.

现在设 α 是一个正根. 根据前面所述, 我们可以造向量串

$$e_0, \quad e_{-1}, \quad \cdots, \quad e_{-p}, \quad e'_0, \quad e'_{-1}, \quad \cdots, \quad e'_{-p'}, \quad \cdots, \tag{10.7}$$

它们张成整个空间 U. 因 ρ_{ω_2} 不可约, U 可由权向量生成, 因此可以选取 (10.7) 中向量为权向量. 在 (10.7) 中选出权为 ω_1 的向量来, 它们就张成 U_{ω_1}; 设它们是 $\dot{e}_1, \dot{e}_2, \cdots, \dot{e}_r$. 设 $\dot{e}_\nu$ 出现在一个长为 $p_\nu + 1$ 的向量串中, 且为这串中标号是 $-i_\nu$ 的向量, 则

$$\rho_{\omega_2}(E_\alpha)\rho_{\omega_2}(E_{-\alpha})\dot{e}_\nu = \frac{(i_\nu + 1)(p_\nu - i_\nu)}{2}(\alpha, \alpha)\dot{e}_\nu.$$

于是

$$\mathrm{Tr}_{U_{\omega_1}}\rho_{\omega_2}(E_\alpha)\rho_{\omega_2}(E_{-\alpha}) = \sum_{\nu=1}^{r}\frac{(i_\nu + 1)(p_\nu - i_\nu)}{2}(\alpha, \alpha).$$

同样有

$$\begin{aligned}\mathrm{Tr}_{V_{\omega_1}}\rho_{\omega_1}(E_\alpha)\rho_{\omega_1}(E_{-\alpha}) &= \frac{(0+1)(p-0)}{2}(\alpha, \alpha)\\ &= \frac{p}{2}(\alpha, \alpha),\end{aligned}$$

而

$$p = \frac{2(\omega_1, \alpha)}{(\alpha, \alpha)}.$$

同样, 在 U 中, 如一向量串中标号为 $-i_\nu$ 的向量 $\dot{e}_\nu$ 的权是 ω_1, 则

$$p_\nu = \frac{2(\omega_1 + i_\nu\alpha, \alpha)}{(\alpha, \alpha)} = p + 2i_\nu.$$

因此

$$(i_\nu + 1)(p_\nu - i_\nu) = (i_\nu + 1)(p + i_\nu) \geqslant p.$$

这样

$$\mathrm{Tr}_{U_{\omega_1}}\rho_{\omega_2}(E_\alpha)\rho_{\omega_2}(E_{-\alpha}) \geqslant \sum_{\nu=1}^{r}\frac{p}{2}(\alpha, \alpha) = r\frac{p}{2}(\alpha, \alpha).$$

于是我们证明了

$$\frac{1}{r}\mathrm{Tr}_{U_{\omega_1}}\rho_{\omega_2}(E_\alpha)\rho_{\omega_3}(E_{-\alpha}) \geqslant \mathrm{Tr}_{V_{\omega_1}}\rho_{\omega_1}(E_\alpha)\rho_{\omega_1}(E_{-\alpha}).$$

更进一步, 如上式对 α 有等号成立, 则 $i_\nu = 0(\nu = 1,2,\cdots,r)$. 这时 ρ_{ω_2} 的含权 ω_1 的 α-权串皆从 ω_1 开始. 但这不能对所有 α 都成立. 实际上, 以 e_0 表示 U 中属于首权 ω_2 的向量. 设若

$$e_1 = \rho(E_{-\alpha_1})\cdots\rho(E_{-\alpha_s})e_0, \quad \alpha_1,\alpha_2,\cdots,\alpha_s \in \Pi$$

是 U 中一个权为 ω_1 的权向量. 令 $v = \rho(E_{-\alpha_2})\cdots\rho(E_{-\alpha_s})e_0$, 则 $e_1 = \rho(E_{-\alpha_1})v$, $v \neq 0$. 注意 v 的权 $\omega_1 + \alpha_1 \succ \omega_1$. 于是 e_1 就不出现在相应于含权 ω_1 的 α_1-权串的权向量串之首. 因此至少有一 α 使

$$\frac{1}{r}\mathrm{Tr}\,_{U_{\omega_1}}\rho_{\omega_2}(E_\alpha)\rho_{\omega_2}(E_{-\alpha}) > \mathrm{Tr}\,_{V_{\omega_1}}\rho_{\omega_1}(E_\alpha)\rho_{\omega_1}(E_{-\alpha}).$$

这就证明了 $g_{\omega_1} < g_{\omega_2}$.

既然 $g_{\omega_1} \neq g_{\omega_2}$, 那么可以仿照 $\mathfrak{g}_3$ 的情形来证明 ρ 可分解为 ρ_{ω_1} 和 ρ_{ω_2} 的直和.

2) 设 ρ_{ω_1} 和 ρ_{ω_2} 不等价, 但任一表示的首权都不是另一表示的权.

设 V 是 ρ 的表示空间, V_{ω_1} 是 V 中按 ρ_{ω_1} 变换的不变子空间, 则 V/V_{ω_1} 将按 ρ_{ω_2} 而变换. 设 e_{ω_1} 是 V_{ω_1} 中相应于首权 ω_1 的向量, 设 e_{ω_2} 是 V 中相应于权 ω_2 的权向量. 根据假设, ω_2 不是 ρ_{ω_1} 的权, 故 $e_{\omega_2} \notin V_{\omega_1}$.

考察一切形如

$$\rho(E_{-\alpha_1})\cdots\rho(E_{-\alpha_s})\rho(E_{\beta_1})\cdots\rho(E_{\beta_t})e_{\omega_2}$$

的向量, 其中 $\alpha_1,\cdots,\alpha_s,\beta_1,\cdots,\beta_t \in \Pi$, 它们可以重复出现, 而 s,t 是任意非负整数. 如果这样一个向量不为 0, 它就是权为

$$\omega_2 - \alpha_1 - \cdots - \alpha_s + \beta_1 + \cdots + \beta_t$$

的权向量. 一切这种向量张成一个在 ρ 之下不变的子空间 V'. 如果 $V' \cap V_{\omega_1} = \{0\}$, 那么 $V = V_{\omega_1} \dot{+} V'$, 因此引理成立. 现在证明 $V' \cap V_{\omega_1} \neq \{0\}$ 不能发生.

设 $V' \cap V_{\omega_1} \neq \{0\}$. 因 V_{ω_1} 不可约, 故有 $V_{\omega_1} \subseteq V'$. 于是

$$e_{\omega_1} = \sum c_\nu A_\nu e_{\omega_2},$$

其中 c_ν 为复数而 A_ν 为形如 $\rho(E_{-\alpha_1})\cdots\rho(E_{-\alpha_s})\rho(E_{\beta_1})\cdots\rho(E_{\beta_t})$ 的算子. 等式右方每一项皆有一确定的权. 因相应于不同的权的向量必线性无关 $\left(V = \sum\limits_{\omega} V^\omega\right.$ 的推论$\left.\right)$, 故可设 $A_1 e_{\omega_2} (\neq 0)$ 是权为 ω_1 的向量. 又因 ω_1 是 ρ 的单权 (因 ω_1 是 ρ_1 的首权而不是 ρ_2 的权), 故

$$A_1 e_{\omega_2} = a_1 e_{\omega_1}, \quad a_1 \text{ 为 } \neq 0 \text{ 的复数}.$$

设 $A_1 = \rho(E_{-\alpha_1})\cdots\rho(E_{-\alpha_s})\rho(E_{\beta_1})\cdots\rho(E_{\beta_t}), \alpha_i, \beta_j \in \Pi$. 于是

$$\omega_1 = \omega_2 - \alpha_1 - \cdots - \alpha_s + \beta_1 + \cdots + \beta_t.$$

今区别 $\omega_1 > \omega_2$ 和 $\omega_2 > \omega_1$ 这两种情形.

如 $\omega_1 > \omega_2$, 则 $t > 0$. 于是 e_{ω_2} 的权是 ω_2, 它是 ρ_{ω_2} 的权, 但不是 ρ_{ω_1} 的权. 又 $\rho(E_{\beta_t})e_{\omega_2}$ 的权是 $\omega_2 + \beta_t$. 因 $\omega_2 + \beta_t \succ \omega_2$, 故 $\omega_2 + \beta_t$ 是 ρ_{ω_1} 的权, 而不是 ρ_{ω_2} 的权.

如 $\omega_1 < \omega_2$, 则 $s > 0$. 于是 $\rho(E_{-\alpha_2})\cdots\rho(E_{-\alpha_s})\rho(E_{\beta_1})\cdots\rho(E_{\beta_t})e_{\omega_2}$ 的权是 $\omega_1 + \alpha_1$. 因 $\omega_1 + \alpha_1 \succ \omega_1$, 故 $\omega_1 + \alpha_1$ 是 ρ_{ω_2} 的权而不是 ρ_{ω_1} 的权. 另一方面, ω_1 又是 ρ_{ω_1} 的权而不是 ρ_{ω_2} 的权.

于是问题归结为证明下面的引理.

引理 10.14 设 ρ_1 和 ρ_2 是半单李代数 $\mathfrak{g}$ 的两个表示, $\alpha \in \Sigma$. 设 ω 是定义在 $\mathfrak{h}$ 上的线性函数. 于是以下情况不能发生: ω 是 ρ_1 的权但不是 ρ_2 的权; $\omega + \alpha$ 是 ρ_2 的权但不是 ρ_1 的权.

证 设 ω 是 ρ_1 的权, 但 $\omega + \alpha$ 不是 ρ_1 的权. 这时从 ω 出发可造 ρ_1 的 α-权串

$$\omega, \quad \omega - \alpha, \quad \cdots, \quad \omega - p\alpha,$$

而

$$p = \frac{2(\omega, \alpha)}{(\alpha, \alpha)}.$$

又设 $\omega + \alpha$ 是 ρ_2 的权, 但 ω 不是 ρ_2 的权. 这时从 $\omega + \alpha$ 出发造 ρ_2 的 α-权串

$$\omega + \alpha, \quad \omega + 2\alpha, \quad \cdots, \quad \omega + (q+1)\alpha,$$

而

$$-q = \frac{2(\omega + \alpha, \alpha)}{(\alpha, \alpha)} = 2\frac{(\omega, \alpha)}{(\alpha, \alpha)} + 2.$$

于是 $\rho + q = -2$. 这是不可能的. □

3) 设 ρ_{ω_1} 和 ρ_{ω_2} 等价. 这时令 $\omega_1 = \omega_2 = \omega$.

设 ρ 的表示空间为 V, V 有不可约不变子空间 V_1. 它包有一个权为 ω 的权向量 e_0, 而它由一切向量

$$\rho(E_{-\alpha_1})\rho(E_{-\alpha_2})\cdots\rho(E_{-\alpha_s})e_0 \quad (\alpha_1, \alpha_2, \cdots, \alpha_s \in \Pi)$$

生成. V 模此子空间 V_1 之后, 仍有一权为 ω 的权向量 e_0'. 可以选择 e_0' 使

$$\rho(H)e_0' = \omega(H)e_0' + \mu(H)e_0.$$

我们去证明 $\mu=0$.

设 α 是一个正根. 造向量串

$$e_0',\quad e_{-1}'=\rho(E_{-\alpha})e_0',\cdots,\quad e_{-i}'=\rho(E_{-\alpha})^i e_0',\quad \cdots.$$

设 p' 是第一个非负整数使

$$e_{-p'}'\not\equiv 0 \pmod{V_1},\quad e_{-p'-1}'=\rho(E_{-\alpha})e_{-p}'\equiv 0 \pmod{V_1}.$$

于是

$$p'=\frac{2(\omega,\alpha)}{(\alpha,\alpha)}=p.$$

利用归纳法可证

$$\rho(H)e_{-i}'=(\omega-i\alpha)(H)e_{-i}'+\mu(H)e_{-i}, \tag{10.8}$$

$$\rho(E_\alpha)e_{-i}'=\frac{i(p-i+1)}{2}(\alpha,\alpha)e_{-i+1}'+i(\mu,\alpha)e_{-i+1}\quad (i=0,1,2,\cdots,p+1), \tag{10.9}$$

其中置 $e_1=e_1'=0$.

在 (10.8) 式中取 $i=p+1$ 得

$$\rho(H)e_{-(p+1)}'=(\omega-(p+1)\alpha)(H)e_{-(p+1)}'.$$

因此 $e_{-(p+1)}'$ 是权为 $\omega-(p+1)\alpha$ 的权向量. 但 $\omega-(p+1)\alpha$ 不是 ρ 的权, 故 $e_{-(p+1)}'=0$. 再在 (10.9) 式中取 $i=p+1$ 得

$$0=(p+1)(\mu,\alpha)e_p.$$

因 $e_p\neq 0$, 故 $(\mu,\alpha)=0$. 又因 α 可取任意一根, 故 $(\mu,\alpha)=0$ 对一切 $\alpha\in\Sigma$, 于是 $\mu=0$. 这就证明了

$$\rho(H)e_0'=\omega(H)e_0',$$

即 e_0' 也是一个权为 ω 的权向量.

考察一切形如

$$\rho(E_{-\alpha_1})\rho(E_{-\alpha_2})\cdots\rho(E_{-\alpha_s})e_0'\quad (\alpha_1,\alpha_2,\cdots,\alpha_s\in\Pi)$$

的向量. 如果它不为 0, 它就是相应于权 $\omega-\alpha_1-\alpha_2-\cdots-\alpha_s$ 的权向量. 它们生成一个子空间 V_2, 易证 V_2 是 ρ 的不变子空间. 如果 $V_1\cap V_2\neq\{0\}$, 则 $V_1\subseteq V_2$. 这时

$$e_0=\sum c_\nu A_\nu e_0',$$

而 A_ν 皆为形状 $\rho(E_{-\alpha_1})\rho(E_{-\alpha_2})\cdots\rho(E_{-\alpha_s})$ 的算子. 因相应于不同的权的权向量一定线性无关, 故一定有

$$e_0 = ce_0', \quad c \text{ 为 } \neq 0 \text{ 的复数},$$

矛盾. 因此一定有 $V_1 \cap V_2 = \{0\}$, 于是 $V = V_1 \dot{+} V_2$.

这样, 引理 9.9 对于半单李代数也成立. 如同前面所说, 可以像 $\mathfrak{g}_3$ 的情形一样, 由此推出半单李代数的任一表示都完全可约.

§3 半单李代数的基础表示

定理 10.15 设 $\mathfrak{g}$ 是半单李代数, $\mathfrak{h}$ 是它的一个 Cartan 子代数, $\Pi = \{\alpha_1, \alpha_2, \cdots, \alpha_n\}$ 是它的一组基础根系. 设 ρ_1 和 ρ_2 是 $\mathfrak{g}$ 的两个不可约表示, 它们的表示空间分别为 V_1 和 V_2, 而它们的首权分别为 ω_1 和 ω_2. 于是 $\rho = \rho_1 \otimes \rho_2$ 含有唯一的一个不可约分量, 它的首权为 $\omega_1 + \omega_2$ (这个不可约分量记作 $\overline{\rho_1 \otimes \rho_2}$).

证 设 $e_i^{(1)}, e_i^{(2)}, \cdots, e_i^{(s_i)}$ 是 V_i 的一组基, 而且它们都是 ρ_i 的权向量, 其中 $e_i^{(1)}$ 相关于 ρ_i 的首权 $\omega_i (i = 1, 2)$. 于是 $e_1^{(j)} \otimes e_2^{(k)}$ 就是 $\rho = \rho_1 \otimes \rho_2$ 的权向量; 实际上, 如 $e_1^{(j)}$ 以 $\omega_1^{(j)}$ 为权, $e_2^{(k)}$ 以 $\omega_2^{(k)}$ 为权, 则

$$\begin{aligned}\rho(H)(e_1^{(j)} \otimes e_2^{(k)}) &= \rho_1(H)e_1^{(j)} \otimes e_2^{(k)} + e_1^{(j)} \otimes \rho_2(H)e_2^{(k)} \\ &= (\omega_1^{(j)}(H) + \omega_2^{(k)}(H))(e_1^{(j)} \otimes e_2^{(k)}),\end{aligned}$$

即 $e_1^{(j)} \otimes e_2^{(k)}$ 以 $\omega_1^{(j)} + \omega_2^{(k)}$ 为权. 特别 $e_1^{(1)} \otimes e_2^{(1)}$ 是 ρ 的权向量, 相应于权 $\omega_1 + \omega_2$. 因 ω_i 是 ρ_i 的首权, 因而是 ρ_i 的单权而且比 ρ_i 的其余的权都高 $(i = 1, 2)$, 故 $\omega_1 + \omega_2$ 是 ρ 的单权, 而且是 ρ 的最高权.

以 V' 表示 V 中含 $e_1^{(1)} \otimes e_2^{(1)}$ 的最小不变子空间 (所谓不变是指相对于 ρ 而言). 我们来证明 V' 是不可约的. 设 V' 可约, 根据完全可约性定理 (即定理 10.12), 可设

$$V' = U_1 \dot{+} U_2,$$

U_1, U_2 都是非 0 不变子空间. 将 $e_1^{(1)} \otimes e_2^{(1)}$ 相对于 V' 的这个直和分解为

$$e_1^{(1)} \otimes e_2^{(1)} = v_1 + v_2, \quad v_1 \in U_1, \quad v_2 \in U_2$$

我们有

$$\rho(H)(e_1^{(1)} \otimes e_2^{(1)}) = (\omega_1 + \omega_2)(H)(e_1^{(1)} \otimes e_2^{(1)}).$$

将 $e_1^{(1)} \otimes e_2^{(1)} = v_1 + v_2$ 代入得

$$\rho(H)v_1 + \rho(H)v_2 = (\omega_1 + \omega_2)(H)v_1 + (\omega_1 + \omega_2)(H)v_2.$$

于是

$$\rho(H)v_1 = (\omega_1+\omega_2)(H)v_1,$$
$$\rho(H)v_2 = (\omega_1+\omega_2)(H)v_2.$$

因 $\omega_1+\omega_2$ 是 ρ 的单权, 故 $v_1=0$ 或 $v_2=0$. 又因 $e_1^{(1)}\otimes e_2^{(1)}=v_1+v_2$, 故 v_1,v_2 不能同时为 0. 设 $v_2=0$, 则 $e_1^{(1)}\otimes e_2^{(1)}=v_1$. 因 V' 是包有 $e_1^{(1)}\otimes e_2^{(1)}$ 的最小不变子空间, 故 $V'\subseteq U_1$, 于是 $V'=U_1$. 这样 $U_2=0$, 矛盾. 这证明了 V' 就是 ρ 的不可约子空间. 因 $e_1^{(1)}\otimes e_2^{(1)}\in V'$, 而 $e_1^{(1)}\otimes e_2^{(1)}$ 的权是 $\omega_1+\omega_2$, 故 ρ 在 V' 上诱导出的不可约表示 $\rho_1\otimes\rho_2$ 以 $\omega_1+\omega_2$ 为首权. 这就证明了定理 10.15. □

仍设 $\mathfrak{g}$ 是半单李代数, $\mathfrak{h}$ 是它的一个 Cartan 子代数, $\Pi=\{\alpha_1,\alpha_2,\cdots,\alpha_n\}$ 是它的一组基础根系. 用下式定义 $\mathfrak{h}$ 上的 n 个线性函数 $\omega_1,\omega_2,\cdots,\omega_n$:

$$\frac{2(\omega_i,\alpha_j)}{(\alpha_j,\alpha_j)}=\delta_{ij}\quad(i,j=1,2,\cdots,n),$$

则 $\omega_1,\omega_2,\cdots,\omega_n$ 都是支配整线性函数. 假定有 $\mathfrak{g}$ 的不可约表示 $\rho_1,\rho_2,\cdots,\rho_n$ 存在, 它们分别以 $\omega_1,\omega_2,\cdots,\omega_n$ 为首权. 现在设 ω 是定义在 $\mathfrak{h}$ 上的一个支配整线性函数, 即

$$\frac{2(\omega,\alpha_i)}{(\alpha_i,\alpha_i)}=r_i\quad(i=1,2,\cdots,n)$$

都是非负整数. 那么, 根据定理 10.15,

$$\underbrace{\rho_1\otimes\cdots\otimes\rho_1}_{r_1\text{ 个}}\otimes\underbrace{\rho_2\otimes\cdots\otimes\rho_2}_{r_2\text{ 个}}\otimes\cdots\otimes\underbrace{\rho_n\otimes\cdots\otimes\rho_n}_{r_n\text{ 个}}$$

将含唯一的一个以 ω 为首权的不可约分量. 因此要证明定理 10.7 的第二部分, 只需证明不可约表示 $\rho_1,\rho_2,\cdots,\rho_n$ 存在. $\rho_1,\rho_2,\cdots,\rho_n$ 称为 $\mathfrak{g}$ 的基础表示.

定理 10.16 设半单李代数 $\mathfrak{g}$ 分解成两个半单子代数 $\mathfrak{g}_1$ 和 $\mathfrak{g}_2$ 的直和: $\mathfrak{g}=\mathfrak{g}_1\dotplus\mathfrak{g}_2$. 并设 $\mathfrak{g}$ 的 Cartan 子代数 $\mathfrak{h}$ 相应地分解成 $\mathfrak{g}_1$ 的 Cartan 子代数 $\mathfrak{h}_1$ 和 $\mathfrak{g}_2$ 的 Cartan 子代数 $\mathfrak{h}_2$ 的直和: $\mathfrak{h}=\mathfrak{h}_1\dotplus\mathfrak{h}_2$. 更设 $\Pi=\{\alpha_1,\alpha_2,\cdots,\alpha_n,\beta_1,\beta_2,\cdots,\beta_m\}$ 是 $\mathfrak{g}$ 对于 $\mathfrak{h}$ 的一组基础根系, 其中 $\Pi_1=\{\alpha_1,\alpha_2,\cdots,\alpha_n\}$ 是 $\mathfrak{g}_1$ 对于 $\mathfrak{h}_1$ 的一组基础根系, 而 $\Pi_2=\{\beta_1,\beta_2,\cdots,\beta_m\}$ 是 $\mathfrak{g}_2$ 对于 $\mathfrak{h}_2$ 的一组基础根系. 于是

1) 如 ρ_i 是 $\mathfrak{g}_i$ 的一个不可约表示, 表示空间为 V_i, 首权为 $\omega_i(i=1,2)$. 对任一 $H\in\mathfrak{h}$ 定义

$$(\omega_1+\omega_2)(H)=\omega_1(H_1)+\omega_2(H_2),$$

其中 $H=H_1+H_2, H_1\in\mathfrak{h}_1, H_2\in\mathfrak{h}_2$. 令

$$\rho(X)(v_1\otimes v_2)=\rho_1(X_1)v_1\otimes v_2+v_1\otimes\rho_2(X_2)v_2$$

(如 $X = X_1 + X_2, X_1 \in \mathfrak{g}_1, X_2 \in \mathfrak{g}_2, v_1 \in V_1, v_2 \in V_2$), 则 ρ 是 $\mathfrak{g}$ 的一个不可约表示, 表示空间为 $V = V_1 \otimes V_2$, 首权为 $\omega_1 + \omega_2$.

2) 反之, $\mathfrak{g}$ 的任一不可约表示皆可按照 1) 的方式获得.

证 设 $X \in \mathfrak{g}$ 而 $X = X_1 + X_2, X_1 \in \mathfrak{g}_1, X_2 \in \mathfrak{g}_2$. 令

$$\rho_1'(X)v_1 = \rho_1(X_1)v_1, \quad v_1 \in V_1,$$
$$\rho_2'(X)v_2 = \rho_2(X_2)v_2, \quad v_2 \in V_2,$$

则 ρ_1', ρ_2' 显然是 $\mathfrak{g}$ 的不可约表示, 表示空间分别为 V_1 和 V_2, 首权分别为 ω_1 和 ω_2. 如对任一 $H \in \mathfrak{h}$ 定义

$$\omega_1(H) = \omega_1(H_1), \quad \omega_2(H) = \omega_2(H_2),$$

其中 $H = H_1 + H_2, H_1 \in \mathfrak{h}_1, H_2 \in \mathfrak{h}_2$. 于是

$$\rho = \rho_1' \otimes \rho_2'.$$

因此要证 1), 只需证 ρ 不可约即可.

设 V_i 有一组由权向量组成的基 $\{e_i^{(1)}, e_i^{(2)}, \cdots, e_i^{(s_i)}\}(i = 1, 2)$, 而 $e_i^{(k)}$ 相应于权 $\omega_i^{(k)}(i = 1, 2; k = 1, 2, \cdots, s_i)$, 其中 $\omega_1^{(1)} = \omega_1, \omega_2^{(1)} = \omega_2$. 根据定理 10.6 的证明, 可设 $e_1^{(k)}$ 皆为形状

$$\rho_1(E_{-\alpha_{j_1}})\rho_1(E_{-\alpha_{j_2}}) \cdots \rho_1(E_{-\alpha_{j_s}})e_1^{(1)} \quad (s \geqslant 0),$$

而 $e_2^{(k)}$ 皆为形状

$$\rho_2(E_{-\beta_{k_1}})\rho_2(E_{-\beta_{k_2}}) \cdots \rho_2(E_{-\beta_{k_t}})e_2^{(1)} \quad (t \geqslant 0),$$

其中 $\alpha_{j_1}, \alpha_{j_2}, \cdots, \alpha_{j_s} \in \Pi_1, \beta_{k_1}, \beta_{k_2}, \cdots, \beta_{k_t} \in \Pi_2$. 因此, 如以 V' 表示 $V = V_1 \otimes V_2$ 中包有 $e_1^{(1)} \otimes e_2^{(1)}$ 的最小不变子空间, 则由 ρ 的定义容易推得 V' 必包有一切 $e_1^{(j)} \otimes e_2^{(k)}(j = 1, 2, \cdots, s_1; k = 1, 2, \cdots, s_2)$. 于是 $V' = V$. 再根据定理 10.15 的证明知, V' 不可约, 因此 V 不可约. 这证明了 1).

现在设 ρ 是 $\mathfrak{g}$ 的一个不可约表示, 表示空间为 V, 首权为 ω. ρ 对 $\mathfrak{g}_1$ 的限制是 $\mathfrak{g}_1$ 的一个表示 ρ_1', 而 ρ 对 $\mathfrak{g}_2$ 的限制是 $\mathfrak{g}_2$ 的一个表示 ρ_2'. 因 $[\mathfrak{g}_1, \mathfrak{g}_2] = 0$, 故对一切 $X_1 \in \mathfrak{g}_1, X_2 \in \mathfrak{g}_2$,

$$\rho(X_1)\rho(X_2) = \rho(X_2)\rho(X_1); \tag{10.10}$$

亦即对一切 $X_1 \in \mathfrak{g}_1, X_2 \in \mathfrak{g}_2$,

$$\rho_1'(X_1)\rho_2'(X_2) = \rho_2'(X_2)\rho_1'(X_1). \tag{10.11}$$

如 ρ_2' 可约, 因 ρ 不可约, 故由 (10.11) 式根据 Schur 引理推知 ρ_2' 一定分解成一些两两等价的不可约表示之和, 即

$$\rho_2' = \underbrace{\rho_2 + \rho_2 + \cdots + \rho_2}_{s_1 \text{ 个}},$$

其中 ρ_2 是 $\mathfrak{g}_2$ 的一个不可约表示, 并设它们在 ρ_2' 中出现 s_1 次. 再设 ρ_2 的级数是 s_2, 则 $\dim V = s_1 s_2$. 即可选 V 的一组基使 ρ_2' 中矩阵有形状

$$\rho_2'(X_2) = \begin{pmatrix} \rho_2(X_2) & & & \\ & \rho_2(X_2) & & \\ & & \ddots & \\ & & & \rho_2(X_2) \end{pmatrix} \ (s_1 \text{ 个}), \quad X_2 \in \mathfrak{g}_2.$$

那么, 根据 Schur 引理, ρ_1' 中矩阵有形状

$$\rho_1'(X_1) = \begin{pmatrix} a_{11}(X_1)I_{s_2} & a_{12}(X_1)I_{s_2} & \cdots & a_{1s_1}(X_1)I_{s_2} \\ a_{21}(X_1)I_{s_2} & a_{22}(X_1)I_{s_2} & \cdots & a_{2s_1}(X_1)I_{s_2} \\ \vdots & \vdots & & \vdots \\ a_{s_11}(X_1)I_{s_2} & a_{s_12}(X_1)I_{s_2} & \cdots & a_{s_1s_1}(X_1)I_{s_2} \end{pmatrix}, \quad X_1 \in \mathfrak{g}_1.$$

记

$$\rho_1(X_1) = \begin{pmatrix} a_{11}(X_1) & a_{12}(X_1) & \cdots & a_{1s_1}(X_1) \\ a_{21}(X_1) & a_{22}(X_1) & \cdots & a_{2s_1}(X_1) \\ \vdots & \vdots & & \vdots \\ a_{s_11}(X_1) & a_{s_12}(X_1) & \cdots & a_{s_1s_1}(X_1), \end{pmatrix},$$

则

$$X_1 \to \rho_1(X_1)$$

是 $\mathfrak{g}_1$ 的一个表示, 级数为 s_1, 而

$$\rho_1'(X_1) = \rho_1(X_1) \otimes I_{s_2}.$$

于是, 如 $X = X_1 + X_2, X_1 \in \mathfrak{g}_1, X_2 \in \mathfrak{g}_2$, 则

$$\rho(X) = \rho_1'(X_1) + \rho_2'(X_2) = \rho_1(X_1) \otimes I_{s_2} + I_{s_1} \otimes \rho_2(X_2).$$

又因 ρ 不可约, 故 ρ_1 也一定不可约. 这就证明了 2). □

由证明的过程可见, 如 ρ 的首权 ω 分解成

$$\omega=\omega_1+\omega_2,\quad \omega_1\in\mathfrak{h}_1^*,\quad \omega_2\in\mathfrak{h}_2^*,$$

则 ρ_1 是以 ω_1 为首权的不可约表示, ρ_2 是以 ω_2 为首权的不可约表示.

推论 10.17 半单李代数 $\mathfrak{g}$ 的基础表示只将 $\mathfrak{g}$ 的一个单理想一一地表出, 而将其余的单理想全映成 0.

证 因首权是 0 的不可约表示是零表示. □

于是要证明定理 10.7 的第二部分, 只要对于单李代数来证明基础表示存在就行了.

§4 张量表示

设 V 是复数域上的 N 维向量空间, r 为一正整数. 我们造 r 个 V 的 Kronecker 积

$$V^r=\underbrace{V\otimes V\otimes\cdots\otimes V}_{r\text{ 个}},$$

V^r 称为 r 阶张量空间. 设 $e_1,e_2,\cdots,e_N$ 是 V 的一组基, 那么

$$e_{i_1}\otimes e_{i_2}\otimes\cdots\otimes e_{i_r}\quad(1\leqslant i_1,i_2,\cdots,i_r\leqslant N)$$

就构成 V^r 的一组基.

现在设 $\mathfrak{g}$ 是一李代数, ρ 是 $\mathfrak{g}$ 的一个表示, 表示空间为 V. 设 $X\in\mathfrak{g}$, 那么定义

$$\begin{aligned}&\{\rho^r(X)\}(e_{i_1}\otimes e_{i_2}\otimes\cdots\otimes e_{i_r})\\=&\sum_{j=1}^{r}e_{i_1}\otimes e_{i_2}\otimes\cdots\otimes e_{i_{j-1}}\otimes\rho(X)e_{i_j}\otimes e_{i_{j+1}}\otimes\cdots\otimes e_{i_r}.\end{aligned}$$

则 ρ^r 是 $\mathfrak{g}$ 的一个表示, 表示空间为 V^r. 实际上,

$$\rho^r=\underbrace{\rho\otimes\rho\otimes\cdots\otimes\rho}_{r\text{ 个}}.$$

更设 $\mathfrak{g}$ 是半单李代数, 而 $e_1,e_2,\cdots,e_N$ 是 ρ 的权向量, 分别相应于权 ω_1, $\omega_2,\cdots,\omega_N$, 那么 $e_{i_1}\otimes e_{i_2}\otimes\cdots\otimes e_{i_r}$ 就是 ρ^r 的一个权向量, 相应于权 $\omega_{i_1}+\omega_{i_2}+\cdots+\omega_{i_r}$. 特别, 如果 ρ 不可约且 ω_1 是 ρ 的首权 (自然是相对于 $\mathfrak{g}$ 的一组基础根

系 Π 而言), 那么 $r\omega_1$ 就是 ρ^r 的最高权而相应的权向量是 $\underbrace{e_1 \otimes e_1 \otimes \cdots \otimes e_1}_{r\text{ 个}}$. 于是 V^r 中含 $\underbrace{e_1 \otimes e_1 \otimes \cdots \otimes e_1}_{r\text{ 个}}$ 的最小的不变子空间是不可约的 (根据定理 10.15), 它给出 $\mathfrak{g}$ 的首权为 $r\omega_1$ 的不可约表示, 这个不可约表示记作 $\overline{\rho^r}$.

考察 r 个文字 $1, 2, \cdots, r$ 的对称群 S_r. 设 $p \in S_r$, 对 $v_1, v_2, \cdots, v_r \in V$ 定义

$$\varphi(p)(v_1 \otimes v_2 \otimes \cdots \otimes v_r) = v_{p(1)} \otimes v_{p(2)} \otimes \cdots \otimes v_{p(r)},$$

于是

$$p \to \varphi(p)$$

就是 S_r 的一个表示, 而表示空间为 V^r, 自然这个表示可扩充为 S_r 的群环 R_r 的一个表示: 如 $a = \sum\limits_{p \in S_r} a_p \cdot p, a_p$ 为复数, 则

$$\varphi(a) = \sum_{p \in S_r} a_p \varphi(p).$$

不难证明, 如果 V 是李代数 $\mathfrak{g}$ 的表示 ρ 的表示空间, 则对一切 $a \in R_r$ 及 $X \in \mathfrak{g}$,

$$\varphi(a)\{\rho^r(X)\} = \{\rho^r(X)\}\varphi(a).$$

因此对于群环 R_r 中任意一组元素 $a_1, a_2, \cdots, a_m$, 如令

$$V^r_{\{a_1, a_2, \cdots, a_m\}} = \{u \in V^r \text{ 使 } \varphi(a_1)u = \cdots = \varphi(a_m)u = 0\},$$

则 $V^r_{\{a_1, a_2, \cdots, a_m\}}$ 是 ρ^r 的不变子空间. ρ^r 在这个不变子空间中诱导出的表示记作 $\rho^r_{\{a_1, a_2, \cdots, a_m\}}$.

特别, 我们取 $\{e - p | p \in S_r\}$, 就得到 $V^r_{\{e-p|p \in S_r\}}$ 和 $\rho^r_{\{e-p|p \in S_r\}}$, 其中 e 表示 S_r 的单位元素. V^r 中向量

$$u = \sum_{i_1, \cdots, i_r = 1}^{N} a_{i_1 i_2 \cdots i_r} e_{i_1} \otimes e_{i_2} \otimes \cdots \otimes e_{i_r}$$

属于 $V^r_{\{e-p|p \in S_r\}}$ 当且仅当对一切 $p \in S_r$,

$$a_{i_{p(1)} i_{p(2)} \cdots i_{p(r)}} = a_{i_1 i_2 \cdots i_r}.$$

因此 $V^r_{\{e-p|p \in S_r\}}$ 中的向量称为对称张量, 而这个空间本身称为 r 阶对称张量空间, 这个空间也记作 $V^{(r)}$, 而 ρ^r 在其中诱导的表示记作 $\rho^{(r)}$. 设 $v_1, v_2, \cdots, v_r$ 是 V 中向量, 则向量

$$\sum_{p \in S_r} v_{p(1)} \otimes v_{p(2)} \otimes \cdots \otimes v_{p(r)}$$

称为 $v_1 \otimes v_2 \otimes \cdots \otimes v_r$ 的对称化. 于是向量

$$e_{i_1} \otimes e_{i_2} \otimes \cdots \otimes e_{i_r} \quad (1 \leqslant i_1 \leqslant i_2 \leqslant \cdots \leqslant i_r \leqslant N)$$

经对称化后就构成 $V^{(r)}$ 的一组基, 因此 $\dim V^{(r)} = \begin{pmatrix} N+r-1 \\ r \end{pmatrix}$. 更进一步, 如 ρ 是半单李代数 $\mathfrak{g}$ 的不可约表示, 而 $e_1, e_2, \cdots, e_N$ 是相应于权 $\omega_1, \omega_2, \cdots, \omega_N$ 的权向量, 其中 ω_1 为首权, 那么

$$e_{i_1} \otimes e_{i_2} \otimes \cdots \otimes e_{i_r}$$

的对称化就是 $\rho^{(r)}$ 的一个权向量, 相应于权 $\omega_{i_1} + \omega_{i_2} + \cdots + \omega_{i_r}$. 因此 $\rho^{(r)}$ 的最高权为 $r\omega_1$. 将 $\rho^{(r)}$ 的以 $r\omega_1$ 为首权的不可约分量记作 $\overline{\rho^{(r)}}$, 自然有 $\overline{\rho^r} = \overline{\rho^{(r)}}$.

其次, 我们取 $\{e - \operatorname{sgn}(p)p | p \in S_r\}$, 其中 $\operatorname{sgn}(p) = 1$, 如 p 为偶置换; $\operatorname{sgn}(p) = -1$, 如 p 为奇置换, 就得到 $V^r_{\{e-\operatorname{sgn}(p)p|p\in S_r\}}$ 和 $\rho^r_{\{e-\operatorname{sgn}(p)p|p\in S_r\}}$. V^r 中向量

$$u = \sum_{i_1,\cdots,i_r=1}^{N} a_{i_1 i_2 \cdots i_r} e_{i_1} \otimes e_{i_2} \otimes \cdots \otimes e_{i_r}$$

属于 $V^r_{\{e-\operatorname{sgn}(p)p|p\in S_r\}}$ 当且仅当对一切 $p \in S_r$,

$$a_{i_{p(1)} i_{p(2)} \cdots i_{p(r)}} = \operatorname{sgn}(p) a_{i_1 i_2 \cdots i_r}.$$

因此这个空间中的向量称为 r 阶斜对称张量, 而空间本身称为 r 阶斜对称张量空间, 也记此空间为 $V^{[r]}$, 而 ρ^r 在其中诱导出的表示记作 $\rho^{[r]}$. 设 $v_1, v_2, \cdots, v_r \in V$, 向量

$$\sum_{p\in S_r} \operatorname{sgn}(p) v_{p(1)} \otimes v_{p(2)} \otimes \cdots \otimes v_{p(r)}$$

称为 $v_1 \otimes v_2 \otimes \cdots \otimes v_r$ 的斜对称化, 记作

$$[v_1, v_2, \cdots, v_r].$$

于是向量

$$e_{i_1} \otimes e_{i_2} \otimes \cdots \otimes e_{i_r} \quad (i_1 < i_2 < \cdots < i_r)$$

经斜对称化后就构成 $V^{[r]}$ 的一组基, 因此 $V^{[r]}$ 的维数是 $\begin{pmatrix} N \\ r \end{pmatrix}$. 更进一步, 如 ρ 是半单李代数 $\mathfrak{g}$ 的不可约表示, 而 $e_1, e_2, \cdots, e_N$ 是相应于权 $\omega_1, \omega_2, \cdots, \omega_N$ 的权向量, 那么

$$[e_{i_1}, e_{i_2}, \cdots, e_{i_r}] \quad (i_1 < i_2 < \cdots < i_r)$$

就是 $\rho^{[r]}$ 的一个权向量, 相应于权 $\omega_{i_1}+\omega_{i_2}+\cdots+\omega_{i_r}$. 如果还有

$$\omega_1 \geqslant \omega_2 \geqslant \cdots \geqslant \omega_N,$$

那么 $\rho^{[r]}$ 的首权是

$$\omega_1+\omega_2+\cdots+\omega_r.$$

这时我们将 $\rho^{[r]}$ 的以 $\omega_1+\omega_2+\cdots+\omega_r$ 为首权的不可约分量记作 $\overline{\rho^{[r]}}$.

§5 单李代数的初等表示

设 $\mathfrak{g}$ 是一个单李代数, $\mathfrak{h}$ 是它的一个 Cartan 子代数, $\Pi=\{\alpha_1,\alpha_2,\cdots,\alpha_n\}$ 是 $\mathfrak{g}$ 相对于 $\mathfrak{h}$ 的一组基础根系. 设 ρ 是 $\mathfrak{g}$ 的一个不可约表示, 以 ω 为首权. 我们回忆, ρ 是一个基础表示, 当且仅当在它的图中, 所有附在基础根的圆圈或黑点上的数字, 除一个是 1 外, 其余都是 0. 因此每个基础根 α 都对应着一个基础表示 ρ_α. 在它的图中, α 上的数字是 1 而其余的根上的数字都是 0.

我们列出单代数的 Dynkin 图, 并将基础根加以编号

```
A_n  o—o—o···o—o          G_2 ●≡o
     1 2 3 n−1 n              2 1

B_n  ●═o—o···o—o          F_4 o—o═●—●
     1 n n−1 3 2              2 4 3 1

C_n  o═●—●···●—●          E_6 o—o—o—o—o
     n n−1 n−2 2 1            1 4 6 5 3
                                  |
                                  o 2

D_n  o 1                  E_7 o—o—o—o—o—o
       >o—o···o—o             2 4 6 7 5 1
     o 2 n n−1 4 3                  |
                                    o 3

                          E_8 o—o—o—o—o—o—o
                              1 3 5 7 8 6 2
                                      |
                                      o 4
```

(注意, 对于含两种长度的向量的基础根系, 黑点表较短者).

我们来考察一个单代数的 Dynkin 图. 图中只与另外一个点相连的点称为端点, 例如 A_n 中的 1, n; E_6 中的 1, 2, 3 等. 对应于端点的不可约表示称为初等表示. A_n 的初等表示记作 ρ_1,ρ_n; E_6 的初等表示记作 ρ_1,ρ_2,ρ_3 等.

设 β 是单代数 $\mathfrak{g}$ 的 Dynkin 图的一个端点. 我们说 β 的分支是指一串点 (或基础根)

$$\beta_1=\beta,\beta_2,\cdots,\beta_k$$

具有以下性质者:

1) 每个点 $\beta_i(i=2,3,\cdots,k-1)$ 只与 β_{i-1} 和 β_{i+1} 相连, 而不与图中其他点相连.

2) β_i 和 β_{i+1} 之间的连接只能是以下三种形式:

$$\overset{\beta_i}{\circ}\!\!-\!\!\!-\!\!\overset{\beta_{i+1}}{\circ},$$
$$\overset{\beta_i}{\bullet}\!\!-\!\!\!-\!\!\overset{\beta_{i+1}}{\bullet},$$
$$\overset{\beta_i}{\bullet}\!\!=\!\!=\!\!\overset{\beta_{i+1}}{\circ},$$

而且如果是最后一种形式, 就一定有 $i+1=k$.

3) 在点串 $\beta_1,\beta_2,\cdots,\beta_k$ 中再增加一个点 (基础根), 则不可能仍具备性质 1) 和 2). 例如, 单代数 A,B,C,D,E,F,G 有以下的分支:

$$A_n\begin{cases}1,2,\cdots,n,\\ n,n-1,\cdots,1,\end{cases}\qquad G_2\begin{cases}1,\\ 2,\end{cases}$$

$$B_n\begin{cases}1,n,\\ 2,3,\cdots,n,\end{cases}\qquad F_4\begin{cases}1,3,4,\\ 2,4,\end{cases}$$

$$C_n\begin{cases}1,2,\cdots,n,\\ n,\end{cases}\qquad E_6\begin{cases}1,4,6,\\ 2,6,\\ 3,5,6,\end{cases}$$

$$D_n\begin{cases}1,n,\\ 2,n,\\ 3,4,\cdots,n,\end{cases}\qquad F_7\begin{cases}1,5,7,\\ 2,4,6,7,\\ 3,7,\end{cases}$$

$$E_8\begin{cases}1,3,5,7,8,\\ 2,6,8,\\ 4,8.\end{cases}$$

定理 10.18 设 β 是单代数 $\mathfrak{g}$ 的一个端点, 而

$$\beta=\beta_1,\beta_2,\cdots,\beta_k$$

是 β 的分支, 则对于 $r=1,2,\cdots,k$, 有

$$\rho_{\beta_r}=\overline{\rho_{\beta_1}^{[r]}}.$$

证　以 ω 表 ρ_{β_1} 的首权, 即

$$\frac{2(\omega,\beta_1)}{(\beta_1,\beta_1)}=1,$$

$$\frac{2(\omega,\alpha)}{(\alpha,\alpha)}=0,\quad \text{对 } \alpha\in\Pi \text{ 而 } \alpha\neq\beta_1.$$

根据引理 10.4, $\omega-\alpha(\alpha\in\Pi$ 而 $\alpha\neq\beta_1)$ 都不是 ρ_{β_1} 的权, 而 $\omega-\beta_1$ 是 ρ_{β_1} 的权, $\omega-2\beta_1$ 也不是 ρ_{β_1} 的权. 于是 $\omega-\beta_1$ 是 ρ_{β_1} 的第二高的权. 仅根据同一引理知, ω 与 $\omega-\beta_1$ 有相同的重数, 因此 $\omega-\beta_1$ 也是单权.

注意

$$\frac{2(\omega-\beta_1,\beta_1)}{(\beta_1,\beta_1)}=-1,\quad \frac{2(\omega-\beta_1,\beta_2)}{(\beta_2,\beta_2)}=1,$$

$$\frac{2(\omega-\beta_1,\alpha)}{(\alpha,\alpha)}=0\quad \text{对 } \alpha\in\Pi \text{ 而 } \alpha\neq\beta_1,\beta_2.$$

根据同样道理, $\omega-\beta_1-\alpha(\alpha\in\Pi,\alpha\neq\beta_2)$ 都不是 ρ_{β_1} 的权, 而 $\omega-\beta_1-\beta_2$ 是 ρ_{β_1} 的单权, $\omega-\beta_1-2\beta_2$ 也不是 ρ_{β_1} 的权. 于是 $\omega-\beta_1-\beta_2$ 是 ρ_{β_1} 的第三高的权.

如此继续下去, 我们得到 ρ_{β_1} 的一系列权:

$$\omega,\omega-\beta_1,\omega-\beta_1-\beta_2,\cdots,\omega-\beta_1-\beta_2-\cdots-\beta_k.$$

它们都是单权, 其中第一个是首权, 第二个是第二高的权, 第三个是第三高的权等. 这样 $\overline{\rho_{\beta_1}^{[r]}}$ 的首权 ω_r 就是

$$\begin{aligned}\omega_r&=\omega+(\omega-\beta_1)+\cdots+(\omega-\beta_1-\cdots-\beta_{r-1})\\&=r\omega-(r-1)\beta_1-(r-2)\beta_2-\cdots-\beta_{r-1}\quad(1\leqslant r\leqslant k).\end{aligned}$$

注意

$$\frac{2(\omega_r,\beta_i)}{(\beta_i,\beta_i)}=(r-i+1)-2(r-i)+(r-i-1)=0\quad(i=1,2,\cdots,r-2),$$

$$\frac{2(\omega_r,\beta_{r-1})}{(\beta_{r-1},\beta_{r-1})}=2-2=0,$$

$$\frac{2(\omega_r,\beta_r)}{(\beta_r,\beta_r)}=1,$$

$$\frac{2(\omega_r,\alpha)}{(\alpha,\alpha)}=0,\quad \text{如 } \alpha\in\Pi \text{ 而 } \alpha\neq\beta_1,\beta_2,\cdots,\beta_r.$$

这就证明了 ω_r 也是 ρ_{β_r} 的首权. 因此

$$\rho_{\beta_r}=\overline{\rho_{\beta_1}^{[r]}}\quad(r=1,2,\cdots,k).$$ □

由定理 10.18 立刻推出, 要证明定理 10.7 的第二部分, 只要对于每个单代数证明初等表示存在即可. 在下面两章里, 我们就要对典型李代数来证明这一点.

第十一章 典型李代数的表示

§1 李代数 A_n 的表示

和以前一样, 令 $m = n + 1$. 我们知道

$$\mathfrak{h} = \left\{ H_{\lambda_1 \cdots \lambda_m} \middle| \sum_{i=1}^{m} \lambda_i = 0 \right\}$$

是 A_n 的一个 Cartan 子代数. A_n 相应于 $\mathfrak{h}$ 的根是

$$\lambda_i - \lambda_k, \quad i \neq k, \quad 1 \leqslant i, k \leqslant m,$$

而

$$\lambda_1 - \lambda_2, \quad \lambda_2 - \lambda_3, \cdots, \lambda_n - \lambda_{n+1}$$

是一组基础根系. $\mathfrak{h}_0^*$ 可嵌在一个 $n+1$ 维欧氏空间

$$E^{n+1} = \{a_1\lambda_1 + a_2\lambda_2 + \cdots + a_{n+1}\lambda_{n+1} | a_i \text{ 实数}\}$$

之中, 而

$$\mathfrak{h}_0^* = \left\{ a_1\lambda_1 + a_2\lambda_2 + \cdots + a_{n+1}\lambda_{n+1} | a_i \text{ 实数}, \sum_{i=1}^{n+1} a_i = 0 \right\}.$$

E^{n+1} 中有度量

$$(\lambda_1, \lambda_1) = (\lambda_2, \lambda_2) = \cdots = (\lambda_{n+1}, \lambda_{n+1}) = \frac{1}{2(n+1)},$$

$$(\lambda_p, \lambda_q) = 0 \quad (p \neq q).$$

我们回忆, E^{n+1} 中一个向量称为正的, 如果它的第一个非零系数是正的, 这样就在 E^{n+1} 中引进了一个次序, 而这个次序在 $\mathfrak{h}_0^*$ 中诱导出一个次序, 相对于这个次序的素根系即是

$$\lambda_1-\lambda_2,\lambda_2-\lambda_3,\cdots,\lambda_n-\lambda_{n+1}.$$

任取 $\mathfrak{h}_0^*$ 中一元素

$$\omega=a_1\lambda_1+a_2\lambda_2+\cdots+a_m\lambda_m,\quad \sum_{i=1}^m a_i=0.$$

如果 ω 是 A_n 的某一表示的权,

$$\frac{2(\omega,\lambda_i-\lambda_k)}{(\lambda_i-\lambda_k,\lambda_i-\lambda_k)}=\frac{2\dfrac{(a_i-a_k)}{2(n+1)}}{\dfrac{1}{n+1}}=a_i-a_k$$

一定是整数. 那么 $\sum\limits_{i=2}^m(a_1-a_i)$ 也是整数. 但是

$$\sum_{i=2}^m(a_1-a_i)=na_1-\sum_{i=2}^m a_i=(n+1)a_1,$$

因此 a_1 可以表示成以 $n+1$ 为分母的分数. 又因 $a_1-a_i(i=2,3,\cdots,n+1)$ 都是整数, 所以 $a_\nu(1\leqslant\nu\leqslant m)$ 都可以表示成以 $n+1$ 为分母的分数而它们彼此间差一整数. 其次, 如 ω 是某一不可约表示的首权, 一定有

$$\frac{2(\omega,\lambda_i-\lambda_{i+1})}{(\lambda_i-\lambda_{i+1},\lambda_i-\lambda_{i+1})}=a_i-a_{i+1}\geqslant 0\quad(i=1,2,\cdots,n),$$

即

$$a_1\geqslant a_2\geqslant\cdots\geqslant a_n\geqslant a_{n+1}.$$

如 ω 是基础表示 $\rho_{\lambda_1-\lambda_2}$ 的首权, 就有

$$a_1-a_2=1,\quad a_2-a_3=\cdots=a_n-a_{n+1}=0.$$

由此及 $a_1+a_2+\cdots+a_{n+1}=0$ 即可推出

$$a_1=\frac{n}{n+1},a_2=\frac{-1}{n+1},\cdots,a_{n+1}=\frac{-1}{n+1}.$$

记

$$\omega_{\lambda_1-\lambda_2}=\frac{n}{n+1}\lambda_1+\frac{-1}{n+1}\lambda_2+\cdots+\frac{-1}{n+1}\lambda_{n+1}.$$

又, 一般地如 ω 是基础表示 $\rho_{\lambda_i-\lambda_{i+1}}(i=1,2,\cdots,n)$ 的首权, 就有

$$a_1-a_2=0,\cdots,a_{i-1}-a_i=0,a_i-a_{i+1}=1,$$
$$a_{i+1}-a_{i+2}=0,\cdots,a_n-a_{n+1}=0.$$

由此及 $a_1+a_2+\cdots+a_n=0$ 即可推出

$$a_1=a_2=\cdots=a_i=\frac{n-i+1}{n+1},$$
$$a_{i+1}=\cdots=a_{n+1}=\frac{-i}{n+1}.$$

记

$$\omega_{\lambda_i-\lambda_{i+1}}=\frac{n-i+1}{n+1}\lambda_1+\cdots+\frac{n-i+1}{n+1}\lambda_i+\frac{-i}{n+1}\lambda_{i+1}+\cdots+\frac{-i}{n+1}\lambda_{n+1}.$$

特别, 初等表示 $\rho_{\lambda_1-\lambda_2}$ 及 $\rho_{\lambda_n-\lambda_{n+1}}$ 的首权分别是

$$\omega_{\lambda_1-\lambda_2}=\frac{n}{n+1}\lambda_1+\frac{-1}{n+1}\lambda_2+\cdots+\frac{-1}{n+1}\lambda_{n+1},$$
$$\omega_{\lambda_n-\lambda_{n+1}}=\frac{1}{n+1}\lambda_1+\frac{1}{n+1}\lambda_2+\cdots+\frac{1}{n+1}\lambda_n+\frac{-n}{n+1}\lambda_{n+1}.$$

我们来定出 A_n 的初等表示. 对任意 $X\in A_n$, 令

$$X\to X,$$

这就得到 A_n 的一个不可约表示, 首权是 $\omega_{\lambda_1-\lambda_2}$, 这个初等表示 $\rho_{\lambda_1-\lambda_2}$ 简记作 π_1. 其次, 对任意 $X\in A_n$, 令

$$X\to -X',$$

这就得到 A_n 的另一个初等表示 $\rho_{\lambda_n-\lambda_{n+1}}$, 将它简记作 π^1. 我们知道, π^1 即是 π_1 的逆步表示, 或星表示, $\pi^1=(\pi_1)^*$.

我们证明, 对任意 $k=1,2,\cdots,n$, $\pi_1^{[k]}$ 和 $\pi^{1[k]}$ 都是不可约的, 因此 $\overline{\pi_1^{[k]}}=\pi_1^{[k]}$, $\overline{\pi^{1[k]}}=\pi^{1[k]}$. 只需证明 $\pi_1^{[k]}$ 的不可约性即可, $\pi^{1[k]}$ 的不可约性可用类似方法得出. 设 V 是 π_1 的表示空间, 则 $\pi_1^{[k]}$ 的表示空间即是 k 阶斜对称张量空间 $V^{[k]}$. 我们知道 π_1 有 $n+1$ 个权:

$$\omega_1=\frac{n}{n+1}\lambda_1+\frac{-1}{n+1}\lambda_2+\cdots+\frac{-1}{n+1}\lambda_{n+1},$$
$$\omega_2=\omega_1-(\lambda_1-\lambda_2)=\frac{-1}{n+1}\lambda_1+\frac{n}{n+1}\lambda_2+\frac{-1}{n+1}\lambda_3+\cdots+\frac{-1}{n+1}\lambda_{n+1},$$
$$\omega_3=\omega_2-(\lambda_2-\lambda_3)=\frac{-1}{n+1}\lambda_1+\frac{-1}{n+1}\lambda_2+\frac{n}{n+1}\lambda_3+\cdots+\frac{-1}{n+1}\lambda_{n+1},$$
$$\cdots\cdots\cdots\cdots$$
$$\omega_{n+1}=\omega_n-(\lambda_n-\lambda_{n+1})=\frac{-1}{n+1}\lambda_1+\frac{-1}{n+1}\lambda_2+\cdots+\frac{-1}{n+1}\lambda_n+\frac{n}{n+1}\lambda_{n+1}.$$

因 V 是 $n+1$ 维的, 所以它们都是单权, 于是 $\pi_1^{[k]}$ 一共有 $\binom{n+1}{k}$ 个权

$$\omega_{i_1}+\omega_{i_2}+\cdots+\omega_{i_k}\quad (i_1<i_2<\cdots<i_k),$$

而且它们都是单权. 设 $e_1,e_2,\cdots,e_{n+1}$ 分别是 V 中相应于权 $\omega_1,\omega_2,\cdots,\omega_{n+1}$ 的权向量, 则

$$[e_1,e_2,\cdots,e_k]$$

就是 $V^{[k]}$ 中相应于 $\pi_1^{[k]}$ 的最高权

$$\omega_1+\omega_2+\cdots+\omega_k$$

的权向量. 注意

$$\begin{aligned}\omega_1+\omega_2+\cdots+\omega_k=&\frac{n-k+1}{n+1}\lambda_1+\cdots+\frac{n-k+1}{n+1}\lambda_k\\&+\frac{-k}{n+1}\lambda_{k+1}+\cdots+\frac{-k}{n+1}\lambda_{n+1},\end{aligned}$$

而

$$\omega_{i_1}+\omega_{i_2}+\cdots+\omega_{i_k}=\sum_{j=1}^{k}\frac{n-k+1}{n+1}\lambda_{i_j}+\sum_{l\neq 1,\cdots,k}\frac{-k}{n+1}\lambda_{i_l}.$$

易见 $\pi_1^{[k]}$ 的任一权 $\omega_{i_1}+\omega_{i_r}+\cdots+\omega_{i_k}$ 皆可通过 A_n 的 Weyl 群的一个元素从 $\omega_1+\cdots+\omega_k$ 获得, 因此 $\pi_1^{[k]}$ 不可约.

置

$$\begin{aligned}&\pi_k=\pi_1^{[k]},\quad k=1,2,\cdots,n,\\&\pi^k=\pi^{1^{[k]}},\quad k=1,2,\cdots,n,\end{aligned}$$

那么 $\pi_1,\cdots,\pi_n$ 就是 A_n 所有的基础表示; $\pi^1,\pi^2,\cdots,\pi^n$ 亦然; 而且

$$\pi_k\sim\pi^{n+1-k},\quad k=1,2,\cdots,n.$$

最后, 我们研究怎样从张量空间得出 A_n 的任一不可约表示. 以 $\pi_{k_1k_2\cdots k_n}$ 表示其图为

$$\begin{array}{cccccccccc}k_1&&k_2&&k_3&&k_4&&k_{n-1}&&k_n\\\circ&—&\circ&—&\circ&—&\circ&\cdots\cdots&\circ&—&\circ\\1&&2&&3&&4&&n-1&&n\end{array}$$

的不可约表示. 这个不可约表示可用基础表示造出:

$$\pi_{k_1k_2\cdots k_n}=\overline{{\pi_1}^{k_1}\otimes{\pi_2}^{k_2}\otimes\cdots\otimes{\pi_n}^{k_n}}.$$

以空间 $V_1,V_2,\cdots,V_n$ 表示 $\pi_1,\pi_2,\cdots,\pi_n$ 的表示空间, 则在

$${V_1}^{k_1}\otimes{V_2}^{k_2}\otimes\cdots\otimes{V_n}^{k_n}$$

中, 相应于最高权

$$k_1\omega_1+k_2\omega_2+\cdots+k_n\omega_n$$

$(\omega_1,\omega_2,\cdots,\omega_n$ 分别是 $\pi_1,\pi_2,\cdots,\pi_n$ 的首权) 的向量是

$$\underbrace{e_1\otimes\cdots\otimes e_1}_{k_1\text{ 个}}\otimes\underbrace{[e_1,e_2]\otimes\cdots\otimes[e_1,e_2]}_{k_2\text{ 个}}\otimes$$
$$\otimes\cdots\otimes\underbrace{[e_1,\cdots,e_n]\otimes\cdots\otimes[e_1,\cdots,e_n]}_{k_n\text{ 个}}.$$

令 $\nu=k_1+2k_2+\cdots+nk_n$, 则这个向量是张量空间 V^ν 中的向量. 因此, 若分解张量空间 V^ν 成不可约子空间, 就会有一个不可约子空间上作用着表示 $\pi_{k_1k_2\cdots k_n}$.

§2 李代数 C_n 的表示

已知 C_n 的根是

$$\pm\lambda_i\pm\lambda_k,\quad \pm2\lambda_i\quad(i,k=1,2,\cdots,n;i<k),$$

而

$$\lambda_1-\lambda_2,\lambda_2-\lambda_3,\cdots,\lambda_{n-1}-\lambda_n,2\lambda_n$$

是一组基础根系. 我们知道

$$\mathfrak{h}_0^*=\{a_1\lambda_1+\cdots+a_n\lambda_n|a_i\text{ 实数}\}$$

中有一正定内积

$$(\lambda_1,\lambda_1)=(\lambda_2,\lambda_2)=\cdots=(\lambda_n,\lambda_n)=\frac{1}{4n+4},$$
$$(\lambda_p,\lambda_q)=0\quad\text{如}\quad p\neq q.$$

我们研究 $\mathfrak{h}_0^*$ 中一元

$$\omega=a_1\lambda_1+a_2\lambda_2+\cdots+a_n\lambda_n$$

何时是 C_n 的某一表示的权. 如 ω 是权,

$$\frac{2(\omega,\pm\lambda_i\pm\lambda_k)}{(\pm\lambda_i\pm\lambda_k,\pm\lambda_i\pm\lambda_k)}=\pm a_i\pm a_k \quad 和 \quad \frac{2(\omega,\pm 2\lambda_i)}{(\pm 2\lambda_i,\pm 2\lambda_i)}=\pm a_i$$

一定都是整数. 这样一来, a_i 全是整数. 其次, 如 ω 是某一不可约表示的首权, 一定有

$$\frac{2(\omega,\lambda_i-\lambda_{i+1})}{(\lambda_i-\lambda_{i+1},\lambda_i-\lambda_{i+1})}=a_i-a_{i+1}\geqslant 0 \quad 和 \quad \frac{2(\omega,2\lambda_n)}{(2\lambda_n,2\lambda_n)}=a_n\geqslant 0,$$

因此

$$a_1\geqslant a_2\geqslant\cdots\geqslant a_n\geqslant 0.$$

当 $n\geqslant 2$ 时, 如 $\omega_{\lambda_i-\lambda_{i+1}}$ 是基础表示 $\rho_{\lambda_i-\lambda_{i+1}}$ 的首权, 就有

$$\begin{aligned}&a_i-a_{i+1}=1,\\&a_1-a_2=a_2-a_3=\cdots=a_{i-1}-a_i=a_{i+1}-a_{i+2}\\&\qquad=\cdots=a_{n-1}-a_n=a_n=0.\end{aligned}$$

因此

$$\omega_{\lambda_i-\lambda_{i+1}}=\lambda_1+\lambda_2+\cdots+\lambda_i \quad (i=1,\cdots,n-1).$$

又如 $\omega_{2\lambda_n}$ 是基础表示 $\rho_{2\lambda_n}$ 的首权, 就有

$$a_1-a_2=a_2-a_3=\cdots=a_{n-1}-a_n=0, \quad a_n=1,$$

于是

$$\omega_{2\lambda_n}=\lambda_1+\lambda_2+\cdots+\lambda_n.$$

当 $n\geqslant 2$ 时, C_n 一共有两个初等表示, 即 $\rho_{\lambda_1-\lambda_2}$ 和 $\rho_{2\lambda_n}$. 对任意 $X\in C_n$, 令

$$X\to X,$$

就得到 C_n 的一个不可约表示, 它的权是

$$\pm\lambda_1,\pm\lambda_2,\cdots,\pm\lambda_n.$$

它们都是单权, 而 λ_1 是最高权, 因此这个表示就是 $\rho_{\lambda_1-\lambda_2}$, 将它简记作 ρ_1. 置

$$\rho_k=\overline{\rho_1^{[k]}} \quad (k=1,2,\cdots,n),$$

则 $\rho_1,\rho_2,\cdots,\rho_n$ 就是 C_n 的基础表示, 而 ρ_n 即是 C_n 的另一个初等表示 $\rho_{2\lambda_n}$.

以 $\rho_{k_1k_2\cdots k_n}$ 记图为

$$\begin{array}{cccccc} k_1 & k_2 & k_3 & & & k_n \\ \bullet - & \bullet - & \bullet - & \bullet \cdots \bullet - & \bullet = & \circ \\ 1 & 2 & 3 & & & n \end{array}$$

的不可约表示, 显然有

$$\rho_{k_1k_2\cdots k_n} = \overline{{\rho_1}^{k_1} \otimes {\rho_2}^{k_2} \otimes \cdots \otimes {\rho_n}^{k_n}}.$$

§3 李代数 B_n 的表示

已知 B_n 的根是

$$\pm\lambda_i \pm \lambda_k (i < k), \quad \pm\lambda_i (i, k = 1, \cdots, n),$$

而

$$\lambda_1 - \lambda_2, \lambda_2 - \lambda_3, \cdots, \lambda_{n-1} - \lambda_n, \lambda_n$$

是一组基础根系. 我们知道

$$\mathfrak{h}_0^* = \{a_1\lambda_1 + \cdots + a_n\lambda_n | a_i \text{ 实数}\}$$

中有一正定内积

$$(\lambda_1, \lambda_1) = \cdots = (\lambda_n, \lambda_n) = \frac{1}{4n-2},$$
$$(\lambda_p, \lambda_q) = 0, \quad \text{如 } p \neq q.$$

设 $\omega = a_1\lambda_1 + \cdots + a_n\lambda_n$ 是 B_n 的某一表示的权, 则

$$\frac{2(\omega, \pm\lambda_i \pm \lambda_k)}{(\pm\lambda_i \pm \lambda_k, \pm\lambda_i \pm \lambda_k)} = \pm a_i \pm a_k \quad \text{和} \quad \frac{2(\omega, \pm\lambda_i)}{(\pm\lambda_i, \pm\lambda_i)} = \pm 2a_i$$

都是整数. 因此, $a_i(1 \leqslant i \leqslant n)$ 或者全是整数, 或者全是半整数. 又如 ω 是某一不可约表示的首权, 则

$$a_i - a_{i+1} \geqslant 0 \quad \text{及} \quad 2a_n \geqslant 0.$$

因此

$$a_1 \geqslant a_2 \geqslant \cdots \geqslant a_n \geqslant 0.$$

当 $n \geqslant 2$ 时, 再如设 ω 是基础表示 $\rho_{\lambda_i - \lambda_{i+1}}$ 的首权, 就有

$$a_i - a_{i+1} = 1,$$
$$a_1 - a_2 = \cdots = a_{i-1} - a_i = a_{i+1} - a_{i+2} = \cdots$$
$$= a_{n-1} - a_n = 2a_n = 0,$$

因此 $\rho_{\lambda_i-\lambda_{i+1}}$ 的首权是

$$\omega_{\lambda_i-\lambda_{i+1}}=\lambda_1+\lambda_2+\cdots+\lambda_i \quad (i=1,\cdots,n-1).$$

又如 ω 是基础表示 ρ_{λ_n} 的首权, 就有

$$a_1-a_2=a_2-a_3=\cdots=a_{n-1}-a_n=0, \quad 2a_n=1.$$

因此 ρ_{λ_n} 的首权是

$$\omega_{\lambda_n}=\frac{1}{2}\lambda_1+\frac{1}{2}\lambda_2+\cdots+\frac{1}{2}\lambda_n.$$

当 $n\geqslant 2$ 时, B_n 一共有两个初等表示, 即 $\rho_{\lambda_1-\lambda_2}$ 和 ρ_{λ_n}. 对任意 $X\in B_n$ 令

$$X\to X,$$

就得到 B_n 的一个不可约表示, 它的权是

$$\pm\lambda_1,\pm\lambda_2,\cdots,\pm\lambda_n.$$

它们都是单权, 而 λ_1 是最高权, 因此这个表示就是 $\rho_{\lambda_1-\lambda_2}$, 将它简记作 τ_1. 置

$$\tau_k=\overline{\tau_1^{[k]}}, \quad k=1,2,\cdots,n-1,n.$$

于是 $\tau_k(k=1,2,\cdots,n-1)$ 给出 B_n 的 $n-1$ 个基础表示. B_n 的另一个基础表示 ρ_{λ_n} 也就是初等表示, 记作 σ, 称为旋表示, σ 的首权是 $\frac{1}{2}(\lambda_1+\lambda_2+\cdots+\lambda_n)$, 而权系是 $\frac{1}{2}(\pm\lambda_1\pm\lambda_2\pm\cdots\pm\lambda_n)$ (见下一章).

以 $\tau_{k_1k_2\cdots k_{n-1}}$ 记图为

$$\overset{k_1}{\circ}-\overset{k_2}{\circ}-\overset{k_3}{\circ}-\circ\cdots\cdots\circ-\overset{k_{n-1}}{\circ}=\overset{0}{\bullet}$$

的不可约表示, 显然有

$$\tau_{k_1k_2\cdots k_{n-1}}=\overline{{\tau_1}^{k_1}\otimes\cdots\otimes{\tau_{n-1}}^{k_{n-1}}},$$

而 B_n 的任一不可约表示可表作

$$\overline{\tau_{k_1k_2\cdots k_{n-1}}\otimes\sigma^k}.$$

易证

$$\overline{\sigma^2}=\overline{\tau_1^{[n]}}, \quad \overline{\sigma^{[2]}}=\overline{\tau_1^{[n-1]}}.$$

§4 李代数 D_n 的表示

设 $n \geqslant 4$. 已知 D_n 的根是

$$\pm\lambda_i \pm \lambda_k \quad (i < k, \quad i, k = 1, \cdots, n),$$

而

$$\lambda_1 - \lambda_2, \lambda_2 - \lambda_3, \cdots, \lambda_{n-1} - \lambda_n, \lambda_{n-1} + \lambda_n$$

是一组基础根系. 已知

$$\mathfrak{h}_0^* = \{a_1\lambda_1 + \cdots + a_n\lambda_n | a_i \text{ 实数}\}$$

中有一正定内积

$$(\lambda_1, \lambda_1) = \cdots = (\lambda_n, \lambda_n) = \frac{1}{4n-4},$$
$$(\lambda_p, \lambda_q) = 0, \quad \text{如} \quad p \neq q.$$

设 $\omega = a_1\lambda_1 + \cdots + a_n\lambda_n$ 是 D_n 的一个权, 则

$$\frac{2(\omega, \pm\lambda_i \pm \lambda_k)}{(\pm\lambda_i \pm \lambda_k, \pm\lambda_i \pm \lambda_k)} = \pm a_i \pm a_k$$

都是整数, 因此 $a_i(1 \leqslant i \leqslant n)$ 或者全是整数, 或者全是半整数. 又如 ω 是某一不可约表示的首权, 则

$$a_i - a_{i+1} \geqslant 0 \quad \text{及} \quad a_{n-1} + a_n \geqslant 0.$$

因此

$$a_1 \geqslant a_2 \geqslant \cdots \geqslant a_{n-1} \geqslant 0, \quad a_{n-1} \geqslant a_n, \quad a_{n-1} + a_n \geqslant 0.$$

再如 ω 是基础表示 $\rho_{\lambda_i - \lambda_{i+1}}(i = 1, 2, \cdots, n-2)$ 的首权, 就有

$$\begin{aligned} & a_i - a_{i+1} = 1, \\ & a_1 - a_2 = \cdots = a_{i-1} - a_i = a_{i+1} - a_{i+2} = \cdots \\ & \qquad = a_{n-1} - a_n = a_{n-1} + a_n = 0. \end{aligned}$$

因此 $\rho_{\lambda_i - \lambda_{i+1}}(i = 1, 2, \cdots, n-2)$ 的首权是

$$\omega_{\lambda_i - \lambda_{i+1}} = \lambda_1 + \lambda_2 + \cdots + \lambda_i \quad (i = 1, 2, \cdots, n-2).$$

又如 ω 是基础表示 $\rho_{\lambda_{n-1}-\lambda_n}$ 的首权, 就有

$$a_1-a_2=\cdots=a_{n-2}-a_{n-1}=0,\quad a_{n-1}-a_n=1,$$
$$a_{n-1}+a_n=0,$$

于是 $\rho_{\lambda_{n-1}-\lambda_n}$ 的首权是

$$\omega_{\lambda_{n-1}-\lambda_n}=\frac{1}{2}\lambda_1+\frac{1}{2}\lambda_2+\cdots+\frac{1}{2}\lambda_{n-1}-\frac{1}{2}\lambda_n.$$

再如 ω 是基础表示 $\rho_{\lambda_{n-1}+\lambda_n}$ 的首权, 就有

$$a_1-a_2=\cdots=a_{n-2}-a_{n-1}=a_{n-1}-a_n=0,$$
$$a_{n-1}+a_n=1.$$

于是

$$\omega_{\lambda_{n-1}+\lambda_n}=\frac{1}{2}\lambda_1+\frac{1}{2}\lambda_2+\cdots+\frac{1}{2}\lambda_{n-1}+\frac{1}{2}\lambda_n.$$

D_n 一共有三个初等表示, 即 $\rho_{\lambda_1-\lambda_2},\rho_{\lambda_{n-1}-\lambda_n}$ 和 $\rho_{\lambda_{n-1}+\lambda_n}$. 对任意 $X\in D_n$, 令

$$X\to X,$$

就得到 D_n 的一个不可约表示, 它的权是

$$\pm\lambda_1,\pm\lambda_2,\cdots,\pm\lambda_n.$$

它们都是单权, 而 λ_1 是最高权, 因此这个表示就是 $\rho_{\lambda_1-\lambda_2}$, 将它简记作 τ_1. 置

$$\tau_k=\overline{\tau_1^{[k]}}\quad(k=1,2,\cdots,n-2),$$

这就得到 D_n 的 $n-2$ 个基础表示. 剩下的两个初等表示, 分别记作 σ_1 和 σ_2, 称为旋表示, 它们的存在性见下一章.

仍以

$$\tau_{k_1k_2\cdots k_{n-2}}=\overline{\tau_1{}^{k_1}\otimes\cdots\otimes\tau_{n-2}{}^{k_{n-2}}}$$

记图为

k_1 — k_2 — ○ …… ○ — k_{n-2} < (0, 0)

的不可约表示. 可以证明

$$
\begin{aligned}
&\overline{\sigma_1 \otimes \sigma_2} \sim \overline{\tau_1^{[n-1]}},\\
&\overline{\sigma_1^2} \dotplus \overline{\sigma_2^2} \sim \overline{\tau_1^{[n]}},\\
&\overline{\sigma_1^{[2]}} \sim \overline{\sigma_2^{[2]}} \sim \overline{\tau_1^{[n-2]}}.
\end{aligned}
$$

特别, 当 $n=4$ 时, D_4 有 Dynkin 图

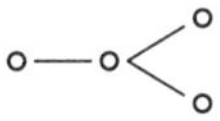

记 D_4 的三个初等表示为 $\sigma_1, \sigma_2, \sigma_3$, 其一可取作 $\rho_{\lambda_1-\lambda_2}$, 而另外两个取作旋表示. 这时我们还有

$$
\overline{\sigma_1^{[2]}} \sim \overline{\sigma_2^{[2]}} \sim \overline{\sigma_3^{[2]}} \sim \rho_{\lambda_2-\lambda_3}.
$$

第十二章　旋表示与例外李代数

§1　结 合 代 数

定义 12.1　设 A 是复数域 $\mathbb{C}$ 上的向量空间 (维数可以有限也可以无限). 设在 A 中定义了一个乘法运算, 即对任意 $x, y \in A$, 有唯一确定的一个元素 $z \in A$ 与之对应, z 称为 x 与 y 的积, 记作 $z = xy$. 更假定这个乘法运算对任意 $x, y, z \in A$ 及 $\lambda \in \mathbb{C}$, 适合以下条件:

1) $x(y+z) = xy + xz$, $(x+y)z = xz + yz$,

2) $(xy)z = x(yz)$,

3) $(\lambda x)y = x(\lambda y) = \lambda(xy)$.

那么我们就称 A 是 $\mathbb{C}$ 上的一个结合代数, 或简称结合代数. 结合代数 A 的维数是指它的向量空间的维数.

例 12.1　$\mathbb{C}$ 上所有 $n \times n$ 的矩阵对矩阵加法、数乘和矩阵乘法组成一结合代数, 它的维数是 n^2, 这个代数称为 n 级全阵代数. 同样, $\mathbb{C}$ 上一个 n 维向量空间中所有线性变换对线性变换的加法、数乘和线性变换乘法也组成一结合代数.

定义 12.2　设 V 是一复向量空间. 假设它的维数为 r. 设 $e_1, e_2, \cdots, e_r$ 是 V 的一组基, 以 T^k 表示由

$$e_{i_1} \otimes e_{i_2} \otimes \cdots \otimes e_{i_k}, \quad 1 \leqslant i_1, i_2, \cdots, i_k \leqslant r$$

为基所生成的复向量空间; 特别 $T^0 = \mathbb{C}, T^1 = V$. 造 T^k 的直和 $T = \sum_{k=0}^{\infty} T^k$.

定义

$$(e_{i_1}\otimes e_{i_2}\otimes\cdots\otimes e_{i_k})(e_{j_1}\otimes e_{j_2}\otimes\cdots\otimes e_{j_l})$$
$$=e_{i_1}\otimes\cdots\otimes e_{i_k}\otimes e_{j_1}\otimes\cdots\otimes e_{j_l}.$$

对于 T 中任意二元素的积, 用上式及分配律来定义, 这样 T 就成了一个结合代数, 称为 V 的张量代数. 这个结合代数是无限维的.

设 A 是个结合代数. A 的元素 1 称为单位元素, 如

$$1\cdot x=x\cdot 1=x,\quad 对一切\ x\in A.$$

定义 12.3 设 A_1 是结合代数 A 的子空间, A_1 称为 A 的一个子代数, 如 A_1 对于 A 的乘法运算是封闭的. A 的子空间 A_2 称为 A 的理想 (或双边理想), 如果对任意 $x\in A_2$ 和 $y\in A$ 都有 $xy\in A_2$ 及 $yx\in A_2$. 如 A_2 是 A 的理想, 可仿照李代数中情况定义商代数. 如子空间 A_1 对任意 $x\in A_1$ 和 $y\in A$ 有 $yx\in A_1$, 则 A_1 称为左理想. 同样亦可定义右理想.

对于结合代数, 亦可像李代数一样定义同态、同构等概念. 如果一个同态将单位元映成单位元, 则称它为么同态.

定义 12.4 设 A 为结合代数, 容易验证 A 对于其中的加法及换位运算 $[x,y]=xy-xy$ 成一李代数. 记此李代数为 A_L. 将李代数 $\mathfrak{g}$ 映入 A 的一个映射称为 $\mathfrak{g}$ 的一个表示, 如这个映射将 $\mathfrak{g}$ 同态地映入 A_L. 以前讨论的线性表示是表示的特例.

§2 Clifford 代数

设 V 是个 r 维的向量空间, $e_1,e_2,\cdots,e_r$ 是 V 的一组基. 以 T 表示 V 的张量代数, 我们知道 $T=\dot{\sum\limits_{k=0}^{\infty}}T^k$, 而 T^k 是以

$$e_{i_1}\otimes e_{i_2}\otimes\cdots\otimes e_{i_k},\quad 1\leqslant i_1,i_2,\cdots,i_k\leqslant r$$

为基张成的向量空间, 令

$$T_+=\dot{\sum_{k=0}^{\infty}}T^{2k},\quad T_-=\dot{\sum_{k=0}^{\infty}}T^{2k+1}.$$

于是有 $T=T_+\dot{+}T_-$ 而

$$T_+T_+\subseteq T_+,\quad T_+T_-\subseteq T_-,\quad T_-T_+\subseteq T_-,\quad T_-T_-\subseteq T_+.$$

可见 T_+ 是 T 的一个子代数.

以 I 表示元素

$$\left.\begin{array}{ll} e_i \otimes e_i - 1, & i = 1, 2, \cdots, r, \\ e_i \otimes e_j + e_j \otimes e_i, & i \neq j,\ i, j = 1, \cdots, r \end{array}\right\} \tag{12.1}$$

在 T 中所生成的理想, 以 $\mathfrak{C}$ 表示商代数 T/I, 则 $\mathfrak{C}$ 称为 V 的 Clifford 代数. 由于 I 的生成元 (12.1) 都属于 T_+, 所以 $I = I_+ \dotplus I_-$ 而 $I_+ = I \cap T_+, I_- = I \cap T_-$. 如令 $\mathfrak{C}_+ = T_+/I_+, \mathfrak{C}_- = T_-/I_-$, 则 $\mathfrak{C} = \mathfrak{C}_+ \dotplus \mathfrak{C}_-$, 而且

$$\mathfrak{C}_+\mathfrak{C}_+ \subseteq \mathfrak{C}_+, \quad \mathfrak{C}_+\mathfrak{C}_- \subseteq \mathfrak{C}_-, \quad \mathfrak{C}_-\mathfrak{C}_+ \subseteq \mathfrak{C}_-, \quad \mathfrak{C}_-\mathfrak{C}_- \subseteq \mathfrak{C}_+.$$

设 $x \in \mathfrak{C}$, 写 $x = y + z, y \in \mathfrak{C}_+, z \in \mathfrak{C}_-$. 定义

$$\bar{x} = y - z,$$

则 $x \to \bar{x}$ 是 $\mathfrak{C}$ 的一个自同构, 而且是对合性的, 即 $\bar{\bar{x}} = x$, 我们把它称为 $\mathfrak{C}$ 的主对合.

以 f 记将 T 映入 $\mathfrak{C} = T/I$ 的自然同态. 如 $v \in V$, 记 $f(v) = \underline{v}$. 我们有

定理 12.1 $\mathfrak{C}$ 是 2^r 维的结合代数, 而

$$\underline{e}_{i_1}\underline{e}_{i_2}\cdots\underline{e}_{i_s}, \quad s = 0, 1, \cdots, r, \quad 1 \leqslant i_1 < i_2 < \cdots < i_s \leqslant r$$

构成 $\mathfrak{C}$ 的一组基. 因此 $\mathfrak{C}$ 是由 $\underline{e}_1, \underline{e}_2, \cdots, \underline{e}_r$ 生成的结合代数且它们适合关系

$$\begin{array}{ll} \underline{e}_i^2 = 1, & i = 1, 2, \cdots, r, \\ \underline{e}_i\underline{e}_j + \underline{e}_j\underline{e}_i = 0, & i \neq j, \quad i, j = 1, 2, \cdots, r. \end{array}$$

证 由于 I 由 $e_i \otimes e_i - 1 (i = 1, 2, \cdots, r)$ 及 $e_i \otimes e_j + e_j \otimes e_i (i \neq j, \quad i, j = 1, \cdots, r)$ 生成, 所以

$$\begin{array}{ll} \underline{e}_i^2 = 1, & i = 1, 2, \cdots, r, \\ \underline{e}_i\underline{e}_j + \underline{e}_j\underline{e}_i = 0, & i \neq j, \quad i, j = 1, \cdots, r. \end{array}$$

因此

$$\underline{e}_{i_1}\underline{e}_{i_2}\cdots\underline{e}_{i_s} \quad s = 0, 1, \cdots, r, \quad 1 \leqslant i_1 < i_2 < \cdots < i_s \leqslant r$$

线性地生成 $\mathfrak{C}$. 还要证明它们线性无关. 我们对 k 行归纳法来证明以下命题:

(P_k) 由 $\underline{e}_1, \underline{e}_2, \cdots, \underline{e}_r$ 中任意固定的 k 个 $\underline{e}_{i_1}, \underline{e}_{i_2}, \cdots, \underline{e}_{i_k} (i_1 < i_2 < \cdots < i_k)$ 所构成的 $\underline{e}_{j_1}\underline{e}_{j_2}\cdots\underline{e}_{j_s}$ $(s = 0, 1, \cdots, k,\ j_1, \cdots, j_s$ 取自 $i_1, \cdots, i_k$, 而 $1 \leqslant j_1 < j_2 < \cdots < j_s \leqslant r)$ 线性无关.

当 $k=0$ 及 $k=1$ 时, 这是显然的①.

设 $k>1$, 并假定 P_{k-1} 已成立. 设有线性关系

$$\sum_{\substack{1\leqslant j_1<j_2<\cdots<j_s\leqslant r\\ \{j_1,\cdots,j_s\}\in\{i_1,\cdots,i_k\}}} c_{j_1j_2\cdots j_s}\underline{e}_{j_1}\underline{e}_{j_2}\cdots\underline{e}_{j_s}=0,\quad c_{j_1j_2}\cdots j_s\in\mathbb{C} \tag{12.2}$$

如 $\underline{e}_{i_k}$ 在以上关系式中不出现, 则根据归纳法假设, 对一切 $\{j_1,\cdots,j_s\}\in\{i_1,\cdots,i_{k-1}\}$ 而 $1\leqslant j_1<j_2<\cdots<j_s\leqslant r$, 就有 $c_{j_1j_2\cdots j_s}=0$. 以下设 $\underline{e}_{i_k}$ 的确在 (12.2) 式中出现. 这时可将 (12.2) 式写作

$$x+y\underline{e}_{i_k}=0, \tag{12.3}$$

其中 x,y 是 $\underline{e}_{i_1},\cdots,\underline{e}_{i_{k-1}}$ 中某些的积的线性组合:

$$\begin{aligned}x&=\sum_{\substack{1\leqslant j_1<\cdots<j_s\leqslant r\\ \{j_1,\cdots,j_s\}\in\{i_1,\cdots,i_{k-1}\}}} c_{j_1j_2\cdots j_s}\underline{e}_{j_1}\underline{e}_{j_2}\cdots\underline{e}_{j_s},\\ y&=\sum_{\substack{1\leqslant j_1<\cdots<j_{s-1}\leqslant r\\ \{j_1,\cdots,j_{s-1}\}\in\{i_1,\cdots,i_{k-1}\}}} c_{j_1j_2\cdots j_{s-1}i_k}\underline{e}_{j_1}\underline{e}_{j_2}\cdots\underline{e}_{j_{s-1}}.\end{aligned}$$

将 (12.3) 式右乘以 $\underline{e}_{i_k}$ 得

$$x\underline{e}_{i_k}+y=0. \tag{12.4}$$

将 (12.3), (12.4) 两式相加得

$$(x+y)(1+\underline{e}_{i_k})=0. \tag{12.5}$$

将 $x+y$ 写作

$$x+y=u+v\underline{e}_{i_{k-1}},$$

其中 u,v 是 $\underline{e}_{i_1},\underline{e}_{i_2},\cdots,\underline{e}_{i_{k-2}}$ 中某些的积的线性组合, 于是 (12.5) 式成为

$$(u+v\underline{e}_{i_{k-1}})(1+\underline{e}_{i_k})=0. \tag{12.6}$$

将上式右乘以 $\underline{e}_{i_{k-1}}$ 得

$$\begin{aligned}0&=(u+v\underline{e}_{i_{k-1}})(1+\underline{e}_{i_k})\underline{e}_{i_{k-1}}\\ &=(u+v\underline{e}_{i_{k-1}})\underline{e}_{i_{k-1}}(1-\underline{e}_{i_k})=(u\underline{e}_{i_{k-1}}+v)(1-\underline{e}_{i_k}),\end{aligned}$$

即

$$(u\underline{e}_{i_{k-1}}+v)(1-\underline{e}_{i_k})=0. \tag{12.7}$$

① 当 $k=0$ 时, 要求证明 $1\notin I$, 这也可以从定理 12.2 推得.

又, 将 (12.6) 式作用以 $\mathfrak{C}$ 的主对合, 得

$$(\bar{u}+\bar{v}\underline{\bar{e}}_{i_{k-1}})(1+\underline{\bar{e}}_{i_k})=0,$$

即

$$(\bar{u}-\bar{v}\underline{e}_{i_{k-1}})(1-\underline{e}_{i_k})=0.$$

将上式左乘以 $\underline{e}_{i_{k-1}}$, 注意 $\bar{u},\bar{v}$ 中不含 $\underline{e}_{i_{k-1}}$, 故有

$$0=\underline{e}_{i_{k-1}}(\bar{u}-\bar{v}\underline{e}_{i_{k-1}})(1-\underline{e}_{i_k})=(u\underline{e}_{i_{k-1}}-v)(1-\underline{e}_{i_k}),$$

即

$$(u\underline{e}_{i_{k-1}}-v)(1-\underline{e}_{i_k})=0. \tag{12.8}$$

将 (12.7), (12.8) 两式相加相减得

$$2u\underline{e}_{i_{k-1}}(1-\underline{e}_{i_k})=0, \tag{12.9}$$

$$2v(1-\underline{e}_{i_k})=0. \tag{12.10}$$

将 (12.9) 式右乘以 $\underline{e}_{i_{k-1}}$, 得

$$2u(1+\underline{e}_{i_k})=0. \tag{12.11}$$

注意 (12.10), (12.11) 两式中只含 $\underline{e}_{i_1},\cdots,\underline{e}_{i_{k-2}},\underline{e}_{i_k}$, 共 $k-1$ 个. 因此根据归纳法假设有 $u=v=0$, 于是 $x+y=0$. 又将 (12.3), (12.4) 两式相减, 得

$$(x-y)(1-\underline{e}_{i_k})=0.$$

同法可证 $x-y=0$. 因此 $x=y=0$. 这就证明了 (12.2) 式的系数全为 0, 因此 P_k 也成立.

我们证明了

$$\underline{e}_{i_1}\underline{e}_{i_2}\cdots\underline{e}_{i_s},\quad s=0,1,\cdots,r,\quad 1\leqslant i_1<i_2<\cdots<i_s\leqslant r$$

线性无关, 即它们是 $\mathfrak{C}$ 的一组基. □

基于定理 12.1, $\mathfrak{C}$ 有一子空间

$$\{c_1\underline{e}_1+c_2\underline{e}_2+\cdots+c_r\underline{e}_r|c_i \text{ 为复数}\}$$

与 V 同构. 以后将它们视为同一, 并将 $\underline{e}_i$ 简记作 $e_i(i=1,2,\cdots,r)$.

定理 12.2 设 $r=2n$, 则 $\mathfrak{C}$ 与复数域上 2^n 级全矩阵代数 M_{2^n} 同构.

证 记 $p_i = e_i(i=1,2,\cdots,n)$, $q_i = e_{n+i}(i=1,\cdots,n)$, 则

$$\left.\begin{aligned} &p_i^2 = q_i^2 = 1, && i=1,\cdots,n,\\ &p_iq_j + q_jp_i = 0, && i,j=1,2,\cdots,n,\\ &p_ip_j + p_jp_i = q_iq_j + q_jq_i = 0, && i\neq j,\ i,j=1,2,\cdots,n. \end{aligned}\right\} \tag{12.12}$$

于是 $\mathfrak{C}$ 就是由 $p_i, q_i(i=1,\cdots,n)$ 生成的结合代数, 而它们适合关系 (12.12). 设

$$I_2 = \begin{pmatrix} 1 & 0\\ 0 & 1\end{pmatrix},\quad J_2 = \begin{pmatrix} 1 & 0\\ 0 & -1\end{pmatrix},\quad P = \begin{pmatrix} 0 & 1\\ 1 & 0\end{pmatrix},\quad Q = \begin{pmatrix} 0 & \sqrt{-1}\\ -\sqrt{-1} & 0\end{pmatrix}.$$

令

$$\left.\begin{aligned} &p_i \mapsto P_i = J_2\otimes\cdots\otimes J_2\otimes \underset{(\text{第 } i \text{ 位置})}{P}\otimes I_2\otimes\cdots\otimes I_2,\\ &q_i \mapsto Q_i = J_2\otimes\cdots\otimes J_2\otimes \underset{(\text{第 } i \text{ 位置})}{Q}\otimes I_2\otimes\cdots\otimes I_2. \end{aligned}\quad (i=1,\cdots,n)\right\} \tag{12.13}$$

易证 $P_i, Q_i(i=1,2,\cdots,n)$ 亦适合关系式 (12.12). 这样利用 (12.13) 式就定义了一个从 $\mathfrak{C}$ 映入 M_{2^n} 的同态 φ. 如能证明这个同态是映上的, 则由于 $\dim\mathfrak{C} = \dim M_{2^n} = 2^{2n}$, 即可推出这个同态是从 $\mathfrak{C}$ 映到 M_{2^n} 之上的同构.

实际上,

$$u_i = \sqrt{-1}p_iq_i \mapsto U_i = \sqrt{-1}P_iQ_i = I_2\otimes\cdots\otimes I_2\otimes \underset{(\text{第 } i \text{ 位置})}{J_2}\otimes I_2\otimes\cdots\otimes I_2,$$

于是

$$U_1\cdots U_{i-1}P_i = I_2\otimes\cdots\otimes I_2\otimes \underset{(\text{第 } i \text{ 位置})}{P}\otimes I_2\otimes\cdots\otimes I_2,$$

$$U_1\cdots U_{i-1}Q_i = I_2\otimes\cdots\otimes I_2\otimes \underset{(\text{第 } i \text{ 位置})}{Q}\otimes I_2\otimes\ldots\otimes I_2$$

都属于 $\varphi(\mathfrak{C})$. 我们有

$$\frac{1}{2}(1+u_i) \mapsto I_2\otimes\cdots\otimes I_2\otimes \underset{(\text{第 } i \text{ 位置})}{\begin{pmatrix} 1 & 0\\ 0 & 0\end{pmatrix}}\otimes I_2\otimes\cdots\otimes I_2,$$

$$\frac{1}{2}(u_1\cdots u_{i-1})(p_i - \sqrt{-1}q_i) \mapsto I_2\otimes\cdots\otimes I_2\otimes \underset{(\text{第 } i \text{ 位置})}{\begin{pmatrix} 0 & 1\\ 0 & 0\end{pmatrix}}\otimes I_2\otimes\cdots\otimes I_2,$$

$$\frac{1}{2}(u_1\cdots u_{i-1})(p_i + \sqrt{-1}q_i) \mapsto I_2\otimes\cdots\otimes I_2\otimes \underset{(\text{第 } i \text{ 位置})}{\begin{pmatrix} 0 & 0\\ 1 & 0\end{pmatrix}}\otimes I_2\otimes\cdots\otimes I_2,$$

$$\frac{1}{2}(1-u_i) \mapsto I_2 \otimes \cdots \otimes I_2 \otimes \underset{(\text{第 } i \text{ 位置})}{\begin{pmatrix} 0 & 0 \\ 0 & 1 \end{pmatrix}} \otimes I_2 \otimes \cdots \otimes I_2.$$

由此即推出 $\varphi(\mathfrak{C}) = M_{2^n}$. □

§3 旋 表 示

设 V 是 m 维的向量空间, $e_1, e_2, \cdots, e_m$ 是它的一组基. $\mathfrak{C}$ 是由 $e_1, e_2, \cdots, e_m$ 所生成的 Clifford 代数而

$$\begin{aligned} &e_i^2 = 1, && i = 1, 2, \cdots, m, \\ &e_ie_j + e_je_i = 0, && i \neq j,\ i, j = 1, 2, \cdots, m. \end{aligned}$$

在 $\mathfrak{C}$ 中引进换位运算: $x, y \in \mathfrak{C}$, 定义 $[x, y] = xy - yx$, 则 $\mathfrak{C}$ 成一李代数, 记作 $\mathfrak{C}_L$. 考察 $\mathfrak{C}_L$ 中一切形如

$$\sum_{1 \leqslant i < k \leqslant m} c_{ik}e_ie_k, \quad c_{ik} \in \mathbb{C}$$

的元素, 它们组成 $\mathfrak{C}_L$ 的一个子代数, 记作 $\mathfrak{C}_2$. 我们有

定理 12.3 $\mathfrak{C}_2$ 与一切 $m \times m$ 斜对称矩阵组成的李代数 $\mathfrak{o}(m, \mathbb{C})$ 同构, 而

$$\sum_{1 \leqslant i < k \leqslant m} c_{ik}e_ie_k \overset{\tau}{\mapsto} 2 \sum_{1 \leqslant i < k \leqslant m} c_{ik}(E_{ik} - E_{ki})$$

为一同构对应.

证 设

$$\left.\begin{aligned} \tau(e_ie_k) &= 2(E_{ik} - E_{ki}), \\ \tau(e_je_l) &= 2(E_{jl} - E_{lj}). \end{aligned}\right\} \tag{12.14}$$

若 i, k, j, l 两两不同, 则

$$[e_ie_k, e_je_l] = e_ie_ke_je_l - e_je_le_ie_k = e_ie_ke_je_l - e_ie_ke_je_l = 0.$$

同时也有

$$[E_{ik} - E_{ki},\ E_{jl} - E_{lj}] = 0.$$

又若 $i, k; j, l$ 中只有二足码相同, 不妨设 $k = j$, 于是

$$[e_ie_k, e_ke_l] = e_ie_ke_ke_l - e_ke_le_ie_k = e_ie_l - e_le_i = 2e_ie_l$$

而

$$[E_{ik} - E_{ki}, E_{kl} - E_{lk}] = E_{il} - E_{li}.$$

又若 $i=j, k=l$, 自然有

$$[e_ie_k, e_ie_k]=0,$$
$$[E_{ik}-E_{ki}, E_{ik}-E_{ki}]=0.$$

这证明了 τ 是个同构. □

又以 $\mathfrak{C}_{12}$ 记 $\mathfrak{C}_L$ 中一切形如

$$\sum_{i=1}^{m} a_ie_i+\sum_{1\leqslant i<k\leqslant m} c_{ik}e_ie_k, \quad a_i, c_{ik}\in\mathbb{C}$$

的元素, 它们也组成 $\mathfrak{C}_L$ 的一个子代数. 我们有

定理 12.4 $\mathfrak{C}_{12}$ 与 $\mathfrak{o}(m+1,\mathbb{C})$ 同构, 而

$$\sum a_ie_i+\sum c_{ik}e_ie_k \overset{\tau}{\mapsto} \sum_i 2\sqrt{-1}a_i(E_{0i}-E_{i0})+2\sum_{1\leqslant i<k\leqslant m} c_{ik}(E_{ik}-E_{ki})$$

为一同构对应.

证 这时除了 (12.14) 式外还有

$$e_i \overset{\tau}{\mapsto} 2\sqrt{-1}(E_{0i}-E_{i0}).$$

若 $i\neq k$,

$$[e_i, e_k]=e_ie_k-e_ke_i=2e_ie_k,$$

$$\begin{aligned}[2\sqrt{-1}(E_{0i}-E_{i0}), 2\sqrt{-1}(E_{0k}-E_{k0})]&=-4\{-E_{i0}E_{0k}-(-E_{k0})E_{0i}\}\\&=-4(-E_{ik}+E_{ki})=4(E_{ik}-E_{ki}).\end{aligned}$$

若 i,k 不同,

$$[e_i, e_ie_k]=e_ie_ie_k-e_ie_ke_i=e_k+e_k=2e_k,$$
$$[2\sqrt{-1}(E_{0i}-E_{i0}), 2(E_{ik}-E_{ki})]=4\sqrt{-1}(E_{0k}-E_{k0}).$$

若 i,j,k 不同,

$$[e_i, e_je_k]=e_ie_je_k-e_je_ke_i=0,$$

$$[2\sqrt{-1}(E_{0i}-E_{i0}), 2(E_{ik}-E_{kj})]=0.$$ □

以下设 $m=2n$ 为偶数.

我们注意

$$\begin{pmatrix} \frac{1}{\sqrt{2}} & \frac{1}{\sqrt{2}} \\ -\frac{i}{\sqrt{2}} & \frac{i}{\sqrt{2}} \end{pmatrix} \begin{pmatrix} 0 & 1 \\ 1 & 0 \end{pmatrix} \begin{pmatrix} \frac{1}{\sqrt{2}} & \frac{1}{\sqrt{2}} \\ -\frac{i}{\sqrt{2}} & \frac{i}{\sqrt{2}} \end{pmatrix}' = \begin{pmatrix} 1 & 0 \\ 0 & 1 \end{pmatrix}.$$

于是, 如令

$$P = \begin{pmatrix} \frac{1}{\sqrt{2}}I_n & \frac{1}{\sqrt{2}}I_n \\ -\frac{i}{\sqrt{2}}I_n & \frac{i}{\sqrt{2}}I_n \end{pmatrix} \quad \text{或} \quad \begin{pmatrix} 1 & & \\ & \frac{1}{\sqrt{2}}I_n & \frac{1}{\sqrt{2}}I_n \\ & -\frac{i}{\sqrt{2}}I_n & \frac{i}{\sqrt{2}}I_n \end{pmatrix},$$

则

$$P \begin{pmatrix} 0 & I_n \\ I_n & 0 \end{pmatrix} P' = I_m,$$

或

$$P \begin{pmatrix} 1 & & \\ & 0 & I_n \\ & I_n & 0 \end{pmatrix} P' = I_{2n+1}.$$

因此

$$X \overset{\psi}{\mapsto} PXP^{-1}$$

是从 D_n (或 B_n) 映上 $\mathfrak{o}(2n,\mathbb{C})$ 或 $\mathfrak{o}(2n+1,\mathbb{C})$ 的同构.

先研究 B_n. 元素

$$H_{\lambda_1\cdots\lambda_n} = \begin{pmatrix} 0 & & & & & & \\ & \lambda_1 & & & & & \\ & & \ddots & & & & \\ & & & \lambda_n & & & \\ & & & & -\lambda_1 & & \\ & & & & & \ddots & \\ & & & & & & -\lambda_n \end{pmatrix}$$

在 ψ 之下映到

$$\begin{pmatrix} 1 & & \\ & \frac{1}{\sqrt{2}}I & \frac{1}{\sqrt{2}}I \\ & -\frac{i}{\sqrt{2}}I & \frac{i}{\sqrt{2}}I \end{pmatrix} H \begin{pmatrix} 1 & & \\ & \frac{1}{\sqrt{2}}I & \frac{i}{\sqrt{2}}I \\ & \frac{1}{\sqrt{2}}I & -\frac{i}{\sqrt{2}}I \end{pmatrix}$$

$$
= \begin{pmatrix} 0 & 0 & 0 \\ 0 & 0 & i\begin{pmatrix} \lambda_1 & & \\ & \ddots & \\ & & \lambda_n \end{pmatrix} \\ 0 & -i\begin{pmatrix} \lambda_1 & & \\ & \ddots & \\ & & \lambda_n \end{pmatrix} & 0 \end{pmatrix}
$$

$$
= i\sum_{i=1}^{n} \lambda_i (E_{i,n+i} - E_{n+i,i}).
$$

在 τ^{-1} 之下

$$
i\sum_{i=1}^{n} \lambda_i (E_{i,n+i} - E_{n+i,i}) \mapsto \frac{1}{2} i \sum_{i=1}^{n} \lambda_i e_i e_{n+i}.
$$

在 φ 之下

$$
\begin{aligned}
& \frac{1}{2} i \sum_{i=1}^{n} \lambda_i e_i e_{n+i} \mapsto \frac{1}{2} i \sum_{i=1}^{n} \lambda_i P_i Q_i \\
= & \frac{1}{2} i \sum_{i=1}^{n} \lambda_i I_2 \otimes \cdots \otimes I_2 \otimes PQ \otimes I_2 \otimes \cdots \otimes I_2 \\
= & \sum_{i=1}^{n} I_2 \otimes \cdots \otimes I_2 \otimes \begin{pmatrix} \frac{1}{2}\lambda_i & \\ & -\frac{1}{2}\lambda_i \end{pmatrix} \otimes I_2 \otimes \cdots \otimes I_2.
\end{aligned}
$$

显然 $\sigma = \varphi\tau^{-1}\psi$ 是 B_n 的一个不可约表示, 而它的权为 $\frac{1}{2}(\pm\lambda_1 \pm \lambda_2 \pm \cdots \pm \lambda_n)$. 它们都是单权, 这表明 σ 是 B_n 的旋表示.

再研究 D_n. 元素

$$
H_{\lambda_1 \cdots \lambda_n} = \begin{pmatrix} \lambda_1 & & & & & \\ & \ddots & & & & \\ & & \lambda_n & & & \\ & & & -\lambda_1 & & \\ & & & & \ddots & \\ & & & & & -\lambda_n \end{pmatrix}
$$

在 ψ 之下映到

$$\begin{pmatrix} 0 & i\begin{pmatrix}\lambda_1 & & \\ & \ddots & \\ & & \lambda_n\end{pmatrix} \\ -i\begin{pmatrix}\lambda_1 & & \\ & \ddots & \\ & & \lambda_n\end{pmatrix} & 0 \end{pmatrix} = i\sum_{i=1}^{n}\lambda_i(E_{i,n+i}-E_{n+i,i}).$$

在 τ^{-1} 之下它又映到

$$\frac{1}{2}i\sum\lambda_i e_i e_{n+i}.$$

在 φ 之下它又映到

$$\frac{1}{2}i\sum_{i=1}^{n}\lambda_i P_i Q_i=\sum_{i=1}^{n}I_2\otimes\cdots\otimes I_2\otimes\begin{pmatrix}\frac{1}{2}\lambda_i & \\ & -\frac{1}{2}\lambda_i\end{pmatrix}\otimes I_2\otimes\cdots\otimes I_2.$$

自然, $\sigma=\varphi\tau^{-1}\psi$ 是 D_n 的一个表示, 而它的权为 $\frac{1}{2}(\pm\lambda_1\pm\cdots\pm\lambda_n)$, 它们都是单权. σ 正好分成两个不可约表示之和, 它们分别以 $\frac{1}{2}(\lambda_1+\cdots+\lambda_n)$ 和 $\frac{1}{2}(\lambda_1+\cdots+\lambda_{n-1}-\lambda_n)$ 为首权. 因此它们是旋表示 σ_1 和 σ_2.

§4 例外单李代数 F_4 和 E_8

设 $\mathfrak{g}$ 是一个单李代数, 维数为 r, 而 $X_1,\cdots,X_r$ 是它的一组基; 并设

$$[X_i,X_j]=\sum_{k=1}^{r}c_{ij}^k X_k,\quad i,j=1,2,\cdots,r.$$

再设 $\rho:X\mapsto\rho(X)$ 是 $\mathfrak{g}$ 的一个不可约表示, 表示空间为 V, $\dim V=s$. 设 $E_1,E_2,\cdots,E_s$ 是 V 的一组基, 并设

$$\rho(X_i)E_\beta=\sum_{\alpha=1}^{s}d_{\alpha\beta}^i E_\alpha,\quad i=1,\cdots,r;\quad \beta=1,\cdots,s.$$

现在造 $\mathfrak{g}$ 和 V 的向量空间直和 $\mathfrak{g}_1=\mathfrak{g}\dot{+}V$, 则 $X_1,X_2,\cdots,X_r$ 和 $E_1,E_2,\cdots,E_s$

组成 $\mathfrak{g}_1$ 的一组基. 在 $\mathfrak{g}_1$ 中引进换位运算

$$[X_i, X_j] = \sum_{k=1}^{r} c_{ij}^k X_k, \quad i, j = 1, 2, \cdots, r,$$
$$-[E_\beta, X_i] = [X_i, E_\beta] = \sum_{\alpha=1}^{s} d_{\alpha\beta}^i E_\alpha, \quad i = 1, 2, \cdots, r; \quad \beta = 1, \cdots, s,$$
$$[E_\alpha, E_\beta] = \sum_{i=1}^{r} d_{\alpha\beta}^i X_i, \quad \alpha, \beta = 1, 2, \cdots, s.$$

假定 ρ 既不是 0 表示, 也不等价于 $\mathfrak{g}$ 的正则表示. 先假定 $\mathfrak{g}_1$ 成一李代数, 我们来证明这时 $\mathfrak{g}_1$ 一定是个单代数.

实际上, 可将 $\mathfrak{g}_1$ 如下地看作 $\mathfrak{g}$ 的表示空间: 如 $X \in \mathfrak{g}$ 而 $Y + E \in \mathfrak{g}_1, Y \in \mathfrak{g}, E \in V$. 令

$$f(X)(Y + E) = \mathrm{ad}XY + \rho(X)E,$$

则 f 就是 $\mathfrak{g}$ 的一个表示, 以 $\mathfrak{g}_1$ 为表示空间. 因 ρ 是和 $\mathfrak{g}$ 的正则表示不等价的不可约表示, 所以表示空间 $\mathfrak{g}_1$ 分解成两个不等价的不可约不变子空间 $\mathfrak{g}$ 与 V 的直和. 设 $\mathfrak{t}$ 是 $\mathfrak{g}_1$ 的一个理想, 则 $\mathfrak{t}$ 是 f 的不变子空间. 因此, $\mathfrak{t}$ 分解成不可约不变子空间的直和. 这只有三种情形: $\mathfrak{t} = \mathfrak{g} \dot{+} V, \mathfrak{t} = \mathfrak{g}$ 和 $\mathfrak{t} = V$. 因 $\rho \neq 0$ 而 ρ 不可约, 故 $\mathfrak{t} = \mathfrak{g}$ 与 $\mathfrak{t} = V$ 都不能发生. 因此一定有 $\mathfrak{t} = \mathfrak{g} \dot{+} V$, 这证明 $\mathfrak{g}_1$ 是单的.

再研究何时 $\mathfrak{g}_1$ 成李代数.

首先, 根据换位运算的反交换性得出

$$d_{\alpha\beta}^i = -d_{\beta\alpha}^i, \quad i = 1, 2, \cdots, r; \quad \alpha, \beta = 1, \cdots, s.$$

这就是说 $D_i = \rho(X_i)$ 为斜对称矩阵 $(i = 1, \cdots, r)$. 以下我们作此假定.

为了研究 Jacobi 恒等式是否成立, 对 $X, Y, Z \in \mathfrak{g}_1$ 引入

$$\{X, Y, Z\} = [X, [Y, Z]] + [Y, [Z, X]] + [Z, [X, Y]].$$

显然有

$$\{X_i, X_k, X_l\} = 0.$$

但需要检验以下关系何时成立:

$$\{X_i, X_k, E_\alpha\} = 0,$$
$$\{X_i, E_\alpha, E_\beta\} = 0,$$
$$\{E_\alpha, E_\beta, E_\gamma\} = 0.$$

首先因 ρ 为表示, 我们有

$$\begin{aligned}\{X_i, X_k, E_\alpha\} &= [X_i,[X_k,E_\alpha]]+[X_k,[E_\alpha,X_i]]+[E_\alpha,[X_i,X_k]]\\ &= \rho(X_i)\rho(X_k)E_\alpha-\rho(X_k)\rho(X_i)E_\alpha-\rho([X_i,X_k])E_\alpha\\ &= \{[\rho(X_i),\rho(X_k)]-\rho([X_i,X_k])\}E_\alpha=0.\end{aligned}$$

其次, 我们有

$$\begin{aligned}\{X_i,E_\alpha,E_\beta\} &= [X_i,[E_\alpha,E_\beta]]+[E_\alpha,[E_\beta,X_i]]+[E_\beta,[X_i,E_\alpha]]\\ &= \left[X_i,\sum_j d^j_{\alpha\beta}X_j\right]-\left[E_\alpha,\sum_\gamma d^i_{\gamma\beta}E_\gamma\right]+\left[E_\beta,\sum_\gamma d^i_{\gamma\alpha}E_\gamma\right]\\ &= \sum_{j=1}^r d^j_{\alpha\beta}\sum_k c^k_{ij}X_k-\sum_\gamma d^i_{\gamma\beta}\sum_k d^k_{\alpha\gamma}X_k+\sum_\gamma d^i_{\gamma\alpha}\sum_k d^k_{\beta\gamma}X_k\\ &= \sum_k\left(\sum_{j=1}^r d^j_{\alpha\beta}c^k_{ij}-\sum_\gamma d^i_{\gamma\beta}d^k_{\alpha\gamma}+\sum_\gamma d^i_{\gamma\alpha}d^k_{\beta\gamma}\right)X_k.\end{aligned} \tag{12.15}$$

另一方面, 将

$$[\rho(X_i),\rho(X_j)]=\sum_k c^k_{ij}\rho(X_k)$$

作用到 E_α 上, 我们有

$$[\rho(X_i),\rho(X_j)]E_\alpha=\sum_k c^k_{ij}\rho(X_k)E_\alpha,$$

而

$$\begin{aligned}[\rho(X_i),\rho(X_j)]E_\alpha &= \rho(X_i)\rho(X_j)E_\alpha-\rho(X_j)\rho(X_i)E_\alpha\\ &= \rho(X_i)\sum_\gamma d^j_{\gamma\alpha}E_\gamma-\rho(X_j)\sum_\gamma d^i_{\gamma\alpha}E_\gamma\\ &= \sum_\beta\sum_\gamma d^j_{\gamma\alpha}d^i_{\beta\gamma}E_\beta-\sum_\beta\sum_\gamma d^i_{\gamma\alpha}d^j_{\beta\gamma}E_\beta\\ &= \sum_\beta\sum_\gamma(d^j_{\gamma\alpha}d^i_{\beta\gamma}-d^i_{\gamma\alpha}d^j_{\beta\gamma})E_\beta,\\ \sum_k c^k_{ij}\rho(X_k)E_\alpha &= \sum_k c^k_{ij}\sum_\beta d^k_{\beta\alpha}E_\beta.\end{aligned}$$

于是有

$$\sum_\gamma(d^j_{\gamma\alpha}d^i_{\beta\gamma}-d^i_{\gamma\alpha}d^j_{\beta\gamma})=\sum_k c^k_{ij}d^k_{\beta\alpha},$$

亦即

$$\sum_{\gamma}(d^i_{\gamma\beta}d^k_{\alpha\gamma}-d^i_{\gamma\alpha}d^k_{\beta\gamma})=\sum_j c^j_{ik}d^j_{\beta\alpha}.$$

将它代入 (12.15) 得

$$\begin{aligned}\{X_i,E_\alpha,E_\beta\}&=\sum_k\left(\sum_j d^j_{\alpha\beta}c^k_{ij}-\sum_j d^j_{\beta\alpha}c^j_{ik}\right)X_k\\&=\sum_k\left\{\sum_j d^j_{\alpha\beta}(c^k_{ij}+c^j_{ik})\right\}X_k.\end{aligned}$$

如果我们假定

$$\operatorname{Tr}D_iD_k=-s\delta_{ik},\tag{12.16}$$

则

$$\begin{aligned}0&=\operatorname{Tr}[D_i,D_lD_k]=\operatorname{Tr}[D_i,D_j]D_k+\operatorname{Tr}D_j[D_i,D_k]\\&=\operatorname{Tr}\sum_l c^l_{ij}D_lD_k+\operatorname{Tr}D_j\sum_l c^l_{ik}D_l=-(c^k_{ij}+c^j_{ik})s.\end{aligned}$$

于是这时一定有

$$\{X_i,E_\alpha,E_\beta\}=0.$$

最后

$$\begin{aligned}\{E_\alpha,E_\beta,E_\gamma\}&=[E_\alpha,[E_\beta,E_\gamma]]+[E_\beta,[E_\gamma,E_\alpha]]+[E_\gamma,[E_\alpha,E_\beta]]\\&=\left[E_\alpha,\sum_i d^i_{\beta\gamma}X_i\right]+\left[E_\beta,\sum_i d^i_{\gamma\alpha}X_i\right]+\left[E_\gamma,\sum_i d^i_{\alpha\beta}X_i\right]\\&=-\sum_i d^i_{\beta\gamma}\sum_\delta d^i_{\delta\alpha}E_\delta-\sum_i d^i_{\gamma\alpha}\sum_\delta d^i_{\delta\beta}E_\delta-\sum_i d^i_{\alpha\beta}\sum_\delta d^i_{\delta\gamma}E_\delta\\&=\sum_{i\ \delta}(d^i_{\beta\gamma}d^i_{\alpha\delta}+d^i_{\gamma\alpha}d^i_{\beta\delta}+d^i_{\alpha\beta}d^i_{\gamma\delta})E_\delta.\end{aligned}$$

置

$$p_{\alpha\beta\gamma\delta}=\sum_i(d^i_{\beta\gamma}d^i_{\alpha\delta}+d^i_{\gamma\alpha}d^i_{\beta\delta}+d^i_{\alpha\beta}d^i_{\gamma\delta}),$$

于是, 如果 $p_{\alpha\beta\gamma\delta}=0$, 则 $\{E_\alpha,E_\beta,E_\gamma\}=0$. 注意, $p_{\alpha\beta\gamma\delta}$ 对它的足码 $\alpha,\beta,\gamma,\delta$ 而言是交错的, 即, 如果 π 是 $\alpha,\beta,\gamma,\delta$ 的一个置换, 则

$$p_{\alpha\beta\gamma\delta}=\begin{cases}p_{\pi(\alpha)\pi(\beta)\pi(\gamma)\pi(\delta)}, & \text{如 }\pi\text{ 为偶置换},\\-p_{\pi(\alpha)\pi(\beta)\pi(\gamma)\pi(\delta)}, & \text{如 }\pi\text{ 为奇置换}.\end{cases}$$

我们有

$$(\operatorname{Tr} D_iD_k)^2=\left(\sum_{\beta} d^i_{\alpha\beta}d^k_{\beta\alpha}\right)^2=\sum_{\alpha,\beta,\gamma,\delta} d^i_{\alpha\beta}d^k_{\beta\alpha}d^i_{\gamma\delta}d^k_{\delta\gamma},$$
$$\operatorname{Tr}(D_iD_k)^2=\sum_{\alpha,\beta,\gamma,\delta} d^i_{\alpha\beta}d^k_{\beta\gamma}d^i_{\gamma\delta}d^k_{\delta\alpha}.$$

于是

$$\begin{aligned}\sum_{i,k}(\operatorname{Tr} D_iD_k)^2-2\sum_{i,k}\operatorname{Tr}(D_iD_k)^2&=\sum_{i,k}\sum_{\alpha,\beta,\gamma,\delta} d^i_{\alpha\beta}d^i_{\gamma\delta}(d^k_{\beta\alpha}d^k_{\delta\gamma}-2d^k_{\beta\gamma}d^k_{\delta\alpha})\\&=\sum_{\alpha,\beta,\gamma,\delta}p_{\alpha\beta\gamma\delta}\sum_i d^i_{\alpha\beta}d^i_{\gamma\delta}=\frac{1}{3}\sum_{\alpha,\beta,\gamma,\delta}p^2_{\alpha\beta\gamma\delta}.\end{aligned}$$

另一方面, 根据 (12.16),

$$\sum_{i,k}(\operatorname{Tr} D_iD_k)^2=rs^2.$$

因此, 如果

$$\sum_{i,k}\operatorname{Tr}(D_iD_k)^2=\frac{1}{2}rs^2,$$

而 $D_i=\rho(X_i)(1\leqslant i\leqslant r)$ 都是实矩阵, 则 $p_{\alpha\beta\gamma\delta}=0$, 因而

$$\{E_\alpha,E_\beta,E_\gamma\}=0.$$

这样我们证明了

定理 12.5 (E. Witt) ① 设 $\mathfrak{g}$ 是单李代数, 维数为 r, 而 $X_1,X_2,\cdots,X_r$ 是它的一组基. 再设 ρ 是 $\mathfrak{g}$ 的一个不可约表示, 表示空间为 V, V 的维数为 s. 假设相对于 V 的一组基 $E_1,E_2,\cdots,E_s$, $\rho(X_i)$ 有矩阵

$$D_i=(d^i_{\alpha\beta})_{1\leqslant\alpha,\beta\leqslant s};$$

更假设 ρ 不等价于 0 表示和 $\mathfrak{g}$ 的正则表示, 而且

1) $D_i=\rho(X_i)$ 是实的斜对称矩阵,

2) $\operatorname{Tr} D_iD_k=-s\delta_{ik}$,

3) $\operatorname{Tr}\sum_{i,k}(D_iD_k)^2=\frac{1}{2}rs^2$.

那么, 在以 $X_1,\cdots,X_r,E_1,\cdots,E_s$ 为基所张成的向量空间 $\mathfrak{g}_1$ 中如下地引进换位

①E. Witt, Spiegelungsgruppen und Aufzählung halbeinfacher Liescher Ringe, *Abh. Math. Sem. Univ.*, Hamburg., **14** (1941), 289–337.

运算:

$$[X_i, X_j] = \sum_{k=1}^{r} c_{ij}^k X_k, \quad i, j = 1, 2, \cdots, r,$$

$$-[E_\beta, X_i] = [X_i, E_\beta] = \sum_{\alpha=1}^{s} d_{\alpha\beta}^i E_\alpha, \quad i = 1, \cdots, r; \quad \beta = 1, \cdots, s,$$

$$[E_\alpha, E_\beta] = \sum_{i=1}^{r} d_{\alpha\beta}^i X_i, \quad \alpha, \beta, = 1, \cdots, s,$$

则 $\mathfrak{g}_1$ 是个单李代数.

Witt 利用上述定理给出了例外单李代数 F_4 和 E_8 的存在性的一个证明.

首先讨论 F_4. 取一个 8 维向量空间 V_8, 以 $e_1, e_2, \cdots, e_8$ 表示它的一组基. 造一个 Clifford 代数 $\mathfrak{C}$, 它由 $e_1, e_2, \cdots, e_8$ 所生成, 而它们适合关系

$$\begin{aligned} &e_i^2 = 1, && i = 1, 2, \cdots, 8, \\ &e_i e_j + e_j e_i = 0, && i \neq j, \quad i, j = 1, 2, \cdots, 8. \end{aligned}$$

令

$$e_0 = e_1 e_2 \cdots e_8.$$

可以验证

$$\begin{aligned} &e_0^2 = 1. \\ &e_0 e_i + e_i e_0 = 0, \quad i = 1, 2, \cdots, 8. \end{aligned}$$

记 $\mathfrak{C}$ 中一切形如

$$\sum_{0 \leqslant i < k \leqslant 8} c_{ik} e_i e_k, \quad c_{ik} \text{ 为复数}$$

的元素为 $\mathfrak{C}_2'$, 则 $\mathfrak{C}_2'$ 组成 $\mathfrak{C}_L$ 的一个子代数; 而像定理 12.3 一样, 可证

$$\sum_{0 \leqslant i < k \leqslant 8} c_{ik} e_i e_k \overset{\tau}{\mapsto} 2 \sum_{0 \leqslant i < k \leqslant 8} c_{ik} (E_{ik} - E_{ki})$$

是 $\mathfrak{C}_2'$ 与 $\mathfrak{o}(9, \mathbb{C})$ 之间的一个同构对应. 又根据定理 12.2, $\mathfrak{C}$ 与复数域上 $2^4 = 16$ 级全矩阵环同构; 而在定理 12.2 中所建立的同构 φ 之下, $e_1, e_2, e_3, e_4, e_5, e_6, e_7, e_8$ 映到 $P_1, P_2, P_3, P_4, Q_1, Q_2, Q_3, Q_4$. 注意 $P_1, P_2, P_3, P_4, Q_1, Q_2, Q_3, Q_4$ 为两两反交换的对合矩阵 (即阶为 2 的矩阵). 因此有可逆矩阵 T 存在, 使

$$T P_1 T^{-1} = E_1 = \begin{pmatrix} I_8 & \\ & -I_8 \end{pmatrix},$$

$$TP_2T^{-1}=E_2=\begin{pmatrix} & I_8 \\ I_8 & \end{pmatrix},$$

$$TP_3T^{-1}=E_3=\left(\begin{array}{c|c} & \begin{array}{cc} 0 & I_4 \\ -I_4 & 0 \end{array} \\ \hline \begin{array}{cc} 0 & -I_4 \\ I_4 & 0 \end{array} & \end{array}\right),$$

$$TP_4T^{-1}=E_4=\left(\begin{array}{c|c} & \begin{array}{c|c} \begin{array}{cc} 0 & I_2 \\ -I_2 & 0 \end{array} & \\ \hline & \begin{array}{cc} 0 & -I_2 \\ I_2 & 0 \end{array} \end{array} \\ \hline \begin{array}{c|c} \begin{array}{cc} 0 & -I_2 \\ I_2 & 0 \end{array} & \\ \hline & \begin{array}{cc} 0 & I_2 \\ -I_2 & 0 \end{array} \end{array} & \end{array}\right),$$

$$TQ_1T^{-1}=E_5$$

$$=\left(\begin{array}{c|c} & \begin{array}{c|c} \begin{array}{cc|cc} 0 & 1 & & \\ -1 & 0 & & \\ \hline & & 0 & -1 \\ & & 1 & 0 \end{array} & \\ \hline & \begin{array}{cc|cc} 0 & -1 & & \\ 1 & 0 & & \\ \hline & & 0 & 1 \\ & & -1 & 0 \end{array} \end{array} \\ \hline \begin{array}{c|c} \begin{array}{cc|cc} 0 & -1 & & \\ 1 & 0 & & \\ \hline & & 0 & 1 \\ & & -1 & 0 \end{array} & \\ \hline & \begin{array}{cc|cc} 0 & 1 & & \\ -1 & 0 & & \\ \hline & & 0 & -1 \\ & & 1 & 0 \end{array} \end{array} & \end{array}\right),$$

$$TQ_2T^{-1}=E_6$$

$$=\left(\begin{array}{c|c}
 & \begin{array}{c|c} & \begin{array}{cc|cc} 0 & 1 & & \\ -1 & 0 & & \\ \hline & & 0 & 1 \\ & & -1 & 0 \end{array} \\ \hline \begin{array}{cc|cc} 0 & 1 & & \\ -1 & 0 & & \\ \hline & & 0 & 1 \\ & & -1 & 0 \end{array} & \end{array} \\ \hline
\begin{array}{c|c} & \begin{array}{cc|cc} 0 & -1 & & \\ 1 & 0 & & \\ \hline & & 0 & -1 \\ & & 1 & 0 \end{array} \\ \hline \begin{array}{cc|cc} 0 & -1 & & \\ 1 & 0 & & \\ \hline & & 0 & -1 \\ & & 1 & 0 \end{array} & \end{array} &
\end{array}\right),$$

$$TQ_3T^{-1}=E_7$$

$$=\left(\begin{array}{c|c}
 & \begin{array}{c|c} \begin{array}{cccc} & & & 1 \\ & & -1 & \\ & 1 & & \\ -1 & & & \end{array} & \\ \hline & \begin{array}{cccc} & & & -1 \\ & & 1 & \\ & -1 & & \\ 1 & & & \end{array} \end{array} \\ \hline
\begin{array}{c|c} \begin{array}{cccc} & & & -1 \\ & & 1 & \\ & -1 & & \\ 1 & & & \end{array} & \\ \hline & \begin{array}{cccc} & & & 1 \\ & & -1 & \\ & 1 & & \\ -1 & & & \end{array} \end{array} &
\end{array}\right),$$

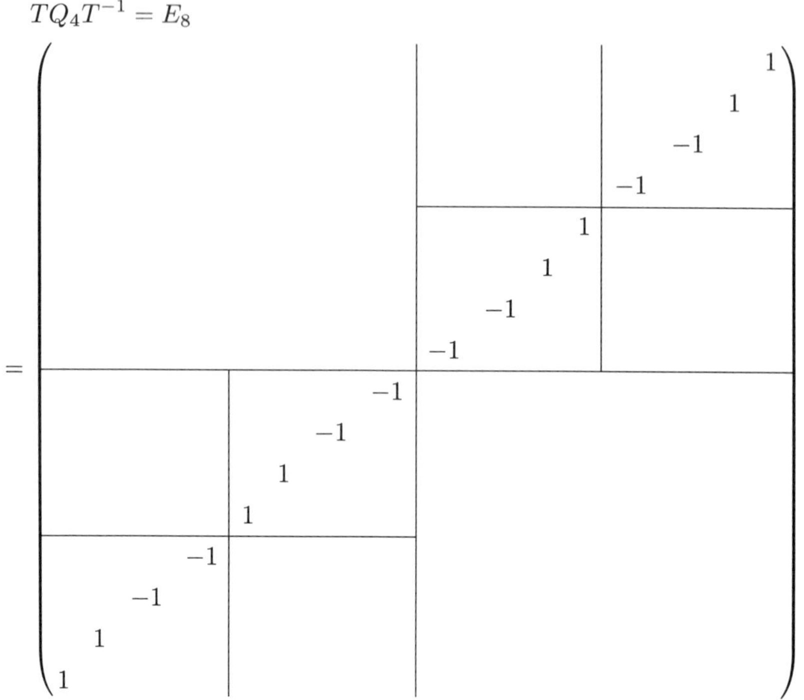

如令

$$X \xmapsto{\rho_0} TXT^{-1}, \quad X \in M_{16}(\mathbb{C})$$

则 $\rho = \rho_0\varphi$ 仍是将 $\mathfrak{C}$ 映成 $M_{16}(\mathbb{C})$ 的一个同构对应, 而这时 $\rho(e_i) = E_i(i = 1, 2, \cdots, 8)$ 都是实的正交矩阵. 于是 $\rho(e_0) = E_0$ 也是实的正交矩阵. 将 e_ie_k 排成一个次序, 记作 $X_j(j = 1, 2, \cdots, 36)$. 将 ρ 导出的 $\mathfrak{C}_2'$ 的表示仍记作 ρ. 因 $\rho(e_i)$ 可表示成 $\rho(X_j)$ 的乘积, 故 ρ 为不可约. 记 $\rho(X_j) = D_j$, 则 D_j 实正交. 由于 $X_j = e_\lambda e_\mu$, 故 $X_j^2 = -1$, 于是 $\rho(X_j)^2 = -I$. 再从 $\rho(X_j)\rho(X_j)' = I$, 导出 $D_j = \rho(X_j)$ 都是反对称矩阵. 我们有

$$\operatorname{Tr} D_j^2 = \operatorname{Tr} \rho(X_j)\rho(X_j) = \operatorname{Tr} \rho(e_\lambda e_\mu e_\lambda e_\mu) = \operatorname{Tr} \rho(-1) = -16.$$

再设 $X_k = e_\nu e_k$. 如 $\mu = \nu$, 则

$$\operatorname{Tr} D_jD_k = \operatorname{Tr} \rho(e_\lambda e_\mu e_\mu e_k) = \operatorname{Tr} \rho(e_\lambda e_k) = 0.$$

如 λ, μ, ν, k 两两不同, 则 $(e_\lambda e_\mu e_\nu e_k)^2 = 1$. 这时也有

$$\operatorname{Tr} D_jD_k = 0.$$

于是我们证明了

$$\operatorname{Tr} D_j D_k = -\delta_{jk}(16).$$

最后, 对于一个给定的 j 计算 $\operatorname{Tr}\sum\limits_{j,k}(D_jD_k)^2$. 当 $k=j$ 时 $\operatorname{Tr}(D_jD_j)^2=16$. 设 $D_j=E_\lambda E_\mu$, 一共有 14 个 $D_k=E_\nu E_k$ 使足码 ν,k 中的一个与 λ, μ 中的一个相重, 这时 $\operatorname{Tr}(D_jD_k)^2=-16$; 还有 21 个 $D_k=E_\nu E_k$ 的足码 ν,k 与 λ,μ 无共同者, 这时

$$\operatorname{Tr}(D_jD_k)^2=\operatorname{Tr} I=16.$$

于是

$$\begin{aligned}\operatorname{Tr}\sum_{j,k}(D_jD_k)^2&=36\cdot(16-16\cdot 14+16\cdot 21)\\&=36\cdot 16\cdot 8=\frac{1}{2}\cdot 36\cdot 16^2.\end{aligned}$$

这样, $\mathfrak{C}_2'\approx\mathfrak{o}(9,\mathbb{C})$ 的表示 ρ 就符合定理 12.5 的条件. 因此根据定理 12.5 可得一单代数 $\mathfrak{g}_1$. 显然 $\mathfrak{C}_2$ 的 Cartan 子代数就是 $\mathfrak{g}_1$ 的 Cartan 子代数. 因此 $\mathfrak{g}_1$ 的秩为 4. 但 $\dim\mathfrak{g}_1=36+16=52$, 而 $\dim A_4=5^2-1=24$, $\dim B_4=\dim C_4=36$, $\dim D_4=28$, 故 $\mathfrak{g}_1$ 不与秩为 4 的典型李代数同构. 因此 $\mathfrak{g}_1$ 是以 $\Pi(F_4)$ 为基础根系的李代数. 这证明了 F_4 是存在的.

显然, $\mathfrak{o}(9,\mathbb{C})$ 的根系与表示 ρ 的权系合并起来即是 F_4 的根系, 而 ρ 为 $\mathfrak{o}(9,\mathbb{C})$ 的旋表示, 故 F_4 的根系为

$$\pm\lambda i,\quad i=1,2,3,4;\quad \pm\lambda_i\pm\lambda_k,\quad i\neq k,\quad i,k=1,2,3,4;$$
$$\frac{1}{2}(\pm\lambda_1\pm\lambda_2\pm\lambda_3\pm\lambda_4).$$

再讨论 E_8. 取一 14 维向量空间 V_{14}; 以 $e_1,e_2,\cdots,e_{14}$ 表示它的一组基. 造 V_{14} 的张量代数 T_{14}. 在 T_{14} 中考察由以下元素组成的理想 I:

$$\left.\begin{array}{lll}e_i^2+1, & i=1,2,\cdots,14, & \\ e_ie_j+e_je_i, & i,j=1,\cdots,14, & i\neq j.\end{array}\right\}$$

像定理 12.1 一样, 可证 T/I 是一 2^{14} 维的结合代数 $\mathfrak{C}'$, 它可看成由 $e_1,\cdots,e_{14}$ 生成而它们适合关系.

$$\left.\begin{array}{lll}e_i^2=-1, & i=1,2,\cdots,14, & \\ e_ie_j+e_je_i=0, & i,j=1,2,\cdots,14, & i\neq j.\end{array}\right\}$$

仿照定理 12.2 可证 $\mathfrak{C}'$ 与 2^7 级全矩阵代数同构, 这时只要取

$$P=\begin{pmatrix}0&1\\-1&0\end{pmatrix},\quad Q=\begin{pmatrix}0&\sqrt{-1}\\\sqrt{-1}&0\end{pmatrix}.$$

记此同构为 ρ. 将 $e_1, e_2, \cdots, e_7$ 改记作 $e_2, e_3, \cdots, e_8$, 并将 $e_8, e_9, \cdots, e_{14}$ 改记作 $e_{10}, e_{11}, \cdots, e_{16}$. 再令

$$e_9 = e_2 e_3 \cdots e_8 e_{10} e_{11} \cdots e_{16},$$

则

$$e_9^2 = -1,$$
$$e_9 e_i + e_i e_9 = 0, \quad i = 2, 3, \cdots, 8, 10, 11, \cdots, 16.$$

记 $\mathfrak{C}'$ 中一切形如

$$\sum_{i=2}^{16} a_i e_i + \sum_{2 \leqslant i < k \leqslant 16} c_{ik} e_i e_k, \quad a_i, c_{ik} \text{ 为复数},$$

的元素为 $\mathfrak{C}'_{12}$, 则 $\mathfrak{C}'_{12}$ 组成 $\mathfrak{C}'_2$ 的一个子代数, 而像定理 12.4 一样可证

$$\sum_{i=2}^{16} a_i e_i + \sum_{2 \leqslant i < k \leqslant 16} c_{ik} e_i e_k \overset{\tau}{\mapsto} 2 \sum_{i=2}^{16} a_i (E_{1i} - E_{i1}) - 2 \sum_{2 \leqslant i < k \leqslant 16} c_{ik} (E_{ik} - E_{ki})$$

是 $\mathfrak{C}'_{12}$ 与 $\mathfrak{o}(16, \mathbb{C})$ 之间的一个同构. 令

$$P = \begin{pmatrix} \dfrac{1}{\sqrt{2}} I_8 & \dfrac{1}{\sqrt{2}} I_8 \\ -\dfrac{i}{\sqrt{2}} I_8 & \dfrac{i}{\sqrt{2}} I_8 \end{pmatrix}.$$

再以 ψ 表示从 D_8 映入 $\mathfrak{o}(16, \mathbb{C})$ 的同构:

$$X \overset{\psi}{\mapsto} P X P^{-1},$$

于是 $\varphi \tau^{-1} \psi$ 就是 D_8 的一个表示. 我们来计算这个表示的权. 元素

$$H_{\lambda_1 \cdots \lambda_8} = \begin{pmatrix} \lambda_1 & & & & & \\ & \ddots & & & & \\ & & \lambda_8 & & & \\ & & & -\lambda_1 & & \\ & & & & \ddots & \\ & & & & & -\lambda_8 \end{pmatrix}$$

在 ψ 之下映到

$$\begin{pmatrix} 0 & \sqrt{-1}\begin{pmatrix}\lambda_1 & & \\ & \ddots & \\ & & \lambda_8\end{pmatrix} \\ -\sqrt{-1}\begin{pmatrix}\lambda_1 & & \\ & \ddots & \\ & & \lambda_8\end{pmatrix} & 0 \end{pmatrix}$$

$$=\sqrt{-1}\sum_{i=1}^{8}\lambda_i(E_{i,8+i}-E_{8+i,i});$$

在 τ^{-1} 之下,

$$\sqrt{-1}\sum_{i=1}^{8}\lambda_i(E_{i,8+i}-E_{8+i,i})\mapsto\frac{\sqrt{-1}}{2}\lambda_1e_9-\frac{\sqrt{-1}}{2}\sum_{i=2}^{8}\lambda_ie_ie_{8+i};$$

在 φ 之下,

$$\frac{\sqrt{-1}}{2}\lambda_1e_9-\frac{\sqrt{-1}}{2}\sum_{i=2}^{8}\lambda_ie_ie_{8+i}\mapsto\frac{\sqrt{-1}}{2}\lambda_1\varphi(e_9)-\frac{\sqrt{-1}}{2}\sum_{i=2}^{8}\lambda_iP_{i-1}Q_{i-1},$$

其中 $P_{i-1}=\varphi(e_i),Q_{i-1}=\varphi(e_{8+i}),i=2,3,\cdots,8$. 我们有

$$\begin{aligned}&\frac{\sqrt{-1}}{2}\lambda_1\varphi(e_9)-\frac{\sqrt{-1}}{2}\sum_{i=2}^{8}\lambda_iP_{i-1}Q_{i-1}\\
=&\frac{\sqrt{-1}}{2}\lambda_1P_1\cdots P_7Q_1\cdots Q_7-\frac{\sqrt{-1}}{2}\sum_{i=2}^{8}\lambda_iI_2\otimes\cdots\otimes \underset{(\text{第 } i-1 \text{ 位置})}{I_2\otimes PQ\otimes I_2}\otimes\cdots\otimes I_2\\
=&-\frac{\sqrt{-1}}{2}\lambda_1\begin{pmatrix}\sqrt{-1}&0\\0&-\sqrt{-1}\end{pmatrix}\otimes\begin{pmatrix}\sqrt{-1}&0\\0&-\sqrt{-1}\end{pmatrix}\otimes\cdots\otimes\begin{pmatrix}\sqrt{-1}&0\\0&-\sqrt{-1}\end{pmatrix}\\
&-\frac{\sqrt{-1}}{2}\sum_{i=2}^{8}\lambda_iI_2\otimes\cdots\otimes I_2\otimes\begin{pmatrix}\sqrt{-1}&0\\0&-\sqrt{-1}\end{pmatrix}\otimes I_2\otimes\cdots\otimes I_2\\
=&-\frac{1}{2}\lambda_1\begin{pmatrix}1&0\\0&-1\end{pmatrix}\otimes\begin{pmatrix}1&0\\0&-1\end{pmatrix}\otimes\cdots\otimes\begin{pmatrix}1&0\\0&-1\end{pmatrix}\\
&+\frac{1}{2}\sum_{i=2}^{8}\lambda_iI_2\otimes\cdots\otimes I_2\otimes\begin{pmatrix}1&0\\0&-1\end{pmatrix}\otimes I_2\otimes\cdots\otimes I_2.\end{aligned}$$

因此 $\varphi\tau^{-1}\psi$ 是 D_8 的以 $\frac{1}{2}(\lambda_1+\lambda_2+\cdots+\lambda_7-\lambda_8)$ 为首权的不可约表示.

由于 $P_1, P_2, \cdots, P_7, Q_1, Q_2, \cdots, Q_7$ 是两两反交换的矩阵, 并适合

$$P_i^2 = Q_i^2 = -I \quad (i=1,2,\cdots,7),$$

和 F_4 的情形相仿, 可以证明有 $2^7 \times 2^7$ 可逆矩阵 T 存在, 使①

$$TP_1T^{-1} = \begin{pmatrix} & I_{64} \\ -I_{64} & \end{pmatrix},$$

$$TP_2T^{-1} = \left(\begin{array}{cc|cc} & I_{32} & & \\ -I_{32} & & & \\ \hline & & & -I_{32} \\ & & I_{32} & \end{array}\right),$$

$$TP_3T^{-1} = \left(\begin{array}{cc|cc|cc|cc} & I_{16} & & & & & & \\ -I_{16} & & & & & & & \\ \cline{1-4} & & & -I_{16} & & & & \\ & & I_{16} & & & & & \\ \hline & & & & & -I_{16} & & \\ & & & & I_{16} & & & \\ \cline{5-8} & & & & & & & I_{16} \\ & & & & & & -I_{16} & \end{array}\right),$$

$$TP_4T^{-1} = \left(\begin{array}{cccc|cccc} & & & I_{16} & & & & \\ & & -I_{16} & & & & & \\ & I_{16} & & & & & & \\ -I_{16} & & & & & & & \\ \hline & & & & & & & -I_{16} \\ & & & & & & I_{16} & \\ & & & & & -I_{16} & & \\ & & & & I_{16} & & & \end{array}\right),$$

①这里列举的 14 个矩阵的具体形状是李根道先生算出的.

$$TP_5T^{-1} = \left(\begin{array}{cc|cc|cc|cc}
 & & & & & & I_{16} & \\
 & & & & & & & -I_{16} \\
\hline
 & & & & -I_{16} & & & \\
 & & & & & I_{16} & & \\
\hline
 & & I_{16} & & & & & \\
 & & & -I_{16} & & & & \\
\hline
-I_{16} & & & & & & & \\
 & I_{16} & & & & & &
\end{array}\right),$$

$$TP_6T^{-1} = \left(\begin{array}{cc|cc|cc|cc}
 & & & & & I_{16} & & \\
 & & & & -I_{16} & & & \\
\hline
 & & & & & & & I_{16} \\
 & & & & & & -I_{16} & \\
\hline
 & I_{16} & & & & & & \\
-I_{16} & & & & & & & \\
\hline
 & & & I_{16} & & & & \\
 & & -I_{16} & & & & &
\end{array}\right),$$

$$TP_7T^{-1} = \left(\begin{array}{cc|cc|cc|cc}
 & & & & & & E_8 & \\
 & & & & & & & -E_8 \\
\hline
 & & & & -E_8 & & & \\
 & & & & & E_8 & & \\
\hline
 & & E_8 & & & & & \\
 & & & -E_8 & & & & \\
\hline
-E_8 & & & & & & & \\
 & E_8 & & & & & &
\end{array}\right),$$

$$TQ_iT^{-1} = \left(\begin{array}{cc|cc|cc|cc}
 & & & & & & E_i & \\
 & & & & & & & -E_i \\
\hline
 & & & & -E_i & & & \\
 & & & & & E_i & & \\
\hline
 & & E_i & & & & & \\
 & & & -E_i & & & & \\
\hline
-E_i & & & & & & & \\
 & E_i & & & & & &
\end{array}\right)$$

$(i = 1, 2, 3, 4, 5, 6, 7)$,

其中 $E_i^2 = I$ 而 $E_iE_j = -E_jE_i$. 因而可取 207–210 页上的八个矩阵作为这里的 $E_1, E_2, \cdots, E_8$. 这样, TP_iT^{-1} 和 $TQ_iT^{-1}(i = 1, 2, \cdots, 7)$ 都是实正交矩阵. 如令

$$X \overset{\rho_0}{\longmapsto} TXT^{-1}, \quad X \in M_{2^7}(\mathbb{C}),$$

则 $\rho = \rho_0\varphi$ 仍是将 $\mathfrak{C}'$ 映成 $M_{128}(\mathbb{C})$ 的一个同构对应, 而这时 $\rho(e_i)(2 \leqslant i \leqslant 16)$ 都是实正交矩阵. 仿前可证 $\rho(e_ie_k)(2 \leqslant i < k \leqslant 16)$ 也都是实正交矩阵. 将 e_i, e_ie_k 排一次序, 记作 $X_j(j = 1, 2, \cdots, 120)$, 记 $\rho(X_j) = D_j$, 则 D_j 皆实正交斜对称矩阵. 像 F_4 的情形一样, 经计算得

$$\begin{aligned} \operatorname{Tr} D_j^2 &= -2^7, \\ \operatorname{Tr} D_jD_k &= 0, \\ \operatorname{Tr}\sum_{j,k}(D_jD_k)^2 &= \frac{1}{2}\cdot 120\cdot(2^7)^2. \end{aligned}$$

这样 $\mathfrak{C}'_{12} \approx \mathfrak{o}(16, \mathbb{C})$ 的表示 ρ 就符合定理 12.5 的条件. 于是根据定理 12.5 可得一单代数 $\mathfrak{g}_1$. 显然 $\mathfrak{o}(16, \mathbb{C})$ 的 Cartan 子代数即是 $\mathfrak{g}_1$ 的 Cartan 子代数, 这证明了 $\mathfrak{g}_1$ 的秩为 8. 但 $\dim\mathfrak{g}_1 = 120 + 2^7 = 248$, 而 $\dim A_8 = 9^2 - 1 = 80$, $\dim B_8 = \dim C_8 = 136$, $\dim D_8 = 120$, 所以 $\mathfrak{g}_1$ 不与秩为 8 的典型李代数同构. 因此 $\mathfrak{g}_1$ 是以 $\Pi(E_8)$ 为基础根系的单李代数, 这证明了 E_8 是存在的. 易见 D_8 的根系与 ρ 的权系合在一起即为 E_8 的根系, 因此 E_8 的根系是

$$\begin{aligned} &\pm\lambda_i \pm \lambda_k \quad (i \neq k,\ i, k = 1, 2, \cdots, 8), \\ &\frac{1}{2}(\pm\lambda_1 \pm \lambda_2 \pm \cdots \pm \lambda_8) \quad (\text{其中仅出现奇数个负号}). \end{aligned}$$

第十三章 Poincaré-Birkhoff-Witt 定理及其对半单李代数的表示论的应用

§1 李代数的通用包络代数

设 $\mathfrak{g}$ 是复数域上的一个李代数而 A 是复数域上的一个具单位元素的结合代数. 设 f 是从 $\mathfrak{g}$ 映入 A 的一个表示. 我们说 A 是 $\mathfrak{g}$ 的一个包络代数 (相对于表示 f), 如果一切 $f(X), X \in \mathfrak{g}$, 及 1 生成 A, 即 A 中包有 1 和一切 $f(X), X \in \mathfrak{g}$ 的最小子代数就是 A. 自然, 如 $X_1, X_2, \cdots, X_r$ 是 $\mathfrak{g}$ 的一组基, 则 A 是 $\mathfrak{g}$ 的一个包络代数, 当且仅当 $f(X_1), f(X_2), \cdots, f(X_r)$ 及 1 生成 A.

$\mathfrak{g}$ 的一个包络代数 U (相对于表示 ρ) 称为一个通用包络代数 (相对于表示 ρ), 如果对于 $\mathfrak{g}$ 的任一包络代数 A (相对于表示 f), 总有一个从 U 映到 A 之上的同态 $\tilde{f}$ 存在, 使

$$\tilde{f} \circ \rho = f,$$

$$\tilde{f}(1) = 1.$$

$$\begin{array}{ccc} \mathfrak{g} & \xrightarrow{\rho} & U \\ & {\scriptstyle f}\searrow \quad \swarrow{\scriptstyle \tilde{f}} & \\ & A & \end{array}$$

后一等式左端的 1 是指 U 的单位元素, 而右端的 1 是指 A 的单位元素. 由于后一条件成立, 故 $\tilde{f}$ 为么同态.

定理 13.1 设 $\mathfrak{g}$ 是个李代数, 则 $\mathfrak{g}$ 恒有一个通用包络代数存在, 而且 $\mathfrak{g}$ 的任意两个通用包络代数 U 和 U' (分别相对于表示 ρ 和 ρ') 是同构的. 可建立 U

和 U' 间的一个同构使

$$\rho(X)\to\rho'(X)\quad 对一切\ X\in\mathfrak{g}.$$

证 先证唯一性. 将 U 看作 $\mathfrak{g}$ 的通用包络代数 (相对于 ρ), 而将 U' 看作一个包络代数 (相对于 ρ'), 则有从 U 映上 U' 的同态 $\tilde{\rho}'$ 存在, 使

$$\tilde{\rho}'\circ\rho=\rho',\qquad \tilde{\rho}'(1)=1.$$

$$\begin{array}{ccc}\mathfrak{g} & \xrightarrow{\rho} & U\\ & {\scriptstyle\rho'}\searrow\ \swarrow{\scriptstyle\tilde{\rho}'} & \\ & U' & \end{array}$$

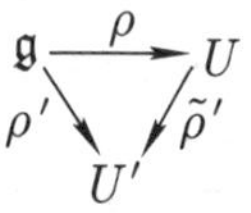

又将 U' 看作 $\mathfrak{g}$ 的通用包络代数 (相对于 ρ') 而将 U 看作一个包络代数 (相对于 ρ), 则有从 U' 映上 U 的同态 $\tilde{\rho}$ 存在, 使

$$\tilde{\rho}\circ\rho'=\rho,\qquad \tilde{\rho}(1)=1.$$

$$\begin{array}{ccc}\mathfrak{g} & \xrightarrow{\rho'} & U'\\ & {\scriptstyle\rho}\searrow\ \swarrow{\scriptstyle\tilde{\rho}} & \\ & U & \end{array}$$

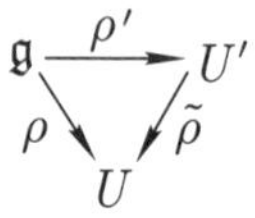

设 $X_1,\cdots,X_r$ 是 $\mathfrak{g}$ 的一组基, 于是

$$\tilde{\rho}\circ\tilde{\rho}'(\rho(X_i))=\tilde{\rho}\circ\tilde{\rho}'\circ\rho(X_i)=\tilde{\rho}\circ\rho'(X_i)=\rho(X_i),\quad \tilde{\rho}\circ\tilde{\rho}'(1)=1.$$

因 U 由 1 及 $\rho(X_1),\cdots,\rho(X_r)$ 所生成, 这证明 $\tilde{\rho}\circ\tilde{\rho}'$ 是 U 上的恒同映射. 同样可证 $\tilde{\rho}'\circ\tilde{\rho}$ 是 U' 上的恒同映射. 因此 $\tilde{\rho}'$ 将 U 同构地映到 U' 之上, 而

$$\tilde{\rho}'(\rho(X))=\rho'(X),\quad X\in\mathfrak{g}.$$

再证存在性. 选 $\mathfrak{g}$ 的一组基 $X_1,\cdots,X_r$. 造 $\mathfrak{g}$ 的张量代数 T. T 中形如

$$X_i\otimes X_j-X_j\otimes X_i-[X_i,X_j]\quad 1\leqslant i,\ j\leqslant r$$

的元素在 T 中生成一个理想, 记作 J. 从 $\mathfrak{g}$ 映入 T 的恒同映射

$$\sum a_iX_i\to\sum a_iX_i$$

导出从 $\mathfrak{g}$ 映入商代数 T/J 的一个映射 ρ:

$$\sum a_iX_i\xrightarrow{\rho}\sum a_iX_i+J.$$

我们来证明代数 T/J (相对于映射 ρ) 是 $\mathfrak{g}$ 的一个通用包络代数. 易见, ρ 是将 $\mathfrak{g}$ 映入 T/J 的一个表示. 由于 $1,X_1,X_2,\cdots,X_r$ 是 T 的一组生成元, 故 $1,\rho(X_1),\cdots,\rho(X_r)$ 是 T/J 的一组生成元. 这证明 T/J (相对于表示 ρ) 是 $\mathfrak{g}$ 的一个包络代数.

再设 A 是 $\mathfrak{g}$ 的任一包络代数 (相对于将 $\mathfrak{g}$ 映入 A 的表示 f). 先将 f 扩充成从 T 映入 A 的一个么同态映射 f^0:

$$f^0(X_{i_1}\otimes X_{i_2}\otimes\cdots\otimes X_{i_k})=f(X_{i_1})f(X_{i_2})\cdots f(X_{i_k}),\quad f^0(1)=1.$$

因 f 为一表示, 故

$$\begin{aligned}&f^0(X_i\otimes X_j-X_j\otimes X_i-[X_i,X_j])\\=&f(X_i)f(X_j)-f(X_j)f(X_i)-f([X_i,X_j])=0.\end{aligned}$$

因此 f^0 将 J 映到 0. 这样, f^0 就导出从 T/J 映入 A 的一个同态 $\tilde{f}$:

$$\tilde{f}(X_{i_1}\otimes X_{i_2}\otimes\cdots\otimes X_{i_k}+J)=f(X_{i_1})\cdots f(X_{i_k}).$$

自然有

$$\tilde{f}\circ\rho=f,\quad \tilde{f}(1)=1.$$

又因 $f(X_1),\cdots,f(X_r)$ 和 1 生成 A, 故 $\tilde{f}$ 是映上的. 这就证明了 T/J 是 $\mathfrak{g}$ 的一个通用包络代数. □

基于定理 13.1, 我们通常把李代数的通用包络代数认为是唯一的.

§2 Poincaré-Birkhoff-Witt 定理

设 $\mathfrak{g}$ 是一李代数, $U=T/J$ 是 $\mathfrak{g}$ 的一个通用包络代数 (相对于表示 ρ). 设 $X\in\mathfrak{g}$, 记 $\rho(X)=\underline{X}$. 再设 $X_1,X_2,\cdots,X_r$ 是 $\mathfrak{g}$ 的一组基, 于是有

定理 13.2 (Poincaré-Birkhoff-Witt①) *元素*

$$\underline{X}_{i_1}\underline{X}_{i_2}\cdots\underline{X}_{i_p},1\leqslant i_1\leqslant i_2\leqslant\cdots\leqslant i_p\leqslant r \text{ 而 } p=0,1,2,\tag{13.1}$$

组成 U 的一组基. 当 $p=0$ 时, 约定 $\underline{X}_{i_1},\underline{X}_{i_2},\cdots,\underline{X}_{i_p}=1$.

证 (Iwasawa) 1) 我们先证明形如 (13.1) 的元素线性地生成 U. 我们把 U 中形如 (13.1) 的元素的复系数倍称为 p 次标准单项式, 而它们的线性组合称为标准多项式, 并定义它的次数为单项式中的最高次数. 记 T 的子空间 $\sum\limits_{i\leqslant p}T_i$ 在自然同态 $T\to U=T/J$ 之下的像为 F_p. 因此要证明形如 (13.1) 的元素线性地

①见 H. Poincaré, Quelques remarques sur les groupes finis et continus, Oeuvres complétes, Tom III, Paris, 1954. G. Birkhoff, Representations of Lie algebras and Lie groups by matrices, *Ann. Math.*, **38** (1937), 526–532. E. Witt, Treue Darstellung Liescher Ringe, *Jour. reine angew. Math.*, **177** (1937), 152–160.

生成 U, 只要证明对任一 $p=0,1,2,\cdots$, F_p 由一切 p 次标准多项式组成即可. 我们用归纳法证明这一事实. 显然, F_p 由一切

$$\underline{X}_{i_1}\underline{X}_{i_2}\cdots\underline{X}_{i_k},\quad 1\leqslant i_1,i_2,\cdots,i_k\leqslant r \quad \text{而} \quad k=0,1,2,\cdots,p$$

线性地生成. 因此只需证明下面的引理.

引理 13.3 设 π 是 1,2, $\cdots$, p 的一个置换, 则

$$\underline{X}_{i_1}\underline{X}_{i_2}\cdots\underline{X}_{i_p}-\underline{X}_{i_{\pi(1)}}\underline{X}_{i_{\pi(2)}}\cdots\underline{X}_{i_{\pi(p)}}\in F_{p-1}.$$

证 因任一置换都可表示成对换之积, 所以要证明引理 13.3, 只要对 π 是对换 $(j,j+1)$ 的情形证明即可. 我们有

$$X_{i_j}\otimes X_{i_{j+1}}-X_{i_{j+1}}\otimes X_{i_j}\equiv[X_{i_j},X_{i_{j+1}}]=\sum c^k_{i_ji_{j+1}}X_k \pmod J.$$

于是

$$\underline{X}_{i_j}\underline{X}_{i_{j+1}}-\underline{X}_{i_{j+1}}\underline{X}_{i_j}=\sum_k c^k_{i_ji_{j+1}}\underline{X}_k,$$

由此即推出

$$\begin{aligned}&\underline{X}_{i_1}\cdots\underline{X}_{i_{j-1}}\underline{X}_{i_j}\underline{X}_{i_{j+1}}\underline{X}_{i_{j+2}}\cdots\underline{X}_{i_p}-\underline{X}_{i_1}\cdots\underline{X}_{i_{j-1}}\underline{X}_{i_{j+1}}\underline{X}_{i_j}\underline{X}_{i_{j+2}}\cdots\underline{X}_{i_p}\\=&\sum c^k_{i_ji_{j+1}}\underline{X}_{i_1}\cdots\underline{X}_{i_{j-1}}\underline{X}_k\underline{X}_{i_{j+2}}\cdots\underline{X}_{i_p}\in F_{p-1}.\end{aligned}$$ □

2) 进一步我们证明所有形如 (13.1) 的元素线性无关. 为此引进 $\mathbb{C}$ 上 r 个未定元 $x_1,\cdots,x_r$ 的多项式环 $P=\mathbb{C}[x_1,\cdots,x_r]$, P 可看作 $\mathbb{C}$ 上的一个无限维向量空间. 如 I 表示足码 $i_1,i_2,\cdots,i_p$ 的序列, 记 $x_I=x_{i_1}x_{i_2}\cdots x_{i_p}$, $\underline{X}_I=\underline{X}_{i_1}\underline{X}_{i_2}\cdots\underline{X}_{i_p}$. 我们约定, 当 $I=\varnothing$ 时, $x_\varnothing=1$.

引理 13.4 *存在一个 $\mathfrak{g}$ 的表示 f, 以 P 为表示空间, 并具性质*

$$f(X_i)x_I=x_ix_I.$$

如 $i\leqslant I$ (这意思是说, 对一切 $k\in I, i\leqslant k$).

我们先指出利用引理 13.4 立刻可以完成定理 13.2 的证明.

首先根据通用包络代数的定义, 有 U 的一个表示 $\tilde{f}$ 存在, 具性质

$$\begin{aligned}&\tilde{f}\circ\rho(X)=f(X)\quad \text{对一切 } X\in\mathfrak{g},\\&\tilde{f}(1)=1,\end{aligned}$$

右方的 1 表示 P 上的恒同变换.

现在设 $I=\{i_1,i_2,\cdots,i_p\}$ 是一非降的足码序列, 即 $i_1\leqslant i_2\leqslant\cdots\leqslant i_p$, 那么根据引理 13.4, 对 p 用归纳法, 有

$$\tilde{f}(\underline{X}_I)\cdot 1=x_I,$$

式中 1 表示 P 的单位元. 由此即可导出当 I 遍历足码 $1,2,\cdots,r$ 的一切有限非降序列时, 元素 $\underline{X}_I$ 线性无关, 因为这时元素 x_I 是 P 中线性无关的元素.

3) 剩下来要证明引理 13.4. 在多项式环 P 中, 以 P_p 表示 p 次齐次多项式凑上 0 之后所组成的线性子空间, 并置 $Q_p=\sum\limits_{i\leqslant p}P_i$, 于是引理 13.4 就是下面这个递推的命题的直接推论.

(Γ_p) 对于每个非负整数 p, 都存在一个从向量空间的 Kronecker 积 $\mathfrak{g}\otimes Q_p$ 映入 P 的向量空间的同态 ψ, 且具有以下性质:

$$\psi(X_i\otimes x_I)=x_ix_I,\quad i\leqslant I,\quad x_I\in Q_p, \tag{13.2}$$

$$\psi(X_i\otimes x_I)\in Q_{q+1},\quad x_I\in Q_q,\quad q<p, \tag{13.3}$$

$$\psi(X_i\otimes\psi(X_j\otimes x_J))=\psi(X_j\otimes\psi(X_i\otimes x_J))+\psi([X_i,X_j]\otimes x_J),\\ x_J\in Q_{p-1}, \tag{13.4}$$

$$\psi(X_i\otimes x_I)-x_ix_I\in Q_q,\quad x_I\in Q_q,\quad q\leqslant p, \tag{13.5}$$

其中 I,J 为足码 $1,2,\cdots,r$ 的任一符合 (13.2)—(13.5) 中要求的序列.

如对 $p=0,1,2,\cdots,(\Gamma_p)$ 都成立, 那么对 $X=\sum\limits_i c_iX_i\in\mathfrak{g}(c_i\in\mathbb{C})$ 及 P 中任一多项式 $\sum a_Ix_I(a_I\in\mathbb{C})$, 令

$$f(X)\sum a_Ix_I=\sum c_ia_I\psi(X_i\otimes x_I).$$

于是根据 (13.4), f 就是 $\mathfrak{g}$ 的一个表示, 表示空间为 P. 再根据 (13.2), f 就具有引理 13.4 所要求的性质.

4) 现在我们来证明 (Γ_p). 首先注意 (13.3) 是 (13.5) 的推论, 但我们写出 (13.3) 是为了清楚地看到 (13.4) 中诸项是有定义的.

当 $p=0$ 时, 由于条件 (13.2) 必须规定 $\psi(X_i\otimes 1)=x_i$, 这时条件 (13.3), (13.4), (13.5) 自然成立.

设 (Γ_{p-1}) 对某个 $p>0$ 成立. 我们要证明适合 (Γ_{p-1}) 的映射 ψ 有唯一的一个拓广 (仍记作 ψ) 适合 (Γ_p), 这时我们必须对长为 p 的足码序列 I 来规定 $\psi(X_i\otimes x_I)$. 因 P 交换, 故当 I 遍历长为 p 的递增足码序列时, x_I 就线性地生成

P_p. 于是只要考察长为 p 的递增足码序列 I 即可. 当 $i \leqslant I$ 时, 由条件 (13.2) 知, 必须规定 $\psi(X_i \otimes x_I) = x_i x_I$. 如果 $i \leqslant I$ 不成立, 那么记序列 I 中第一个足码为 j (当然它可能不只出现在 I 中一次). 将 I 中除去一个 j 之后所得足码序列记作 J, 则 $i > j, j \leqslant J$. 于是 $x_I = x_j x_J = \psi(X_j \otimes x_J)$, 这时条件 (13.4) 的左方是 $\psi(X_i \otimes x_I)$. 为了利用 (13.4) 来规定 $\psi(X_i \otimes x_I)$, 需要 (13.4) 式右方的两项均定义. 如此, 利用 (13.5), 写

$$\psi(X_i \otimes x_J) = x_i x_J + w, \quad w \in Q_{p-1},$$

于是 (13.4) 式右方成为

$$x_j x_i x_J + \psi(X_j \otimes w) + \psi([X_i, X_j] \otimes x_J),$$

其中每一项都是有定义的. 这样就在所有情形都定义了 ψ, 而 (13.2), (13.3), (13.5) 显然成立. 至于 (13.4), 我们只知道它当 $i > j, j \leqslant J$ 时成立. 由于 $[X_i, X_j]$ 的反对称性, 所以 (13.4) 当 $i > j, j \leqslant J$ 时也成立. 又, 当 $i = j$ 时, (13.4) 显然成立. 因此, 我们已知当 $i \leqslant J$ 或 $j \leqslant J$ 时 (13.4) 都成立. 以下我们证明 (13.4) 在其余情形也成立.

设 $i \leqslant J$ 和 $j \leqslant J$ 都不成立. 这时 J 一定有正的长度, 而且如以 k 表示 J 中第一个足码, 以 L 表示 J 中除去 k 后所得足码序列, 则 $k \leqslant L, k < i, k < j$. 那么根据归纳假设, 有

$$\begin{aligned}\psi(X_j \otimes x_J) &= \psi(X_j \otimes \psi(X_k \otimes x_L)) \\ &= \psi(X_k \otimes \psi(X_j \otimes x_L)) + \psi([X_j, X_k] \otimes x_L) \\ &= \psi(X_k \otimes x_j x_L) + \psi(X_k \otimes w) + \psi([X_j, X_k] \otimes x_L),\end{aligned}$$

其中 $w = \psi(X_j \otimes x_L) - x_j x_L \in Q_{p-2}$. 将上式与 X_i 作张量积, 然后再作用以 ψ 就有

$$\begin{aligned}\psi(X_i \otimes \psi(X_j \otimes x_J)) &= \psi(X_i \otimes \psi(X_k \otimes x_j x_L)) \\ &\quad + \psi(X_i \otimes \psi(X_k \otimes w)) + \psi(X_i \otimes \psi([X_j, X_k] \otimes x_L)).\end{aligned}$$

因 $k \leqslant j, L$, 故 (13.4) 可应用到上式右方第一项上; 再根据归纳法假设, 将 (13.4) 式用到上式右方后两项上, 得

$$\begin{aligned}&\psi(X_i \otimes \psi(X_j \otimes x_J)) \\ &= \psi(X_k \otimes \psi(X_i \otimes \psi(X_j \otimes x_L))) + \psi([X_i, X_k] \otimes \psi(X_j \otimes x_L)) \\ &\quad + \psi([X_j, X_k] \otimes \psi(X_i \otimes x_L)) + \psi([X_i, [X_j, X_k]] \otimes x_L).\end{aligned} \tag{13.6}$$

由于我们的假设对 i, j 对称, 故也有

$$\begin{aligned}
&\psi(X_j \otimes \psi(X_i \otimes x_J)) \\
=&\psi(X_k \otimes \psi(X_j \otimes \psi(X_i \otimes x_L))) + \psi([X_j, X_k] \otimes \psi(X_i \otimes x_L)) \\
&+\psi([X_i, X_k] \otimes \psi(X_j \otimes x_L)) + \psi([X_j, [X_i, X_k]] \otimes x_L)
\end{aligned} \tag{13.7}$$

从 (13.6) 式减去 (13.7) 式得

$$\begin{aligned}
&\psi(X_i \otimes \psi(X_j \otimes x_J)) - \psi(X_j \otimes \psi(X_i \otimes x_J)) \\
=&\psi(X_k \otimes \{\psi(X_i \otimes \psi(X_j \otimes x_L)) - \psi(X_j \otimes \psi(X_i \otimes x_L))\}) \\
&+\psi([X_i, [X_j, X_k]] \otimes x_L) - \psi([X_j, [X_i, X_k]] \otimes x_L).
\end{aligned} \tag{13.8}$$

再利用 (13.4)

$$\begin{aligned}
&\psi(X_k \otimes \{\psi(X_i \otimes \psi(X_j \otimes x_L)) - \psi(X_j \otimes \psi(X_i \otimes x_L))\}) \\
=&\psi(X_k \otimes \psi([X_i, X_j] \otimes x_L)) \\
=&\psi([X_i, X_j] \otimes \psi(X_k \otimes x_L)) + \psi([X_k, [X_i, X_j]] \otimes x_L).
\end{aligned}$$

将此式代入 (13.8), 利用 Jacobi 恒等式得

$$\psi(X_i \otimes \psi(X_j \otimes x_J)) - \psi(X_j \otimes \psi(X_i \otimes x_J)) = \psi([X_i, X_j] \otimes x_J).$$

这就是所要证明的.

这就完全证明了定理 13.2. □

由定理 13.2 推出

推论 13.5 设 $\mathfrak{g}$ 为李代数, U 是它的一个通用包络代数 (相对于映射 ρ), 则 ρ 将 $\mathfrak{g}$ 一一地映入 U.

于是, 以后为符号简单起见, 对一切 $X \in \mathfrak{g}$ 我们记 $\rho(X) = X$, 并记 $\rho = i$, 称 i 将 $\mathfrak{g}$ 嵌入 U.

§3 对半单李代数的表示的应用

设 $\mathfrak{g}$ 为复半单李代数, $\mathfrak{h}$ 是 $\mathfrak{g}$ 的一个 Cartan 子代数, Σ 为 $\mathfrak{h}$ 的根系, 而 $\{\alpha_1, \cdots, \alpha_n\}$ 为一组基础根系. 利用这组基础根系, 在 $\mathfrak{h}$ 中引进一个偏序, 以 Σ_+ 表示相对于这个偏序的正根的全体.

我们有 $\mathfrak{g}$ 的 Cartan 分解:

$$\mathfrak{g} = \mathfrak{h} \dot{+} \dot{\sum_{\alpha \in \Sigma}} \mathfrak{g}^\alpha.$$

令

$$\mathfrak{g}_+ = \dot{\sum_{\alpha \succ 0}} \mathfrak{g}^{\alpha}, \quad \mathfrak{g}_- = \dot{\sum_{\alpha \prec 0}} \mathfrak{g}^{\alpha}, \quad \mathfrak{g}_0 = \mathfrak{h} \dot{+} \mathfrak{g}_+,$$

则 $\mathfrak{g}_+$ 和 $\mathfrak{g}_-$ 都是 $\mathfrak{g}$ 的幂零子代数, $\mathfrak{g}_0$ 是 $\mathfrak{g}$ 的可解子代数, 而

$$[\mathfrak{g}_0, \mathfrak{g}_0] = [\mathfrak{h}, \mathfrak{g}_0] = \mathfrak{g}_+.$$

我们还有

$$\mathfrak{g} = \mathfrak{h} \dot{+} \mathfrak{g}_+ \dot{+} \mathfrak{g}_- = \mathfrak{g}_- \dot{+} \mathfrak{g}_0.$$

易见, $\mathfrak{g}_+$ 由 $\mathfrak{g}^{\alpha_i}(i = 1, 2, \cdots, n)$ 所生成, 而 $\mathfrak{g}_-$ 由 $\mathfrak{g}^{-\alpha_i}(i = 1, 2, \cdots, n)$ 所生成.

对每个 $\alpha \in \Sigma$, 我们有 $H_\alpha \in \mathfrak{h}$ 使

$$(H, H_\alpha) = \alpha(H) \quad \text{对一切 } H \in \mathfrak{h}.$$

置

$$H_i = \frac{2H_{\alpha_i}}{(\alpha_i, \alpha_i)}, \quad i = 1, 2, \cdots, n,$$

则

$$\alpha_i(H_i) = 2.$$

令

$$\alpha_i(H_j) = \frac{2(H_{\alpha_i}, H_{\alpha_j})}{(\alpha_j, \alpha_j)} = -a_{ji}, \quad i, j = 1, 2, \cdots, n,$$

则 α_{ji} 为整数 (实际上, $a_{ji} = q - p$, 而 q, p 为最大非负整数使 $\alpha_i - p\alpha_j, \alpha_i - (p-1)\alpha_j, \cdots, \alpha_i - \alpha_j, \alpha_i, \alpha_i + \alpha_j, \cdots, \alpha_i + q\alpha_j$ 都是根而 $\alpha_i - (p+1)\alpha_j$ 与 $\alpha_i + (q+1)\alpha_j$ 都不是根). 自然有

$$a_{ji} = -2.$$

$\{a_{ij}\}$ $(i, j = 1, 2, \cdots, n)$ 称为 Cartan 整数组. 易见, 两组基础根系 (分属不同的半单代数) 如有相同的 Cartan 整数组, 则它们一定合同, 而且反之亦然. 于是有

定理 13.6 两个复半单代数同构当且仅当它们有相同的 Cartan 整数组.

可以选取 $X_i \in \mathfrak{g}^{\alpha_i}, Y_i \in \mathfrak{g}^{-\alpha_i}$ 使

$$[X_i, Y_i] = H_i,$$

于是 $H_1,\cdots,H_n,X_1,\cdots,X_n,Y_1,\cdots,Y_n$ 是 $\mathfrak{g}$ 的一组生成元, 称标准生成元. 它们适合以下关系:

$$\begin{aligned}&[H_i,H_j]=0,\\&[H_i,X_j]=-a_{ij}X_j,\\&[H_i,Y_j]=a_{ij}Y_j,\\&[X_i,Y_i]=H_i,\\&[X_i,Y_j]=0,\quad \text{如 } i\neq j.\end{aligned}$$

当然, 它们还可能适合一些其他关系.

设 ω 是 $\mathfrak{g}$ 的某一不可约表示的权, 则

$$\omega(H_i)=\frac{2\omega(H_{\alpha_i})}{(\alpha_i,\alpha_i)}\quad (i=1,2,\cdots,n)$$

是整数. 如 ω_0 是首权, 则 $\omega(H_i)$ 是 $\geqslant 0$ 的整数. 反之, 设 $\omega_0\in\mathfrak{h}_0^*$, 如 $\omega_0(H_i)$ 是 $\geqslant 0$ 的整数, 则称 ω_0 为支配整线性函数. 今将证明

定理 13.7 对于复半单李代数 $\mathfrak{g}$ 的任一支配整线性函数 ω_0, 皆有 $\mathfrak{g}$ 的一个不可约表示存在, 它以 ω_0 为首权.

证 (Harish-Chandra①). 证明分以下几步进行.

1) 我们有

$$\mathfrak{g}=\mathfrak{g}_-\dot{+}\mathfrak{g}_0.$$

以 U,U_- 和 U_0 分别表示 $\mathfrak{g},\mathfrak{g}_-$ 和 $\mathfrak{g}_0$ 的通用包络代数. 对每个 $\alpha\in\Sigma_+$, 选 $X_\alpha\in\mathfrak{g}^\alpha, X_{-\alpha}\in\mathfrak{g}^{-\alpha}$ (当 $\alpha=\alpha_i$ 时, 取 $X_\alpha=X_i, X_{-\alpha}=Y_i$). 于是 $X_\alpha,X_{-\alpha}(\alpha\in\Sigma)$ 及 $H_1,\cdots,H_n$ 就组成 $\mathfrak{g}$ 的一组基. 将这组基排一次序, 先任意排 $X_{-\alpha}(\alpha\in\Sigma_+)$, 再排 $H_1,H_2,\cdots,H_n$, 最后任意排 $X_\alpha(\alpha\in\Sigma_+)$. 于是, U 就是它们的标准多项式的全体, U_- 是 $X_{-\alpha}(\alpha\in\Sigma_+)$ 的标准多项式的全体, 而 U_0 是 $H_1,\cdots,H_n,X_\alpha(\alpha\in\Sigma_+)$ 的标准多项式的全体. 根据 Poincaré-Birkhoff-Witt 定理, 我们推出 U 作为向量空间与 U_- 和 U_0 的 Kronecker 积同构. 因此, 不妨将 U 与 $U_-\otimes U_0$ 视为同一, 记 $U=U_-\otimes U_0$.

2) 以 I_{ω_0} 记由 $\mathfrak{g}_+$ 和 $H-\omega_0(H)(H\in\mathfrak{h})$ 在 U 中所生成的左理想. 我们证明 $I_{\omega_0}\neq U$, 即 $U/I_{\omega_0}\neq(0)$.

① Harish-Chandra, Some applications of the universal enveloping algebra of a semi-simple Lie algebra. *Trans. Amer. Math. Soc.*, **70** (1951), 28–99.

实际上, 以 I'_{ω_0} 记 $\mathfrak{g}_+$ 和 $H-\omega_0(H)(H\in\mathfrak{h})$ 在 U_0 中所生成的左理想. 定义 $\mathfrak{g}_0$ 的一个一维表示 θ:

$$\begin{aligned}&\theta(H)=\omega_0(H),\ \ H\in\mathfrak{h},\\&\theta(X)=0,\qquad\quad X\in\mathfrak{g}_+.\end{aligned}$$

θ 可看作将 $\mathfrak{g}_0$ 映入复数域 $\mathbb{C}$ (作为 $\mathbb{C}$ 上一维结合代数) 的一个表示. 因 U_0 是 $\mathfrak{g}_0$ 的通用包络代数 (相对于嵌入映射 i), 故有从 U_0 映入 $\mathbb{C}$ 的同态 $\tilde{\theta}$ 存在使

$$\begin{aligned}&\tilde{\theta}\circ i=\theta,\\&\tilde{\theta}(1)=1.\end{aligned}$$

我们可将 $\mathfrak{g}_0$ 看作 U_0 的一个子空间, 这样 $i(X)=X$ 对 $X\in\mathfrak{g}$. 于是

$$\tilde{\theta}(X)=\theta(X)\quad 对\quad X\in\mathfrak{g}_0.$$

因此, 我们可以说 θ 扩充成了 U_0 映入 $\mathbb{C}$ 的一个表示 $\tilde{\theta}$, 而为了符号简单起见, 仍将 $\tilde{\theta}$ 记作 θ. 那么, θ 作为 U_0 的表示, 它的核包有 I'_{ω_0}. 因 θ 非零, 故 $I'_{\omega_0}\neq U_0$. 根据定理 13.2, 作为向量空间, $U=U_-\otimes U_0$, 故作为向量空间 $I_{\omega_0}=U_-\otimes I'_{\omega_0}$. 因 $I'_{\omega_0}\neq U_0$, 故 $I_{\omega_0}\neq U$.

3) 我们证明, U 有唯一的一个包有 I_{ω_0} 的极大左理想.

实际上, 将 U 看作一向量空间, 而将它的左理想 I_{ω_0} 看作它的子空间, 于是可造 U 对于 I_{ω_0} 的商空间 V, 即 $V=U/I_{\omega_0}$. 对 $\xi\in U$, $\eta+I_{\omega_0}\in V$, 定义

$$\rho(\xi)(\eta+I_{\omega_0})=\xi\eta+I_{\omega_0},$$

因 I_{ω_0} 是 U 的左理想, 易证

$$\xi\to\rho(\xi)$$

就是 U 的一个表示 (可能是无限维的), 而 ρ 在 $\mathfrak{g}$ 上的限制就是 $\mathfrak{g}$ 的一个表示 (仍记作 ρ).

$v=1+I_{\omega_0}\in V$ 是 ρ 的一个权向量, 权为 ω_0:

$$\rho(H)v=H+I_{\omega_0}=\omega_0(H)+I_{\omega_0}=\omega_0(H)v,$$

而 V 中向量

$$\rho(Y_{i_1})\rho(Y_{i_2})\cdots\rho(Y_{i_m})v$$

也是 V 中权向量, 相应于权

$$\omega_0-\alpha_{i_1}-\alpha_{i_2}-\cdots-\alpha_{i_m}.$$

自然, 所有这些权向量线性地生成 V, 而 $V=\sum_{\omega}{}' V_\omega, V_\omega$ 是相应于权 ω 的权子空间. 显然 V_{ω_0} 是一维的.

设 W 是 V 的一个不变子空间, 我们先来证明 $W=\sum_{\omega}{}'(W\cap V_\omega)$. 显然有 $\sum_{\omega}{}'(W\cap V_\omega)\subseteq W$. 设 $u\in W$, 在直和分解 $V=\sum{}' V_\omega$ 中, 设 $u=\sum_{\omega} u_\omega, u_\omega\in V_\omega$. 在商空间 V/W 中, 有

$$\sum_{\omega} u_\omega\equiv 0 \pmod W.$$

商空间 V/W 自然可看成 $\mathfrak{g}$ 的一个表示空间. 因 V 由权向量生成, 所以 V/W 亦然, 即 $V/W=\sum_{\omega}{}'(V/W)_\omega$, 而 $(V/W)_\omega$ 是相应于权 ω 的权子空间. 因此, 从 $\sum_{\omega} u_\omega\equiv 0(\operatorname{mod} W)$ 推出 $u_\omega\equiv 0(\operatorname{mod} W)$, 即 $u_\omega\in W$. 这证明了我们的断言.

因 V_{ω_0} 是一维的, 故 $W\cap V_{\omega_0}=0$ 或 $W\cap V_{\omega_0}=V_{\omega_0}$. 如 $W\cap V_{\omega_0}=V_{\omega_0}$, 则 $v\in W$, 于是从 W 的不变性推出 $W=V$. 如 $W\cap V_{\omega_0}=(0)$, 则从 $W=\sum_{\omega}{}'(W\cap V_\omega)$ 推出 $W\subseteq V^+=\sum_{\omega\prec\omega_0}{}' V_\omega$. 因此 V^+ 所包含的 ρ 的不变子空间之并即是 V 的唯一的一个极大不变子空间. 在同态

$$U\mapsto U/I_{\omega_0}=V$$

之下, 此极大不变子空间的完全反像即是 U 中唯一的一个包有 I_{ω_0} 的极大左理想. 这样我们就证明 U 有唯一的一个包有 I_{ω_0} 的极大左理想.

4) 记 I 是 U 中包有 I_{ω_0} 的唯一的极大左理想. 于是向量空间 U 对于子空间 I 的商空间 U/I 同样看作 $\mathfrak{g}$ (以及 U) 的一个表示空间: 对 $\xi\in U$, $\eta+I\in U/I$, 令

$$\rho(\xi)(\eta+I)=\xi\eta+I.$$

由 I 的极大性推出, 表示空间 U/I 是不可约的, 因而给出 $\mathfrak{g}$ 的一个不可约表示 ρ. 像 3) 中对于 U/I_{ω_0} 的讨论一样, 可证 ρ 的权皆有形状

$$\omega_0-\alpha_{i_1}-\alpha_{i_2}-\cdots-\alpha_{i_m},$$

U/I 由权向量生成, 而 ω_0 是单权, $v=1+I$ 是相应于 ω_0 的权向量. 因此要证明定理 13.7, 只需证 U/I 是有限维空间即可.

以下, 记 $V=U/I$. 仍然有 $V=\sum{}' V_\omega, V_\omega$ 是相应于权 ω 的权子空间, $\dim V_{\omega_0}=1$. 易见 V_ω 是有限维的. 问题是要证 ρ 只有有限个权.

5) 以 $\mathfrak{g}_i$ 记由 X_i, Y_i, H_i 所生成的三维单代数, 以 T_i 记由

$$v_k = \rho(Y_i)^k v, \quad k = 0, 1, 2, \cdots$$

所生成的 V 的子空间, 则 T_i 在 $\rho(\mathfrak{g}_i)$ 之下不变. 更进一步, 我们证明: T_i 在 $\rho(\mathfrak{g}_i)$ 的作用下, 是有限维的不可约不变子空间.

实际上, 注意, v_k 是 V 中权为 $\omega_0 - k\alpha_i$ 的权向量 $(k = 0, 1, 2, \cdots)$ 而 $\alpha_i(H_i) = 2$, 因此 (相对于 $\mathfrak{g}_i$ 的表示 $\rho(\mathfrak{g}_i)$ 而言), v_k 是 T_i 中权为 $\omega_0(H_i) - 2k$ 的权向量. 记 $\omega_k = \omega_0(H_i) - 2k$, 则 $T_i = \sum_k{}^{'} V_{\omega_k}$, V_{ω_k} 是权 ω_k 的权子空间, 而 $\dim V_{\omega_k} = 1$.

设 U_i 是 T_i 的一个相对于 $\rho(\mathfrak{g}_i)$ 不变的子空间. 重复 3) 中对 W 所作的讨论, 可证 $U_i = \sum_k{}^{'} U_i \cap V_{\omega_k}$. 再设 $U_i \neq T_i$, 则 $U_i \subseteq T_i^+ = \sum_{k \geqslant 1}{}^{'} V_{\omega_k}$. 我们要证明 $U_i = 0$.

如 $j \neq i$, 则 $[X_j, Y_i] = 0$. 于是

$$\rho(X_j) v_k = \rho(X_j) \rho(Y_i)^k v = \rho(Y_i)^k \rho(X_j) v = 0,$$

因此 $\rho(X_j)(j \neq i)$ 将 T_i 化为零, 特别 $\rho(X_j)(j \neq i)$ 将 U_i 化为零. 又因 U_i 在 $\rho(\mathfrak{g}_i)$ 之下不变, 故 U_i 在 $\rho(\mathfrak{g}_+)$ 之下不变. 另一方面, 从 $U_i = \sum_k{}^{'} U_i \cap V_{\omega_k}$ 推出 U_i 也在 $\rho(\mathfrak{h})$ 之下不变. 因此, U_i 在 $\rho(\mathfrak{g}_0)$ 之下不变, 那么也在 $\rho(U_0)$ 之下不变. 于是

$$\rho(U) U_i = \rho(U_-) \rho(U_0) U_i \subseteq \rho(U_-) U_i \subseteq \rho(U_-) T_i^+ \subseteq \rho(U_-) V^+ \subseteq V^+.$$

因 ρ 是 $\mathfrak{g}$ (以及 U) 的不可约表示, 而 $\rho(U)U_i$ 显然是 ρ 的不变子空间, 故 $\rho(U)U_i = 0$. 于是 $U_i = 0$. 这证明了 T_i 的不可约性.

根据定理 9.6 知道, $\mathfrak{g}_i$ 有一个有限维的不可约表示以 $\omega_0(H_i)$ 为首权. 根据定理 10.6 即可推出 T_i 是有限维的 (那里是对两个有限维表示证明的, 但不难看出证明中并没有用到有限维这一点).

6) 以 $\mathfrak{F}_i$ 记在 $\rho(\mathfrak{g}_i)$ 作用下不变的 V 的有限维子空间的集合. 以 W_i 记 $\mathfrak{F}_i$ 中所有子空间的并. 我们证明: $W_i = V$.

实际上, 只要证明 W_i 是 $\rho(\mathfrak{g})$ 的不变子空间即可. 首先注意, 如 $M, N \in \mathfrak{F}_i$, 则 $M + N \in \mathfrak{F}_i$. 其次, 设 $M \in \mathfrak{F}_i$, 则 $\rho(\mathfrak{g})M$ 是有限维的, 而

$$\rho(\mathfrak{g}_i)\rho(\mathfrak{g})M \subseteq \rho([\mathfrak{g}, \mathfrak{g}_i])M + \rho(\mathfrak{g})\rho(\mathfrak{g}_i)M \subseteq \rho(\mathfrak{g})M,$$

因此 $\rho(\mathfrak{g})M \in \mathfrak{F}_i$. 由此推出 W_i 在 $\rho(\mathfrak{g})$ 之下不变, 因此 $W_i = V$.

7) 我们证明: 如 ω 是 ρ 的一个权, 则 $S\omega$ 亦然, 而 S 是 $\mathfrak{g}$ 的 Weyl 群 W 中任一元素.

设 x 是相对于权 ω 的一个非零权向量, 根据 6), x 包在一个在 $\rho(\mathfrak{g}_i)$ 的作用下不变的 V 的有限维子空间 U 中. 因 V 由权向量张成, 可设 U 也在 $\rho(\mathfrak{h})$ 的作用下不变. 根据引理 10.4 的证明, $\omega-\omega(H_i)\alpha_i=\omega-\dfrac{2(\omega,\alpha_i)}{(\alpha_i,\alpha_i)}\alpha_i$ 也是 ρ 的一个权. 记

$$S_i:\quad \omega\to\omega-\frac{2(\omega,\alpha_i)}{(\alpha_i,\alpha_i)}\alpha_i,$$

于是我们证明了, 如 ω 是 ρ 的权, $S_i\omega$ 也是权. 因 Weyl 群 W 由 $S_i(i=1,2,\cdots,n)$ 生成, 这就证明了对任一 $S\in W$, $S\omega$ 也是 ρ 的权.

8) 我们回忆 ρ 的一个权 ω 称为支配权, 如 $\omega(H_i)$ 是 $\geqslant 0$ 的整数. ρ 的两个权 ω,ω' 称为等价, 如有 $S\in W$ 使 $\omega=S\omega'$. 显然, 这是个等价关系. 在此等价关系之下, ρ 的权分为一些等价类. 在 ρ 的权的任一等价类中, 都有一个最高的权 ω. 因 $\omega\succcurlyeq S_i\omega=\omega-\omega(H_i)\alpha_i$, 故 $\omega(H_i)\geqslant 0$ 对 $i=1,2,\cdots,n$. 这就是说 ω 是一个支配权. 因为 ρ 的权的任一等价类只含有限个权 (这是由于 Weyl 群是有限群), 所以要证 ρ 只有有限个权, 只需证 ρ 只有有限个支配权.

设 ω 是个支配权, ω 必为形状

$$\omega=\omega_0-\beta=\omega_0-\sum m_i\alpha_i,\quad m_i\geqslant 0.$$

那么

$$(\omega_0,\omega_0)=(\omega+\beta,\omega+\beta)=(\omega,\omega)+(\beta,\beta)+2(\omega,\beta).$$

因 ω 是支配权, 即 $\omega(H_i)\geqslant 0$ 对 $i=1,2,\cdots,n$, 于是

$$(\omega,\beta)=\sum m_i(\omega,\alpha_i)=\frac{1}{2}\sum m_i\omega(H_i)(\alpha_i,\alpha_i)\geqslant 0,$$

所以

$$(\omega_0,\omega_0)\geqslant(\omega,\omega).$$

这证明 ω 落在球心在原点、半径为 $\sqrt{(\omega_0,\omega_0)}$ 的球内. 又因 ρ 的权 ω 皆是 $\mathfrak{h}_0^*$ 中的格子点 $\omega_0-\sum m_i\alpha_i$, 这种格子点中只能有有限个落在上述球内. 这证明了 ρ 只有有限个支配权.

这样定理 13.7 就完全证明了. □

第十四章　半单李代数的不可约表示的特征标

§1　不可约表示的权的重数的一个递推公式

设 $\mathfrak{g}$ 是个半单李代数, $\mathfrak{h}$ 是它的一个 Cartan 子代数, Σ 是 $\mathfrak{g}$ 的根系而 $\alpha_1, \alpha_2, \cdots, \alpha_n$ 是 $\mathfrak{g}$ 的一组基础根系. 对于每个根 α, 选取根向量 $E_\alpha \in \mathfrak{g}^\alpha$ 使 $[E_\alpha, E_{-\alpha}] = H_\alpha$.

设 ρ 是 $\mathfrak{g}$ 的一个不可约表示, 表示空间为 V, 首权为 ω_0, 表示空间 V 有直和分解

$$V = \sum_{\omega}{}^{\cdot} V_\omega,$$

V_ω 为权 ω 的权子空间, 由 V 中一切权为 ω 的权向量组成. 记 $\dim V_\omega = m_\omega$, 则 m_ω 称为权 ω 的重数. 当 ω 是 $\mathfrak{h}$ 上的一个线性函数而不是 ρ 的权时, 令 $m_\omega = 0$.

对于一个固定的根 α, 令

$$N(\alpha) = \{v \in V \text{ 使得 } \rho(E_\alpha)v = 0\},$$

则 $N(\alpha)$ 是 V 的一个子空间. 设 $v \in N(\alpha)$ 而 $H \in \mathfrak{h}$, 则

$$\rho(E_\alpha)(\rho(H)v) = \rho(H)\rho(E_\alpha)v - [\rho(H), \rho(E_\alpha)]v = -\alpha(H)\rho(E_\alpha)v = 0.$$

这证明了 $N(\alpha)$ 在 $\rho(\mathfrak{h})$ 的作用下不变. 因此

$$N(\alpha) = \sum_{\omega}{}^{\cdot} N(\alpha)_\omega,$$

而 $N(\alpha)_\omega = N(\alpha) \cap V_\omega$. 设 $u_0 \in N(\alpha)_\omega$ 而 $u_0 \neq 0$. 令

$$u_{-k} = \rho(E_{-\alpha})^k u_0 \quad (k = 0, 1, 2, \cdots).$$

设 p 是最小非负整数使

$$u_{-p} \neq 0 \quad \text{而} \quad u_{-p-1} = \rho(E_{-\alpha}) u_{-p} = 0.$$

引理 14.1 设 $N(\alpha)_\omega \neq 0$, 则

1) p 不依赖于 u_0 在 $N(\alpha)_\omega$ 中的选取, $\dfrac{2(\omega, \alpha)}{(\alpha, \alpha)}$ 是 $\geqslant 0$ 的整数, 而且 $p = \dfrac{2(\omega, \alpha)}{(\alpha, \alpha)}$;

2)

$$\dim \rho(E_{-\alpha})^k N(\alpha)_\omega = \begin{cases} \dim N(\alpha)_\omega, & \text{若} \quad 0 \leqslant k \leqslant \dfrac{2(\omega, \alpha)}{(\alpha, \alpha)}, \\ 0, & \text{若} \quad k > \dfrac{2(\omega, \alpha)}{(\alpha, \alpha)}; \end{cases}$$

3) 当 $0 \leqslant k \leqslant \dfrac{2(\omega, \alpha)}{(\alpha, \alpha)}$ 时,

$$\rho(E_\alpha) u_{-k} = \rho(E_\alpha) \rho(E_{-\alpha}) u_{-k+1} = k \left\{ (\omega, \alpha) - \frac{k-1}{2} (\alpha, \alpha) \right\} u_{-k+1}, \tag{14.1}$$

$$\rho(H_\alpha) u_{-k} = (\omega - k\alpha, \alpha) u_{-k} \quad (k = 0, 1, 2, \cdots, p), \tag{14.2}$$

其中置 $u_1 = 0$; $\rho(E_\alpha)\rho(E_{-\alpha})$ 引起 $\rho(E_{-\alpha})^k N(\alpha)_\omega$ 到它自身之上的一个一一线性映射.

证 根据 $N(\alpha)$ 的定义, $\rho(E_\alpha) u_0 = 0$. 那么根据引理 10.4, 有

$$p = \frac{2(\omega, \alpha)}{(\alpha, \alpha)}$$

因此 p 不依赖于 u_0 在 $N(\alpha)_\omega$ 中的选取, 而 $\dfrac{2(\omega, \alpha)}{(\alpha, \alpha)}$ 是 $\geqslant 0$ 的整数. 这证明了 1).

又当 $0 \leqslant k \leqslant p$ 时, 因 $u_{-k} = \rho(E_{-\alpha})^k u_0 \neq 0$ 对任一 $u_0 \in N(\alpha)_\omega$, 而 $u_0 \neq 0$, 所以

$$u_0 \mapsto u_{-k} = \rho(E_{-\alpha})^k u_0 \quad (0 \leqslant k \leqslant p)$$

是从 $N(\alpha)_\omega$ 到 $\rho(E_{-\alpha})^k N(\alpha)_\omega$ 之上的一一线性映射. 因此

$$\dim \rho(E_{-\alpha})^k N(\alpha)_\omega = \dim N(\alpha)_\omega \quad (0 \leqslant k \leqslant p).$$

显然也有

$$\dim \rho(E_{-\alpha})^k N(\alpha)_\omega = 0 \quad (k > p).$$

因此 2) 也成立.

对 k 作归纳法, 易证 (14.1) 和 (14.2) 成立. 由 (14.1) 式可知, 当 $0 \leqslant k \leqslant p-1$ 时, $\rho(E_\alpha)\rho(E_{-\alpha})$ 引起 $\rho(E_{-\alpha})^k N(\alpha)_\omega$ 到自身之上的一个一一线性映射. 这就证明了 3). □

引理 14.2 设 ω 是 ρ 的权而 $\omega+\alpha$ 不是 ρ 的权. 再设 k 为适合条件 $0 \leqslant k \leqslant \dfrac{(\omega,\alpha)}{(\alpha,\alpha)}$ 的整数, 则

$$V_{\omega-k\alpha} = \sum_{j=0}^{k} \rho(E_{-\alpha})^{k-j} N(\alpha)_{\omega-j\alpha}. \tag{14.3}$$

证 对 k 施行归纳法. 当 $k=0$ 时, 因 $\omega+\alpha$ 不是 ρ 的权, 故 $V_\omega \subset N(\alpha)$. 于是 $V_\omega = N(\alpha)_\omega$, 因此这时引理 14.2 成立.

假设引理 14.2 对于 $k-1$ 成立, 今证它对于 k 也成立. 首先证明 (14.3) 式右方之和为直和. 设 $y_j \in \rho(E_{-\alpha})^{k-j} N(\alpha)_{\omega-j\alpha}$ 而 $\sum\limits_{j=0}^{k} y_j = 0$, 那么 $\sum\limits_{j=0}^{k} \rho(E_\alpha) y_j = 0$. 当 $j<k$ 时, 有 $j \leqslant k-1 < p/2$, 于是 $0 \leqslant k-1-j \leqslant 2\left(\dfrac{p}{2}-j\right)-1 = \dfrac{2(\omega-j\alpha,\alpha)}{(\alpha,\alpha)}-1$, 因此根据引理 14.1 之 3) 有

$$\rho(E_\alpha) y_j \in \rho(E_\alpha)\rho(E_{-\alpha})^{k-j} N(\alpha)_{\omega-j\alpha} = \rho(E_{-\alpha})^{k-1-j} N(\alpha)_{\omega-j\alpha}.$$

当 $j=k$ 时, 由于 $y_k = N(\alpha)_{\omega-k\alpha} \subseteq N(\alpha)$, 故 $\rho(E_\alpha) y_k = 0$. 因此根据归纳法假设也有 $\rho(E_\alpha) y_j = 0 (0 \leqslant j \leqslant k-1)$. 另一方面, 因为 $y_j \in \rho(E_{-\alpha})^{k-j} N(\alpha)_{\omega-j\alpha} = \rho(E_{-\alpha})\rho(E_{-\alpha})^{k-1-j} N(\alpha)_{\omega-j\alpha} (0 \leqslant j \leqslant k-1)$, 所以当 $0 \leqslant j \leqslant k-1$ 时, 存在 $x_j \in \rho(E_{-\alpha})^{k-1-j} N(\alpha)_{\omega-j\alpha}$ 使 $y_j = \rho(E_{-\alpha}) x_j$. 于是 $\rho(E_\alpha)\rho(E_{-\alpha}) x_j = \rho(E_\alpha) y_j = 0$. 再利用引理 14.1 之 3) 就推出 $x_j = 0$. 这样, 如果 $0 \leqslant j \leqslant k-1$ 就有 $y_j = 0$, 自然也有 $y_k = 0$. 因此 (14.3) 式右方之和为直和.

再证明 (14.3) 式右方之和等于 $V_{\omega-k\alpha}$. 设 $x \in V_{\omega-k\alpha}$. 因为 $\rho(E_\alpha)x \in V_{\omega-(k-1)\alpha}$, 根据归纳法假设就有

$$\rho(E_\alpha)x \in \sum_{j=0}^{k-1} \rho(E_{-\alpha})^{k-1-j} N(\alpha)_{\omega-j\alpha}.$$

然而, 因为 $j\leqslant k-1<\frac{p}{2}$, 仍根据引理 14.1 之 3) 知, $\rho(E_\alpha)\rho(E_{-\alpha})$ 引起

$$\sum_{j=0}^{k-1}\rho(E_{-\alpha})^{k-1-j}N(\alpha)_{\omega-j\alpha}$$

之上的一个一一线性映射, 所以存在 $y\in\sum_{j=0}^{k-1}\rho(E_{-\alpha})^{k-1-j}N(\alpha)_{\omega-j\alpha}$ 使 $\rho(E_\alpha)x=\rho(E_\alpha)\rho(E_{-\alpha})y$. 于是 $\rho(E_\alpha)(x-\rho(E_{-\alpha})y)=0$ 成立, 故 $x-\rho(E_{-\alpha})y\in N(\alpha)$. 由于 $x-\rho(E_{-\alpha})y\in V_{\omega-k\alpha}$, 如设 $z=x-\rho(E_{-\alpha})y$, 则 $z\in N(\alpha)_{\omega-k\alpha}$. 另一方面, 因 $\rho(E_{-\alpha})y\in\sum_{j=0}^{k-1}\rho(E_{-\alpha})^{k-j}N(\alpha)_{\omega-j\alpha}$, 故

$$x=z+\rho(E_{-\alpha})y\in\sum_{j=0}^{k}\rho(E_{-\alpha})^{k-j}N(\alpha)_{\omega-j\alpha}.$$

这证明了引理 14.2. □

推论 14.3 如令 $n_\omega=\dim N(\alpha)_\omega$, 则在引理 14.2 的假设下, 当 $0\leqslant k\leqslant\frac{(\omega,\alpha)}{(\alpha,\alpha)}$ 时, 有

$$m_{\omega-k\alpha}=\sum_{j=0}^{k}n_{\omega-j\alpha}. \tag{14.4}$$

因而

$$m_{\omega-k\alpha}-m_{\omega-(k-1)\alpha}=n_{\omega-j\alpha}. \tag{14.5}$$

证 由引理 14.2 有

$$m_{\omega-k\alpha}=\sum_{j=0}^{k}\dim\rho(E_{-\alpha})^{k-j}N(\alpha)_{\omega-j\alpha}.$$

当 $0\leqslant j\leqslant k\leqslant\frac{(\omega,\alpha)}{(\alpha,\alpha)}$ 时, $0\leqslant k-j\leqslant\frac{2(\omega,\alpha)}{(\alpha,\alpha)}$, 所以根据引理 14.1 之 2) 有

$$\dim\rho(E_{-\alpha})^{k-j}N(\alpha)_{\omega-j\alpha}=\dim N(\alpha)_{\omega-j\alpha}.$$

因此 (14.4) 式成立. 又 (14.5) 式显然是 (14.4) 式的直接推论. □

引理 14.4 设 ω 是 ρ 的任意一权, 而 α 是 $\mathfrak{g}$ 的任意一根, 则

$$\sum_{j=-\infty}^{\infty}m_{\omega+j\alpha}(\omega+j\alpha,\alpha)=0. \tag{14.6}$$

证 首先注意当 $\omega+j\alpha$ 不是 ρ 的权时, $m_{\omega+j\alpha}=0$. 因此 (14.6) 式中的和为有限和. 设 p 和 q 是非负整数使 $\omega+j\alpha(-p\leqslant j\leqslant q)$ 都是 ρ 的权而其余的 $\omega+j\alpha$ 都不是 ρ 的权, 令

$$W=\sum_{j=-p}^{q}V_{\omega+j\alpha},$$

熟知 W 在 $\rho(E_\alpha),\rho(E_{-\alpha})$ 以及 $\rho(H_\alpha)$ 之下都不变. 于是有

$$\operatorname{Tr}_W\rho(H_\alpha)=\operatorname{Tr}_W(\rho(E_\alpha)\rho(E_{-\alpha})-\rho(E_{-\alpha})\rho(E_\alpha))=0$$

以及

$$\operatorname{Tr}_W\rho(H_\alpha)=\sum_{j=-p}^{q}m_{\omega+j\alpha}(\omega+j\alpha,\alpha).$$

又当 j 不在 $-p$ 与 q 之间时, $m_{\omega+j\alpha}=0$, 所以引理 14.4 成立. □

引理 14.5 设 ω 是 ρ 的一个权而 $\omega+\alpha$ 不是 ρ 的权, 这里 α 是 $\mathfrak{g}$ 的一个根. 再设 $0\leqslant k\leqslant\dfrac{2(\omega,\alpha)}{(\alpha,\alpha)}$, 则

$$\operatorname{Tr}_{V_{\omega-k\alpha}}\rho(E_\alpha)\rho(E_{-\alpha})=\sum_{j=0}^{k}(\omega-j\alpha,\alpha)m_{\omega-j\alpha}.$$

证 先设 $0\leqslant k\leqslant\dfrac{(\omega,\alpha)}{(\alpha,\alpha)}$, 计算

$$\operatorname{Tr}_{V_{\omega-k\alpha}}\rho(E_\alpha)\rho(E_{-\alpha}).$$

根据引理 14.2,

$$V_{\omega-k\alpha}=\sum_{j=0}^{k}\rho(E_{-\alpha})^{k-j}N(\alpha)_{\omega-j\alpha}.$$

根据引理 14.1, $\rho(E_{-\alpha})^{k-j}N(\alpha)_{\omega-j\alpha}$ 在 $\rho(E_\alpha)\rho(E_{-\alpha})$ 的作用下不变, 因此

$$\operatorname{Tr}_{V_{\omega-k\alpha}}\rho(E_\alpha)\rho(E_{-\alpha})=\sum_{j=0}^{k}\operatorname{Tr}_{\rho(E_{-\alpha})^{k-j}N(\alpha)_{\omega-j\alpha}}\rho(E_\alpha)\rho(E_{-\alpha}).$$

再根据 (14.5) 式和 (14.1) 式就有

$$\begin{aligned}&\operatorname{Tr}_{V_{\omega-k\alpha}}\rho(E_\alpha)\rho(E_{-\alpha})\\&=\sum_{j=0}^{k}(m_{\omega-j\alpha}-m_{\omega-(j-1)\alpha})(k-j+1)\left(\omega-j\alpha-\frac{k-j}{2}\alpha,\alpha\right)\\&=\sum_{j=0}^{k}(\omega-j\alpha,\alpha)m_{\omega-j\alpha}.\end{aligned}$$

再设 $\frac{(\omega,\alpha)}{(\alpha,\alpha)} < k \leqslant \frac{2(\omega,\alpha)}{(\alpha,\alpha)}$. 在 $\mathfrak{h}_0^*$ 中作反射 S_α, 令 $\omega' = S_\alpha(\omega), \alpha' = S_\alpha(\alpha)$, 则

$$\alpha' = S_\alpha(\alpha) = -\alpha, \quad \omega' = S_\alpha(\omega) = \omega - \frac{2(\omega,\alpha)}{(\alpha,\alpha)}\alpha = \omega - p\alpha,$$

而且

$$\frac{2(\omega',\alpha')}{(\alpha',\alpha')} = \frac{2(\omega,\alpha)}{(\alpha,\alpha)} = p.$$

设 $0 \leqslant k' \leqslant \frac{(\omega',\alpha')}{(\alpha',\alpha')}$, 则根据上一段的结果有

$$\mathrm{Tr}\,_{V_{\omega'-k\alpha'}}\rho(E_{\alpha'})\rho(E_{-\alpha'}) = \sum_{j=0}^{k'}(\omega' - j\alpha', \alpha')m_{\omega'-j\alpha'}.$$

注意

$$\omega' - k'\alpha' = \omega - p\alpha + k'\alpha = \omega - (p-k')\alpha, \quad \omega' - j\alpha' = \omega - p\alpha + j\alpha = \omega - (p-j)\alpha,$$

于是

$$\begin{aligned}\mathrm{Tr}\,_{V_{\omega-(p-k')\alpha}}\rho(E_{-\alpha})\rho(E_\alpha) &= -\sum_{j=0}^{k'}(\omega-(p-j)\alpha,\alpha)m_{\omega-(p-j)\alpha} \\ &= -\sum_{j=p-k'}^{p}(\omega - j\alpha,\alpha)m_{\omega-j\alpha}.\end{aligned}$$

因 $0 \leqslant k' \leqslant \frac{(\omega',\alpha')}{(\alpha',\alpha')} = \frac{(\omega,\alpha)}{(\alpha,\alpha)}$, 故 $\frac{(\omega,\alpha)}{(\alpha,\alpha)} \leqslant p - k' \leqslant \frac{2(\omega,\alpha)}{(\alpha,\alpha)}$. 将上式中 $p-k'$ 写作 k, 有

$$\mathrm{Tr}\,_{V_{\omega-k\alpha}}\rho(E_{-\alpha})\rho(E_\alpha) = -\sum_{j=k}^{p}(\omega - j\alpha,\alpha)m_{\omega-j\alpha},$$

而 $\frac{(\omega,\alpha)}{(\alpha,\alpha)} \leqslant k \leqslant \frac{2(\omega,\alpha)}{(\alpha,\alpha)}$. 又因

$$\mathrm{Tr}\,_{V_{\omega-k\alpha}}\rho(E_\alpha)\rho(E_{-\alpha}) = \mathrm{Tr}\,_{V_{\omega-k\alpha}}\rho(E_{-\alpha})\rho(E_\alpha) + \mathrm{Tr}\,_{V_{\omega-k\alpha}}\rho(H_\alpha),$$

而

$$\mathrm{Tr}\,_{V_{\omega-k\alpha}}\rho(H_\alpha) = (\omega - k\alpha,\alpha)m_{\omega-k\alpha},$$

再利用引理 14.4, 注意这时因 $\omega+\alpha$ 不是权而有 $q=0$, 就有

$$\begin{aligned}&\operatorname{Tr}_{V_{\omega-k\alpha}}\rho(E_\alpha)\rho(E_{-\alpha})\\&=-\sum_{j=k}^{p}(\omega-j\alpha,\alpha)m_{\omega-j\alpha}+(\omega-k\alpha,\alpha)m_{\omega-k\alpha}+\sum_{j=-p}^{0}(\omega+j\alpha,\alpha)m_{\omega+j\alpha}\\&=\sum_{j=0}^{k}(\omega-j\alpha,\alpha)m_{\omega-j\alpha}.\end{aligned}$$ □

引理 14.6 设 ω 是 ρ 的任意一权, 则

$$\operatorname{Tr}_{V_\omega}\rho(E_\alpha)\rho(E_{-\alpha})=\sum_{j=0}^{\infty}(\omega+j\alpha,\alpha)m_{\omega+j\alpha}. \tag{14.7}$$

证 首先注意右边之和为有限和. 设 p,q 是非负整数使 $\omega+j\alpha(-p\leqslant j\leqslant q)$ 都是 ρ 的权, 而其余的 $\omega+j\alpha$ 都不是 ρ 的权. 令 $\omega'=\omega+q\alpha$, 则 $\omega'+\alpha$ 不是 ρ 的权. 但 $\omega=\omega'-q\alpha$ 而 $0\leqslant q\leqslant\dfrac{2(\omega',\alpha)}{(\alpha,\alpha)}=p+q$, 于是根据引理 14.5 有

$$\begin{aligned}\operatorname{Tr}_{V_\omega}\rho(E_\alpha)\rho(E_{-\alpha})&=\sum_{j=0}^{q}(\omega'-j\alpha,\alpha)m_{\omega'-j\alpha}\\&=\sum_{j=0}^{q}(\omega+j\alpha,\alpha)m_{\omega+j\alpha}.\end{aligned}$$

然而若 $j>q,\omega+j\alpha$ 不是权, 故 $m_{\omega+j\alpha}=0$. 因之最后的等式可写作 (14.7). □

定理 14.7 (H. Freudenthal[①]). 设 ρ 是半单李代数 $\mathfrak{g}$ 的一个不可约表示, 首权为 ω_0. 以 $\rho(G)$ 表示 ρ 的 Casimir 算子. 可以令

$$\rho(G)=rI,$$

于是对于 $\mathfrak{h}^*$ 中任一元 ω 都有

$$rm_\omega=m_\omega(\omega,\omega)+\sum_{\alpha\in\Sigma}\sum_{j=1}^{\infty}m_{\omega+j\alpha}(\omega+j\alpha,\alpha). \tag{14.8}$$

如令 $\delta=\dfrac{1}{2}\displaystyle\sum_{\alpha\succ 0}\alpha$ (全体正根之和之半), 则有

$$rm_\omega=m_\omega(\omega+2\delta,\omega)+2\sum_{\alpha\succ 0}\sum_{j=1}^{\infty}m_{\omega+j\alpha}(\omega+j\alpha,\alpha). \tag{14.9}$$

---

① H. Freudenthal, Zur Berechnung der Charaktere der halbeinfachen Lieschen Gruppen, I, *Indag. Math.*, **16** (1954), 369–376.

特别, 对于首权 ω_0 有

$$r = (\omega_0 + 2\delta, \omega_0) = (\omega_0 + \delta, \omega_0 + \delta) - (\delta, \delta). \tag{14.10}$$

因而也有

$$m_\omega\{(\omega_0 + \delta, \omega_0 + \delta) - (\omega + \delta, \omega + \delta)\} = 2\sum_{\alpha \succ 0}\sum_{j=1}^{\infty} m_{\omega + j\alpha}(\omega + j\alpha, \alpha). \tag{14.11}$$

证 设 $H_1, \cdots, H_n$ 是 $\mathfrak{h}$ 的一组基, 令

$$((H_i, H_j))^{-1}_{1 \leqslant i,j \leqslant n} = (q^{ij})_{1 \leqslant i,j \leqslant n},$$

则

$$\rho(G) = \sum_{i,j=1}^{n} q^{ij}\rho(H_i)\rho(H_j) + \sum_{\alpha}\rho(E_\alpha)\rho(E_{-\alpha}).$$

设 ω 为 ρ 的一个权, 则

$$\mathrm{Tr}_{V_\omega}\sum_{i,j=1}^{n} q^{ij}\rho(H_i)\rho(H_j) = \sum_{i,j=1}^{n} m_\omega q^{ij}\omega(H_i)\omega(H_j) = m_\omega(\omega, \omega).$$

又, 根据引理 14.6

$$\mathrm{Tr}_{V_\omega}\rho(E_\alpha)\rho(E_{-\alpha}) = \sum_{j=0}^{\infty}(\omega + j\alpha, \alpha)m_{\omega + j\alpha}.$$

于是有

$$\mathrm{Tr}_{V_\omega}\rho(G) = m_\omega(\omega, \omega) + \sum_{\alpha \in \Sigma}\sum_{j=0}^{\infty}(\omega + j\alpha, \alpha)m_{\omega + j\alpha}.$$

因为 α 与 $-\alpha$ 同时为根, $\sum\limits_{\alpha} m_\omega(\omega, \alpha) = 0$. 所以

$$rm_\omega = m_\omega(\omega, \omega) + \sum_{\alpha \in \Sigma}\sum_{j=1}^{\infty} m_{\omega + j\alpha}(\omega + j\alpha, \alpha).$$

这证明了 (14.8) 式当 ω 是 ρ 的权时成立.

我们再证明 (14.8) 式当 ω 不是 ρ 的权时也成立. 这时 $m_\omega = 0$, 故只需证 $\sum\limits_{\alpha \in \Sigma}\sum\limits_{j=1}^{\infty} m_{\omega + j\alpha}(\omega + j\alpha, \alpha) = 0$ 即可. 如果全体 $\omega + j\alpha(j = 1, 2, \cdots)$ 都不是 ρ 的

权, 这是显然的. 今设 $\omega' = \omega + k\alpha$ 是 ρ 的权, 而 $\omega' + j\alpha(-p \leqslant j \leqslant q)$ 也是 ρ 的权, 此外都不是 ρ 的权. 因 ω 不是 ρ 的权, 故 $k > p$. 那么根据引理 14.4 就有

$$\begin{aligned}
0 &= \sum_{j=-p}^{q} m_{\omega'+j\alpha}(\omega' + j\alpha, \alpha) \\
&= \sum_{j=-p}^{q} m_{\omega+(j+k)\alpha}(\omega + (j+k)\alpha, \alpha) \\
&= \sum_{j=k-p}^{k+q} m_{\omega+j\alpha}(\omega + j\alpha, \alpha) \\
&= \sum_{j=1}^{\infty} m_{\omega+j\alpha}(\omega + j\alpha, \alpha).
\end{aligned}$$

这证明了 (14.8) 式对任意 $\omega \in \mathfrak{h}^*$ 都成立.

又, 根据引理 14.4 有

$$\sum_{j=1}^{\infty} m_{\omega+j\alpha}(\omega + j\alpha, \alpha) = -\sum_{j=0}^{\infty} m_{\omega-j\alpha}(\omega - j\alpha, \alpha).$$

因此

$$\begin{aligned}
&\sum_{\alpha}\sum_{j=1}^{\infty} m_{\omega+j\alpha}(\omega + j\alpha, \alpha) \\
&= \sum_{\alpha\succ 0}\sum_{j=1}^{\infty} m_{\omega+j\alpha}(\omega + j\alpha, \alpha) + \sum_{\alpha\prec 0}\sum_{j=1}^{\infty} m_{\omega+j\alpha}(\omega + j\alpha, \alpha) \\
&= 2\sum_{\alpha\succ 0}\sum_{j=1}^{\infty} m_{\omega+j\alpha}(\omega + j\alpha, \alpha) + \sum_{\alpha\succ 0} m_{\omega}(\omega, \alpha).
\end{aligned}$$

由于 $\delta = \frac{1}{2}\sum_{\alpha\succ 0}\alpha$, 故 $\sum_{\alpha\succ 0}(\omega, \alpha) = (\omega, 2\delta)$, 因此有 (14.9)

$$rm_{\omega} = m_{\omega}(\omega + 2\delta, \omega) + 2\sum_{\alpha\succ 0}\sum_{j=1}^{\infty} m_{\omega+j\alpha}(\omega + j\alpha, \alpha).$$

特别, 当 ω_0 是 ρ 的首权时, $m_{\omega_0} = 1$, 而当 $\alpha \succ 0$ 时, $\omega_0 + j\alpha(j = 1, 2, \cdots)$ 都不是 ρ 的权, 因此这时 (14.9) 式化为 (14.10)

$$r = (\omega_0 + 2\delta, \omega_0) = (\omega_0 + \delta, \omega_0 + \delta) - (\delta, \delta).$$

最后, 由 (14.9), (14.10) 两式得 (14.11). □

§2 关于全体正根之和之半

在这一节里, 我们准备举出半单李代数 $\mathfrak{g}$ 的全体正根之和之半 $\delta = \frac{1}{2}\sum_{\alpha\succ 0}\alpha$ 的一些性质, 这些性质在以后推导 $\mathfrak{g}$ 的不可约表示的特征标公式时是需要的.

我们用 $\alpha_1, \alpha_2, \cdots, \alpha_n$ 表示 $\mathfrak{g}$ 的一组基础根系.

引理 14.8 设 $\delta = \frac{1}{2}\sum_{\alpha\succ 0}\alpha$, 则

$$\frac{2(\delta, \alpha_i)}{(\alpha_i, \alpha_i)} = 1, \quad i = 1, 2, \cdots, n.$$

因此 δ 为 $\mathfrak{h}$ 上的支配整线性函数. 更进一步, 对任一 $S \in W$($\mathfrak{g}$ 的 Weyl 群), $\delta - S(\delta)$ 都是若干正根之和.

证 记 $S_i = S_{\alpha_i}$. 我们研究 $\alpha \in \Sigma_+$ 在 S_i 作用下的结果. 如 $\alpha = \alpha_i$, 则 $S_i(\alpha_i) = -\alpha_i$. 如 $\alpha \neq \alpha_i$, 则根据引理 6.15,

$$S_i(\alpha) = \alpha - \frac{2(\alpha, \alpha_i)}{(\alpha_i, \alpha_i)}\alpha_i \succ 0.$$

所以

$$S_i(\delta) = \frac{1}{2}\sum_{\substack{\alpha\succ 0\\ \alpha\neq\alpha_i}}\alpha - \frac{1}{2}\alpha_i.$$

因此 $\delta - S_i(\delta) = \alpha_i$. 但

$$S_i(\delta) = \delta - \frac{2(\delta, \alpha_i)}{(\alpha_i, \alpha_i)}\alpha_i,$$

所以

$$\frac{2(\delta, \alpha_i)}{(\alpha_i, \alpha_i)} = 1.$$

因此根据定义 10.2, δ 为 $\mathfrak{h}$ 上的支配整线性函数.

其次, 设 $S \in W$ 而 $S \neq 1$. 这时 S 不能将全体正根都变为正根, 所以存在某些 $\alpha \in \Sigma_+$ 使 $S(\alpha) \prec 0$. 设 $-S(\alpha) = \beta \in \Sigma_+$, 则 $\delta - S(\delta) = \sum\beta$, 而 β 皆为正根. □

引理 14.9 设 $\mu = \frac{1}{2}\sum_{\alpha\succ 0}\varepsilon_\alpha\alpha$, 而 $\varepsilon_\alpha = \pm 1$. 如果对一切 $S \in W$ 而 $S \neq 1$ $\mu \succ S\mu$, 则 $\mu = \delta$.

证 设 $\mu \neq \delta$. 将 $\mu = \frac{1}{2}\sum_{\alpha \succ 0} \varepsilon_\alpha \alpha$ 内系数 $\varepsilon_\alpha = -1$ 的根 α 之和记作 ν, 则 $\mu = \delta - \nu$. 因 $\mu \neq \delta$, 故 $\nu \neq 0$. 写 $\nu = \sum_i m_i \alpha_i$, m_i 是 $\geqslant 0$ 的整数. 因 $\nu \neq 0$, 故

$$(\nu, \nu) = \sum_i m_i (\nu, \alpha_i) > 0,$$

因此至少有一足码 i_0 使 $m_{i_0} > 0$ 而且 $(\nu, \alpha_{i_0}) > 0$. 这时 $\frac{2(\nu, \alpha_{i_0})}{(\alpha_{i_0}, \alpha_{i_0})}$ 是正整数. 根据假设

$$\mu \succ S_{i_0}\mu = \mu - \frac{2(\mu, \alpha_{i_0})}{(\alpha_{i_0}, \alpha_{i_0})}\alpha_{i_0},$$

故 $\frac{2(\mu, \alpha_{i_0})}{(\alpha_{i_0}, \alpha_{i_0})} > 0$. 可是又有

$$\frac{2(\mu, \alpha_{i_0})}{(\alpha_{i_0}, \alpha_{i_0})} = \frac{2(\delta, \alpha_{i_0})}{(\alpha_{i_0}, \alpha_{i_0})} - \frac{2(\nu, \alpha_{i_0})}{(\alpha_{i_0}, \alpha_{i_0})} = 1 - \frac{2(\nu, \alpha_{i_0})}{(\alpha_{i_0}, \alpha_{i_0})} \leqslant 0,$$

这是一个矛盾. 因此一定有 $\mu = \delta$. □

引理 14.10 设 ω_0 是半单李代数 $\mathfrak{g}$ 的一个不可约表示 ρ 的首权, 而 ω 是 ρ 的一个权, 并假设 $\omega \neq \omega_0$, 那么

$$(\omega + \delta, \omega + \delta) < (\omega_0 + \delta, \omega_0 + \delta).$$

证 因 $\omega \neq \omega_0$, 所以一定有正根 α 使 $\omega + \alpha$ 仍是 ρ 的权.

先考察 ω 是支配权的情形, 即设对任一 $S \in W, \omega \succcurlyeq S\omega$. 设 α 是使 $\omega + \alpha$ 仍是 ρ 的权的诸正根中之最高者. 令 $\omega' = \omega + \alpha$, 我们先证明 $(\omega' + \delta, \omega' + \delta) > (\omega + \delta, \omega + \delta)$. 我们有

$$(\omega' + \delta, \omega' + \delta) - (\omega + \delta, \omega + \delta) = 2(\omega + \delta, \alpha) + (\alpha, \alpha). \tag{14.12}$$

因 ω 为支配权, $\omega \succcurlyeq S_\alpha \omega = \omega - \frac{2(\omega, \alpha)}{(\alpha, \alpha)}\alpha$, 故 $\frac{2(\omega, \alpha)}{(\alpha, \alpha)}$ 是 $\geqslant 0$ 的整数, 于是 $(\omega, \alpha) \geqslant 0$. 同样, 因 δ 为支配整线性函数, 也有 $(\delta, \alpha) \geqslant 0$. 所以由 (14.12) 式导出

$$(\omega + \delta, \omega + \delta) < (\omega' + \delta, \omega' + \delta).$$

如 $\omega' = \omega_0$, 则引理14.10 得证. 今设 $\omega' \neq \omega_0$, 我们来证明 ω' 也是支配权. 否则, 有 α_j 存在使 $\frac{2(\omega', \alpha_j)}{(\alpha_j, \alpha_j)} < 0$, 亦即

$$\frac{2(\omega', \alpha_j)}{(\alpha_j, \alpha_j)} = \frac{2(\omega, \alpha_j)}{(\alpha_j, \alpha_j)} + \frac{2(\alpha, \alpha_j)}{(\alpha_j, \alpha_j)} < 0.$$

因 ω 为支配权, $\dfrac{2(\omega,\alpha_j)}{(\alpha_j,\alpha_j)}\geqslant 0$, 所以

$$\frac{2(\alpha,\alpha_j)}{(\alpha_j,\alpha_j)}<\frac{2(\omega',\alpha_j)}{(\alpha_j,\alpha_j)}<0.$$

这时 $\beta=\alpha-\dfrac{2(\omega',\alpha_j)}{(\alpha_j,\alpha_j)}\alpha_j$ 也是根, 而 $\beta\succ\alpha$. 但是

$$S_j(\omega')=\omega'-\frac{2(\omega',\alpha_j)}{(\alpha_j,\alpha_j)}\alpha_j=\omega+\beta.$$

也是权, 这与 α 的选取相抵触, 故 ω' 必为支配权. 像上一段一样, 取 α' 为最高的正根使 $\omega'+\alpha'$ 仍是 ρ 的权. 设 $\omega''=\omega'+\alpha'$, 则

$$(\omega'+\delta,\omega'+\delta)<(\omega''+\delta,\omega''+\delta),$$

而 ω'' 也是支配权. 如 $\omega''=\omega_0$, 则引理 14.10 得证. 否则, 继续重复上面的方法得一系列支配权 $\omega\prec\omega'\prec\omega''\prec\cdots$, 最后必达到 ω_0, 而

$$\begin{aligned}(\omega+\delta,\omega+\delta)&<(\omega'+\delta,\omega'+\delta)\\&<(\omega''+\delta,\omega''+\delta)<\cdots<(\omega_0+\delta,\omega_0+\delta).\end{aligned}$$

因此当 ω 是支配权时, 引理 14.10 得证.

若 ω 不是支配权, 则存在 S_i 使 $S_i(\omega)\succ\omega$. 设 $\omega'=S_i(\omega), g=-\dfrac{2(\omega,\alpha_i)}{(\alpha_i,\alpha_i)}$. 因 $S_i(\omega)\succ\omega$, 故 $g>0$ 且 $\omega'=\omega+g\alpha_i$. 我们有

$$(\omega'+\delta,\omega'+\delta)=(\omega+\delta,\omega+\delta)+2g(\omega+\delta,\alpha_i)+g^2(\alpha_i,\alpha_i).$$

由于 $2(\omega,\alpha_i)=-g(\alpha_i,\alpha_i)$, 有 $2g(\omega,\alpha_i)=-g^2(\alpha_i,\alpha_i)$. 又由 $\dfrac{2(\delta,\alpha_i)}{(\alpha_i,\alpha_i)}=1$ 推出 $2g(\delta,\alpha_i)=g(\alpha_i,\alpha_i)$, 故 $2g(\delta,\alpha_i)>0$. 所以

$$(\omega+\delta,\omega+\delta)<(\omega'+\delta,\omega'+\delta).$$

如 $\omega'=\omega_0$, 则引理 14.10 得证. 故可设 $\omega'\neq\omega_0$. 如 ω' 是支配权, 我们有 $(\omega'+\delta,\omega'+\delta)<(\omega_0+\delta,\omega_0+\delta)$, 因此这时引理 14.10 得证. 如 ω' 不是支配权, 则重复上面的方法可得一系列的权 $\omega\prec\omega'\prec\omega''\prec\cdots$, 最后必达到一个支配权 ω_1, 而

$$\begin{aligned}(\omega+\delta,\omega+\delta)&<(\omega'+\delta,\omega'+\delta)<\cdots\\&<(\omega_1+\delta,\omega_1+\delta).\end{aligned}$$

如 $\omega_1=\omega_0$, 引理 14.10 得证. 否则又有 $(\omega_1+\delta,\omega_1+\delta)<(\omega_0+\delta,\omega_0+\delta)$, 这时引理 14.10 也成立. □

§3 反对称函数

以 $\mathfrak{h}^*$ 表示半单李代数 $\mathfrak{g}$ 的 Cartan 子代数 $\mathfrak{h}$ 的对偶空间. 设 F 是定义在 $\mathfrak{h}^*$ 上的复数值函数, 对 Weyl 群 W 中任一元素 S, 定义一个新函数 SF

$$SF(\lambda) = F(S^{-1}\lambda), \quad \lambda \in \mathfrak{h}^*.$$

如对任一 $S \in W$, 总有 $SF = F$, 就称 F 为对称函数. 如对任一 $S \in W$, 总有 $SF = \det S \cdot F$, 就称 F 为反对称函数. 因 W 由 $S_1, S_2, \cdots, S_n$ 生成, 故 F 对称当且仅当 $S_iF = F(i = 1, 2, \cdots, n)$, 而 F 反对称当且仅当 $S_iF = -F(i = 1, 2, \cdots, n)$.

以下我们将指数函数 e^t 记作 $\exp t$.

引理 14.11 设 $\mu \in \mathfrak{h}_0^*$. 对任意 $\lambda \in \mathfrak{h}^*$, 令

$$A_\mu(\lambda) = \sum_{S \in W} \det S \exp(S\mu, \lambda), \tag{14.13}$$

则 $A_\mu(\lambda)$ 是反对称函数而且 $A_{S\mu}(\lambda) = \det S A_\mu(\lambda)$. 更进一步, 如有 $S \neq 1$ 使 $S(\mu) = \mu$, 则 $A_\mu = 0$.

证 显然有

$$\begin{aligned} SA_\mu(\lambda) = A_\mu(S^{-1}\lambda) &= \sum_{S_1 \in W} \det S_1 \exp(S_1\mu, S^{-1}\lambda) \\ &= \sum_{S_1 \in W} \det S_1 \exp(SS_1\mu, \lambda) = \det S A_\mu(\lambda), \end{aligned}$$

即 $A_\mu(\lambda)$ 是反对称的. 同样有

$$A_{S\mu}(\lambda) = \sum_{S_1 \in W} \det S_1 \exp(S_1 S\mu, \lambda) = \det S A_\mu(\lambda).$$

现在设有 $S \neq 1$ 而 $S(\mu) = \mu$. 我们先证明 μ 不属于任一 Weyl 间. 否则, 设 $\mu \in C, C$ 为一 Weyl 间, 则由于 $S(\mu) = \mu$, 就有 $S(C) \cap C \neq \varnothing$. 但 $S(C)$ 也是 Weyl 间, 故 $S(C) = C$, 由此推出 $S = 1$. 矛盾. 因此有根 α 使 $(\alpha, \mu) = 0$, 于是 $S_\alpha(\mu) = \mu$. 然而 $\det S_\alpha = -1$, 故

$$A_{S_\alpha(\mu)}(\lambda) = \det S_\alpha A_\mu(\lambda) = -A_\mu(\lambda),$$

由此推出 $A_\mu(\lambda) = 0$. □

引理 14.12 设 $\mu_i(t_1,\cdots,t_n)=\sum_{j=1}^{n}a_{ij}t_j(i=1,2,\cdots,m)$ 是 n 个复变量 $t_1,t_2,\cdots,t_n$ 的线性函数，并设它们两两相异，则函数 $\exp\mu_1(t_1,\cdots,t_n),\cdots,\exp\mu_m(t_1,\cdots,t_n)$ 在复数域上线性无关.

证 因 $\mu_1,\cdots,\mu_m$ 两两相异，故有一组复数值 $a_1,\cdots,a_n$ 存在，使得 $\mu_1(a_1,\cdots,a_n),\cdots,\mu_m(a_1,\cdots,a_n)$ 是 m 个两两相异的值. 设 $b_i=\mu_i(a_1,\cdots,a_n)$，则 $b_1,\cdots,b_m$ 两两相异.

设有一线性关系

$$c_1\exp\mu_1(t_1,\cdots,t_n)+\cdots+c_m\exp\mu_m(t_1,\cdots,t_n)=0, \tag{14.14}$$

其中 $c_1,\cdots,c_m$ 为复数. 设 t 为一新的复变数. 将 $t_1=a_1t,\cdots,t_n=a_nt$ 代入 (14.14) 式得

$$c_1\exp b_1t+\cdots+c_m\exp b_mt=0.$$

将上式对 t 求 k 次导数得

$$c_1b_1^k\exp b_1t+\cdots+c_mb_m^k\exp b_mt=0\quad(k=0,1,2,\cdots,m-1).$$

因 $b_1,b_2,\cdots,b_m$ 两两相异，故 Vandermonde 行列式

$$\begin{vmatrix}1&1&\cdots&1\\b_1&b_2&\cdots&b_m\\\vdots&\vdots&&\vdots\\b_1^{m-1}&b_2^{m-1}&\cdots&b_m^{m-1}\end{vmatrix}\neq 0.$$

因此一定有 $c_1=c_2=\cdots=c_m=0$. □

引理 14.13 设有定义在 $\mathfrak{h}^*$ 上的复数值函数

$$F(\lambda)=\sum_{\mu}c_\mu\exp(\mu,\lambda),$$

其中 $\sum_{\mu}$ 是对有限个 $\mu\in\mathfrak{h}_0^*$ 求和，而 c_μ 都是复数. 再设 $F(\lambda)$ 是反对称函数，于是 F 必为有限个由 (14.13) 式所定义的函数 A_μ 的复系数线性组合

$$F(\lambda)=\sum_{\mu}c_\mu A_\mu(\lambda), \tag{14.15}$$

其中 μ 还有性质 $\mu\succ S\mu$ 对一切 $S\in W$ 而 $S\neq 1$.

证 对任意 $S \in W$, 我们有

$$(SF)(\lambda) = \sum_{\mu} c_\mu \exp(\mu, S^{-1}\lambda) = \sum_{\mu} c_\mu \exp(S\mu, \lambda).$$

因 F 为反对称函数, 即 $SF(\lambda) = \det SF(\lambda)$, 故

$$F(\lambda) = \sum_{\mu} c_\mu \det S \exp(S\mu, \lambda).$$

由引理 14.12 知函数集 $\{\exp(\mu, \lambda)\}$ 线性无关, 因此如果 $\exp(\mu, \lambda)$ 出现在 F 中, 而 μ 与 ν 等价, 则 $\exp(\nu, \lambda)$ 也出现在 F 中, 而且如果 $\nu = S\mu$, 则它们分别以系数 c_μ 和 $\det Sc_\mu$ 出现在 F 中. 于是, 在 (14.15) 式右方求和时, 可先对与一支配线性函数 μ 等价的一切线性函数求和, 然后再对所出现的一切支配线性函数求和, 就有

$$F(\lambda) = \sum_{\nu} c_\mu A_\mu(\lambda),$$

其中 μ 为支配线性函数. 再根据引理 14.11, 可设 $\mu \succ S\mu$ 对一切 $S \in W$ 而 $S \neq 1$. □

引理 14.14 设 $\mu_1, \mu_2, \cdots, \mu_m$ 为 $\mathfrak{h}$ 上的 m 个两两相异的支配整线性函数, 并设对 Weyl 群 W 中任一元素 $S \neq 1$ 恒有 $\mu_i \succ S\mu_i (i = 1, 2, \cdots, m)$, 那么 $A_{\mu_1}, A_{\mu_2}, \cdots, A_{\mu_m}$ 是复数域上线性无关的函数.

证 先指出, 当 $i \neq j$ 时, 满足 $S(\mu_i) = T(\mu_j)$ 的 $S, T \in W$ 不存在. 否则有 $\mu_i \succ T^{-1}S(\mu_i) = \mu_j$ 和 $\mu_j \succ S^{-1}T(\mu_j) = \mu_i$, 矛盾.

令 $\beta_i = \dfrac{2\alpha_i}{(\alpha_i, \alpha_i)} (i = 1, 2, \cdots, n)$. 我们知道 $\beta_1, \beta_2, \cdots, \beta_n$ 是 $\mathfrak{h}^*$ 的一组基, 而且 $\mu \in \mathfrak{h}^*$ 是整线性函数当且仅当 (μ, β_i) 是整数 $(i = 1, 2, \cdots, n)$. 取

$$\xi = 2\pi\sqrt{-1} \sum_{i=1}^{n} x_i \beta_i \in \mathfrak{h}^*,$$

其中 $x_1, \cdots, x_n$ 为实变量. 置

$$A_{\mu_j}(\xi) = P_j(x_1, \cdots, x_n),$$

可证

$$\int_0^1 \cdots \int_0^1 P_j(x_1, \cdots, x_n)\overline{P_k(x_1, \cdots, x_n)} dx_1 \cdots dx_n = \begin{cases} 0, & j \neq k, \\ W:1 & j = k, \end{cases} \tag{14.16}$$

其中 $W:1$ 表群 W 的阶. 实际上,

$$\begin{aligned}&P_j(x_1,\cdots,x_n)\overline{P_k(x_1,\cdots,x_n)}\\=&\sum_{S,T\in W}\det ST\exp(S\mu_j,\xi)\overline{\exp(T\mu_k,\xi)},\\&\exp(S\mu_j,\xi)=\exp\left\{2\pi\sqrt{-1}\sum_{i=1}^n(S\mu_j,\beta_i)x_i\right\},\\&\exp(T\mu_k,\xi)=\exp\left\{2\pi\sqrt{-1}\sum_{i=1}^n(T\mu_k,\beta_i)x_i\right\}.\end{aligned}$$

因为与一整线性函数等价的线性函数也是整的, 所以 $(S\mu_j,\beta_i),(T\mu_k,\beta_i)$ 都是整数 $(i=1,2,\cdots,n)$. 又因当 $j\neq k$ 时, 没有 $S,T\in W$ 使 $S\mu_j=T\mu_k$, 所以至少有一个 i 存在使 $(S\mu_j,\beta_i)\neq(T\mu_k,\beta_i)$. 因此

$$\int_0^1\cdots\int_0^1 P_j\overline{P}_k dx_1\cdots dx_n=0.$$

当 $j=k$ 时, 由于 $S\neq T$ 时, $S\mu_j\neq T\mu_j$, 所以

$$\begin{aligned}&\int_0^1\cdots\int_0^1 P_j\overline{P}_j dx_1\cdots dx_n\\=&\sum_{S\in W}\int_0^1\cdots\int_0^1\left|\exp 2\pi\sqrt{-1}\sum_{i=1}^n(S\mu_j,\beta_i)x_i\right|^2dx_1\cdots dx_n=W:1.\end{aligned}$$

这就证明了 (14.16) 式成立.

现在设 $\sum_{j=1}^m c_jA_{\mu_j}(\lambda)=0$, 其中 c_i 为复数. 那么当然有 $\sum_{j=1}^m c_jP_j(x_1,\cdots,x_n)=0$. 将此式双方乘以 $\overline{P_k(x_1,\cdots,x_n)}$ 再进行积分得 $c_k(W:1)=0$, 即 $c_k=0(k=1,2,\cdots,m)$. 这就证明了 $A_{\mu_1},\cdots,A_{\mu_m}$ 线性无关. □

§4 不可约表示的特征标公式

仍设 $\mathfrak{g}$ 是半单李代数, $\mathfrak{h}$ 是它的一个 Cartan 子代数, Σ 是它的根系, 而 $\alpha_1,\alpha_2,\cdots,\alpha_n$ 是它的一组基础根系. 设 ρ 是 $\mathfrak{g}$ 的一个不可约表示. 对于 $H\in\mathfrak{h}$, 定义

$$\chi(H)=\mathrm{Tr}\exp\rho(H),$$

其中

$$\exp\rho(H)=I+\rho(H)+\frac{\rho(H)^2}{2!}+\frac{\rho(H)^3}{3!}+\cdots,$$

则 χ 是定义在 $\mathfrak{h}$ 上的一个函数, 我们把 χ 称作表示 ρ 的特征标. 对于 ρ 的权 ω, 以 m_ω 表 ω 的重数, 即 $m_\omega = \dim V_\omega$, 于是也有

$$\chi(H) = \sum_{\omega} m_\omega \exp \omega(H),$$

其中 $\exp \omega(H)$ 即为通常的指数函数, 而 $\sum\limits_{\omega}$ 表示对 ρ 的所有的权 ω 求和. H. Weyl 证明了下面的定理.

定理 14.15 (H. Weyl①). 设 ρ 是半单李代数 $\mathfrak{g}$ 的一个不可约表示, 首权为 ω_0. 令 $\delta = \dfrac{1}{2}\sum\limits_{\alpha \succ 0} \alpha$, 即 δ 是全体正根的半和, 则对任意 $H \in \mathfrak{h}$, 有

$$\chi(H) = \frac{\sum\limits_{S \in W} \det S \exp[(S(\omega_0 + \delta))(H)]}{\sum\limits_{S \in W} \det S \exp[(S\delta)(H)]}, \tag{14.17}$$

其中 W 是 $\mathfrak{g}$ 的 Weyl 群, 而 $\det S$ 表示 $S \in W$ 的行列式, 而且有

$$\begin{aligned}&\sum_{S \in W} \det S \exp[(S\delta)(H)] \\ &= \prod_{\alpha \succ 0} \left[\exp\left(\frac{1}{2}\alpha(H)\right) - \exp\left(-\frac{1}{2}\alpha(H)\right)\right],\end{aligned} \tag{14.18}$$

其中 $\prod\limits_{\alpha \succ 0}$ 表示对全体正根求积.

证 对于 $H \in \mathfrak{h}$, 存在 $\mathfrak{h}^*$ 中一个唯一确定的元素 λ, 使得对任意 $\mu \in \mathfrak{h}^*$ 有 $\mu(H) = (\mu, \lambda)$. 对于定义在 $\mathfrak{h}$ 上的函数 $F(H)$, 记 $F(\lambda) = F(H)$. 于是可以写

$$\chi(\lambda) = \sum_{\omega} m_\omega \exp(\omega, \lambda),$$

而 (14.17), (14.18) 两式可改写作

$$\chi(\lambda) = \frac{\sum\limits_{S \in W} \det S \exp(S(\omega_0 + \delta), \lambda)}{\sum\limits_{S \in W} \det S \exp(S\delta, \lambda)} \tag{14.19}$$

和

$$\sum_{S \in W} \det S \exp(S\delta, \lambda) = \prod_{\alpha \succ 0} \left[\exp\left(\frac{1}{2}(\alpha, \lambda)\right) - \exp\left(-\frac{1}{2}(\alpha, \lambda)\right)\right]. \tag{14.20}$$

①见第五章 76 页所引的文献.

先证明 (14.20) 成立. 令

$$Q(\lambda)=\prod_{\alpha\succ 0}\left[\exp\left(\frac{1}{2}(\alpha,\lambda)\right)-\exp\left(-\frac{1}{2}(\alpha,\lambda)\right)\right]. \tag{14.21}$$

考察 $S_i=S_{\alpha_i}$ 在正根上的作用. 首先有 $S_i(\alpha_i)=-\alpha_i$. 其次, 如 $\alpha\succ 0$ 而 $\alpha\neq\alpha_i$, 则根据引理 6.15

$$S_i(\alpha)=\alpha-\frac{2(\alpha,\alpha_i)}{(\alpha_i,\alpha_i)}\alpha_i\succ 0.$$

于是

$$\begin{aligned}(S_iQ)(\lambda)&=Q(S_i^{-1}\lambda)=Q(S_i\lambda)\\&=\prod_{\alpha\succ 0}\left[\exp\left(\frac{1}{2}(\alpha,S_i\lambda)\right)-\exp\left(-\frac{1}{2}(\alpha,S_i\lambda)\right)\right]\\&=\prod_{\alpha\succ 0}\left[\exp\left(\frac{1}{2}(S_i\alpha,\lambda)\right)-\exp\left(-\frac{1}{2}(S_i\alpha,\lambda)\right)\right]\\&=\prod_{\substack{\alpha\succ 0\\ \alpha\neq\alpha_i}}\left[\exp\left(\frac{1}{2}(\alpha,\lambda)\right)-\exp\left(-\frac{1}{2}(\alpha,\lambda)\right)\right]\\&\quad\cdot\left[\exp\left(-\frac{1}{2}(\alpha_i,\lambda)\right)-\exp\left(\frac{1}{2}(\alpha_i,\lambda)\right)\right]\\&=-Q(\lambda).\end{aligned}$$

这证明了 $Q(\lambda)$ 是反对称函数.

将 (14.21) 式右方乘开有

$$Q(\lambda)=\sum_{\mu}\pm\exp(\mu,\lambda),$$

其中 $\mu=\dfrac{1}{2}\sum\limits_{\alpha\succ 0}\varepsilon_\alpha\alpha$ 而 $\varepsilon_\alpha=\pm 1$. 于是根据引理 14.13, 有

$$Q(\lambda)=\sum_{\mu}\pm A_\mu(\lambda),$$

其中 μ 对一切 $S\in W$ 而 $S\neq 1$ 还适合条件 $\mu\succ S\mu$. 再根据引理 14.9, 在 $Q(\lambda)$ 中出现的 $A_\mu(\lambda)$ 只有 $A_\delta(\lambda)$ 这一项, 即

$$Q(\lambda)=\pm A_\delta(\lambda).$$

比较 $\exp(\delta,\lambda)$ 在上式双方出现的系数得

$$Q(\lambda)=A_\delta(\lambda)=\sum_{S\in W}\det S\exp(S\delta,\lambda).$$

这证明了 (14.20) 式成立.

以下我们证明 (14.19) 式成立. 我们采用 H. Freudenthal① 的证明. 证明分以下几步进行:

1) 将 $\exp(\omega,\lambda)$ 乘 (14.9) 式双方, 再对 $\mathfrak{h}$ 上全体整线性函数 ω 求和 (注意, 当 ω 不是 ρ 的权时, $m_\omega=0$), 得

$$\begin{aligned}r\chi(\lambda)=&\sum_{\omega}m_\omega(\omega+2\delta,\omega)\exp(\omega,\lambda)\\&+2\sum_{\omega}\sum_{\alpha\succ0}\sum_{j=1}^{\infty}m_{\omega+j\alpha}(\omega+j\alpha,\alpha)\exp(\omega,\lambda)\\=&\sum_{\omega}m_\omega(\omega+2\delta,\omega)\exp(\omega,\lambda)\\&+2\sum_{\omega}\sum_{\alpha\succ0}\sum_{j=1}^{\infty}m_{\omega}(\omega,\alpha)\exp(\omega-j\alpha,\lambda).\end{aligned}$$

设 $\tau\in\mathfrak{h}^*$ 且满足条件: 对一切 $\alpha\succ0$ 都有 $|\exp(\alpha,\tau)|>1$, 于是

$$\begin{aligned}&\sum_{\omega}\sum_{\alpha\succ0}\sum_{j=1}^{\infty}m_{\omega}(\omega,\alpha)\exp(\omega-j\alpha,\tau)\\=&\sum_{\omega}\sum_{\alpha\succ0}m_{\omega}(\omega,\alpha)\exp(\omega,\tau)\sum_{j=1}^{\infty}[\exp(-\alpha,\tau)]^j\\=&\sum_{\omega}\sum_{\alpha\succ0}m_{\omega}(\omega,\alpha)\exp(\omega,\tau)\frac{\exp(-\alpha,\tau)}{1-\exp(-\alpha,\tau)}.\end{aligned}$$

因此

$$\begin{aligned}r\chi(\tau)=&\sum_{\omega}m_\omega(\omega,\omega)\exp(\omega,\tau)+\sum_{\omega}m_\omega(2\delta,\omega)\exp(\omega,\tau)\\&+2\sum_{\omega}\sum_{\alpha\succ0}m_{\omega}(\omega,\alpha)\exp(\omega,\tau)\frac{\exp(-\alpha,\tau)}{1-\exp(-\alpha,\tau)}.\end{aligned}\tag{14.22}$$

2) 在 $\mathfrak{h}^*$ 中选一组基 $\varepsilon_1,\varepsilon_2,\cdots,\varepsilon_n$ 使 $(\varepsilon_i,\varepsilon_j)=\delta_{ij}$, 其中 $\delta_{ii}=1$ 而当 $i\neq j$ 时 $\delta_{ij}=0$. 可设 $\varepsilon_1,\varepsilon_2,\cdots,\varepsilon_n\in\mathfrak{h}_0^*$. 若 $\lambda\in\mathfrak{h}^*$, 写 $\lambda=t_1\varepsilon_1+t_2\varepsilon_2+\cdots+t_n\varepsilon_n$, 于是定义在 $\mathfrak{h}^*$ 上的复数值函数 $F(\lambda)$ 可以看作是 n 个复变数 $t_1,t_2,\cdots,t_n$ 的函数. 设 F 是可微的, 如下地定义一个从 $\mathfrak{h}^*$ 到 $\mathfrak{h}^*$ 的映射 $\operatorname{grad}F$:

$$(\operatorname{grad}F)(\lambda)=\sum_{i=1}^{n}\left(\frac{\partial F}{\partial t_i}\right)(\lambda)\varepsilon_i.$$

①见第 236 页所引的文献.

再如下地定义一个作用在函数 F 上的 Laplace 算子 Δ, 即定义函数

$$(\Delta F)(\lambda) = \sum_{i=1}^{n} \frac{\partial^2 F(\lambda)}{\partial t_i^2}.$$

由简单计算可以证明以下关系成立:

$$\left.\begin{aligned}
&\text{grad}\,\exp(\omega,\lambda) = \exp(\omega,\lambda)\cdot\omega,\\
&\text{grad}\,\text{Log}\,(1-\exp(-\alpha,\tau)) = \frac{\exp(-\alpha,\tau)}{1-\exp(-\alpha,\tau)}\alpha,\\
&\Delta\exp(\omega,\lambda) = (\omega,\omega)\exp(\omega,\lambda).
\end{aligned}\right\}\tag{14.23}$$

3) 利用 (14.23) 式, 从 $\chi(\lambda) = \sum_{\omega} m_\omega \exp(\omega,\lambda)$ 可得

$$\begin{aligned}
\text{grad}\,\chi(\lambda) &= \sum_{\omega} m_\omega \exp(\omega,\lambda)\cdot\omega,\\
\Delta\chi(\lambda) &= \sum_{\omega} m_\omega (\omega,\omega)\exp(\omega,\lambda).
\end{aligned}$$

于是 (14.22) 式可写作

$$\begin{aligned}
r\chi(\tau) &= \Delta\chi(\tau) + (2\delta, \text{grad}\,\chi(\tau))\\
&\quad +2\left(\text{grad Log}\prod_{\alpha\succ 0}(1-\exp(-\alpha,\tau)), \text{grad}\,\chi(\tau)\right)\\
&= \Delta\chi(\tau) + 2\left(\delta + \text{grad Log}\prod_{\alpha\succ 0}(1-\exp(-\alpha,\tau)), \text{grad}\,\chi(\tau)\right).
\end{aligned}\tag{14.24}$$

另一方面, 由 (14.21) 式

$$\begin{aligned}
Q(\tau) &= \prod_{\alpha\succ 0}\left[\exp\left(\frac{1}{2}(\alpha,\tau)\right) - \exp\left(-\frac{1}{2}(\alpha,\tau)\right)\right]\\
&= \exp(\delta,\tau)\prod_{\alpha\succ 0}(1-\exp(-\alpha,\tau)),
\end{aligned}$$

我们有

$$\begin{aligned}
\text{grad}\,Q(\tau) &= \text{grad}\,\exp(\delta,\tau)\cdot\prod_{\alpha\succ 0}(1-\exp(-\alpha,\tau))\\
&\quad + \exp(\delta,\tau)\text{grad}\prod_{\alpha\succ 0}(1-\exp(-\alpha,\tau))\\
&= \delta\exp(\delta,\tau)\prod_{\alpha\succ 0}(1-\exp(-\alpha,\tau))
\end{aligned}$$

$$+\exp(\delta,\tau)\prod_{\alpha\succ 0}(1-\exp(-\alpha,\tau))$$
$$\text{grad Log}\prod_{\alpha\succ 0}(1-\exp(-\alpha,\tau))$$
$$=\delta Q(\tau)+Q(\tau)\text{grad Log}\prod_{\alpha\succ 0}(1-\exp(-\alpha,\tau)). \tag{14.25}$$

将 (14.24) 式双方乘以 $Q(\tau)$, 再利用 (14.25) 式可得

$$r\chi(\tau)Q(\tau)=Q(\tau)\Delta\chi(\tau)+2(\text{grad}\,Q(\tau),\text{grad}\,\chi(\tau)). \tag{14.26}$$

令

$$\varphi(\lambda)=Q(\lambda)\chi(\lambda),$$

由简单计算证得

$$\Delta\varphi(\lambda)=\Delta Q(\lambda)\cdot\chi(\lambda)+Q(\lambda)\cdot\Delta\chi(\lambda)$$
$$+2(\text{grad}\,Q(\lambda),\text{grad}\,\chi(\lambda)),$$

于是 (14.26) 式化为

$$r\varphi(\tau)=\Delta\varphi(\tau)-\Delta Q(\tau)\cdot\chi(\tau). \tag{14.27}$$

4) 我们先来证明 $\chi(\lambda)$ 是对称函数. 根据 $\chi(\lambda)$ 的定义

$$\chi(\lambda)=\sum_{\omega}m_\omega\exp(\omega,\lambda).$$

于是, 对任意 $S\in W$, 由于 $m_{S(\omega)}=m_\omega$ 我们有

$$(S\chi)(\lambda)=\sum_{\omega}m_\omega\exp(\omega,S^{-1}\lambda)=\sum_{\omega}m_\omega\exp(S\omega,\lambda)$$
$$=\sum_{\omega}m_{S(\omega)}\exp(S\omega,\lambda)=\chi(\lambda).$$

因此 $\chi(\lambda)$ 是对称函数. 于是 $\varphi(\lambda)=Q(\lambda)\chi(\lambda)$ 是反对称函数.

利用 (14.20) 式及 $\chi(\lambda)$ 的定义, 有

$$\varphi(\lambda)=Q(\lambda)\chi(\lambda)=\sum_{S\in W}\det S\exp(S\delta,\lambda)\sum_{\omega}m_\omega\exp(\omega,\lambda)$$
$$=\sum_{\omega,S}\det S m_\omega\exp(\omega+S\delta,\lambda).$$

根据引理 14.13, $\varphi(\lambda)$ 有形状

$$\varphi(\lambda)=\sum_{\mu}c_\mu A_\mu(\lambda),$$

其中 $\mu=\omega+S\delta$ 而且对任意 $T\in W$ 而 $T\neq 1$ 有性质 $\mu\succ T\mu$. 然而

$$\begin{aligned}\Delta A_\mu(\lambda)&=\sum_{S\in W}\det S\Delta\exp(S\mu,\lambda)\\&=\sum_{S\in W}\det S(S\mu,S\mu)\exp(S\mu,\lambda)\\&=(\mu,\mu)A_\mu(\lambda),\end{aligned}$$

所以

$$\Delta\varphi(\lambda)=\Sigma c_\mu(\mu,\mu)A_\mu(\lambda). \tag{14.28}$$

可是由 (14.27) 式

$$\Delta\varphi(\tau)=r\varphi(\tau)-\Delta Q(\tau)\cdot\chi(\tau), \tag{14.29}$$

其中

$$r=(\omega_0+\delta,\omega_0+\delta)-(\delta,\delta).$$

又因 $Q(\lambda)=A_\delta(\lambda)$, 所以

$$\Delta Q(\lambda)=(\delta,\delta)Q(\lambda).$$

于是

$$\Delta Q(\tau)\cdot\chi(\tau)=(\delta,\delta)Q(\tau)\chi(\tau)=(\delta,\delta)\varphi(\tau). \tag{14.30}$$

因此将 (14.30) 式代入 (14.29) 式, 再比较 (14.28) 式与 (14.29) 式得

$$\sum_\mu c_\mu(\mu,\mu)A_\mu(\tau)=(\omega_0+\delta,\omega_0+\delta)\sum_\mu c_\mu A_\mu(\tau).$$

因而有

$$\sum_\mu c_\mu((\mu,\mu)-(\omega_0+\delta,\omega_0+\delta))A_\mu(\tau)=0.$$

又因对一切 $\alpha\succ 0$ 满足条件 $|\exp(\alpha,\tau)|>1$ 的 τ 组成 $\mathfrak{h}^*$ 中的一个开集, 而 $A_\mu(\tau)$ 皆 $\mathfrak{h}^*$ 上的解析函数, 故对一切 $\lambda\in\mathfrak{h}^*$ 都有

$$\sum_\mu c_\mu((\mu,\mu)-(\omega_0+\delta,\omega_0+\delta))A_\mu(\lambda)=0.$$

注意其中 μ 形如 $\mu=\omega+S\delta$ 并且对一切 $T\in W$ 而 $T\neq 1$ 有性质 $\mu\succ T\mu$. 显然 $\mu=\omega+S\delta$ 皆为支配整线性函数, 于是根据引理 14.14, $A_\mu(\lambda)$ 在复数域 $\mathbb{C}$ 上线性无关, 因而有

$$(\mu,\mu)=(\omega_0+\delta,\omega_0+\delta).$$

然而由 $\mu = \omega + S\delta$ 有

$$(\mu, \mu) = (S^{-1}\mu, S^{-1}\mu) = (S^{-1}\omega + \delta, S^{-1}\omega + \delta),$$

于是

$$(\omega_0 + \delta, \omega_0 + \delta) = (S^{-1}\omega + \delta, S^{-1}\omega + \delta).$$

因此根据引理 14.10, $\omega_0 = S^{-1}\omega$, 即 $\omega = S\omega_0$, 于是 $\mu = S(\omega_0 + \delta)$. 若 $S \neq 1, S^{-1}\mu = \omega_0 + \delta \prec \mu = \omega + S\delta$. 但 $\delta \succ S\delta$, 故 $\omega_0 \prec \omega$. 矛盾. 因此一定有 $S = 1$, 即 $\mu = \omega_0 + \delta$. 于是

$$\varphi(\lambda) = cA_{\omega_0+\delta}(\lambda).$$

比较上式双方 $\exp(\omega_0 + \delta, \lambda)$ 的系数知 $c = 1$. 因此

$$\varphi(\lambda) = A_{\omega_0+\delta}(\lambda) = \sum_{S \in W} \det S \exp(S(\omega_0 + \delta), \lambda).$$

所以

$$\chi(\lambda) = \frac{\varphi(\lambda)}{Q(\lambda)} = \frac{\sum\limits_{S \in W} \det S \exp(S(\omega_0 + \delta), \lambda)}{\sum\limits_{S \in W} \det S \exp(S\delta, \lambda)}.$$

这就证明了 (14.20) 式成立. □

H. Weyl 利用他所获得的不可约表示的特征标公式还导出了不可约表示的级数公式.

定理 14.16　设 ρ 是半单李代数 $\mathfrak{g}$ 的一个不可约表示, 首权为 ω_0, 则它的级数

$$\dim \rho = \frac{\prod\limits_{\alpha \succ 0} (\alpha, \omega_0 + \delta)}{\prod\limits_{\alpha \succ 0} (\alpha, \delta)}. \tag{14.31}$$

证　我们有

$$\dim \rho = \chi(0).$$

设 t 为一实变数, 则 $\chi(\sqrt{-1}t\delta)$ 作为 t 的函数是连续的, 所以

$$\chi(0) = \lim_{t \to 0} \chi(\sqrt{-1}t\delta).$$

现在先证明可以选取充分小的 $\varepsilon>0$, 使得当 $0<|t|<\varepsilon$ 时, $Q(\sqrt{-1}t\delta)\neq 0$. 我们有

$$\begin{aligned}Q(\sqrt{-1}t\delta)&=\prod_{\alpha\succ 0}\left[\exp\left(\frac{1}{2}\sqrt{-1}t(\alpha,\delta)\right)-\exp\left(-\frac{1}{2}\sqrt{-1}t(\alpha,\delta)\right)\right]\\&=\prod_{\alpha\succ 0}2\sqrt{-1}\sin\frac{t}{2}(\alpha,\delta)\\&=(2\sqrt{-1})^m\prod_{\alpha\succ 0}\sin\frac{t}{2}(\alpha,\delta),\end{aligned}$$

其中 m 表示正根的个数. 对任意 $S\in W$ 而 $S\neq 1$, 有 $\delta\succ S\delta$, 特别 $\delta\succ S_\alpha\delta=\delta-\dfrac{2(\delta,\alpha)}{(\alpha,\alpha)}\alpha$. 因此若 α 是正根, 一定有 $(\delta,\alpha)>0$, 于是 $(\alpha,\delta)\neq 0$. 于是可以选取充分小的 $\varepsilon>0$, 使得当 $0<|t|<\varepsilon$ 时, $\prod\limits_{\alpha\succ 0}\sin\dfrac{t}{2}(\alpha,\delta)\neq 0$. 因之 $Q(\sqrt{-1}t\delta)\neq 0$.

设已选定充分小的 $\varepsilon>0$, 使得当 $0<|t|<\varepsilon$ 时 $Q(\sqrt{-1}t\delta)\neq 0$, 那么从 $\chi(\sqrt{-1}t\delta)Q(\sqrt{-1}t\delta)=\varphi(\sqrt{-1}t\delta)$ 推出

$$\dim\rho=\chi(0)=\lim_{t\to 0}\frac{\varphi(\sqrt{-1}t\delta)}{Q(\sqrt{-1}t\delta)}.$$

我们也有

$$\begin{aligned}\varphi(\sqrt{-1}t\delta)&=\sum_{S\in W}\det S\exp(S(\omega_0+\delta),\sqrt{-1}t\delta)\\&=\sum_{S\in W}\det S\exp(S^{-1}\delta,\sqrt{-1}t(\omega_0+\delta))\\&=\sum_{S\in W}\det S\exp(S\delta,\sqrt{-1}t(\omega_0+\delta))\\&=A_\delta(\sqrt{-1}t(\omega_0+\delta))=Q(\sqrt{-1}t(\omega_0+\delta))\\&=(2\sqrt{-1})^m\prod_{\alpha\succ 0}\sin\frac{t}{2}(\alpha,\omega_0+\delta).\end{aligned}$$

于是

$$\begin{aligned}\dim\rho=\chi(0)&=\lim_{t\to 0}\frac{\varphi(\sqrt{-1}t\delta)}{Q(\sqrt{-1}t\delta)}\\&=\lim_{t\to 0}\frac{(2\sqrt{-1})^m\prod\limits_{\alpha\succ 0}\sin\dfrac{t}{2}(\alpha,\omega_0+\delta)}{(2\sqrt{-1})^m\prod\limits_{\alpha\succ 0}\sin\dfrac{t}{2}(\alpha,\delta)}\end{aligned}$$

$$= \lim_{t\to 0}\frac{\prod\limits_{\alpha\succ 0}\frac{t}{2}(\alpha,\omega_0+\delta)}{\prod\limits_{\alpha\succ 0}\frac{t}{2}(\alpha,\delta)} = \frac{\prod\limits_{\alpha\succ 0}(\alpha,\omega_0+\delta)}{\prod\limits_{\alpha\succ 0}(\alpha,\delta)}. \qquad \square$$

B. Kostant① 还利用 Weyl 的特征标公式导出了不可约表示的权的重数的一个公式.

定理 14.17 设 ρ 是半单李代数 $\mathfrak{g}$ 的一个不可约表示, 首权为 ω_0. 对 $\mu\in\mathfrak{h}^*$, 令 $P(\mu)$ 表示将 μ 分解成正根之和的方法数, 则

$$m_\omega = \sum_{S\in W}\det S P(S(\omega_0+\delta)-(\omega+\delta)). \tag{14.32}$$

证 我们采用 P. Cartier② 的证明. 我们有

$$Q(\lambda) = \exp(\delta,\lambda)\prod_{\alpha\succ 0}(1-\exp(-\alpha,\lambda)),$$

于是, 对 $\lambda\in\mathfrak{h}^*$ 适合 $|\exp(\alpha,\lambda)|>1$ (对一切正根 α), 我们有

$$Q(\lambda)^{-1} = \exp(-\delta,\lambda)\sum_{\mu}P(\mu)\exp(-\mu,\lambda).$$

那么从 Weyl 公式得

$$\begin{aligned}\chi(\lambda) &= \sum_{\omega} m_\omega \exp(\omega,\lambda)\\ &= \varphi(\lambda)Q(\lambda)^{-1}\\ &= \sum_{\mu}\sum_{S\in W}\det S\exp(S(\omega_0+\delta)-(\mu+\delta),\lambda)P(\mu)\\ &= \sum_{\omega}\sum_{S\in W}\det S P(S(\omega_0+\delta)-(\omega+\delta))\exp(\omega,\lambda).\end{aligned}$$

于是对任一 $\lambda\in\mathfrak{h}^*$ 也有

$$\sum_{\omega} m_\omega\exp(\omega,\lambda) = \sum_{\omega}\sum_{S\in W}\det S P(S(\omega_0+\delta)-(\omega+\delta))\exp(\omega,\lambda).$$

根据引理 14.12, 比较上式双方系数即得 (14.12) 式. $\square$

①B. Kostant, A formula for the multiplicity of a weight, *Trans. Amer. Math. Soc.*, **93** (1959), 53–73.

②P. Cartier. On H. Weyl's character formula, *Bull. Amer. Math. Soc.*, **67** (1961), 228–230.

第十五章 复半单李代数的实形

§1 实李代数的复扩充和复李代数的实形

定义 15.1 设 V 是 n 维实线性空间. 设 $e_1, e_2, \cdots, e_r$ 是 V 的一组基. 以 $e_1, e_2, \cdots, e_r$ 作为基可产生一 n 维复线性空间 $[V]$, 它由 $e_1, e_2, \cdots, e_r$ 的复系数线性组合组成. $[V]$ 称为实线性空间 V 的*复扩充*. 自然, V 是 $[V]$ 的子集而 $[V]$ 的复维数等于 V 的实维数 r.

定义 15.2 设 $\mathfrak{g}$ 是一个 r 维实李代数, $e_1, e_2, \cdots, e_r$ 是 $\mathfrak{g}$ 的一组基. 令

$$[e_i, e_j] = \sum c_{ij}^k e_k, \tag{15.1}$$

则 $\mathfrak{g}$ 的结构由 r^3 个实常数 c_{ij}^k 所确定. 已知 $[\mathfrak{g}]$ 是个复线性空间, 以 $e_1, e_2, \cdots, e_r$ 为基. 如果仍用 (15.1) 来引进 $[\mathfrak{g}]$ 中换位运算, 则 $[\mathfrak{g}]$ 成一复李代数, 称为实李代数的*复扩充*. 自然 $[\mathfrak{g}]$ 的复维数等于 $\mathfrak{g}$ 的实维数 r.

定义 15.3 设 $\mathfrak{g}_1$ 是个复李代数. 如果 $\mathfrak{g}$ 是 $\mathfrak{g}_1$ 的一个子集, 而 $\mathfrak{g}$ 本身是个实李代数, 同时 $[\mathfrak{g}] = \mathfrak{g}_1$, 则 $\mathfrak{g}$ 称为 $\mathfrak{g}_1$ 的一个*实形*.

并不一定每个复李代数都有实形. *但每个实李代数却都是它的复扩充的实形*.

设 $\mathfrak{g}_0$ 是一个实李代数, $\mathfrak{g}_1 = [\mathfrak{g}_0]$ 是 $\mathfrak{g}_0$ 的复扩充. $\mathfrak{g}_1$ 中元素可唯一地表示成形状

$$X + iY, \quad X, Y \in \mathfrak{g}_0.$$

在 $\mathfrak{g}_1$ 中引进一个映射 σ:

$$X+iY\overset{\sigma}{\mapsto}X-iY,$$

σ 是将 $\mathfrak{g}_1$ 映到 $\mathfrak{g}_1$ 之上的一个一一映射, 对一切 $Z_1,Z_2,Z\in\mathfrak{g}_1$ 及 $\lambda\in\mathbb{C}$, 有性质:

$$\begin{aligned}\sigma^2&=1,\\ \sigma(Z_1+Z_2)&=\sigma(Z_1)+\sigma(Z_2),\\ \sigma(\lambda Z)&=\overline{\lambda}\sigma(Z),\\ \sigma([Z_1,Z_2])&=[\sigma(Z_1),\sigma(Z_2)].\end{aligned}$$

我们称 $\mathfrak{g}_1$ 的具有以上四性质的一一映射 σ 为 $\mathfrak{g}_1$ 的一个半对合. 易见, $\mathfrak{g}_0$ 是 σ 的不动点的全体, 即

$$\mathfrak{g}_0=\{Z\in\mathfrak{g}_1\text{ 使得 }\sigma(Z)=Z\}.$$

反之, 设 $\mathfrak{g}_1$ 是个复代数, 而 σ 是 $\mathfrak{g}_1$ 的一个半对合. 令 $\mathfrak{g}_0=\{Z\in\mathfrak{g},\sigma(Z)=Z\}$. 易证 $\mathfrak{g}_0$ 是个实李代数. 实际上, 如 $X,Y\in\mathfrak{g}_0$ 而 λ 为实数, 则 $\sigma(X+Y)=\sigma(X)+\sigma(Y)=X+Y,\sigma(\lambda X)=\lambda\sigma(X)=\lambda X$ 及 $\sigma([X,Y])=[\sigma(X),\sigma(Y)]=[X,Y]$, 那么 $X+Y,\lambda X,[X+Y]\in\mathfrak{g}_0$. 更进一步, 设 $Z\in\mathfrak{g}_1$, 则 Z 可表作

$$Z=\frac{1}{2}(Z+\sigma(Z))+i\frac{1}{2i}(Z-\sigma(Z)),$$

而 $Z+\sigma(Z),\dfrac{1}{2i}(Z-\sigma(Z))\in\mathfrak{g}_0$. 而且, 如 $Z=X+iY,X,Y\in\mathfrak{g}_0$, 则 $\sigma(Z)=X-iY$, 于是 $X=\dfrac{1}{2}(Z+\sigma(Z)),Y=\dfrac{1}{2i}(Z-\sigma(Z))$. 这说明 $\mathfrak{g}_1$ 中元素 Z 皆可唯一地表示成形状 $Z=X+iY,X,Y\in\mathfrak{g}_0$. 因此 $\mathfrak{g}_0$ 是 $\mathfrak{g}_1$ 的一个实形.

定理 15.1 设 $\mathfrak{g}_1$ 是个复李代数, 而 σ 是 $\mathfrak{g}_1$ 的一个半对合, 则 σ 的不动点的全体 $\mathfrak{g}_0$ 是 $\mathfrak{g}_1$ 的一个实形. 反之, $\mathfrak{g}_1$ 的任一实形皆可作为 $\mathfrak{g}_1$ 的某个半对合的不动点的全体而得到.

我们来研究实李代数 $\mathfrak{g}$ 和它的复扩充 $[\mathfrak{g}]$ 的关系. 首先, 如 $\mathfrak{h}$ 是 $\mathfrak{g}$ 的理想, 则 $[\mathfrak{h}]$ 是 $[\mathfrak{g}]$ 的理想, 而且

$$[\mathfrak{g}/\mathfrak{h}]\approx[\mathfrak{g}]/[\mathfrak{h}].$$

由此推出, $\mathfrak{g}$ 可解, 当且仅当 $[\mathfrak{g}]$ 也可解. 更进一步, 我们证明

定理 15.2 如 $\mathfrak{r}$ 是 $\mathfrak{g}$ 的根, 则 $[\mathfrak{r}]$ 是 $[\mathfrak{g}]$ 的根.

证 自然 $[\mathfrak{r}]$ 可解. 现在设 $\mathfrak{n}$ 是 $[\mathfrak{g}]$ 的根, 令

$$\sigma(\mathfrak{n})=\{\sigma(X),X\in\mathfrak{n}\},$$

则 $\sigma(\mathfrak{n})$ 也是 $[\mathfrak{g}]$ 的可解理想. 因根是极大可解理想, $\sigma(\mathfrak{n}) \subseteq \mathfrak{n}$. 又因 $\mathfrak{n}$ 和 $\sigma(\mathfrak{n})$ 有相同的维数, 故 $\sigma(\mathfrak{n}) = \mathfrak{n}$; 这样 σ 就是 $\mathfrak{n}$ 的一个半对合. 根据定理 15.1, $\mathfrak{n}$ 是一个实代数 $\mathfrak{h}$ 的复扩充 $\mathfrak{n} = [\mathfrak{h}]$, 因此 $\mathfrak{h}$ 可解, $\mathfrak{h} \subseteq \mathfrak{r}$, 于是 $\mathfrak{n} = [\mathfrak{h}] \subseteq [\mathfrak{r}]$. 这证明了 $[\mathfrak{r}]$ 是 $[\mathfrak{g}]$ 的根. □

推论 15.3 $\mathfrak{g}$ 半单当且仅当 $[\mathfrak{g}]$ 半单:

定义 15.4 设 $\mathfrak{g}$ 为实李代数, 而 $A \in \mathfrak{g}$. 定义

$$\operatorname{ad} AX = [A, X], \quad X \in \mathfrak{g}$$

则 $\operatorname{ad} A$ 为 $\mathfrak{g}$ 的导子, 称为内导子. 令

$$(X, Y) = \operatorname{Tr} \operatorname{ad} X \operatorname{ad} Y, \quad X, Y \in \mathfrak{g},$$

称 (X, Y) 为 $\mathfrak{g}$ 的 Killing 型.

于是有

定理 15.4 设 $\mathfrak{g}$ 为实李代数, 于是 $\mathfrak{g}$ 可解当且仅当对一切 $X \in \mathfrak{g}' = [\mathfrak{g}, \mathfrak{g}]$, $(X, X) = 0$.

证 设 $\mathfrak{g}$ 可解, 则 $[\mathfrak{g}]$ 也可解, 于是对一切 $X \in [\mathfrak{g}]', (X, X) = 0$. 因此对一切 $X \in \mathfrak{g}', (X, X) = 0$.

反之, 设对一切 $X \in \mathfrak{g}', (X, X) = 0$, 则对一切 $X, Y \in \mathfrak{g}', (X, Y) = 0$. 因 $[\mathfrak{g}'] = [\mathfrak{g}]'$, 故对一切 $X, Y \in [\mathfrak{g}]', (X, Y) = 0$. 特别对一切 $X \in [\mathfrak{g}]', (X, X) = 0$. 因之 $[\mathfrak{g}]$ 可解. □

定理 15.5 设 $\mathfrak{g}$ 为实李代数, 于是 $\mathfrak{g}$ 半单当且仅当 $\mathfrak{g}$ 的 Killing 型非退化.

定理 15.6 设 $\mathfrak{g}$ 为实半单李代数, 则 $\mathfrak{g}$ 可唯一地分解成它所有的 (只有有限个) 非交换单理想 (亦即单代数) 的直和. 反之, 非交换单代数的直和一定半单. 如 $\mathfrak{g}$ 半单, 则 $\mathfrak{g}' = \mathfrak{g}$.

定理 15.5 是定理 15.4 的推论, 而定理 15.6 是定理 15.5 的推论. 均可仿复的情形证之.

§2 紧致李代数

定义 15.5 实李代数 $\mathfrak{g}$ 称为紧致的, 如果在其中定义了一个在正则表示之下不变的负定对称双线性型 $B(X, Y)$. 所谓不变是说

$$B(\operatorname{ad} AX, Y) + B(X, \operatorname{ad} AY) = 0 \quad \text{对一切 } A \in \mathfrak{g}.$$

定理 15.7 紧致李代数 $\mathfrak{g}$ 可以分解成它的中心 $\mathfrak{c}$ 和它唯一的极大半单理想 $\mathfrak{g}_0$ 的直和. 因此中心 $\mathfrak{c}$ 还是 $\mathfrak{g}$ 的根.

证 令

$$\mathfrak{g}_0 = \{X \in \mathfrak{g} \text{ 使得 } B(X, Z) = 0, \text{ 对一切 } Z \in \mathfrak{c}\}.$$

先证明 $\mathfrak{g}_0$ 是 $\mathfrak{g}$ 的理想, 而且 $\mathfrak{g} = \mathfrak{c} \dotplus \mathfrak{g}_0$. 实际上, 设 $X \in \mathfrak{g}_0$ 而 $A \in \mathfrak{g}$, 则对一切 $Z \in \mathfrak{c}$ 有

$$B([A, X], Z) = -B(X, [A, Z]) = 0, \text{ 因 } [A, Z] = 0.$$

这证明了 $\mathfrak{g}_0$ 是理想. 再设 $X \in \mathfrak{g}_0 \cap \mathfrak{c}$, 则 $B(X, X) = 0$; 因 B 负定, 故 $X = 0$. 这证明了 $\mathfrak{g}_0 \cap \mathfrak{c} = (0)$. 因此 $\mathfrak{g} = \mathfrak{c} \dotplus \mathfrak{g}_0$.

再证 $\mathfrak{g}_0$ 半单. 如 $\mathfrak{g}_0$ 不半单, 则 $\mathfrak{g}_0$ 有非零交换理想 $\mathfrak{a}$. 由于 $B(X, Y)$ 对 $\mathfrak{g}_0$ 的限制是 $\mathfrak{g}_0$ 的不变负定对称双线性型, 令

$$\mathfrak{a}_1 = \{X \in \mathfrak{g}_0 \text{ 使得 } B(X, Y) = 0, \text{ 对一切 } Y \in \mathfrak{a}\},$$

于是可证 $\mathfrak{a}_1$ 是 $\mathfrak{g}_0$ 的理想而 $\mathfrak{g}_0 = \mathfrak{a} \dotplus \mathfrak{a}_1$. 于是

$$\mathfrak{g} = \mathfrak{c} \dotplus \mathfrak{a} \dotplus \mathfrak{a}_1.$$

这样 $\mathfrak{c} \dotplus \mathfrak{a}$ 就属于 $\mathfrak{g}$ 的中心. 但 $\mathfrak{c}$ 为 $\mathfrak{g}$ 的中心, 故 $\mathfrak{a} = (0)$, 与假设相违. 这证明了 $\mathfrak{g}_0$ 半单.

设 $\mathfrak{g}_1$ 是 $\mathfrak{g}$ 的一个半单理想: 因 $\mathfrak{g}_1' = \mathfrak{g}_1$, 任一 $X \in \mathfrak{g}_1$ 皆可表作

$$X = \sum_i [Y_i, Z_i], \quad Y_i, Z_i \in \mathfrak{g}_1,$$

于是对任意 $Z \in \mathfrak{c}$,

$$\begin{aligned} B(X, Z) &= B\left(\sum_i [Y_i, Z_i], Z\right) = \sum_i B([Y_i, Z_i], Z) \\ &= -\sum_i B(Z_i, [Y_i, Z]) = 0, \text{ 因 } [Y_i, Z] = 0. \end{aligned}$$

这证明了 $\mathfrak{g}_1 \subseteq \mathfrak{g}_0$, 因此 $\mathfrak{g}_0$ 是 $\mathfrak{g}$ 的唯一的极大半单理想. □

推论 15.8 设 $\mathfrak{c}$ 是紧致李代数 $\mathfrak{g}$ 的中心, 则

$$\begin{aligned} \mathfrak{c} &= \{X \in \mathfrak{g} \text{ 使得 } (X, X) = 0\} \\ &= \{X \in \mathfrak{g} \text{ 使得 } (X, Y) = 0, \quad \text{对一切 } Y \in \mathfrak{g}\}. \end{aligned}$$

证 先令

$$\mathfrak{c}_1 = \{X \in \mathfrak{g} \text{ 使得 } (X,X)=0\},$$
$$\mathfrak{c}_2 = \{X \in \mathfrak{g} \text{ 使得 } (X,Y)=0, \quad \text{对一切 } Y \in \mathfrak{g}\}.$$

设 $A \in \mathfrak{c}_2$, 即对一切 $Y \in \mathfrak{g}, (A,Y)=0$. 自然有 $[A,Z]=0$ 对 $Z \in \mathfrak{c}$. 设 $X \in \mathfrak{g}_0$, 则

$$([A,X],Y) = (A,[X,Y]) = 0, \quad \text{对一切 } Y \in \mathfrak{g}_0.$$

因 $\mathfrak{g}$ 的 Killing 型对 $\mathfrak{g}_0$ 的限制即是 $\mathfrak{g}_0$ 的 Killing 型, 又因 $\mathfrak{g}_0$ 半单, 其 Killing 型非退化, 故 $[A,X]=0$. 因此 $A \in \mathfrak{c}$. 这证明了 $\mathfrak{c}_2 \subseteq \mathfrak{c}$.

再设 $A \in \mathfrak{c}$, 那么对一切 $X, Y \in \mathfrak{g}$,

$$\mathrm{ad}\, A\ \mathrm{ad}\, XY = 0.$$

故对一切 $X \in \mathfrak{g}, (A,X)=0$. 这证明了 $\mathfrak{c} \subseteq \mathfrak{c}_2$. 因此 $\mathfrak{c} = \mathfrak{c}_2$.

又自然有 $\mathfrak{c}_2 \subseteq \mathfrak{c}_1$, 因此 $\mathfrak{c} \subseteq \mathfrak{c}_1$. 再设 $X \in \mathfrak{c}_1$, 写 $X = Z + Y, Z \in \mathfrak{c}$, 而 $Y \in \mathfrak{g}_0$, 于是

$$0 = (X,X) = (Z,Z) + 2(Z,Y) + (Y,Y).$$

由 $\mathfrak{c} \subseteq \mathfrak{c}_1$ 知 $(Z,Z)=0$; 由 $\mathfrak{c} = \mathfrak{c}_2$ 知 $(Z,Y)=0$. 因此 $(Y,Y)=0$, 但 $\mathfrak{g}_0$ 半单, 故 $Y=0$. 由此 $X = Z \in \mathfrak{c}$. 这又证明了 $\mathfrak{c}_1 \subseteq \mathfrak{c}$.

因此 $\mathfrak{c} = \mathfrak{c}_1 = \mathfrak{c}_2$. □

定理 15.9 李代数 $\mathfrak{g}$ 是紧致半单的, 当且仅当它的 Killing 型是负定的.

证 如 $\mathfrak{g}$ 的 Killing 型是负定的, 则是非退化的, 因此 $\mathfrak{g}$ 半单. 又因 $\mathfrak{g}$ 的 Killing 型是不变的, 故 $\mathfrak{g}$ 紧致.

反之, 设 $\mathfrak{g}$ 紧致半单, 因 $\mathfrak{g}$ 半单, $\mathfrak{g}$ 的 Killing 型非退化. 因 $\mathfrak{g}$ 紧致, 在 $\mathfrak{g}$ 上定义了负定的对称不变双线性型 $B(X,Y)$. 对于 $B(X,Y)$ 选取 $\mathfrak{g}$ 的一组标准正交基, 则 $\mathrm{ad}\, X (X \in \mathfrak{g})$ 皆为斜对称, 故 $\mathrm{ad}\, X$ 的特征值是纯虚数. 因此 $(X,X) = \mathrm{Tr}\ \mathrm{ad}\, X \mathrm{ad}\, X \leqslant 0$, 故 (X,Y) 负定. □

定理 15.10 设 $\mathfrak{g}$ 是紧致半单代数. 则 $\mathrm{Aut}\, \mathfrak{g}$ 是个紧致李群, 它的单位元的连通分支即是 $\mathrm{Ad}\, \mathfrak{g}$, 因此 $\mathrm{Ad}\, \mathfrak{g}$ 是连通紧致李群. 更进一步, $\mathrm{Aut}\, \mathfrak{g}$ 和 $\mathrm{Ad}\, \mathfrak{g}$ 都没有中心.

证 因为 $\mathfrak{g}$ 的自同构 A 使 Killing 型不变, 即

$$(AX, AY) = (X,Y), \quad X, Y \in \mathfrak{g},$$

因此 $\mathrm{Aut}\,\mathfrak{g}$ 是 r 维实正交群的闭子群, r 是 $\mathfrak{g}$ 的维数. 所以 $\mathrm{Aut}\,\mathfrak{g}$ 是紧致李群.

$\mathrm{Aut}\,\mathfrak{g}$ 的李代数是 $\mathfrak{g}$ 的导子代数. 因 $\mathfrak{g}$ 半单, $\mathfrak{g}$ 的导子皆为内导子, 故 $\mathrm{Aut}\,\mathfrak{g}$ 的李代数即是 $\mathrm{ad}\,\mathfrak{g}$. 因此 $\mathrm{Aut}\,\mathfrak{g}$ 的单位元的连通分支即是 $\mathrm{Ad}\,\mathfrak{g}$.

$\mathrm{Aut}\,\mathfrak{g}$ 和 $\mathrm{Ad}\,\mathfrak{g}$ 无中心的证明同复半单李代数的情形一样. □

推论 15.11 *$\mathrm{Ad}\,\mathfrak{g}$ 是以 $\mathfrak{g}$ 为李代数的连通紧致李群.*

证 因 $\mathfrak{g}$ 半单, $\mathrm{Ad}\,\mathfrak{g}$ 的李代数 $\mathrm{ad}\,\mathfrak{g}$ 与 $\mathfrak{g}$ 同构. □

定理 15.12 *实李代数 $\mathfrak{g}$ 是紧致的当且仅当它是一个紧致李群的李代数.*

证 设 $\mathfrak{g}$ 是紧致李代数. 根据定理 15.7, $\mathfrak{g}=\mathfrak{c}\dotplus\mathfrak{g}_0, \mathfrak{c}$ 为 $\mathfrak{g}$ 之中心, $\mathfrak{g}_0$ 为 $\mathfrak{g}$ 之极大半单理想. 如 $\mathfrak{c}$ 是 m 维的, 则 T^m (m 维环群) 是以 $\mathfrak{c}$ 为李代数的连通紧致李群. 根据推论 15.11, $\mathrm{Ad}\,\mathfrak{g}_0$ 是以 $\mathfrak{g}_0$ 为李代数的连通紧致李群. 因此 $T^m\times\mathrm{Ad}\,\mathfrak{g}_0$ (李群的直积) 是以 $\mathfrak{g}$ 为李代数的连通紧致李群.

反之, 设 $\mathfrak{g}$ 是紧致李群 $\mathfrak{G}$ 的李代数. 设 $\varphi(X,X)$ 是给定在 $\mathfrak{g}$ 上的一个负定二次型. 对任一 $\sigma\in\mathfrak{G}$,

$$\alpha_\sigma:\quad \tau\mapsto\sigma\tau\sigma^{-1}$$

是 $\mathfrak{G}$ 的内自同构, 它的微分 $d\alpha_\sigma$ 是 $\mathfrak{g}$ 的自同构. 令

$$\varphi_\sigma(X,X)=\varphi(d\alpha_\sigma(X),d\alpha_\sigma(X)),$$

则 φ_σ 是定义在 $\mathfrak{g}$ 上的负定二次型, 而当 X 固定时, 是 σ 的连续函数. 置

$$\psi(X,X)=\int_{\sigma\in\mathfrak{G}}\varphi_\sigma(X,X)d\sigma,$$

则 $\psi(X,X)$ 是定义在 $\mathfrak{g}$ 上的负定二次型, 而

$$\psi(d\alpha_\sigma(X),d\alpha_\sigma(X))=\psi(X,X)\ 对一切\ \sigma\in\mathfrak{G}.$$

因此

$$\psi(\mathrm{ad}\,AX,Y)+\psi(X,\mathrm{ad}\,AY)=0\ 对一切\ A\in\mathfrak{g}.$$

这证明了 ψ 对 $\mathfrak{g}$ 的正则表示的不变性. 因此 $\mathfrak{g}$ 是紧致的. □

§3 复半单李代数的紧致实形

定理 15.13 *设 $\mathfrak{g}$ 是个复半单代数, $\mathfrak{g}_0$ 是它的一个实形, 而 σ 是相应的半对合, 则 $(X,\sigma(Y))(X,Y\in\mathfrak{g})$ 是 $\mathfrak{g}$ 上非退化厄米双线性型, 更进一步, $\mathfrak{g}_0$ 紧致当且仅当 $(X,\sigma(Y))$ 负定.*

证 因 σ 为半对合, 故 $(X,\sigma(Y))$ 是 $\mathfrak{g}$ 上非退化厄米双线性型.

如 $(X,\sigma(Y))$ 负定, 则 $(Z,Z)(Z\in\mathfrak{g}_0)$ 负定. 因此 $\mathfrak{g}_0$ 紧致.

反之, 如 $\mathfrak{g}_0$ 紧致, 则 (Z,Z) 负定 $(Z\in\mathfrak{g}_0)$. 对 $X\in\mathfrak{g}$, 写 $X=Y+iZ,Y,Z\in\mathfrak{g}_0$, 于是, 如 $X\neq 0$.

$$\begin{aligned}(X,\sigma(X))&=(Y+iZ,Y-iZ)\\&=(Y,Y)+(Z,Z)<0.\end{aligned}$$

因而负定. □

定理 15.14[①] 设 $\mathfrak{g}$ 为复半单代数, $\mathfrak{g}_0$ 是个实形而 σ 是相应的半对合, 于是

1) $\mathfrak{g}$ 有一 Cartan 子代数 $\mathfrak{h}$ 存在使 $\sigma(\mathfrak{h})=\mathfrak{h},\sigma(\mathfrak{h}_0)=\mathfrak{h}_0$, 而且 σ 引起 $\mathfrak{h}_0$ 的一个正交变换并引起根的一个置换.

2) 如 $\mathfrak{g}_0$ 紧致, 则 $\sigma(H)=-H$ 对 $H\in\mathfrak{h}_0$ 而且 $\mathfrak{g}$ 有组 Weyl 基 $\{E_\alpha\}$ 使 $\sigma(E_\alpha)=-E_{-\alpha}$ 对一切 $\alpha\in\Sigma$.

3) 反之, 给了 $\mathfrak{g}$ 的一组 Weyl 基 $\{E_\alpha\}$, 可定义 $\mathfrak{g}$ 的一个半对合 σ 如下:

$$\begin{aligned}&\sigma(H)=-H &&\text{对 } H\in\mathfrak{h}_0,\\&\sigma(E_\alpha)=-E_{-\alpha} &&\text{对 } \alpha\in\Sigma,\end{aligned}$$

则相应于 σ 的实形

$$\mathfrak{g}_u=\left\{\sum_{i=1}^{n}a_iH_{\alpha_i}+\sum_{\alpha\in\Sigma}\sigma_\alpha E_\alpha\middle|a_i\text{ 纯虚, }\bar{\sigma}_\alpha=-\sigma_{-\alpha}\right\}$$

是紧致的.

证 1) 设 $\mathfrak{g}$ 的 Killing 多项式为

$$|\lambda I-\operatorname{ad}X|=\lambda^r+\varphi_1(X)\lambda^{r-1}+\cdots+\varphi_n(X)\lambda^n,$$

而 $\varphi_n(X)\not\equiv 0$. 既然 $\varphi_n(X)$ 在 $\mathfrak{g}$ 上不恒为 0, 故 $\varphi_n(X)$ 在 $\mathfrak{g}$ 的实型 $\mathfrak{g}_0$ 上也不恒为 0, 这表明 $\mathfrak{g}_0$ 包有一个正则元 X_0. 由于 $\mathfrak{g}$ 半单,

$$\mathfrak{h}=\{H\in\mathfrak{g}\text{ 使得 }[H,X_0]=0\}$$

就是 $\mathfrak{g}$ 的一个 Cartan 子代数. 如 $H\in\mathfrak{h}$, 则

$$[\sigma(H),X_0]=[\sigma(H),\sigma(X_0)]=\sigma([H,X_0])=0,$$

这证明了 $\sigma(H)\in\mathfrak{h}$, 即 $\sigma(\mathfrak{h})=\mathfrak{h}$.

① 见 76 页所引的文献.

令 α 是 $\mathfrak{h}$ 的一个根. 令

$$\tilde{\alpha}(H) = \overline{\alpha(\sigma(H))}, \quad H \in \mathfrak{h},$$

则 $\tilde{\alpha}$ 是定义在 $\mathfrak{h}$ 上的线性函数. 我们来证明 $\tilde{\alpha}$ 也是一个根, 而 $\sigma(\mathfrak{g}^\alpha) = \mathfrak{g}^{\tilde{\alpha}}$. 实际上, 设 $E_\alpha \in \mathfrak{g}^\alpha$, 则

$$[H, E_\alpha] = \alpha(H)E_\alpha.$$

作用 σ 后, 得

$$[\sigma(H), \sigma(E_\alpha)] = \overline{\alpha(H)}\sigma(E_\alpha) = \tilde{\alpha}(\sigma(H))\sigma(E_\alpha).$$

因 $\sigma(\mathfrak{h}) = \mathfrak{h}$, 故

$$[H, \sigma(E_\alpha)] = \tilde{\alpha}(H)\sigma(E_\alpha).$$

这证明了 $\tilde{\alpha}$ 也是一个根而 $\sigma(\mathfrak{g}^\alpha) = \mathfrak{g}^{\tilde{\alpha}}$.

最后, 由

$$\begin{aligned}(\sigma(H_\alpha), H) &= \overline{(H_\alpha, \sigma(H))} = \overline{\alpha(\sigma(H))} \\ &= \tilde{\alpha}(H) = (H_{\tilde{\alpha}}, H)\end{aligned}$$

对一切 $H \in \mathfrak{h}$ 推出 $\sigma(H_\alpha) = H_{\tilde{\alpha}}$, 这证明了 σ 引起根的一个置换, 因此 $\sigma(\mathfrak{h}_0) = \mathfrak{h}_0$, 而且 σ 引出 $\mathfrak{h}_0$ 的一个正交变换.

在继续证明本定理之前, 先给出以下的

引理 15.15 设 $\mathfrak{g}$ 为复半单代数, $\mathfrak{h}$ 是它的一个 Cartan 子代数, 而 φ 是 $\mathfrak{h}_0$ 的一个正交变换具性质: $\varphi^2 = 1$ 及 φ 引起根的一个置换 $\varphi(H_\alpha) = H_{\tilde{\alpha}}$. 再假定对每个 $\alpha \in \Sigma$ 给了一个非零复数 ρ_α. 如果 $\{E_\alpha\}(\alpha \in \Sigma)$ 是 $\mathfrak{g}$ 的一组 Weyl 基, 则 φ 可扩充成 $\mathfrak{g}$ 的一个半对合 σ 使 $\sigma(E_\alpha) = \rho_\alpha E_{\tilde{\alpha}}$ 的充要条件是

$$\bar{\rho}_\alpha \rho_{\tilde{\alpha}} = 1, \tag{15.2}$$

$$\rho_\alpha \rho_{-\alpha} = 1, \tag{15.3}$$

$$\rho_{\alpha+\beta} N_{\alpha\beta} = \rho_\alpha \rho_\beta N_{\tilde{\alpha}\tilde{\beta}}. \tag{15.4}$$

证 φ 自然可扩充成 $\mathfrak{g}$ 上的一个半线性映射 σ 使

$$\begin{aligned}\sigma(H) &= \varphi(H) \quad \text{对 } H \in \mathfrak{h}_0, \\ \sigma(E_\alpha) &= \rho_\alpha E_{\tilde{\alpha}} \quad \text{对 } \alpha \in \Sigma.\end{aligned}$$

这是因为 $\dim_{\mathbb{R}} \mathfrak{h}_0 = \dim_{\mathbb{C}} \mathfrak{h}$, 故 $\mathfrak{h}_0$ 和 $E_\alpha(\alpha \in \Sigma)$ 线性地生成 $\mathfrak{g}$.

先来研究 $\sigma^2=1$ 的条件. 因 $\varphi^2=1$, 对 $H\in\mathfrak{h}$ 写 $H=H_1+iH_2, H_1,H_2\in\mathfrak{h}_0$, 则

$$\begin{aligned}\sigma^2(H)&=\sigma(\sigma(H_1)-i\sigma(H_2))=\sigma(\varphi(H_1)-i\varphi(H_2))\\&=\varphi^2(H_1)+i\varphi^2(H_2)=H_1+iH_2=H,\end{aligned}$$

即 $\sigma^2=1$ 在 $\mathfrak{h}$ 上永远成立. 又

$$\sigma^2(E_\alpha)=\sigma(\rho_\alpha E_{\tilde{\alpha}})=\bar{\rho}_\alpha\rho_{\tilde{\alpha}}E_{\tilde{\tilde{\alpha}}},$$

因 $\varphi^2=1$ 在 $\mathfrak{h}_0$ 上, $\varphi^2(H_\alpha)=H_{\tilde{\tilde{\alpha}}}=H_\alpha$, 即 $\tilde{\tilde{\alpha}}=\alpha$. 因此, $\sigma^2=1$ 当且仅当对一切 $\alpha\in\Sigma$,

$$\bar{\rho}_\alpha\rho_{\tilde{\alpha}}=1.$$

再看 σ 保持换位运算的条件. 设 $H,H'\in\mathfrak{h}$, 因 $\sigma(H),\sigma(H')\in\mathfrak{h}$, 故

$$[\sigma(H),\sigma(H')]=0=\sigma(0)=\sigma([H,H']).$$

其次

$$\begin{aligned}&\sigma([E_\alpha,E_{-\alpha}])=\sigma(H_\alpha)=H_{\tilde{\alpha}},\\&[\sigma(E_\alpha),\sigma(E_{-\alpha})]=[\rho_\alpha E_{\tilde{\alpha}},\rho_{-\alpha}E_{-\tilde{\alpha}}]=\rho_\alpha\rho_{-\alpha}H_{\tilde{\alpha}},\end{aligned}$$

因此 $\sigma([E_\alpha,E_{-\alpha}])=[\sigma(E_\alpha),\sigma(E_{-\alpha})]$ 当且仅当

$$\rho_\alpha\rho_{-\alpha}=1.$$

再次

$$\begin{aligned}\sigma([H,E_\alpha])&=\sigma(\alpha(H)E_\alpha)=\overline{\alpha(H)}\sigma(E_\alpha)=\overline{\alpha(H)}\rho_\alpha E_{\tilde{\alpha}},\\ [\sigma(H),\sigma(E_\alpha)]&=[\sigma(H),\rho_\alpha E_{\tilde{\alpha}}]=\rho_\alpha[\sigma(H),E_{\tilde{\alpha}}]\\&=\tilde{\alpha}(\sigma(H))\rho_\alpha E_{\tilde{\alpha}},\end{aligned}$$

因此 $\sigma([H,E_\alpha])=[\sigma(H),\sigma(E_\alpha)]$ 当且仅当

$$\overline{\alpha(H)}=\tilde{\alpha}(\sigma(H)),$$

即

$$\tilde{\alpha}(H)=\overline{\alpha(\sigma(H))}.$$

因 $\sigma(H_\alpha) = H_{\tilde{\alpha}}$, 故

$$\begin{aligned}\tilde{\alpha}(H) &= (H, H_{\tilde{\alpha}}) = (H, \sigma(H_\alpha)) \\ &= \overline{(\sigma(H), H_\alpha)} = \overline{\alpha(\sigma(H))}\end{aligned}$$

一定成立. 最后,

$$\begin{aligned}&\sigma([E_\alpha, E_\beta]) = \sigma(N_{\alpha\beta}E_{\alpha+\beta}) = N_{\alpha\beta}\rho_{\alpha+\beta}E_{\tilde{\alpha}+\tilde{\beta}}, \\ &[\sigma(E_\alpha), \sigma(E_\beta)] = [\rho_\alpha E_{\tilde{\alpha}}, \rho_\beta E_{\tilde{\beta}}] = \rho_\alpha\rho_\beta N_{\tilde{\alpha}\tilde{\beta}}E_{\tilde{\alpha}+\tilde{\beta}},\end{aligned}$$

因此 $\sigma([E_\alpha, E_\beta]) = [\sigma(E_\alpha), \sigma(E_\beta)]$ 当且仅当

$$\rho_{\alpha+\beta}N_{\alpha\beta} = \rho_\alpha\rho_\beta N_{\tilde{\alpha}\tilde{\beta}}. \qquad \square$$

现在回头去继续证明定理 15.14.

2) 现在设 $\mathfrak{g}_0$ 紧致, 即 $(X, \sigma(X)) < 0$ 对 $X \neq 0$. σ 在 $\mathfrak{h}_0$ 上诱导一个正交变换而 $\sigma^2 = 1$, 因此 $\mathfrak{h}_0 = \mathfrak{h}_0^+ \dotplus \mathfrak{h}_0^-$, 而

$$\mathfrak{h}_0^\pm = \{H_0 \in \mathfrak{h}_0 \text{ 使得 } \sigma(H_0) = \pm H_0\}.$$

如 $H_0 \in \mathfrak{h}_0^+$, 则

$$(H_0, \sigma(H_0)) = (H_0, H_0) \geqslant 0,$$

由 $\mathfrak{g}$ 上厄米型 $(X, \sigma(X))$ 的负定性推出 $H_0 = 0$. 因此 $\mathfrak{h}_0 = \mathfrak{h}_0^-$, 即 $\sigma(H_0) = -H_0$ 对一切 $H_0 \in \mathfrak{h}_0$. 更由 $\sigma(H_\alpha) = -H_\alpha = H_{-\alpha}$ 推出 $\tilde{\alpha} = -\alpha$.

选一组 Weyl 基 $\{E_\alpha\}$. 置 $\sigma(E_\alpha) = \rho_\alpha E_{-\alpha}$. 因 $N_{\alpha\beta} = -N_{-\alpha,-\beta} = -N_{\tilde{\alpha}\tilde{\beta}}$, 所以根据引理 15.15 一定有

$$\bar{\rho}_\alpha\rho_{-\alpha} = \rho_\alpha\rho_{-\alpha} = 1,$$

$$\rho_{\alpha+\beta} = -\rho_\alpha\rho_\beta.$$

由第一式推出 ρ_α 为实. 其次

$$(E_\alpha, \sigma(E_\alpha)) = \rho_\alpha(E_\alpha, E_{-\alpha}) = \rho_\alpha < 0,$$

故 $\rho_\alpha < 0$. 令 $\rho'_\alpha = (-\rho_\alpha)^{-\frac{1}{2}}$ (取正根), 置 $E'_\alpha = \rho'_\alpha E_\alpha$, 则

$$(E'_\alpha, E'_{-\alpha}) = \rho'_\alpha\rho'_{-\alpha} = 1$$

而

$$[E'_\alpha, E'_\beta] = \rho'_\alpha\rho'_\beta N_{\alpha\beta}E_{\alpha+\beta} = N'_{\alpha\beta}E'_{\alpha+\beta} = N'_{\alpha\beta}\rho'_{\alpha+\beta}E_{\alpha+\beta},$$

故

$$
\begin{aligned}
N'_{\alpha\beta} &= \frac{\rho'_\alpha \rho'_\beta}{\rho'_{\alpha+\beta}} N_{\alpha\beta} = \frac{(-\rho_\alpha)^{-\frac{1}{2}}(-\rho_\beta)^{-\frac{1}{2}}}{(-\rho_{\alpha+\beta})^{-\frac{1}{2}}} N_{\alpha\beta} \\
&= N_{\alpha\beta} = -N_{-\alpha-\beta} = -N'_{-\alpha-\beta},
\end{aligned}
$$

这是说 $\{E'_\alpha\}(\alpha \in \Sigma)$ 也是一组 Weyl 基. 我们有

$$
\begin{aligned}
\sigma(E'_\alpha) &= \rho'_\alpha \sigma(E_\alpha) = \rho'_\alpha \rho_\alpha E_{-\alpha} = \rho'_\alpha \rho_\alpha (\rho'_{-\alpha})^{-1} E'_{-\alpha} \\
&= (-\rho_\alpha)^{-\frac{1}{2}} \rho_\alpha (-\rho_{-\alpha})^{\frac{1}{2}} E'_{-\alpha} = -E'_{-\alpha},
\end{aligned}
$$

这证明了 2).

3) 首先, 我们注意, 根据引理 15.15, σ 是 $\mathfrak{g}$ 的一个半对合. 令

$$
\mathfrak{g}_u = \{X \in \mathfrak{g} \text{ 使得 } \sigma(X) = X\},
$$

则 $\mathfrak{g}_u$ 是 $\mathfrak{g}$ 的一个实形. 易证 $\sqrt{-1}H_{\alpha_1}, \cdots, \sqrt{-1}H_{\alpha_n}$ 及 $E_\alpha - E_{-\alpha}, \sqrt{-1}(E_\alpha + E_{-\alpha})(\alpha \in \Sigma_+)$ 是 $\mathfrak{g}_u$ 的一组基 (对实数域而言). 剩下的问题是要证 $\mathfrak{g}_u$ 是紧致李代数. 我们来计算 $\mathfrak{g}_u$ 的 Killing 型. 取

$$
X = \sum_{i=1}^{n} x_i \sqrt{-1} H_{\alpha_i} + \sum_{\alpha \in \Sigma} \sigma_\alpha E_\alpha, \quad x_i \text{ 实}, \quad \bar{\sigma}_\alpha = -\sigma_{-\alpha}
$$

则

$$
\begin{aligned}
(X, X) &= -\left(\sum_{i=1}^{n} x_i H_{\alpha_i}, \sum_{i=1}^{n} x_i H_{\alpha_i}\right) + \sum_{\alpha \in \Sigma} \sigma_\alpha \sigma_{-\alpha} \\
&= -\left(\sum_{i=1}^{n} x_i H_{\alpha_i}, \sum_{i=1}^{n} x_i H_{\alpha_i}\right) - \sum_{\alpha \in \Sigma} \sigma_\alpha \bar{\sigma}_\alpha.
\end{aligned}
$$

因此 (X, X) 是负定的. 这证明了 $\mathfrak{g}_u$ 是紧致半单李代数.

这样定理 15.14 就完全证明了. □

我们把 $\mathfrak{g}_u$ 称为 $\mathfrak{g}$ 的酉限制李代数.

我们知道, 决定一切紧致半单代数只需决定一切复半单代数的紧致实形即可. 根据定理 15.14, 复半单代数的紧致实形皆可通过定理中 3) 所指出的方法构造出来.

更进一步, 我们有

定理 15.16 复半单代数 $\mathfrak{g}$ 的任意两个紧致实形皆同构, 实际上, 皆可通过 $\mathfrak{g}$ 的一个内自同构使其中之一变到另一.

证 根据 Cartan 子代数的共轭性, 可假定 $\mathfrak{g}$ 的这两个紧致实形皆是由同一 Cartan 子代数 $\mathfrak{h}$ 所定. 但当 $\mathfrak{h}$ 给定后, $\mathfrak{g}$ 的 Weyl 基 $\{E_\alpha\}(\alpha\in\Sigma)$ 可能不只一组. 设 $\{E_\alpha\},\{E'_\alpha\}(\alpha\in\Sigma)$ 是 $\mathfrak{g}$ 的两组 Weyl 基, 令

$$[E_\alpha,E_\beta]=N_{\alpha,\beta}E_{\alpha+\beta},\quad [E'_\alpha,E'_\beta]=N'_{\alpha\beta}E'_{\alpha+\beta}.$$

因 $N^2_{\alpha\beta}=N'^2_{\alpha\beta}=R_{\alpha\beta}>0$, 故 $N_{\alpha\beta}=\pm N'_{\alpha\beta}$. 于是根据定理 5.14 的证明, 有 $\mathfrak{g}$ 的自同构 σ 存在, 使

$$\begin{aligned}&\sigma(H)=H,\quad H\in\mathfrak{h},\\&\sigma(E_\alpha)=\pm E'_\alpha,\quad \alpha\in\Sigma.\end{aligned}$$

再根据引理 8.8, σ 一定是形为 $\exp\operatorname{ad}H(H\in\mathfrak{h})$ 的内自同构.

由此即可推出定理 15.16. □

另外, 显然由定理 15.14 亦可推出: 紧致代数 $\mathfrak{g}_u$ 单, 当且仅当 $[\mathfrak{g}_u]$ 亦单. 因此根据定理 15.14 和 15.16, 要决定一切单紧致代数, 只需定出每一复单代数的一个紧致实形, 而这只要在复单代数中固定一个 Cartan 子代数, 然后按定理 15.14 中 3) 的方法作出它的紧致实形.

我们来确定典型代数的紧致实形.

首先研究 A_n. A_n 由所有迹为 0 的 $(n+1)\times(n+1)$ 矩阵构成, 而

$$\mathfrak{h}_0=H(\lambda_1\cdots\lambda_{n+1})=\left\{\left(\begin{matrix}\lambda_1 & & \\ & \ddots & \\ & & \lambda_{n+1}\end{matrix}\right)\middle|\sum\lambda_i=0\right\}$$

是 A_n 的一个 Cartan 子代数. A_n 的根系是

$$\lambda_i-\lambda_k,\quad 1\leqslant i,k\leqslant n+1,\ i\neq k.$$

将 A_n 的根嵌入 $\mathfrak{h}$ 有

$$H_{\lambda_i-\lambda_k}=\frac{1}{2(n+1)}(E_{ii}-E_{kk}).$$

注意 E_{ik} 是相应于 $\lambda_i-\lambda_k$ 的根向量, 而

$$[E_{ik},E_{ki}]=E_{ii}-E_{kk}=2(n+1)H_{\lambda_i-\lambda_k}.$$

如令

$$E_{\lambda_i-\lambda_k}=\frac{1}{\sqrt{2(n+1)}}E_{ik},$$

则

$$[E_{\lambda_i-\lambda_k}, E_{-(\lambda_i-\lambda_k)}] = H_{\lambda_i-\lambda_k}.$$

容易验证 $\{E_{\lambda_i-\lambda_k}\}$ 是一组 Weyl 基. 由此而得的 A_n 的紧致实形 $(A_n)_u$ 由

$$\sqrt{-1}H_{\lambda_i-\lambda_k},\ E_{ik}-E_{ki},\ \sqrt{-1}(E_{ik}+E_{ki})$$

的实线性组合构成. 因此 $(A_n)_u$ 由一切 $(n+1)\times(n+1)$ 的迹为 0 的斜厄米矩阵组成.

B_n 中取

$$\mathfrak{h} = \left\{ \begin{pmatrix} 0 & & & & & & \\ & \lambda_1 & & & & & \\ & & \ddots & & & & \\ & & & \lambda_n & & & \\ & & & & -\lambda_1 & & \\ & & & & & \ddots & \\ & & & & & & -\lambda_n \end{pmatrix} \right\}.$$

B_n 的根系是

$$\pm\lambda_i \pm \lambda_k (i<k) \quad 和 \quad \pm\lambda_i.$$

将 B_n 的根嵌入 $\mathfrak{h}$,

$$H_{\pm\lambda_i\pm\lambda_k} = \frac{1}{4n-2}(\pm H_i \pm H_k), \quad H_{\pm\lambda_i} = \frac{1}{4n-2}(\pm H_i).$$

我们有根向量

$$E_{\lambda_i-\lambda_k} = \begin{pmatrix} 0 & & \\ & E_{ik} & \\ & & -E_{ki} \end{pmatrix}, \quad E_{-\lambda_i+\lambda_k} = \begin{pmatrix} 0 & & \\ & E_{ki} & \\ & & -E_{ik} \end{pmatrix}, i<k,$$

$$E_{\lambda_i+\lambda_k} = \begin{pmatrix} 0 & & \\ & 0 & E_{ik}-E_{ki} \\ & & 0 \end{pmatrix}, \quad E_{-\lambda_i-\lambda_k} = \begin{pmatrix} 0 & & \\ & 0 & \\ -E_{ik} & +E_{ki} & 0 \end{pmatrix}, i<k,$$

$$E_{\lambda_i} = \begin{pmatrix} 0 & 0 & e_i \\ -e_i' & 0 & 0 \\ 0 & 0 & 0 \end{pmatrix}, \quad E_{-\lambda_i} = \begin{pmatrix} 0 & -e_i & 0 \\ 0 & 0 & 0 \\ e_i' & 0 & 0 \end{pmatrix}.$$

注意

$$[E_{\lambda_i-\lambda_k}, E_{-(\lambda_i-\lambda_k)}] = H_i - H_k,$$
$$[E_{\lambda_i+\lambda_k}, E_{-(\lambda_i+\lambda_k)}] = H_i + H_k,$$
$$[E_{\lambda_i}, E_{-\lambda_i}] = H_i.$$

如令

$$\tilde{E}_{\lambda_i-\lambda_k} = \frac{1}{\sqrt{4n-2}}E_{\lambda_i-\lambda_k}, \quad \tilde{E}_{-(\lambda_i-\lambda_k)} = \frac{1}{\sqrt{4n-2}}E_{-(\lambda_i-\lambda_k)},$$
$$\tilde{E}_{\lambda_i+\lambda_k} = \frac{1}{\sqrt{4n-2}}E_{\lambda_i+\lambda_k}, \quad \tilde{E}_{-(\lambda_i+\lambda_k)} = \frac{1}{\sqrt{4n-2}}E_{-(\lambda_i+\lambda_k)},$$
$$\tilde{E}_{\lambda_i} = \frac{1}{\sqrt{4n-2}}E_{\lambda_i}, \quad \tilde{E}_{-\lambda_i} = \frac{1}{\sqrt{4n-2}}E_{-\lambda_i},$$

容易验证 $\{\tilde{E}_{\pm\lambda_i\pm\lambda_k}, \tilde{E}_{\pm\lambda_i}\}$ 是一组 Weyl 基. 这组 Weyl 基所定之紧致实形由 B_n 中一切斜厄米阵组成.

同样方法可得, C_n 的一个紧致实形由 C_n 中一切斜厄米阵组成; D_n 的一个紧致实形由 D_n 中一切斜厄米阵组成.

§4 半单紧致李代数的根和权

由于任一半单紧致代数皆是它的复扩充的酉限制代数, 因此只需考察复半单代数 $\mathfrak{g}$ 的酉限制代数 $\mathfrak{g}_u$.

设 ρ 是 $\mathfrak{g}_u$ 的一个表示, $X_1, \cdots, X_r$ 是 $\mathfrak{g}_u$ 的一组基, 则

$$\sum_{i=1}^{r} c_i X_i \mapsto \sum_{i=1}^{r} c_i \rho(X_i) \quad (c_i \text{ 为复数})$$

就是 $\mathfrak{g}$ 的一个表示, 仍记之为 ρ. 反之, $\mathfrak{g}$ 的任一表示 ρ 对 $\mathfrak{g}_u$ 的限制是 $\mathfrak{g}_u$ 的一个表示. 因 $\mathfrak{g}$ 和 $\mathfrak{g}_u$ 有同一组基, 故 ρ 作为 $\mathfrak{g}_u$ 的表示不可约当且仅当 ρ 作为 $\mathfrak{g}$ 的表示不可约, 而且 ρ 作为 $\mathfrak{g}_u$ 的表示完全可约当且仅当 ρ 作为 $\mathfrak{g}$ 的表示完全可约. 因此我们有

定理 15.17 半单紧致代数的任一表示皆完全可约.

我们再给出另一证明 (积分方法). 设 $\mathfrak{g}_u$ 是半单紧致代数, 于是以 $\mathfrak{g}_u$ 为李代数的单连通李群 $\mathfrak{G}_u$ 是紧致的. $\mathfrak{g}_u$ 的任一表示 ρ 皆是 $\mathfrak{G}_u$ 的某一表示 Φ 的微分 $\rho = d\Phi$. 反之, $\mathfrak{G}_u$ 的任一表示 Φ 的微分 $d\Phi$ 是 $\mathfrak{g}_u$ 的一个表示. 显然, ρ 不可约当且仅当 Φ 不可约, 而 ρ 完全可约当且仅当 Φ 完全可约. 因紧致群的任一表示法皆完全可约, 故 $\mathfrak{g}_u$ 的任一表示皆完全可约.

注 从这个证明亦可推出复半单代数的任一表示皆完全可约. 这是 H. Weyl 原来的证明.

设 $\mathfrak{h}$ 是 $\mathfrak{g}$ 的一个 Cartan 子代数, $\alpha_1, \cdots, \alpha_n$ 是 $\mathfrak{g}$ 对于 $\mathfrak{h}$ 的一组素根系, 则 $\sqrt{-1}H_{\alpha_1}, \cdots, \sqrt{-1}H_{\alpha_n}$ 是 $\mathfrak{h}_u = \mathfrak{h} \cap \mathfrak{g}_u$ 的一组基. 自然 $\mathfrak{h}_u$ 是 $\mathfrak{g}_u$ 的一个极大交换子代数, 称为 $\mathfrak{g}_u$ 的 Cartan 子代数.

设 ω 是 $\mathfrak{g}$ 的表示 ρ 的一个权, 表示空间为 V, 相应的权向量为 $x \neq 0$, 即

$$\rho(H)x = \omega(H)x, \quad H \in \mathfrak{h},$$

于是

$$\rho(H')x = \omega(H')x, \quad H' \in \mathfrak{h}_u.$$

因此 ω (看作 $\mathfrak{h}_u$ 上的一个线性函数) 就是 $\mathfrak{g}_u$ 的表示 ρ 的权. 我们证明

引理 15.18 $\mathfrak{g}_u$ 的权皆是 $\mathfrak{h}_u$ 上纯虚的线性函数.

证 因权可表示成根的有理系数线性组合, 故只需对根来证明本引理即可. 我们知道, $\mathfrak{g}_u$ 的 Killing 型是负定的, 而 $\mathrm{ad}A (A \in \mathfrak{g}_u)$ 是 $\mathfrak{g}_u$ 上的斜厄米变换, 因而它的特征值是纯虚数. 特别 $\mathrm{ad}H' (H' \in \mathfrak{h}_u)$ 的特征值是纯虚数, 于是根皆是纯虚的. □

设 ω 是一个权, 有 $H_\omega \in \mathfrak{h}$ 使

$$(H, H_\omega) = \omega(H), \quad H \in \mathfrak{h}.$$

特别

$$\omega(H') = (H', H_\omega), \quad H' \in \mathfrak{h}_u.$$

令 $H_\omega = 2\pi i H_{\tilde{\omega}}$, 则 $H_{\tilde{\omega}} \in \mathfrak{h}_u$ 而

$$\omega(H') = 2\pi i (H', H_{\tilde{\omega}}), \quad H' \in \mathfrak{h}_u.$$

令 $\tilde{\omega}(H') = (H', H_{\tilde{\omega}})$, 改称 $\tilde{\omega}$ 为 $\mathfrak{h}_u$ 的权. 特别, 对根 α, 有 $H_{\tilde{\alpha}} \in \mathfrak{h}_u$ 使

$$\alpha(H') = 2\pi i (H', H_{\tilde{\alpha}}), \quad H' \in \mathfrak{h}_u.$$

令

$$\tilde{\alpha}(H') = (H', H_{\tilde{\alpha}}),$$

称 $\tilde{\alpha}$ 为 $\mathfrak{g}_u$ 的根. 再设 $E_{\tilde{\alpha}} (\alpha \in \Sigma)$ 构成 $\mathfrak{g}$ 的一组 Weyl 基, 则 $[\mathfrak{g}_u]$ 的结构公式可写作

$$[H_1', H_2'] = 0, \quad H_1', H_2' \in \mathfrak{h}_u,$$

$$[H', E_{\tilde{\alpha}}] = 2\pi i \tilde{\alpha}(H') E_{\tilde{\alpha}},$$

$$[E_{\tilde{\alpha}}, E_{-\tilde{\alpha}}] = 2\pi i H_{\tilde{\alpha}},$$

$$[E_{\tilde{\alpha}}, E_{\tilde{\beta}}] = N_{\tilde{\alpha},\tilde{\beta}} E_{\tilde{\alpha}+\tilde{\beta}}, N_{\tilde{\alpha},\tilde{\beta}} = 0 \quad \text{当且仅当} \quad \alpha+\beta \notin \Sigma,$$
$$\sigma(E_{\tilde{\alpha}}) = -E_{-\tilde{\alpha}} \ (\sigma \text{ 为 } \mathfrak{g}_u \text{ 相应的 } \mathfrak{g} \text{ 的半对合}).$$

容易看出, $\mathfrak{h}_u$ 即由一切 $H_{\tilde{\alpha}}(\alpha \in \Sigma)$ 的实系数线性组合所构成. $\mathfrak{g}_u$ 的 Killing 型对 $\mathfrak{g}_u$ 的限制给出 $\mathfrak{h}_u$ 的一个负定的度量. 令

$$(\tilde{\alpha}, \tilde{\beta}) = -(H_{\tilde{\alpha}}, H_{\tilde{\beta}}),$$

则 $\mathfrak{g}_u$ 的根的全体亦成一 σ 系. 对于 $\mathfrak{h}_u$ 中任一次序, $\mathfrak{g}_u$ 的素根成一 π 系. 易见, $\mathfrak{g}$ 和 $\mathfrak{g}_u$ 有相似的根系和基础根系, 比例因子为 $(2\pi)^2$, 即

$$(\alpha, \beta) = (2\pi)^2 (\tilde{\alpha}, \tilde{\beta}).$$

因此可用 $\mathfrak{g}$ 的 Dynkin 图来代表 $\mathfrak{g}_u$.

从第十章的结果立刻推知

定理 15.19　1) 设 ρ 是 $\mathfrak{g}_u$ 的一个不可约表示, V 为表示空间, 则 V 由权向量生成, 而且存在唯一的一个权 $\tilde{\omega}_0$ (相对于一组基础根系而言), 称为首权, 使得 ρ 的权皆有形状

$$\tilde{\omega}_0 - \tilde{\alpha}_{i_1} - \tilde{\alpha}_{i_2} - \cdots - \tilde{\alpha}_{i_k}, \tilde{\alpha}_{i_1}, \cdots, \tilde{\alpha}_{i_k} \in \Pi,$$

而 $\tilde{\omega}_0$ 是单权. 又如 $\tilde{\omega}$ 是权, $\tilde{\alpha}$ 是根, 则 $\dfrac{2(\tilde{\omega}, \tilde{\alpha})}{(\tilde{\alpha}, \tilde{\alpha})}$ 是整数而 $\tilde{\omega} - \dfrac{2(\tilde{\omega}, \tilde{\alpha})}{(\tilde{\alpha}, \tilde{\alpha})}\tilde{\alpha}$ 也是权, 并与 $\tilde{\omega}$ 有相同的重数.

2) $\mathfrak{g}_u$ 的任一不可约表示皆由它的首权唯一确定.

3) $\mathfrak{h}_u$ 上的一个实线性函数 $\tilde{\omega}$ 是 $\mathfrak{g}_u$ 的某一不可约表示的首权, 当且仅当

$$\frac{2(\tilde{\omega}, \tilde{\alpha}_i)}{(\tilde{\alpha}_i, \tilde{\alpha}_i)} \text{ 是 } \geqslant 0 \text{ 的整数}.$$

4) $\mathfrak{g}_u$ 有 n 个基本表示 $\rho_1, \cdots, \rho_n$, 它们的首权 $\tilde{\omega}_1, \cdots, \tilde{\omega}_n$ 适合条件

$$\frac{2(\tilde{\omega}_i, \tilde{\alpha}_j)}{(\tilde{\alpha}_j, \tilde{\alpha}_j)} = \delta_{ij}.$$

§5　复半单代数的实形

引理 15.20　1) 设 $\mathfrak{g}$ 是个复李代数, $\mathfrak{g}_0$ 是它的一个实形, 而 σ 是相应的半对合. 设 $\mathfrak{h}$ 是 $\mathfrak{g}$ 的一个复子空间, 而 $\mathfrak{h}_0 = \mathfrak{h} \cap \mathfrak{g}_0$, 则 $\mathfrak{h}$ 由 $\mathfrak{h}_0$ 在 $\mathbb{C}$ 上生成, 当且仅当 $\sigma(\mathfrak{h}) = \mathfrak{h}$. 这时, $\mathfrak{h}$ 一定是 $\mathfrak{h}_0$ 的复扩充.

2) 设 τ 是 $\mathfrak{g}$ 的另一半对合而 $\sigma\tau=\tau\sigma$. 以 $\mathfrak{g}_\tau$ 表示相应于 τ 的实型. 令

$$\mathfrak{g}_\tau^{\pm}=\{X\in\mathfrak{g}_\tau \text{ 使得 } \sigma(X)=\pm X\},$$

则

$$\mathfrak{g}_\tau=\mathfrak{g}_\tau^+\dotplus\mathfrak{g}_\tau^-,\quad \mathfrak{g}_0=\mathfrak{g}_\tau^+\dotplus i\mathfrak{g}_\tau^-.$$

证 1) 设 $\mathfrak{h}$ 由 $\mathfrak{h}_0$ 在 $\mathbb{C}$ 上生成, 则 $Z\in\mathfrak{h}$ 可表示成 $Z=X+iY, X,Y\in\mathfrak{h}_0$, 于是 $\sigma(Z)=X-iY$. 因此 $\sigma(\mathfrak{h})\subseteq\mathfrak{h}$. 又因 $\sigma^2=1$, 故 $\sigma(\mathfrak{h})=\mathfrak{h}$. 反之, 设 $\sigma(\mathfrak{h})=\mathfrak{h}$ 而 $Z\in\mathfrak{h}$, 则 $X=\dfrac{1}{2}(Z+\sigma(Z))$ 和 $Y=\dfrac{1}{2i}(Z-\sigma(Z))\in\mathfrak{h}_0=\mathfrak{h}\cap\mathfrak{g}_0$, 而 $Z=X+iY$. 于是 $\mathfrak{h}$ 由 $\mathfrak{h}_0$ 生成.

如果 $\sigma(\mathfrak{h})=\mathfrak{h}$, 自然 $\mathfrak{h}$ 是 $\mathfrak{h}_0$ 的复扩充.

2) 设 $\sigma\tau=\tau\sigma$. 如 $X\in\mathfrak{g}_\tau$, 则 $\tau(\sigma(X))=\sigma(\tau(X))=\sigma(X)$, 因此 $\sigma(\mathfrak{g}_\tau)=\mathfrak{g}_\tau$. 于是, 如将 $\mathfrak{g}_\tau$ 看作一个实空间, 则 σ 就是 $\mathfrak{g}_\tau$ 上一个线性变换而 $\sigma^2=1$. 因此

$$\mathfrak{g}_\tau=\mathfrak{g}_\tau^+\dotplus\mathfrak{g}_\tau^-.$$

又, $\mathfrak{g}=\mathfrak{g}_\tau\dotplus i\mathfrak{g}_\tau=\mathfrak{g}_\tau^+\dotplus\mathfrak{g}_\tau^-\dotplus i\mathfrak{g}_\tau^+\dotplus i\mathfrak{g}_\tau^-$, 故

$$\mathfrak{g}_0=\mathfrak{g}_\tau^+\dotplus i\mathfrak{g}_\tau^-.$$ □

定理 15.21 设 $\mathfrak{g}$ 是复半单李代数, $\mathfrak{g}_0$ 是 $\mathfrak{g}$ 的一个实型而 σ 是相应的半对合, 于是

1) $\mathfrak{g}$ 有一紧致实形 $\mathfrak{g}_u$ 被 σ 保持不变, 即 $\sigma(\mathfrak{g}_u)=\mathfrak{g}_u$. 因之 σ 为 $\mathfrak{g}_u$ 的自同构而 $\sigma^2=1$ (称 σ 为 $\mathfrak{g}_u$ 的对合自同构).

2) 令 $\mathfrak{g}_u^+=\mathfrak{g}_0\cap\mathfrak{g}_u$, 则 $\mathfrak{g}_u^+$ 是 $\mathfrak{g}_u$ 中不动点的全体. 再令 $\mathfrak{g}_u^-=\{X\in\mathfrak{g}_u$ 使得 $\sigma(X)=-X\}$, 则 $\mathfrak{g}_u^+$ 是 $\mathfrak{g}_0$ 的紧致子代数而

$$\mathfrak{g}_0=\mathfrak{g}_u^+\dotplus i\mathfrak{g}_u^-,\quad \mathfrak{g}_u=\mathfrak{g}_u^+\dotplus\mathfrak{g}_u^-.$$

证 1) 根据定理 15.14, $\mathfrak{g}$ 有一个 Cartan 子代数 $\mathfrak{h}$ 被 σ 保持不动, 即 $\sigma(\mathfrak{h})=\mathfrak{h}$. 在定理 15.14 中也证明了 σ 引起 $\mathfrak{g}$ 的根的一个置换, 而

$$\sigma(H_\alpha)=H_{\tilde{\alpha}},\quad \tilde{\alpha}(H)=\overline{\alpha(\sigma(H))}.$$

设 $E_\alpha(\alpha\in\Sigma)$ 是 $\mathfrak{g}$ 的一组 Weyl 基. 由

$$[H,E_\alpha]=\alpha(H)E_\alpha$$

推出

$$[\sigma(H),\sigma(E_\alpha)]=\overline{\alpha(H)}\sigma(E_\alpha),$$

即

$$[H, \sigma(E_\alpha)] = \tilde{\alpha}(H)\sigma(E_\alpha).$$

因此 $\sigma(E_\alpha) = \rho_\alpha E_{\tilde{\alpha}}$. 由引理 15.15 知 ρ_α 适合

$$\begin{aligned}\bar{\rho}_\alpha \rho_{\tilde{\alpha}} &= 1,\\ \rho_\alpha \rho_{-\alpha} &= 1,\\ \rho_{\alpha+\beta} N_{\alpha\beta} &= \rho_\alpha \rho_\beta N_{\tilde{\alpha}\tilde{\beta}}.\end{aligned}$$

按下式来定义 $\mathfrak{g}$ 的一个半线性映射:

$$\begin{aligned}\tau(H_0) &= -H_0, \quad H_0 \in \mathfrak{h}_0,\\ \tau(E_\alpha) &= -|\rho_\alpha| E_{-\alpha}, \quad \alpha \in \Sigma.\end{aligned}$$

我们来验证引理 15.15 的条件 (15.2), (15.3), (15.4) 成立. 我们有

$$\begin{aligned}\overline{(-|\rho_\alpha|)}(-|\rho_{-\alpha}|) &= |\rho_\alpha \rho_{-\alpha}| = 1,\\ (-|\rho_\alpha|)(-|\rho_{-\alpha}|) &= |\rho_\alpha \rho_{-\alpha}| = 1.\end{aligned}$$

这是 (15.2) 和 (15.3). 因 $N_{\alpha\beta} = -N_{-\alpha,-\beta}$, 故 (15.4) 等价于

$$|\rho_{\alpha+\beta}| = |\rho_\alpha||\rho_\beta|.$$

我们知道

$$(H_\alpha, H_\beta) = \overline{(\sigma(H_\alpha), \sigma(H_\beta))} = \overline{(H_{\tilde{\alpha}}, H_{\tilde{\beta}})} = (H_{\tilde{\alpha}}, H_{\tilde{\beta}}),$$

即

$$(\alpha, \beta) = (\tilde{\alpha}, \tilde{\beta}),$$

于是 $\alpha \mapsto \tilde{\alpha}$ 是 Σ 的一个自合同. 因此

$$N_{\alpha\beta}^2 = \frac{1}{2}(\alpha, \alpha)q(1+p) = \frac{1}{2}(\tilde{\alpha}, \tilde{\alpha})q(1+p) = N_{\tilde{\alpha}\tilde{\beta}}^2.$$

取 $\rho_{\alpha+\beta} N_{\alpha\beta} = \rho_\alpha \rho_\beta N_{\tilde{\alpha}\tilde{\beta}}$ 双方的绝对值, 即得

$$|\rho_{\alpha+\beta}| = |\rho_\alpha||\rho_\beta|.$$

根据引理 15.15 推出 τ 是 $\mathfrak{g}$ 的一个半对合. 以 $\mathfrak{g}_u$ 表示 τ 的不动点的全体, 现在证明 $\mathfrak{g}_u$ 是紧致的. 设 $X \in \mathfrak{g}$, 写

$$X = \sum_{i=1}^{n} c_i H_{\alpha_i} + \sum_{\alpha \in \Sigma} \tau_\alpha E_\alpha, \quad c_i, \tau_\alpha \text{ 复数}$$

则

$$\tau(X) = -\sum_{i=1}^{n} \bar{c}_i H_{\alpha_i} - \sum_{\alpha\in\Sigma} \bar{\tau}_\alpha |\rho_\alpha| E_{-\alpha}.$$

于是

$$\begin{aligned}(X, \tau(X)) &= -\left(\sum_{i=1}^{n} c_i H_{\alpha_i}, \sum_{i=1}^{n} \bar{c}_i H_{\alpha_i}\right) - \sum_{\alpha\in\Sigma} \tau_\alpha \bar{\tau}_\alpha |\rho_\alpha| \\ &= -\sum_{i,j=1}^{n} c_i \bar{c}_j (H_{\alpha_i}, H_{\alpha_j}) - \sum_{\alpha\in\Sigma} \tau_\alpha \bar{\tau}_\alpha |\rho_\alpha| \leqslant 0,\end{aligned}$$

即 $(X, \tau(X))$ 负定. 因此, 根据定理 15.13, $\mathfrak{g}_u$ 是紧致的.

我们再证明 $\sigma\tau = \tau\sigma$. 设 $H_0 \in \mathfrak{h}_0$, 则

$$\begin{aligned}\sigma\tau(H_0) &= \sigma(-H_0) = -\sigma(H_0), \\ \tau\sigma(H_0) &= -\sigma(H_0), \text{ 因 } \sigma(\mathfrak{h}_0) = \mathfrak{h}_0, \\ \sigma\tau(E_\alpha) &= \sigma(-|\rho_\alpha| E_{-\alpha}) = -|\rho_\alpha| \rho_{-\alpha} E_{-\tilde{\alpha}} \\ &= -\frac{|\rho_\alpha|}{\rho_\alpha} E_{-\tilde{\alpha}}, \\ \tau\sigma(E_\alpha) &= \tau(\rho_\alpha E_{\tilde{\alpha}}) = \bar{\rho}_\alpha(-|\rho_{\tilde{\alpha}}|) E_{-\tilde{\alpha}} \\ &= -\frac{\bar{\rho}_\alpha}{|\bar{\rho}_\alpha|} E_{-\tilde{\alpha}} = -\frac{|\rho_\alpha|}{\rho_\alpha} E_{-\tilde{\alpha}}\end{aligned}$$

(因 $\rho_\alpha \bar{\rho}_\alpha$ 为正实数). 因此 $\sigma\tau = \tau\sigma$.

现在设 $X \in \mathfrak{g}_u$, 则

$$\sigma(X) = \sigma\tau(X) = \tau\sigma(X),$$

因此 $\sigma(X) \in \mathfrak{g}_u$. 这证明了 $\sigma(\mathfrak{g}_u) = \mathfrak{g}_u$, 即 1) 成立.

2) 是引理 15.15 的直接推论, 只要注意到 $\sigma\tau = \tau\sigma$. □

设 $\mathfrak{g}_0$ 是个半单实李代数, $\mathfrak{g}_0$ 的一个直和分解

$$\mathfrak{g}_0 = \mathfrak{g}_1 \dot{+} \mathfrak{g}_2$$

称为 $\mathfrak{g}_0$ 的一个 Cartan 分解, 如果 $\mathfrak{g}_1$ 是 $\mathfrak{g}_0$ 的一个子代数而

$$\mathfrak{g}_u = \mathfrak{g}_1 \dot{+} i\mathfrak{g}_2$$

是 $[\mathfrak{g}_0]$ 的一个紧致实形. 这时, $\mathfrak{g}_1$ 称为 $\mathfrak{g}_0$ 的一个特征子代数, 它自然是紧致的, 而 $\delta = \dim\mathfrak{g}_1 - \dim\mathfrak{g}_2$ 称为 $\mathfrak{g}_0$ 的符号差. 定理 15.21 证明了, 半单实代数总有

Cartan 分解存在, 也证明了, 对于 Cartan 分解 $\mathfrak{g}_0 = \mathfrak{g}_1 \dotplus \mathfrak{g}_2$, 映射

$$\sigma(X) = X \quad 对\ X \in \mathfrak{g}_1,$$
$$\sigma(X) = -X \quad 对\ X \in i\mathfrak{g}_2$$

是 $\mathfrak{g}_u$ 的一个对合自同构.

反之, 设 σ 是 $\mathfrak{g}_u$ 的一个对合自同构. 在 $[\mathfrak{g}_u]$ 中取

$$\mathfrak{g}_0 = \mathfrak{g}_u^+ \dotplus i\mathfrak{g}_u^-, \mathfrak{g}_u^{\pm} = \{X \in \mathfrak{g}_u\ 使得\ \sigma(X) = \pm X\}.$$

可证 $\mathfrak{g}_0$ 是 $[\mathfrak{g}_u]$ 的一个实形而 $\mathfrak{g}_0 = \mathfrak{g}_u^+ \dotplus i\mathfrak{g}_u^-$ 是 $\mathfrak{g}_0$ 的一个 Cartan 分解. 于是我们得出结论:

定理 15.22 设 $\mathfrak{g}_u$ 是一个半单紧致代数, τ 是 $\mathfrak{g}_u$ 的一个对合自同构. 令 $\mathfrak{g}_u^{\pm} = \{X \in \mathfrak{g}\ 使得\ \tau(X) = \pm X\}$, 则 $\mathfrak{g}_0 = \mathfrak{g}_u \dotplus i\mathfrak{g}_u^-$ 是个半单实代数而 $[\mathfrak{g}_0] = [\mathfrak{g}_u]$. 反之, 如 $\mathfrak{g}_0$ 是任一半单实代数, 则有一紧致半单代数 $\mathfrak{g}_u$ 和 $\mathfrak{g}_u$ 的一个对合自同构 τ 存在, 使 $\mathfrak{g}_0 = \mathfrak{g}_u^+ \dotplus i\mathfrak{g}_u^-$.

这样, 决定一切半单实代数的问题即化为决定一切半单紧致代数的对合自同构的问题①.

---

①关于这个问题的解决以及对实单代数分类的应用, 请参阅 "F. Gantmacher, Canonical representation of automorphisms of a complex semi-simple Lie group, *Мат. Сборник*, **5** (1939), 101–146" 和 "F. Gantmacher, On the classification of real simple Lie groups, *Мат. Сборник*, **5** (1939), 217–249" 以及 "严志达, 李群与微分几何, 第四章, 人民教育出版社, 北京, 1961".

索　引

B

C

D

F

G

H

J

K

Y

Z

现代数学基础　图书清单

注：书号前缀为 978-7-04-0xxxxx-x

	书号	书名	著译者
1	21717-9	代数和编码（第三版）	万哲先 编著
2	22174-9	应用偏微分方程讲义	姜礼尚、孔德兴、陈志浩
3	23597-5	实分析（第二版）	程民德、邓东皋、龙瑞麟 编著
4	22617-1	高等概率论及其应用	胡迪鹤 著
5	24307-9	线性代数与矩阵论（第二版）	许以超 编著
6	24465-6	矩阵论	詹兴致
7	24461-8	可靠性统计	茆诗松、汤银才、王玲玲 编著
8	24750-3	泛函分析第二教程（第二版）	夏道行 等编著
9	25317-7	无限维空间上的测度和积分 —— 抽象调和分析（第二版）	夏道行 著
10	25772-4	奇异摄动问题中的渐近理论	倪明康、林武忠
11	27261-1	整体微分几何初步（第三版）	沈一兵 编著
12	26360-2	数论 I —— Fermat 的梦想和类域论	[日] 加藤和也、黒川信重、斎藤毅 著
13	26361-9	数论 II —— 岩泽理论和自守形式	[日] 黒川信重、栗原将人、斎藤毅 著
14	26547-7	微分方程与数学物理问题	[瑞典] 纳伊尔·伊布拉基莫夫 著
15	27486-8	有限群表示论（第二版）	曹锡华、时俭益
16	27431-8	实变函数论与泛函分析 (上册，第二版修订本)	夏道行 等编著
17	27248-2	实变函数论与泛函分析 (下册，第二版修订本)	夏道行 等编著
18	28707-3	现代极限理论及其在随机结构中的应用	苏淳、冯群强、刘杰 著
19	30448-0	偏微分方程	孔德兴
20	31069-6	几何与拓扑的概念导引	古志鸣 编著
21	31611-7	控制论中的矩阵计算	徐树方 著
22	31698-8	多项式代数	王东明 等编著
23	31966-8	矩阵计算六讲	徐树方、钱江 著
24	31958-3	变分学讲义	张恭庆 编著
25	32281-1	现代极小曲面讲义	[巴西] F. Xavier、潮小李 编著

续表

	书号	书名	著译者
26	32711-3	群表示论	丘维声 编著
27	34675-6	可靠性数学引论 (修订版)	曹晋华、程侃 著
28	34311-3	复变函数专题选讲	余家荣、路见可 主编
29	35738-7	次正常算子解析理论	夏道行
30	34834-7	数论——从同余的观点出发	蔡天新
31	36268-8	多复变函数论	萧荫堂、陈志华、钟家庆
32	36168-1	工程数学的新方法	蒋耀林
33	34525-4	现代芬斯勒几何初步	沈一兵、沈忠民
34	36472-9	数论基础	潘承洞 著
35	36950-2	Toeplitz 系统预处理方法	金小庆 著
36	37037-9	索伯列夫空间	王明新
37	37525-6	伽罗瓦理论——天才的激情	章璞 著
38	37266-3	李代数 (第二版)	万哲先 编著